建筑结构设计技术措施

温四清　李　治　主编

中国建筑工业出版社

图书在版编目（CIP）数据

建筑结构设计技术措施 / 温四清，李治主编. --
北京：中国建筑工业出版社，2025. 2. -- ISBN 978-7
-112-30908-5

Ⅰ. TU318

中国国家版本馆 CIP 数据核字第 2025EZ8948 号

责任编辑：万　李　张伯熙　杨　杰
责任校对：芦欣甜

建筑结构设计技术措施

温四清　李　治　主编

*

中国建筑工业出版社出版、发行（北京海淀三里河路 9 号）

各地新华书店、建筑书店经销

北京科地亚盟排版公司制版

天津安泰印刷有限公司印刷

*

开本：787 毫米×1092 毫米　1/16　印张：19½　字数：485 千字
2025 年 4 月第一版　　2025 年 4 月第一次印刷
定价：**79.00** 元
ISBN 978-7-112-30908-5
（44428）

版权所有　翻印必究

如有内容及印装质量问题，请与本社读者服务中心联系
电话：(010) 58337283　　QQ：2885381756
（地址：北京海淀三里河路 9 号中国建筑工业出版社 604 室　邮政编码：100037）

前　言

为提高结构设计质量，提升结构设计人员的设计水平，中信建筑设计研究总院有限公司在原《结构设计统一技术措施》（2016 年版）的基础上，组织编写了新版《建筑结构设计技术措施》。

新版《建筑结构设计技术措施》共 13 章和 8 个附录，分别是：1 总则；2 荷载；3 结构计算；4 建筑场地、地基与基础；5 抗震设计；6 钢筋混凝土结构；7 砌体结构；8 多高层钢结构；9 大跨度钢结构；10 混合结构；11 结构加固与改造；12 装配式建筑结构；13 超限高层建筑结构；附录 A 结构构件的性能评价方法；附录 B 特殊荷载表；附录 C 结构构造常用表；附录 D 钢材强度及品种牌号；附录 E 钢结构防火涂料选用表；附录 F 钢结构防腐材料选用表；附录 G 校对审核大纲；附录 H 湖北省和武汉市有关建筑设计规定文件。

本措施由中信建筑设计研究总院有限公司技术委员会批准，由中信建筑设计研究总院有限公司结构专业委员会负责具体内容的解释。

因编写内容广、工作量大、时间紧，本措施难免存在缺点、错漏和不妥之处，敬请批评指正。意见和建议，请寄送至中信建筑设计研究总院有限公司温四清（武汉市江岸区四唯路 8 号，中信建筑设计研究总院有限公司，邮编 430014，email：wensq@citic.com），以供修订时参考。

中信建筑设计研究总院有限公司　温四清

《建筑结构设计技术措施》
编委会

主编： 温四清　李　治

编委： 熊火清　王　新　邱　剑　董卫国　邢沛霖

张达生　温永坚　金　波　王　海　袁　强

钟　迅　张　浩　张志刚　王红军　董汉钢

周熙波　彭　宁　胡小宁　童　敏　陶志雄

何小辉　张　斯　范　浩　阎　波　李智明

陈　松　曹　源

本措施各章编写分工如下：

章	负责人	编写	审核
1 总则	温四清	温四清、阎波、李智明	胡小宁
2 荷载	温四清	温四清、阎波、曹源	胡小宁
3 结构计算	王海、何小辉	何小辉、范浩、王海	李治、董卫国
4 建筑场地、地基与基础	邢沛霖	邢沛霖、张志刚、陈松	钟迅、张浩
5 抗震设计	邱剑	邱剑、周熙波	熊火清、张志刚
6 钢筋混凝土结构	邱剑	邱剑、张志刚、周熙波	张达生、袁强、董汉钢
7 砌体结构	温永坚	温永坚、张浩	邱剑、彭宁
8 多高层钢结构	金波	金波	李治、董卫国
9 大跨度钢结构	董卫国	董卫国、何小辉、范浩、孟于飞	李治、邱剑、金波
10 混合结构	张达生	张达生、王海	邢沛霖、钟迅
11 结构加固与改造	温四清	温四清、童敏、钟迅、张斯	王新、邢沛霖
12 装配式建筑结构	温四清	温四清、王红军、袁强、陶志雄、李智明	董汉钢、彭宁
13 超限高层建筑结构	李治	李治、王海	温四清、董卫国、邱剑
附录 A 结构构件的性能评价方法	李治	李治、王海	温四清、董卫国、邱剑
附录 B 特殊荷载表	直接引用	—	
附录 C 结构构造常用表	温四清	温四清、陈继淮、李智明	李治、董卫国
附录 D 钢材强度及品种牌号	董卫国	董卫国	温四清
附录 E 钢结构防火涂料选用表	金波	金波	董卫国、王新
附录 F 钢结构防腐材料选用表	金波	金波	董卫国、王新
附录 G 校对审核大纲	温四清	温四清、董卫国	李治、邱剑
附录 H 湖北省和武汉市有关建筑设计规定文件	直接引用	—	

致谢：在本措施编制过程中，原总院副总工程师、东梁审图公司总工程师陈继淮先生将其在多年的设计和审图工作中总结出的结构构造常用表提供给了编制组，并被纳入本措施附录 C，特此感谢。

以下人员（排名不分先后）参与了本措施的行文、图表调整工作，在此一并致谢：

南博文、郑贺崇、黄磊、董黛、轩云鹏、孙强顺、李昊杰、余佳润、徐相哲、肖艳、高志强、汤明生、魏会林、刘凯文。

目 录

1 总 则

1.0.1 结构设计的基本原则是什么？

结构设计应根据工程的具体情况，力求使结构设计在结构安全、功能适用、造价经济、造型美观、技术先进等方面达到综合最优。

1.0.2 设计前，设计人应做哪些准备工作？搜集和熟悉哪些资料？

设计前，设计人应认真研究建筑方案，对建筑物的具体情况和业主的使用要求，包括安全性、耐久性、舒适性、工程特点、材料供应、地形地质条件、地域气候及施工技术条件等进行充分调查和研究分析，使设计输入资料完整准确。

对外地工程，设计前尚应了解工程所在地的自然和气候条件，充分了解当地与设计有关的各种情况。初次在工程所在地进行工程设计时，宜组织主要设计人员与当地主要设计机构和图审机构的专家进行交流。

对于援外工程，设计前应通过设计考察等途径，搜集受援国的自然地理气候条件、文化风俗习惯、经济发展水平、主要建筑材料供应情况、建筑设计标准和习惯做法等，以使设计符合受援国的国情。

1.0.3 绘制结构专业图纸，应遵守哪些规定，有哪些注意事项？

绘制结构专业图纸时，应符合国家相关制图标准的规定，且应遵守《中信建筑设计研究总院有限公司 CAD 制图标准》。对所采用的标准图、通用图等，应弄清设计意图及适用范围，正确选用。刚参加工作的新员工绘图时，除了应熟悉相关制图标准外，还可参考中信建筑设计研究总院有限公司知识库的施工图范本、初步设计范本、结构设计说明范本、超限审查论证报告范本等。

各阶段设计文件的设计深度除应满足国家现行《建筑工程设计文件深度规定》的有关要求外，尚应满足《中信建筑设计研究总院有限公司设计文件深度规定》的要求。

成品图纸应表达清晰、内容完整、布局合理、文字规范、编排有序、繁简得当。

1.0.4 结构专业存在设计分包时，应注意什么？

结构专业宜完成全部设计，尽量不分包。当必须分包时，应按照中信建筑设计研究总院有限公司贯标文件中关于设计分包的有关规定执行，结构专业设计负责人应控制好设计分包的设计质量，对分包设计内容负责。

1.0.5 结构设计计算分析应遵循什么原则？

结构设计应进行承载力、变形、稳定性、耐久性和舒适度计算分析，并应满足规范的规定。对于有使用功能的非屋面大跨度结构，尚应考虑使用过程中的舒适性要求，应对由机器振动、外部干扰、人员行走等引起的振动影响进行验算。在结构关键部位、材料要求较严格部位、施工操作有一定困难部位、施工质量控制较困难部位、将来使用上可能有变化部位、复杂结构计算简化假定部位，根据结构计算分析结果进行设计时，应适当留有余地，确保安全。涉及结构稳定、几何非线性、材料非线性、动力分析、施工过程分析等复杂结构分析时，应采用两个及以上软件对比分析。

1.0.6　既有建筑加固与改造，结构专业设计有哪些标准作为依据？

结构设计所遵循的所有规范，既有建筑加固与改造均应遵守，其中应重点关注如下现行标准：《既有建筑鉴定与加固通用规范》GB 55021、《既有建筑维护与改造通用规范》GB 55022、《建筑抗震鉴定标准》GB 50023、《民用建筑可靠性鉴定标准》GB 50292、《危险房屋鉴定标准》JGJ 125等。

1.0.7　既有建筑原设计非本单位完成时，进行既有建筑设计应注意什么？

若既有建筑原设计非本单位完成，在接受加固与改造设计任务时，应对原设计文件、工程现状及改造要求进行认真研究，必要时，应对结构的现状进行检测，在确保整个工程安全的前提下，采取可靠加固措施。加固与改造设计应经原设计单位同意，设计的改造内容一般应经原设计单位书面认可，否则，加固与改造设计应复核整个建筑物的安全，同时应避免设计知识产权方面的纠纷。

说明：在设计之前，可由甲方协调原设计单位出一封联系函，同意甲方另行委托另一家设计单位进行设计，并明确各自的设计责任。

1.0.8　在地基基础设计中，湖北省地方标准和地方规定中有哪些主要特殊规定？

在地基设计中，除应遵守现行《建筑地基基础设计规范》GB 50007的规定外，尚应遵守工程所在地有关基础设计的标准或规定。湖北省地区的工程应遵守湖北省地方标准《建筑地基基础技术规范》DB42/242的规定以及其他一些地方文件的规定。设计人进行设计之前，应熟悉工程所在地地基基础设计标准和地方文件规定。

湖北省地方标准《建筑地基基础技术规范》DB42/242以及湖北省、武汉市地方规定中有但不限于如下特殊规定：

（1）对于高度超过100m的建筑物，当采用桩基础时，宜采用大直径（$D \geqslant 800$mm）灌注桩。当承台下存在软弱土层时，宜采用大直径桩。

（2）采用预制管桩时，尚应遵守现行《预应力混凝土管桩基础技术规程》DB42/489的规定及《关于加强高强预应力混凝土管桩质量控制管理的通知》（鄂建文〔2010〕103号）。

（3）钻孔灌注桩后压浆单桩承载力试验值超过非后压浆单桩承载力计算预估值的1.3倍时，提高系数不应大于1.3。如果认为提高潜力大，需要继续提高，可以进行非后压浆桩静载试验，然后按照不超过非后压浆桩静载试验结果的1.3倍控制。

（4）关于承台下软弱土的加固处理：

1）采用灌注桩的高度超过50m的高层建筑，当承台下存在厚度大于2m的淤泥或 $f_{ak} < 60$kPa饱和软土时，应对承台下和承台间软土进行加固或换填处理。承台间和承台下可采用搅拌桩格构式加固，承台下处理深度不应小于2m，加固范围为承台周边外不少于1m。

2）承台下存在厚度2m以上软土（淤泥、淤泥质土或 $f_{ak} \leqslant 70$kPa饱和黏性土）的高层建筑不宜选用管桩、空心方桩基础，如必须采用时，应对高度超过50m的建筑物的承台底软土进行搅拌桩满堂咬合加固或换填处理，承台下处理深度不应小于2m，范围不少于承台外1m。预制实心桩承台底和承台间软土加固应符合第1）条的规定。

（5）关于检测的规定：

1）施工图设计前应进行试桩承载力检测，对于同条件（岩土工程条件、桩型、桩端持力层、桩径、单桩承载力相同，桩长差异不大的情况）的桩，单栋建筑物试桩数量不应少于 3 根，当预估桩数少于 50 根时，不应少于 2 根。

2）应采用单桩静载荷试验方法确定试桩承载力（包括抗压、抗拔和水平承载力），试验应加载至破坏（对试验条件受限制的、承载力很高的桩加载量不应小于预估单桩极限承载力），静载试验前后均应进行桩身完整性检测。严禁工程桩兼作试桩。人工挖孔桩（墩）的孔底平板载荷试验可在工程桩位进行。试桩数量不得计入验收检验数量。

3）采用低应变方法检测工程桩桩身完整性时，下列情况应全数检测：

① 设计等级为甲级的灌注桩；

② 超过 25 层建筑物的预制桩；

③ 发现Ⅲ、Ⅳ类桩或Ⅱ类桩超过受检桩数量 20% 的灌注桩；

④ 发现Ⅱ、Ⅲ、Ⅳ类桩的预制桩；

⑤ 单桩、两桩承台下的桩；

⑥ 抗拔桩。

4）除人工挖孔以外的大直径灌注桩（墩），应进行声波透射法检测桩身完整性。单栋建筑检测数量不应少于总桩数的 10%，且不应少于 10 根，独立承台基础每个承台下的抽检桩数不应少于 1 根。

主体结构逆作法施工且为大直径灌注桩基础，应对工程桩总数的 30% 进行声波透射法检测。

5）设计等级为甲级、乙级的大直径灌注桩及直径不小于 600mm 的嵌岩桩，应采用钻芯法检测工程桩的桩长、桩底沉渣厚度、桩身混凝土强度、桩身完整性和持力层状况。抽检数量不应少于总桩数的 1%，且不应少于 3 根，当桩长较长时，可预埋钻芯导向管。

6）甲级、乙级设计等级的灌注桩或甲级设计等级的预制桩，工程桩单桩竖向抗压承载力应采用静载荷试验的方法进行验收检验，单栋建筑物同条件下的工程桩抽检数量不应少于总桩数的 1%，且不应少于 3 根，总桩数少于 50 根时不应少于 2 根。受检桩应随机抽样，且试验时桩顶标高应与工程桩设计标高基本一致。大直径灌注桩因现场条件限制不能随机抽检时，3 桩及以下承台工程桩应全数埋设声测管，多于 3 桩的承台声测管埋设数量不应小于承台下桩数的 50%。同时钻芯检测数量不应少于总桩数的 2%，且不应少于 6 根。

人工挖孔桩（墩）承载力验收检验应符合现行《建筑地基基础设计规范》GB 50007 的相关规定。

7）场地存在多栋建筑物时，对于同条件的桩，为施工图设计提供依据的单桩竖向抗压静载荷试验的数量，每单栋建筑物不应少于 1 根，每施工单位试桩检测数量不应少于 3 根。试验结果离散性大时，应按单栋建筑的要求进行检测。同条件的工程桩单桩竖向抗压承载力验收检测的数量每单栋建筑不应少于 1 根，且不应少于总桩数的 1%，每施工单位的验收检测桩不应少于 3 根。高度超过 100m 的建筑试桩及工程桩验收检测应按单栋建筑检测要求进行。

8）不得采用高应变法检测嵌岩桩、扩底桩、后压浆钻孔灌注桩、素混凝土桩及荷载曲线呈缓变形的大直径灌注桩的竖向抗压承载力。

9）试桩静载检测数量不应计入工程桩的验收检测数量。

10）预制桩应进行桩位偏差检测和垂直度检测，垂直度检测的抽检数量为总桩数的

5％，当出现不合格情况时应全数检测；各类桩桩位偏差及灌注桩的桩径应全数检测。

11）用于高层建筑的载体桩及采用新工艺、新桩型的桩应加强承载力及桩身质量的检验，单桩承载力检验应采用静载荷试验方法，试验数量除满足现行规范和本规定前述相关条款的要求外，单栋建筑物验收检验静载荷试验数量尚应至少增加 1 根。工程桩应全数进行低应变检测。对直径 600mm 及以上的桩应进行钻芯，检验桩长、桩身及扩大头混凝土强度、桩身完整性、进入持力层情况。钻芯数量及声波透射检测数量应符合第 5）条和第 6）条的相关规定。

（6）关于人工挖孔桩的规定：

桩基选用人工挖孔桩（墩）时，要严格遵守鄂建文〔2011〕152 号对人工挖孔桩（墩）禁用范围及使用的主要技术条件的规定。施工前应要求建设单位将人工挖孔桩（墩）设计方案、施工组织设计和施工安全方案等报经省、市建设主管部门批准的专家委员会（专家组）进行论证，论证单位应出具签证齐全的技术论证报告。

1）人工挖孔桩（墩）禁用范围：

① 淤泥和淤泥质土等软弱土层厚度超过 2m 的场地；

② 未经压实的填土厚度超过 3m 的场地，以及压实填土厚度超过 5m 的场地；

③ 填土及其直接下卧的淤泥和淤泥质等软弱土层叠加厚度超过 3m 的场地；

④ 饱和的粉土及砂类土场地；

⑤ 桩（墩）身范围内分布有厚度超过 1m 的水稳性较差的残积土或软塑或流塑状态的红黏土；

⑥ 赋存有承压水，且对人工挖孔桩（墩）成孔有影响的场地；

⑦ 地下水丰富的构造破碎带场地；

⑧ 岩溶发育、岩溶水丰富的场地；

⑨ 含有易燃、易爆等有害气体的场地。

2）人工挖孔桩（墩）使用的主要技术要求：

① 桩（墩）端入土深度不宜超过 15m，当桩（墩）周各岩土层承载力特征值大于 120kPa 且无地下水时不宜超过 20m；

② 桩（墩）直径不应小于 1000mm；

③ 桩（墩）身横截面不应采用椭圆、方形等截面形式。对大型抗滑桩需要采用矩形截面时应进行专项论证；

④ 必须采用钢筋混凝土护壁，护壁混凝土强度等级不应低于 C20；

⑤ 不得在填土、残积土、粉土、砂类土及承载力特征值小于 120kPa 的土层中扩孔；

⑥ 桩（墩）底直径不应大于桩（墩）身直径加 1.6m；

⑦ 对有深基坑的工程，应先施工工程桩（墩），再开挖基坑土方；

⑧ 在压实填土场地施工挖孔桩（墩）时，应对压实填土的压实度进行检测，且其压实度不应小于 0.9。

1.0.9　武汉地区在建筑抗震设计方面有哪些特别强调的规定？

武汉市城乡建设局和武汉市地震局联合颁布了武城建〔2021〕41 号文，该文是对武城建规〔2016〕5 号文的修订，核心内容是关于提高武汉市部分新建建筑工程的抗震设防要求。本次修订有如下内容更新：

（1）范围从武汉市主城区扩大到武汉市。

（2）国家最新版的《建设工程抗震管理条例》及中国地震局《中震防发 2009（49）号》文的规定得以体现，具体详见下面（3）～（5）条。

（3）学校、幼儿园、医院、养老机构、儿童福利院、应急指挥中心、应急避难所、广播电视等建筑工程，其建筑物抗震设防类别应为重点设防类（乙类），其中中学、小学、幼儿园及医院应在现行《中国地震动参数区划图》GB 18306 的基础上按峰值加速度提高一档确定地震动参数。

（4）按现行《建筑工程抗震设防分类标准》GB 50223 划分为标准设防类，但处于规划批文中建设用地容积率大于 4.5 的高密度建设区内的下列建筑（含 4.5），其抗震设防类别应提高为重点设防类；当下列建筑与其他建筑合建时应分别判断，并按区段确定其抗震设防类别。

1）人流密集的公共建筑，包括体育场馆、影剧院、礼堂、图书馆、文化馆、医院、娱乐中心、商业建筑、会所、轨道交通出入口等。

2）直接影响抗震救灾的基础设施建筑，如变配电站等。

（5）位于救灾干道、环线（救灾干道、环线名单见武城建规〔2021〕41 号附表）两侧的高层建筑，当大屋面高度大于道路红线宽度及其后退道路红线的距离之和，且符合下列条件之一时，其抗震设防类别应定为重点设防类，并按现行《高层建筑混凝土结构技术规程》JGJ 3 的相关规定进行抗震性能化设计，其性能目标不应低于 C 级。

1）大屋面高度超过现行《高层建筑混凝土结构技术规程》JGJ 3 规定的 B 级高度钢筋混凝土高层建筑的最大适用高度，且高宽比超过适用的最大高宽比。

2）大屋面高度超过 200m，包括钢结构建筑、钢筋混凝土建筑、钢-混凝土混合结构建筑。

3）大屋面高度超过 180m 且采用超过两种现行《高层建筑混凝土结构技术规程》JGJ 3 所指的复杂结构（转换层结构、带加强层结构、错层结构、连体结构、竖向收进结构、悬挑结构）。

1.0.10 进行结构计算分析，有哪些主要的注意事项？

（1）结构计算模型的建立与必要的简化计算及处理应符合结构的实际情况；所选用的计算软件，应为行业内经使用证明为可靠的软件。

（2）计算之前，应对输入信息进行认真的整理，并编写结构计算说明，对客户要求、活荷载、风雪荷载、地震作用等说明清楚，说明应完整、清晰。

（3）计算软件的技术条件，应符合现行规范及有关标准的规定，并应说明其特殊处理的内容和依据。

（4）计算机计算结果，应经分析判断，确认其合理有效且无异常情况后，方可应用于工程设计。

1.0.11 结构设计选用主要结构材料时，应遵循什么原则？

主要结构材料是指构成结构主体的材料，包括混凝土、钢筋、钢材。选用主要结构材料，应遵循安全、方便、经济的原则，在了解材料特性和工程特点的基础上，合理选用。

（1）混凝土。用于桩基时，根据单桩承载力特征值可选用 C30～C50 的混凝土，用于框架柱时，一般可选用 C30～C60，有特殊需要时，最高可到 C80；用于剪力墙结构时，可选用 C30～C60；用于楼盖结构时，可选用 C30～C40；非结构构件，可选用 C25～C30。

（2）钢筋。用作构造钢筋时，可选用 HPB300、HRB335，用作受力钢筋时，可选用 HRB400、HRB500、HRB600、HRB635。

（3）钢材。当稳定和变形为控制条件时，可选用 Q235；当承载力是控制条件时，可选用 Q355、Q390、Q420、Q460，部分受力很大的部位，在一定条件下，也可选用 Q460～Q690 等高强钢材，并进行性能化设计；厚钢板（如厚度大于 40mm）宜选用 GJ 钢，如 Q355GJ。

外露承重钢结构可选用 Q235NH、Q355NH 或 Q415NH 等牌号的焊接耐候钢。

承重构件所用钢材的质量等级不宜低于 B 级；抗震等级为二级及以上的高层建筑民用钢结构，其框架梁、柱和抗侧力支撑等主要抗侧力构件钢材的质量等级不宜低于 C 级。

2 荷 载

2.0.1 结构设计计算分析时，楼面/屋面活荷载应如何取值？

在进行结构布置和计算分析之前，设计人应将建筑物各层平面中不同功能房间的活荷载了解清楚。《工程结构通用规范》GB 55001—2021 对楼面均布活荷载有明确规定的，按照规范规定执行，没有明确规定的，应根据实际使用情况确定活荷载。当活荷载所涉及的功能单元已有相关专业规范予以明确时，按相关专业规范规定执行，如未规定，应由业主方书面提出具体荷载要求，或由设计人书面提出，业主方书面确认。设计人书面提出的荷载，应经过充分的调查论证，以确保所选活荷载值适当，避免活荷载取值过大不经济或过小不安全。

2.0.2 结构设计计算分析时，永久荷载和活荷载的荷载作用分项系数如何取值？

对于永久荷载，当对结构不利时，不应小于 1.3；当对结构有利时，不应大于 1.0；对于可变荷载，当对结构不利时，不应小于 1.5；当对结构有利时，应取 0。

在倾覆、滑移或漂浮等有关结构整体稳定性验算中，永久荷载一般对结构是有利的，荷载分项系数应按有关结构设计规范的规定采用，取小于 1.0 的值。当结构设计规范没有具体规定时，可按如下工程经验确定：永久荷载对结构有利时，荷载分项系数可取 0.8～0.9。

2.0.3 设计地下室顶板时，地面活荷载如何取值？

设计一般民用建筑的非人防地下室顶板时，除覆土自重外的活荷载标准值不应小于 $5kN/m^2$，考虑施工时堆放材料或作临时工场的荷载，若临时堆积荷载较大或有重型车辆通过时，施工组织设计中应按实际荷载验算并采取相应措施；当兼作消防车通道时，应按照《工程结构通用规范》GB 55001—2021 取等效均布活荷载值。当有覆土时，应根据建筑物所在地可能出动的最重消防车，按照在结构上的最不利布置，换算成等效结构活荷载。消防车荷载标准值大，但出现概率小，作用时间短，有些情况下，可对消防车活荷载进行折减。当考虑覆土影响对消防车活荷载进行折减时，折减系数应根据可靠资料确定。常用板跨的消防车活荷载覆土厚度的折减系数可按现行《建筑结构荷载规范》GB 50009 附录 B 的规定采用。

2.0.4 承受机器、设备荷载的楼板应如何设计？

当现浇楼板承受机器、设备荷载时，直接承受该荷载的板跨，应按该荷载进行验算，并另加 $2kN/m^2$ 的均布荷载。同时，应考虑机器设备安装和维修过程中的位置变化可能出现的最不利效应。直接承受设备荷载的楼板宜设计成现浇板。

当承受的荷载存在振动时，应根据振动的实际情况考虑动力系数；将动力荷载简化为静力作用施加于楼面和梁时，应将活荷载乘以动力系数，动力系数不应小于 1.1。

承受振动荷载的楼盖应进行局部振动频率计算，并应避开振动机械的固有频率，以避免出现共振。

2.0.5　基础及地下室结构设计时，地下水位以下的土密度，应如何取值？

地下水位以下的土密度，不宜简单地以土的密度减去水的密度计算，可根据工程地质勘察报告给出的土的孔隙比得出土的有效密度，按此密度进行计算确定。也可近似按如下原则确定：当为不利荷载（如计算地下室挡土墙等水下构件）时，可近似取 $11.0kN/m^3$ 计算，当为有利荷载（如抗浮计算）时，可近似按 $9.0kN/m^3$ 计算。

2.0.6　在计算地下室外墙时，室外地面活荷载应如何取值？

一般民用建筑的室外地面活荷载取值不应低于 $10kN/m^2$，可能有消防车通过时，应考虑消防车荷载，有特殊较重荷载时，应按实际情况确定。

2.0.7　停车库、停车坪等停放车辆的荷载，设计时如何考虑？

（1）停放小轿车的停车库，其楼板上的均布活荷载应按现行《工程结构通用规范》GB 55001 的规定取用。

（2）停放面包车、卡车、大轿车或其他较重车辆的车库，其楼面活荷载应按车辆实际轮压重量，按照最不利布置的原则，换算成等效楼面活荷载。如车辆入库时有满载可能，应按满载重量计算实际轮压，并按最不利轮压荷载组合换算成等效楼面活荷载。结构分析时宜在换算等效活荷载的基础上另加 $2kN/m^2$ 均布活荷载。

（3）不论停放何种车辆，在设计时其活荷载均不另乘动力系数。

（4）消防车道的荷载，当消防车满载重量为 300kN 时，其活荷载可按照现行《工程结构通用规范》GB 55001 的规定选用，当满载重量为其他重量时，宜将车轮的轮压按照结构效应等效的原则，换算为等效均布荷载。消防车满载重量应与当地消防部门联系取得。

（5）地下室顶板上一般都有覆土，当覆土厚度小于 0.7m 时，应考虑消防车行走产生的动力影响，乘以消防车轮压动力系数 μ，见表 2.0.7。

消防车轮压动力系数　　　　　　　　　　　　　　　表 2.0.7

覆土厚度（m）	0.25	0.30	0.40	0.50	0.60	≥0.70
动力系数 μ	1.30	1.25	1.20	1.15	1.05	1.0

（6）覆土厚度不同时，车辆传至混凝土板面的活荷载值可以折减。可以参照现行《建筑结构荷载规范》GB 50009 附录 B 的规定采用。

2.0.8　如何通过设计图纸来表达及确保交付后使用楼面活荷载不大于设计荷载？

在结构施工图"结构设计总说明"上应注明楼、屋面的各个功能房间的活荷载、设备荷载及积灰荷载的标准值，并应注明施工期间允许堆放的荷载限值。

2.0.9　结构设计时应如何考虑附墙塔式起重机、爬升式塔式起重机等施工设备对结构构件的影响？

施工中如采用附墙塔式起重机、爬升式塔式起重机等对结构构件有影响的起重机械，或其他对结构受力有影响的施工设备时，应根据具体情况补充计算/验算施工荷载对结构及构件的影响。其他应该提醒施工单位进行相关的验算和作支撑的位置也应予以提醒。

2.0.10　针对悬挑构件，如挑檐、雨篷等构件，如何考虑施工、检修荷载等临时荷载的不利影响？

（1）挑檐、雨篷等悬挑构件，应考虑临时荷载（如施工荷载、检修荷载、消防荷载等）产生的不利影响，施工或检修集中荷载标准值不应小于 1kN，并应按集中荷载位于最不利位置处进行构件验算。

（2）对于较大雨篷及挑檐，宜根据实际情况适当考虑积水、积雪荷载。

（3）计算挑檐、悬挑雨篷的承载力时，应沿板宽每隔 1.0m 取一个集中荷载；在验算挑檐、悬挑雨篷的倾覆时，应沿板宽每隔 2.5～3.0m 取一个集中荷载；对于装配式悬挑构件，可按每个构件外缘的集中荷载不少于 1kN 考虑；尚应验算根部构件的受扭承载力。

2.0.11 开敞式建筑及轻型屋盖建筑，结构计算时如何考虑风吸力的不利影响？

开敞式房屋及轻型屋面（如石棉瓦等），除验算风荷载对墙、柱的作用外，屋面构件之间及屋面和墙、柱间的连接，尚应作承受风吸力的验算。具体的风荷载体型系数取值应对照查阅现行《建筑结构荷载规范》GB 50009 的 8.3.1 节和《门式刚架轻型房屋钢结构技术规范》GB 51022。考虑风吸力时，结构挑出部分的永久荷载起有利作用，荷载分项系数不应大于 1.0，可视情况取 0.8～1.0。

2.0.12 哪些建筑结构，需要通过风洞试验来确定风荷载？

体型复杂、周边干扰效应明显或风敏感的重要结构应进行风洞试验。体型复杂的大型体育场馆，复杂的超高层建筑，不能仅依靠荷载规范查得风荷载的建筑物，以及由风荷载作为控制工况的重要建筑物，应进行风洞试验。

2.0.13 结构设计中应如何考虑屋面积雪分布系数？

屋面积雪分布系数应根据屋面形式确定，按照现行《工程结构通用规范》GB 55001及《建筑结构荷载规范》GB 50009 确定屋面积雪分布系数。

设计建筑结构及屋面的承重构件时，屋面板和檩条按积雪不均匀分布的最不利情况采用；需注意，大跨屋架和拱壳结构等应分别按积雪全跨均匀分布情况、不均匀分布情况和半跨的均匀分布情况采用；框架和柱按积雪全跨的均匀分布情况采用。

2.0.14 设计地下室外墙时，土压力如何考虑？

计算地下室外墙土压力时，当地下室施工采用大开挖方式，无护坡桩或连续墙支护时，地下室外墙承受的土压力宜取静止土压力，静止土压力系数 K_0，对一般固结土可取：

$$K_0 = 1 - \sin\phi$$

式中 ϕ——土的有效内摩擦角，一般情况可简化为 0.50。

当地下室施工采用护坡桩时，地下室外墙土压力计算中可以考虑基坑支护与地下室外墙的共同作用或按静止土压力乘以折减系数 0.66 近似计算（0.5×0.66=0.33）。

2.0.15 设计工业建筑时，楼面活荷载的组合系数、频遇值系数、准永久系数如何取值？

《工程结构通用规范》GB 55001—2021 规定了工业建筑楼面均布活荷载标准值下限，组合值系数不应小于 0.8，频遇值系数不应小于 0.6，准永久值系数不应小于 0.5。针对不同工艺类型的工业建筑，楼面活荷载可参考《建筑结构荷载规范》GB 50009—2012 附录 D取值，或根据工艺设计方提供的运行荷载进行结构设计。

2.0.16 结构设计时，风荷载脉动的增大效应如何考虑？

根据《工程结构通用规范》GB 55001—2021，垂直于建筑物表面上的风荷载标准值，应在基本风压、风压高度变化系数、风荷载体型系数、地形修正系数和风向影响系数的乘积基础上，考虑风荷载脉动的增大效应加以确定。风荷载脉动的增大效应一般通过平均风荷载乘以风振系数或阵风系数来考虑，也可以按平均风荷载与脉动风荷载相叠加的方法来考虑。

当采用风荷载放大系数来考虑风荷载脉动的增大效应时，风荷载放大系数取值：

（1）主要受力结构，应考虑地形特征、脉动风特性、结构周期、阻尼比等因素，其值不应小于 1.2。

（2）围护结构，应考虑地形特征、脉动风特性和流场特征等因素，其值不应小于 $1+\dfrac{0.7}{\sqrt{\mu_z}}$（$\mu_z$ 为风压高度变化系数）。

3 结 构 计 算

3.1 一 般 规 定

3.1.1 结构计算的基本要求有哪些？

结构计算关系到结构安全、设计的合理性和经济性，应认真对待。

结构分析应根据结构类型、材料性能和受力特点等因素，选用线性或非线性分析方法。当动力作用对结构影响显著时，尚应采用动力响应分析和动力放大系数等方法考虑其影响。结构构件及其连接的作用效应应通过考虑力学平衡条件、变形协调条件、材料时变特性以及稳定性等因素的结构计算分析方法确定。

结构计算应选用合适的力学模型和计算软件，应正确判断力学模型与实际结构的差异。结构计算应采用经权威机构鉴定过的行业内广泛认可的计算软件，不得在工程设计中使用未经鉴定或按已废止的旧规范编制的结构计算设计软件。计算软件的技术条件应符合现行工程建设标准的规定，应符合现行《工程结构通用规范》GB 55001 的要求。

结构分析采用的计算模型应能合理反映结构在相关因素作用下的实际作用效应。分析所采用的简化或假定，应以理论和工程实践为基础，无成熟经验时应通过试验验证其合理性。分析时设置的边界条件应符合结构的实际情况。

3.1.2 结构计算对荷载取值的基本要求是什么？

荷载统计时，要充分考虑建筑物或构筑物的地理位置、功能和用途、建筑做法以及可能产生的变化，按照现行《建筑结构荷载规范》GB 50009 和《工程结构通用规范》GB 55001 的要求进行。荷载输入时，应考虑荷载的实际作用方式，区分均布荷载、线荷载、集中荷载、动荷载等，使计算模型的荷载传递符合实际受力条件。

当有临时堆积荷载以及有重型车辆通过时，应按实际荷载验算影响范围内结构构件的强度、局部稳定性、变形和裂缝等。

3.1.3 一般结构需要考虑的计算内容有哪些？

结构的计算分析包括整体结构的强度、刚度和稳定性，以及构件的强度、变形、裂缝和局部稳定性等，分析时应考虑施工顺序的影响。结构的内力和位移可按弹性方法计算，高层建筑按空间整体工作计算时，应考虑以下变形：

（1）梁的弯曲、剪切、扭转变形，必要时考虑轴向变形和翘曲变形。

（2）柱的弯曲、剪切、轴向、扭转变形。

（3）墙的弯曲、剪切、轴向、扭转变形。

3.1.4 一般结构计算需要考虑的性能指标有哪些？

应从整体上把握和控制结构体系的各项性能指标，包括剪重比、层间位移角、扭转位移比、扭转/平动周期比、层刚度比、层受剪承载力比、刚重比等，并根据这些指标判断是否满足规范要求及结构的安全性和合理性。

抗震结构应确定适当的结构抗震性能目标，计算分析应依据规范规定的各项宏观技术指标和构件受力性能来综合评价结构抗震性能，判断结构方案是否合理，并对不合理的结构方案或局部结构布置进行调整。

3.1.5　如何看待软件的计算结果？

应依据结构概念设计和工程经验，对结构分析软件的计算结果进行分析和判断，确认其合理、有效后方可作为工程设计的依据。对于受力复杂的钢筋混凝土结构构件，宜按应力分析的结果校核配筋设计；对于受力复杂的钢结构或组合结构连接节点，宜开展精细节点有限元分析，确保节点传力直接、可靠。

3.2　结构计算程序

3.2.1　如何选择适用的结构计算软件？

结构计算软件具有适用性、近似性和局限性，使用前，应对所选计算软件的基本假定、技术条件及适用范围进行全面了解。结构的模型化误差、非结构构件对结构刚度的影响、楼板对结构构件受力性能的影响、温度变化和混凝土收缩及徐变在结构构件中产生的应力、结构阻尼模拟、回填土对地下室约束相对刚度比、地基基础和上部结构的相互作用等，计算软件是否已予以考虑，是我们选择计算软件时应了解清楚的。

复杂结构及超限多、高层建筑结构的计算分析应采用至少两个不同力学模型且宜为不同软件公司编制的结构分析软件进行整体计算。不同结构分析软件之间的计算结果差异应控制在合理的范围内，整体指标偏差不应大于 5%，并应进行误差分析。

3.2.2　一般结构计算软件需要考虑哪些计算参数？

目前国内的规范体系是采用线弹性方法计算内力，在截面设计时考虑材料的弹塑性性质。与结构整体分析和构件计算内力调整有关的计算参数包括结构体系、楼盖模拟假定、周期折减系数、梁柱节点刚域模拟、二阶效应模拟、构件施工次序、抗震等级、连梁刚度折减系数、楼面梁刚度增大系数、框架梁端负弯矩调幅系数、梁扭矩折减系数、钢构件净毛面积比、计算长度系数和节点连接假定等，计算参数应根据结构体系、受力状况取用合理的数值。此外，还应结合工程的具体情况，选用合适的阻尼比和地震作用效应分析方法。

设计人应全面了解所采用程序（如 YJK、PKPM、3D3S、MIDAS、SAP2000、ETABS 和 SAUSAGE 等）输入参数的具体含义、理论及规范依据和合理取值范围。

3.3　计算书编写

3.3.1　编写计算书的一般要求有哪些？

（1）应在计算书中注明所采用的计算机软件名称、编制单位及版本号。

（2）计算参数输入及结构总信息、荷载统计及荷载简图、构件截面信息、配筋文件和局部构件计算书等计算数据文件应条目清晰，整理成册，经校审后签字、盖章并归档。

采用手算的结构计算书，应绘出平面布置图和计算简图，标明构件编号。结构计算书内容应完整齐全，书写应清楚工整，计算步骤应条理分明，引用数据应依据可靠。

（3）初步设计阶段，应确定工程项目中的主要建筑物、构筑物的结构体系和主要设计计算参数，初步确定主要结构构件的截面。对特别不规则的建筑，应开展超限工程抗震性能专项分析并撰写报告。

（4）施工图设计阶段必须对工程项目中各建筑物、构筑物作完整、深入的结构计算，包括结构体系的整体计算、结构基本构件计算、地基基础计算、地下建筑物抗浮验算、施工模拟计算、抗震计算、节点计算、温度作用计算、稳定性计算、舒适度计算和钢结构抗火计算等。

（5）采用国家或地方标准图集时，应根据图集说明结合工程实际进行选用，并开展必要的核算工作；应注意核查所采用图集的有效性，是否存在规范版本更新和使用限制条件。采用中信建筑设计研究总院有限公司（以下简称"我院"）绘制的标准模块图时，应作因地制宜的修改并进行必要的核算以切合工程实际。此两项核算，应作为结构计算书的补充内容。

（6）计算书中的构件代号、构件截面、配筋等应与图纸一致，若图纸作了修改，应在计算书中反映，以供核查；若图纸中数据与计算书中的不一致，应及时修改图纸或补充计算说明。应确保施工蓝图与结构计算书一致。

（7）计算书应认真校核，并装订成册。设计、校审和审定人应在计算书封面签字。一个单项有多人参与计算和校核时，可将计算书装订成若干分册。

3.3.2　哪些应列入计算书的设计依据？

（1）工程项目简介，较大工程可分子项叙述，包括建筑用途、房屋面积和高度、地理位置、有无地下室、结构形式和材料、结构设计工作年限、安全等级、抗震设防烈度、设防类别、场地类别等内容。

（2）项目设计所依照的现行国家和地方的规范、标准和图集；当设计周期较长时，应按有关规定及时更新规范并告知建设单位。

（3）其他相关专业所提有关资料或原件，应注意留存备份。

（4）业主或建设单位来函明确的设计要求，应注意留存备份，必要时列入结构设计说明。

（5）重大工程或地基特别复杂的工程，宜附地质勘查报告摘抄，一般工程应列出工程设计所需的主要数据。

（6）装配式建筑和绿色建筑设计应符合国家和地方的政策要求，满足装配率要求。

（7）抗震设计相关依据

1）项目的抗震设防烈度、地震动参数、场地土情况和结构的抗震设防类别和抗震等级。

2）超限工程应与业主商量确定本工程预定的抗震性能目标，明确不同地震动水准下结构构件的抗震性能水准。

3）对复杂或超限工程有要求时，尚应提供专家论证或咨询意见、地震安全性评价报告和超限高层建筑工程抗震设防专项审查意见。

3.3.3　计算简图应表达哪些内容？

（1）单项结构布置图，如基础、楼面、屋面等均宜绘制，必要时应绘制立面布置图。

1）应注明标高、轴线和轴号。

2）应分别按计算单项，各自标注构件编号，如框架的梁、柱、基础等。若采用手算方式，此编号应与施工图中的相应编号一致。若采用电算方式，此编号应符合程序要求，即此编号应与计算机输入、输出的编号一致。

3）楼面、屋面荷载比较复杂时宜在图上标明恒、活荷载的分布情况。

（2）单项结构剖面图

1）确定结构体系的计算力学模型和切实可行的计算假定，包括支座、节点等，并将其表示在计算简图上。

2）应标注节点编号、构件编号。

3）应标明恒、活荷载布置情况。

（3）高层结构由于梁柱截面尺寸较大，宜考虑框架梁、柱节点区的刚域。

（4）当连梁跨高比不小于 5 时，宜按普通框架梁输入。

（5）带斜屋面的结构，宜按照实际布置建立斜屋面模型，应考虑斜屋面板的面内变形影响；斜梁根据不同组合内力分别按照受弯、拉弯或压弯构件计算，支撑斜屋面的柱应考虑斜梁水平推力产生的附加弯矩；应加强斜屋面板的配筋设计；必要时可按板厚为"0"的模型进行梁柱配筋包络设计。

3.3.4　结构计算主要包括哪些内容？

（1）荷载计算

1）根据现行国家荷载规范、地质资料、现场条件、其他专业有关资料及初估的结构构件截面分别计算下列荷载值：恒荷载、活荷载、风荷载、地震作用、温度作用、吊车荷载及其他按实际情况确定的荷载；当采用软件自动计算结构构件自重时，材料密度应考虑建筑装饰装修的影响，可扣除构件重叠部分的重量。

2）结构计算应区分承载能力极限状态和正常使用极限状态，采用相应的荷载分项系数和组合系数；必要时，应进行偶然组合工况的计算。

（2）单项计算要求

1）构件几何参数及材料强度等级应与图纸一致。

2）连体结构及转换结构应采用符合实际施工过程的模拟施工计算。连体结构的连体部分应考虑竖向地震作用的影响。

3）包络设计：

① 大底盘多塔结构应分别按整体模型和分塔模型取包络设计。

② 当地下室顶板不满足上部结构嵌固端要求时，嵌固端可下移至地下一层底板或以下。当地下室周边土体侧限条件较好时，应考虑将地下室顶板作为上部结构嵌固端，并与满足规范要求的下移嵌固端进行包络设计。

③ 钢支撑-混凝土框架结构，其混凝土框架部分承担的地震作用，应按框架结构和支撑框架结构两种模型计算，并宜取两者的较大值包络设计。

（3）框架、排架结构计算

计算所有可能同时出现的作用组合下的内力、位移、裂缝等效应，均应满足相关规范要求。钢结构尚应校核结构构件整体稳定性和构件局部稳定性。

（4）砌体结构计算

计算所有可能同时出现的作用组合下控制截面最大内力，并核算该截面砌体承载力、高厚比、局部承压等。若为底框结构，尚应核算底框与上层砌体的刚度比及底框的内力、配筋等。

（5）基础计算

天然地基应复核地基持力层及软弱下卧层的地基承载力是否满足要求；计算基础内力、配筋等。

筏板基础、箱形基础、重型设备基础等尚应验算基础形心与荷载重心的偏心率，并应按规范要求对沉降进行计算。

桩基础应根据实际情况确定桩型和桩长。计算单桩承载力及桩数，核算群桩形心与荷载重心的偏心率。计算承台的沉降、内力、配筋。抗拔桩应计算裂缝宽度。新近填土等固结尚未完成的土层中的桩基，应考虑负摩阻力。

（6）水池等构筑物

根据实际情况确定池壁厚度，抗渗等级，计算强度、抗裂、抗浮等内容。

（7）局部构件独立计算

应根据实际情况建立局部简化计算模型，采用结构力学方法或有限元方法求出内力，并进行构件设计。

3.3.5　如何整理计算书？

（1）电算部分。除程序输出内容外，应补充结构概况，活荷载分布情况，荷载分项系数、荷载组合以及各种计算数据的来源等。

电算输出内容如下：

1）原始输入数据，结构总信息。

2）计算模型的节点、杆件编号图及各工况荷载图。荷载图可由计算机输出或手工绘制。

3）计算结果，包括杆件变形、整体结构位移、扭转位移比、结构总重、楼层质心和刚心、自振周期、刚重比、剪重比、钢构件应力比、构件配筋、$0.2V_0$ 调整等结果。

4）施工图应与计算模型一致，若存在由于模型过度简化而导致不一致的地方，设计人应在计算书中予以说明，并应做到合理简化、安全可靠。

（2）手算结构计算书应包括如下内容：

1）结构布置及计算简图，特殊部位简化模拟依据；局部简化模型的边界模拟应考虑相邻结构构件的变形影响，必要时应按弹性边界进行模拟计算。

2）荷载分项计算结果。

3）计算所有可能同时出现的作用组合的内力和变形。

4）构件强度或配筋、变形和裂缝、稳定等计算结果。

3.4　结构计算常见问题解答

3.4.1　什么情况应考虑活荷载不利布置？

活荷载具有大小、方向和作用位置的可变性，活荷载的布置应使结构构件产生最不利效应，必要时应考虑活荷载不利布置引起的相关构件内力增大，以下情形应考虑活荷载的不利布置（但不限于）：

（1）当等效均布活荷载的作用效应不小于恒活作用效应之和的 25% 时，应考虑活荷载的不利布置。当计算中未考虑楼面活荷载的不利布置，应适当增大楼面梁的计算内力，增大系数可取 1.1～1.3，活荷载越大，选用的增大系数越大。

（2）一般情形，对于钢筋混凝土结构，当等效均布活荷载大于 $4.0kN/m^2$ 时，应考虑活荷载不利布置的影响。

（3）一般情形，对于钢结构，当等效均布活荷载大于 $2.5kN/m^2$ 时，应考虑活荷载不利布置的影响。大跨度钢桁架楼盖结构应考虑活荷载不利分布对桁架杆件应力比的影响，适当下调应力比限值。

（4）当楼（屋）面板存在较大厚度的回填土或面层做法时，应考虑施工阶段可能的荷载不利布置影响，尤其是采用无梁楼盖的地下室顶板。应要求顶板覆土施工分层回填，分散、均布，严禁集中堆放荷载，必要时应考虑施工机械活荷载和深厚回填土活荷载的不利布置影响。

（5）对于相邻跨跨度差异较大（跨度相差≥50％）和大跨度悬挑（悬挑跨度≥2.0m 或≥内跨的 50％）的部位，应补充活荷载不利布置的详细分析。

（6）消防水池和泳池应按有无注水情形对相关结构构件进行包络设计。当水池墙兼地下室外墙时，应按有无注水和有无土体侧压力的情形进行外墙及相关构件的包络设计。

（7）重载（≥$6.0kN/m^2$）相邻区域（如消防车荷载、局部深厚种植区）应按有无重载情形对相关结构构件进行包络设计，应适当增大与重载相邻跨的跨中弯矩。

（8）对于轻质屋面（恒荷载重力≤$2.0kN/m^2$），应考虑屋面活荷载或雪荷载的不利布置影响。积雪不均匀分布应按相关规范取值。

（9）当建筑屋面排水未考虑溢流口设置时，应按可能的积水深度确定活荷载，并考虑相关范围的不利分布影响。

（10）屋顶擦窗机应根据厂家资料对停机和不同工作状态的荷载效应进行详细分析和包络设计；有轨擦窗机应考虑设备行走产生的不利作用效应。

（11）当建筑使用要求满足多功能用途时，应考虑可能的活荷载不利布置影响并进行包络设计。

3.4.2　什么情况下应补充弹性时程分析？

结构弹性时程分析方法被认为是最直接的建筑结构地震响应的计算方法，但由于地震动的随机性导致不同地震动激励计算所得的结构地震响应不同，故该方法具有随机不确定性，通常作为抗震计算的补充计算方法。为提高重要建筑和复杂建筑的抗震安全可靠性，要求除采用振型分解反应谱法外，还应采用弹性时程分析方法进行多遇地震下的地震作用效应补充计算。以下建筑结构应补充弹性时程分析：

（1）特别不规则的多层或高层建筑。

（2）抗震设防类别为特殊设防类（甲类）的建筑。

（3）表 3.4.2 高度范围的高层建筑。

采用时程分析的房屋高度范围　　　　　　　　　　　　　　　表 3.4.2

烈度、场地类别	房屋高度范围（m）
8 度 I、II 类场地和 7 度	>100
8 度 III、IV 类场地	>80
9 度	>60

（4）平面投影尺度很大的空间结构，如跨度大于120m，或长度大于300m，或悬臂大于40m的结构，应考虑行波效应和局部场地效应进行多向多点时程分析和验算。

（5）设置隔震层以隔离水平地震动的房屋隔震设计，应进行弹性时程分析。

（6）B级高度及超B级高度高层建筑、混合结构和复杂高层建筑结构。B级高度高层建筑为房屋高度超过《高层建筑混凝土结构技术规程》JGJ 3—2010中不同结构体系的A级高度限值且低于B级高度限值的建筑；混合结构指由外围钢框架或型钢混凝土、钢管混凝土框架与钢筋混凝土核心筒组成的框架-核心筒结构，以及由外围钢框筒或型钢混凝土、钢管混凝土框筒与钢筋混凝土核心筒组成的筒中筒结构，其中框架部分的框架梁应为钢梁或型钢混凝土梁。复杂高层建筑指具有转换层、加强层、错层、连体及体型收进和外挑结构中的一种或多种复杂结构的建筑。

3.4.3　什么情况下应补充弹塑性时程分析？

结构弹塑性时程分析主要用于结构中、大震下的抗震性能复核，了解结构构件的屈服次序、塑性铰分布和可能的损伤程度，发现结构薄弱部位并提出抗震加强措施。弹塑性时程分析应采用双向或三向地震输入，其结构初始状态为施工模拟完成后的内力和变形状态，对应结构的重力荷载效应。以下建筑结构应补充弹塑性时程分析：

（1）高度不大于150m的结构可采用静力弹塑性分析方法；高度介于150～200m之间，可视结构自振特性和不规则程度选择静力弹塑性分析或弹塑性时程分析方法，当结构基本周期大于4s或特别不规则时，应采用弹塑性时程分析方法；高度大于200m的结构，应采用弹塑性时程分析；高度大于300m的结构，应有两个独立的弹塑性时程分析计算，并进行校核。

（2）甲类建筑和9度时乙类建筑中的钢筋混凝土结构和钢结构。

（3）下列超限高层钢筋混凝土结构：B级高度及超B级高度高层建筑、混合结构和复杂高层建筑结构。

（4）采用隔震和消能减震设计的结构。

3.4.4　进行时程分析如何选择地震波？

时程分析选波分为小震弹性时程分析选波和中大震弹塑性时程分析选波两种情形。由于同一场地在不同地震动水准下的特征周期差异、地面运动峰值加速度差异和结构动力特性差异等因素，多遇地震和罕遇地震下符合规范选波要求的地震波是不同的。由于地震动的随机性，为避免地震时程分析结果离散性太大，规范对时程分析选波给出了具体要求：

（1）选波数量

应按建筑场地类别和设计地震分组选用实际强震记录和人工模拟的加速度时程曲线，其中实际强震记录的数量不应少于总数的2/3，备选波库的场地特征周期可适当上下微调以扩大选波范围。当取3组（2+1）加速度时程曲线时，计算结果宜取时程法的包络值和振型分解反应谱法的较大值；当取7组（5+2）及以上的时程曲线时，计算结果可取时程法的平均值和振型分解反应谱的较大值。

鉴于弹性时程分析计算速度较快，建议小震弹性时程分析选用7组时程曲线；鉴于弹塑性时程分析计算及结果处理的复杂性，建议按以下原则选取大震弹塑性时程曲线：当建筑高度不大于200m时，采用3组时程曲线；当建筑高度不小于300m时，采用7组时程曲线；当建筑高度介于200～300m，视建筑复杂程度和不规则程度选用3组或7组时程曲线。

（2）地震影响系数在统计意义上相符

多组时程曲线的平均地震影响系数曲线与振型分解反应谱所用地震影响系数曲线相比，在对应于结构主要振型的周期点上相差不大于20%。

结构主要振型是指对结构地震作用效应贡献较大的振型，应区分 X 向或 Y 向平动主振型和竖向主振型，各方向主振型可取相应权重 $\alpha_j\gamma_j$ 的前 $2\sim3$ 个振型。α_j 为相应于 j 振型自振周期的地震影响系数，γ_j 为 j 振型的参与系数。结构主要振型并非一定是前几阶振型或各方向平动的第一阶振型，需考虑振型参与质量的地震影响系数加权，尤其是高阶振型。

（3）基底剪力误差要求

弹性时程分析时，每条时程曲线计算所得结构底部剪力不应小于振型分解反应谱法计算结果的65%，不宜大于135%；多条时程曲线计算所得结构底部剪力的平均值不应小于振型分解反应谱法计算结果的80%，不宜大于120%。

采用时程分析法时，其计算的总剪力也需符合最小地震剪力的要求。

（4）选波维度

一组加速度时程曲线包含2条平动时程曲线和1条竖向振动时程曲线。一般情况下，应至少考虑建筑结构在两个主轴方向（X 向和 Y 向）的水平地震作用，也即需输入双向平动时程进行地震作用效应分析。双向平动时程的方位选择通过前述第（2）和（3）条的要求进行试算、甄别并予以明确，其主次方位可对调。当需要计算竖向地震作用时，则需输入三向地震动时程进行地震作用效应分析。

（5）地震波的三要素

地震动的三要素为：频谱特性、有效峰值和持续时间。

频谱特性可用地震影响系数曲线表征，依据所处的场地类别和设计地震分组确定，需满足多组时程曲线的平均地震影响系数曲线在统计意义上相符的要求。

地面运动加速度时程的有效峰值可按表3.4.4采用，对应为地震影响系数最大值除以放大系数（约2.25）而得。当结构需要考虑双向（二个水平向）或三向（二个水平向和一个竖向）地震动输入时，其加速度最大值通常按1（水平1，主方向）：0.85（水平2，次方向）：0.65（竖向）的比例调整。

时程分析用地震加速度时程的最大值（cm/s²）　　　　　　　　表 3.4.4

地震影响	6 度	7 度	8 度	9 度
多遇地震	18	35（55）	70（110）	140
罕遇地震	125	220（310）	400（510）	620

注：括号内数值分别用于设计基本地震加速度为 $0.15g$ 和 $0.30g$ 的地区；设防地震（中震）的加速度峰值取相应烈度的设计基本地震动加速度值。

当进行选波分析（与规范反应谱对比）时，应将该组加速度时程的各个方向的峰值加速度均按表3.4.4对应值进行调幅，可通过单向地震作用效应进行对比；当进行结构双向或三向地震动时程分析时，则应将该组加速度时程区分主次方向并按前述比例进行调幅。

加速度时程的有效持续时间，一般从首次达到该时程曲线最大峰值的10%那一点算起，到最后一点达到最大峰值的10%为止；不论是实际的强震记录还是人工模拟地震波形，有效持续时间一般为结构基本周期的 5~10 倍，即结构顶点的位移可按基本周期往复 5~10 次。依据加速度时程的有效持时对地震波进行截断，这是为了节省时程分析耗时，但截断后的地震波频谱特性应变化不大，仍应满足规范选波的所有要求。

（6）地震波的行波效应和场地效应

对于平面投影尺度较大的空间结构（跨度大于 120m 或长度大于 300m），应考虑地震波的行波效应和场地效应。不同支承点处具有不同的加速度时程，峰值、时差或相位和波形均可能不同，应开展专门研究。

3.4.5 转换结构是否应该合并施工次序？

转换结构是指存在上下楼层的竖向构件不连续的部位，通过厚板、转换梁或转换桁架等水平构件将上部竖向构件的内力传至下部竖向构件的结构。

设计软件 YJK 和 PKPM 均提供了"模拟施工 3"，允许用户指定楼层或构件的施工次序，程序逐步生成各阶段的子结构并集成刚度矩阵，分层施加恒载并进行内力和位移计算，再对各子结构的恒载作用效应进行叠加，并对模拟施工完成的最终结构施加其他工况荷载并进行求解。

当考虑被转换的上部楼层结构与本层结构共同工作时，应将相关联的上下楼层合并施工次序，此时上部结构的受力会相对偏大些；当不考虑被转换的上部结构参与本层结构受力及恒载作用分析时，应将本层与被转换的上部楼层分为独立的施工次序，逐层施工模拟，此时本层结构的受力会相对偏大些。

转换结构的施工模拟次序应与实际施工成形一致，且应在结构施工图中予以明确说明。比如，当转换结构采取合并施工次序时，应补充说明："托墙、托柱转换梁需等转换层梁板及上层墙/柱、梁板混凝土强度达到 100% 后方可拆除梁底模及支撑。"

3.4.6 对结构计算软件的计算结果，应从哪些方面判断其合理、有效性？

采用软件进行结构建模和计算已成为主要的结构设计计算方法。我们除了要核对计算模型（构件模拟假定和尺寸、连接假定、荷载施加、边界约束和计算参数等），还应对计算结果进行分析、判断和校核，确认其合理、有效后方可用于工程设计。分析结果的判断和校核可主要从以下几方面考虑（但不限于）：

（1）应满足静力平衡条件。利用结构力学的隔离体平衡方法，可通过提取各支座反力并求和，并与手算荷载总值进行对比，两者应相同或基本一致；也可通过提取某支撑柱的内力，与相应受荷范围的荷载统计值进行对比，两者应基本一致。

（2）应满足变形协调条件。可查看结构在各工况下的变形云图（竖向变形和水平变形），变形模式应合理，相邻杆件通过节点连接，变形应连续；变形幅值应在合理范围，不应出现局部或整体的刚体位移。

（3）计算过程应无错误提示信息。软件在有限元模型生成、处理和计算过程中会进行数检并弹出警告或错误信息，此时应对相关信息进行核查，尤其应消除错误信息。

（4）核查局部振动。应查看结构振型，尤其是高阶振型，判断结构自振周期和振型形态是否合理，是否存在局部振动振型，判断该局部振动振型是否正常、是否属于建模失误导致？因此，可在模型初算时增加计算振型数量，发现不可预知的局部振动，确保计算模型可靠。

（5）核查结构整体计算指标，如层间位移角、扭转位移比、楼层刚度比、楼层受剪承载力比、剪重比、$0.2V_0$ 调整、地震倾覆力矩占比、刚重比、周期比和嵌固端剪切刚度比等；核查构件设计参数，如荷载组合系数、计算长度系数、抗震措施和抗震构造措施、底部加强区范围、角柱和转换构件设置等。整体指标和设计参数均应符合相关规范的规定。

（6）核查构件承载力（混凝土构件配筋、墙肢稳定性和钢构件应力比）、构件及结构的稳定性。如计算结果显示大部分构件承载力不足，除应检查前述（1）～（3）的问题外，还应核查施加的荷载或约束，例如是否存在荷载量级有误、是否存在过约束问题导致间接作用效应过大？如温度作用分析时采用了刚性楼盖假定。

（7）多模型关键指标校核。对于复杂结构，常常要求采用至少两个不同力学模型的结构分析软件进行计算分析。可对比多个模型计算所得的主要结果：总质量、总荷载、振型和变形、基底剪力、层间位移角、扭转位移比和楼层剪力等。通过多模型对比，验证计算模型的可靠性和准确性。

3.4.7 在整体结构计算分析时，如何模拟楼板？

在整体结构计算分析时，楼板常采用刚性板，假定楼盖在其自身平面内无限刚性，设计时应采取相应的措施保证楼板平面内的整体刚度。当楼盖开有较大洞口或其局部会产生明显的平面内变形时，在结构分析中应考虑其影响，采用弹性膜或弹性板 6 假定。表 3.4.7 给出了不同楼板计算模拟的特点及与梁的相互关系。

常用楼板计算模拟　　　　　　　　　　　　　　　　　　　　表 3.4.7

类型	面内刚度	面外刚度	网格划分	模拟单元或方法	与梁相互关系
刚性板	无穷大	0	无	主从节点刚性约束，被约束自由度为 U_X、U_Y、R_Z	限制梁的轴向变形，或限制壳元梁顶部节点的轴向变形；不参与梁抗弯及抗扭；不能考虑楼板相对偏移
弹性膜	有限刚度	0	三角形或四边形网格	平面应力膜单元	梁板面内变形协调，不参与梁抗弯及抗扭；当考虑梁板相对偏移时，通过力偶作用参与梁抗弯和抗扭
弹性板 6	有限刚度	有限刚度	三角形或四边形网格	壳单元	梁板面内及面外变形协调，参与梁抗弯及抗扭；当考虑梁板相对偏移时，进一步通过力偶作用增强其参与梁抗弯和抗扭的能力

（1）刚性板假定：适用于具有较好楼板平面内整体刚度的结构开展常规计算分析。

（2）弹性膜假定：适用于需要考虑楼板平面内变形的影响，如楼板平面内刚度存在较大削弱、刚度分布不均匀，大开洞、狭长板带、连廊或连接体、屋面斜板、梯段斜板、与斜柱或斜撑相连的周边楼板、与壳元梁相连的周边楼板、错层楼板、温度作用效应等计算分析。

（3）弹性板 6 假定：适用于必须考虑板平面外抗弯刚度的情形，如无梁楼盖（板柱结构）、筏板、厚板转换、框支梁转换、舒适度分析、动力弹塑性分析。

楼板采用刚性板假定和弹性膜假定的计算模型，梁板之间不存在弯扭耦合作用，无板端弯矩传递至支承梁；楼板采用弹性板 6 假定的计算模型，梁板之间存在弯扭耦合作用，会有板端弯矩传递至支承梁。一般情形下，不考虑梁与板相对偏移的影响，采用梁刚度放大系数考虑楼板作为翼缘对梁刚度和承载力的影响。

3.4.8 结构何时应考虑温度作用效应？

温度作用效应是一种间接作用效应，结构平面尺度越大、约束越强，则温度作用效应越显著，甚至不可忽视而成为控制性荷载工况。温度作用效应分析既要考虑水平构件，也要考虑竖向构件。结构布置时，应避免将侧向刚度较大的构件（剪力墙或支撑）布置在结构单元的两端。当温度变化对结构性能影响不能忽略时，应计算温度作用及作用效应。

《混凝土结构设计标准》GB/T 50010—2010（2024 版）第 8.1.1 条规定了结构伸缩缝的最大间距，详见表 3.4.8-1。当混凝土结构平面任一方向的尺寸大于表 3.4.8-1 中数值时，应考虑温度作用效应的影响。从材料、施工及其他构造做法角度，规范 8.1.2 条给出了宜减小最大伸缩缝间距的若干情形，规范 8.1.3 条则给出了可适当增大最大伸缩缝间距的情形。结构设计应尽量利用各种可实施的有利因素，消除不利因素，确定合理的伸缩缝间距。当采取设置后浇带措施时，伸缩缝最大间距可增大 5~15m，结构体系约束刚度越强，其增大幅度则越小。

钢筋混凝土结构伸缩缝最大间距（m）　　　　表 3.4.8-1

结构类别		室内或土中	露天
排架结构	装配式	100	70
框架结构	装配式	75	50
	现浇式	55	35
剪力墙结构	装配式	65	40
	现浇式	45	30
挡土墙、地下室墙壁等类结构	装配式	40	30
	现浇式	30	20

说明：1. 装配整体式结构的伸缩缝间距，可根据结构的具体情况取表中装配式结构与现浇结构之间的数值。
2. 框架-剪力墙结构和框架-核心筒结构房屋的伸缩缝间距，可根据结构的具体情况取表中框架结构与剪力墙结构之间的数值。
3. 当屋面无保温或隔热措施时，框架结构、剪力墙结构的伸缩缝间距宜按表中露天栏的数值取用。
4. 现浇挑檐、雨篷等外露结构的局部伸缩缝间距不宜大于 12m。
5. 地下结构可放宽伸缩缝间距或不设伸缩缝，可采取施工措施降低混凝土材料收缩的影响。

《钢结构设计标准》GB 50017—2017 第 3.3.5 条规定了单层房屋和露天结构的温度区段长度，详见表 3.4.8-2。当温度区段长度不大于表 3.4.8-2 中数值时，一般情况下可不考虑温度应力和温度变形的影响，否则应考虑其影响。

钢结构单层房屋和露天结构的温度区段长度（m）　　表 3.4.8-2

结构情况	纵向温度区段（垂直屋架或构架跨度方向）	横向温度区段（沿屋架或构架跨度方向）	
		柱顶为刚接	柱顶为铰接
采暖房屋和非采暖地区的房屋	220	120	150
热车间和采暖地区的非采暖房屋	180	100	125
露天结构	120	—	—
围护构件为金属压型钢板的房屋	250	150	

注：1. 围护结构的伸缩缝设置宜与主体结构一致，也可独立设置。
2. 当横向为多跨高低屋面时，表中横向温度区段的长度可适当增加。
3. 本表仅适用于单层大跨度房屋，对于标准柱网的钢框架结构或钢框架-支撑结构可参照同类型钢筋混凝土结构确定温度区段长度（可适当大）。

温度作用分析时，不应采用刚性楼盖假定，可采用弹性膜或弹性板模拟楼盖；应合理模拟水平构件与竖向构件之间的连接；可考虑土与基础的相互作用影响，结构底部约束可按弹性嵌固，约束刚度取值应有可靠依据；可考虑滑动连接对温度作用效应的释放，并合理模拟；温度作用取值应区分室内和室外、上部结构和地下室等不同建筑功能区域的温度差异；应考虑混凝土材料自身收缩影响，可简化模拟为混凝土收缩当量温差；当建筑正常使用时，可根据具体情况考虑室内外温差的影响；外露钢结构应考虑太阳辐射的影响。

3.4.9　如何考虑混凝土结构的梁板负弯矩调幅？

混凝土结构设计中采用的梁板负弯矩调幅是一种塑性内力重分布分析方法。在满足正常使用极限状态要求的前提下，为方便支座部位的钢筋排布和混凝土浇筑，保证施工质量，允许对超静定结构的支座弯矩进行适当调幅，从而适当减小支座部位的配筋面积。梁板负弯矩调幅仅限用于竖向荷载作用效应的调整。

（1）允许采用梁板负弯矩调幅的情形：

1）连续梁和连续单向板。

2）框架和框架-剪力墙结构。

3）双向板。

（2）不允许采用梁板负弯矩调幅的情形：

1）直接承受动力荷载的构件。

2）要求不出现裂缝的预应力混凝上构件。

3）使用环境类别为三 a、三 b 类的结构。

4）结构计算模型考虑了梁板相对偏移因素。

（3）梁板负弯矩调幅幅度要求：

由于钢筋混凝土结构的塑性变形能力有限，对梁板的负弯矩调幅幅度要求如下：

1）装配整体式框架梁端负弯矩调幅系数可取为 0.7～0.8，现浇框架梁端负弯矩调幅系数可取为 0.8～0.9。

2）钢筋混凝土板的负弯矩调幅幅度不宜大于 20%。

3）预应力混凝土框架梁的梁端负弯矩调幅幅度不宜超过重力荷载弯矩设计值的 20%。

4）弯矩调整后的梁端截面相对受压区高度不应超过 0.35，且不宜小于 0.10。

（4）梁板负弯矩调幅的实施步骤：

1）对竖向荷载作用下的弹性分析内力，考虑梁端或板端的负弯矩调幅。

2）梁端或板端经负弯矩调幅后，根据平衡条件，调整梁跨中或板跨中的弯矩值。

3）应先对竖向荷载下的梁板弯矩进行调幅，再与水平作用产生的弯矩进行组合。

3.4.10　钢桁架内力计算时的节点假定？

从几何构成上，钢桁架可区分为带斜腹杆的普通桁架和无斜腹杆的空腹桁架。普通桁架的基本构成单元是三角形，为几何不变体系。空腹桁架需采用具有一定刚性的节点，否则为几何可变体系。

钢空腹桁架通常采用弦杆连续、腹杆与弦杆刚接的节点连接构造；在节点荷载作用下，空腹桁架的杆件同时承受轴力和弯矩作用。当空腹桁架采用无加劲钢管直接焊接节点时，节点的轴向和弯曲刚度可按《钢结构设计标准》GB 50017—2017 附录 H 进行计算，视作半刚接或刚接节点。空腹桁架的杆件截面常采用 H 形和箱形截面。

钢普通桁架通常采用弦杆连续、腹杆与弦杆铰接的节点连接构造。弦杆连续构造对应弦杆之间的连接假定为刚接。在节点荷载作用下，普通桁架的杆件以承受轴力为主，可采用腹杆与弦杆间的节点铰接假定计算桁架杆件轴力。当实际节点构造存在一定的抗弯刚性且杆件长细比较小或杆件汇交节点偏心过大时，应计算节点刚性或偏心引起的次弯矩。普通桁架的连接节点构造与所采用杆件截面相关，腹杆与弦杆的主要连接节点形式有：

（1）节点板连接，所采用杆件为单角钢、双角钢或 T 型钢时，可按腹杆与弦杆铰接假定计算桁架内力。

（2）钢管直接相贯焊连接，所采用杆件截面为圆钢管或方矩形管，当节点几何参数符合《钢结构设计标准》GB 50017—2017 第 13 章的适用范围且主管节间长度与截面高度或直径之比不小于 12、支管杆间长度与截面高度或直径之比不小于 24 时，可按铰接节点假定计算桁架内力。

（3）H 形或箱形直接焊接连接，当杆件长细比符合上一款要求时，可按铰接假定计算；当杆件较为短粗（即长细比不满足上一款要求）时，应计算节点刚性引起的次弯矩，按腹杆与弦杆刚接假定计算桁架内力，次弯曲应力不宜超过主应力的 20%。在轴力和弯矩共同作用下，杆件端部截面的强度计算可考虑塑性应力重分布，按《钢结构设计标准》GB 50017—2017 第 8.5.2 条计算。杆件稳定计算应考虑次弯矩影响，按压弯构件计算。

（4）桁架杆件轴线宜汇交于一点，尽量消除偏心次弯矩的影响。采用节点板连接的桁架，杆件轴线应汇交于一点；采用无加劲直接焊接节点的钢管桁架，支管与主管的偏心宜满足 $-0.55 \leqslant e/D$（或 e/h）$\leqslant 0.25$ [《钢结构设计标准》GB 50017—2017 式（13.2.1）]，否则应考虑偏心引起的弯矩。

（5）大跨度桁架、受力较大的主桁架，宜分别采用节点刚接和铰接假定进行内力计算，包络设计。

3.4.11 常用钢结构梁柱连接形式有哪些?

钢结构梁柱连接通常采用刚接或铰接，计算模拟简单。当梁柱连接采用半刚性连接时，应计入梁柱夹角变化的影响，在内力分析时，应假定连接的弯矩-转角曲线，并在节点设计时，保证节点的构造与假定的弯矩-转角曲线相符，计算模拟复杂，较少采用。

常用梁柱刚接节点形式有：全焊接连接、翼缘焊接-腹板螺栓连接、螺栓端板连接。梁柱刚接节点宜采用柱贯通式。梁柱刚接节点的极限受弯承载力由翼缘连接的极限受弯承载力和腹板连接的极限受弯承载力组成，其中腹板连接计算应区分受弯区和受剪区。梁柱刚接节点宜在对应于梁翼缘部位设置柱内横向加劲肋或水平隔板，加劲肋厚度不宜小于梁翼缘厚度，柱节点域腹板厚度应满足受剪承载力要求；当对应于梁翼缘部位未设置柱内横向加劲肋（仅用于受力较小且非抗震情形）时，应满足《钢结构设计标准》GB 50017—2017 第 12.3.4 条对柱翼缘和腹板厚度的要求。梁柱刚接的螺栓端板连接宜采用外伸式，端板厚度不宜小于螺栓直径，端板厚度和螺栓直径应由计算确定，参照《门式刚架轻型房屋钢结构技术规范》GB 51022—2015 第 10.2 节的相关规定计算承载力和刚度。

常用梁柱铰接节点形式有：腹板螺栓连接。与梁腹板相连的高强度螺栓，除应承受梁端剪力外，尚应承受偏心弯矩的作用；当采用现浇钢筋混凝土楼板将主梁和次梁连成整体时，可不计算偏心弯矩的影响。

常用梁柱半刚接节点形式有：顶底角钢连接、螺栓端板连接和 T 形钢连接等。

抗震型框架梁柱节点形式有：加强型连接和骨式连接。其中，加强型连接主要有：梁翼缘扩大型、侧板加强型、盖板加强型和板式连接。

3.4.12 二阶效应是什么？什么情况下需要考虑二阶效应？

二阶效应即几何非线性，是指外荷载在已变形结构几何形体上产生的附加内力和位移效应。二阶效应是稳定性的根源。任何结构，不论是混凝土结构还是钢结构，当二阶效应可能使作用效应显著增大时，结构及构件的计算分析和设计应考虑二阶效应的不利影响。

建筑结构的二阶效应包括 $P\text{-}\Delta$ 效应和 $P\text{-}\delta$ 效应，前者为整体结构的侧移二阶效应，后者为构件自身的挠曲二阶效应。

（1）混凝土结构在下列情况下应考虑二阶效应：

1）当构件长细比 $l_c/i > 34 - 12(M_1/M_2)$ 时，应考虑轴压力在挠曲杆件中产生的附加弯矩影响，也即 $P\text{-}\delta$ 效应〔详见《混凝土结构设计标准》GB/T 50010—2010（2024 年版）第 6.2.3 条和 6.2.4 条〕。

2）当结构在风和地震作用下的重力附加弯矩大于初始弯矩的 10% 时，应计入重力二阶效应的影响，即考虑 $P\text{-}\Delta$ 效应。目前，常用的结构设计计算软件（YJK 和 PKPM）均提供了考虑 $P\text{-}\Delta$ 效应的有限元计算方法〔《混凝土结构设计标准》GB/T 50010—2010（2024 年版）要求考虑构件开裂的刚度影响〕，通过引入重力荷载设计值的几何刚度矩阵（即应力刚度矩阵）对结构的线弹性刚度矩阵进行修正，适用于二阶 $P\text{-}\Delta$ 效应低于 20% 情形。当重力 $P\text{-}\Delta$ 效应大于 20% 时，结构的荷载-位移关系将呈非线性关系急剧增长，此时应增大结构侧向刚度，将重力 $P\text{-}\Delta$ 效应控制在 20% 以内。

3）针对高层钢筋混凝土建筑，通过结构刚重比指标来判断结构重力二阶效应的影响，并采取相应的结构布置和计算措施，以确保高层建筑在风和地震下的重力 $P\text{-}\Delta$ 效应可控，不致引起结构失稳和倒塌。其刚重比的计算考虑了构件开裂引起的刚度折减，按弹性刚度折减 50% 计算。（详见《高层建筑混凝土结构技术规程》JGJ 3—2010 第 5.4.1～5.4.4 条）。

（2）钢结构在下列情况下应考虑二阶效应：

1）当钢构件存在轴压力时，应考虑轴压力在挠曲杆件中产生的附加弯矩影响，也即 $P\text{-}\delta$ 效应。可通过计算长度法或直接分析法对轴心受压构件或压弯构件的稳定承载力进行计算。当轴压力较小时，稳定承载力不起控制作用。

2）当结构的二阶效应系数 $\theta_{i,\max} \in (0.1, 0.25]$ 时，应考虑重力二阶效应的影响，也即 $P\text{-}\Delta$ 效应。可采用二阶 $P\text{-}\Delta$ 弹性分析方法或直接分析法进行结构内力和位移计算。分析中，应考虑结构整体初始几何缺陷的影响；可通过引入重力荷载设计值的几何刚度矩阵（即应力刚度矩阵）对结构的线弹性刚度矩阵进行修正，近似模拟 $P\text{-}\Delta$ 效应。当结构的二阶效应系数 $\theta_{i,\max} > 0.25$ 时，应增大结构的侧移刚度。

3）对于高层钢结构建筑，均应考虑重力二阶效应的影响，且结构的二阶效应系数 $\theta_{i,\max}$ 不应大于 0.2，应满足结构刚重比的最小限值要求以确保整体结构在水平力作用下的稳定性能。其刚重比计算未考虑结构弹性刚度的折减。（详见《高层民用建筑钢结构技术规程》JGJ 99—2015 第 6.1.7 条）。

3.4.13 如何选择钢结构内力和变形分析方法？

钢结构内力分析方法有：一阶弹性分析法、二阶 $P\text{-}\Delta$ 弹性分析法和直接分析法。一阶弹性分析法是根据未变形的结构建立平衡条件并求解内力和位移，结构分析中不考虑几何非线性和材料非线性的影响，采用计算长度法在设计阶段考虑二阶效应（P-Δ 和 P-δ）并复核构件稳定性能；二阶 P-Δ 弹性分析法根据位移后的结构建立平衡条件并求解内力和位移，结构分析中考虑了几何非线性（P-Δ 效应）和结构整体初始几何缺陷，尚应在设计阶段复核因构件缺陷及 P-δ 效应引发的构件稳定性。直接分析法是分析时直接考虑对结构及构件稳定性和强度性能有显著影响的初始缺陷、残余应力、几何非线性（P-Δ 和 P-δ）、材料非线性和节点连接刚度等因素，也即在结构分析中直接考虑了结构及构件的稳定性问题，无需在设计阶段复核因结构缺陷和二阶效应（P-Δ 和 P-δ）引发的结构和构件稳定性。

结构分析方法的选用是依据预估的结构最大二阶效应系数 $\theta_{i,\max}^{\mathrm{II}}$。当 $\theta_{i,\max}^{\mathrm{II}} \leqslant 0.1$ 时，可采用一阶弹性分析；当 $0.1 < \theta_{i,\max}^{\mathrm{II}} \leqslant 0.25$ 时，宜采用二阶 P-Δ 弹性分析或采用直接分析；当 $\theta_{i,\max}^{\mathrm{II}} > 0.25$ 时，应增大结构的侧移刚度或采用直接分析。高层钢结构的最大二阶效应系数不应大于 0.20。

二阶效应系数的计算可按《钢结构设计标准》GB 50017—2017 第 5.1.6 条进行，所采用计算公式应区分不同的结构类型。

以整体受压或受拉为主的大跨度钢结构的稳定性分析应采用二阶 P-Δ 弹性分析或直接分析。

3.4.14　非结构构件对主体结构的影响有哪些？如何在设计中考虑？

非结构构件包括永久性的建筑非结构构件和支承于建筑结构的附属机电设备。其中，建筑非结构构件指建筑中除承重骨架体系以外的固定构件和部件，主要包括非承重墙体、附着于楼面和屋面结构的构件、装饰构件和部件、固定于楼面的大型储物架等。非结构构件自身应满足承载力和刚度的要求，其抗震设计可按《建筑抗震设计标准》GB/T 50011—2010（2024 年版）第 13 章进行。一般情况，非结构构件的施工滞后于主体结构，不应考虑非结构构件对主结构受力的有利作用，但应考虑其不利影响。非结构构件对主体结构的不利影响主要有以下几方面：

（1）附加荷载效应。设计中，除应充分考虑各类非结构构件的重量，还应充分考虑经非结构部件及连接传递至主体结构的风、雪及地震作用效应，如出屋面女儿墙和大型塔架、幕墙、悬挑雨篷、大型广告牌和车站站名等传递的荷载效应。

（2）附加刚度效应。填充墙（非承重墙体）具有一定的面内抗剪刚度，导致实际建筑物的自振周期短于计算模型的周期。结构抗震计算时，应对计算自振周期进行折减，从而增大计算结构的地震作用。当采用砌体填充墙时，周期折减系数可按《高层建筑混凝土结构技术规程》JGJ 3—2010 第 4.3.17 条和《高层民用建筑钢结构技术规程》JGJ 99—2015 第 6.1.6 条取值，具体数值应综合考虑填充墙的数量和分布；当采用柔性连接的砌体墙或其他刚度很小的轻质墙体，可根据工程经验适当考虑周期折减。

高层民用建筑的填充墙、隔墙等非结构构件宜采用轻质板材，应与主体结构可靠连接。房屋高度不低于 150m 时，宜采用建筑幕墙。

填充墙的平面分布宜均匀对称，集中偏置将导致结构侧向刚度偏心，加剧结构的地震扭转效应，可通过增大偶然偏心的距离并计算地震作用效应，控制扭转位移比，提高主体结构的抗扭性能。

中、大震作用下，非结构构件将产生一定的损伤，其刚度贡献相应折减，可适当增大周期折减系数。

（3）附加预应力效应。由于非结构构件的预应力施加，作为支撑非结构构件的主体结构将承受附加预应力，比如预应力拉索幕墙等。

（4）降低主体结构构件的变形能力和延性。比如，刚度较大的半高填充墙布置（缘于建筑门窗洞口、设备洞口）会导致相邻结构柱变为短柱，其承受的地震作用或剪力显著增大，截面抗剪不足，从而可能引起地震下剪切脆性破坏。

（5）机电设备运行荷载效应。主要有电梯运行荷载（应开展基坑底板、吊钩梁及圈梁的设计）、动力荷载效应、楼盖舒适度复核和谐振现象等。

4 建筑场地、地基与基础

4.1 一般规定

4.1.1 地基基础设计要遵守哪些基本规定？

地基基础设计应遵守国家和行业的法规、标准、规范及规程，也应遵守地方标准及当地有关部门的规定。我国各地区地质条件各不相同，基础施工技术差别很大，具体工程基础设计时，应结合工程的实际情况，重视当地的工程经验。

（1）各地方的地基基础设计规范体现了当地的区域地基特点，应作为地基基础设计的重要依据。地基基础设计应遵循地方规范，地方规范无规定时，应按国家规范的规定执行。

（2）地基承载力计算时，采用的承载力计算公式和承载力修正系数取值，应与勘察报告依据的规范版本一致。不同地区、版本的地基基础规范，采用的地基承载力计算公式和承载力修正系数不一定相同，不能混用。

（3）不同工程的实际情况以及当地的工程经验，对地基基础设计方案的可行性及经济性影响较大，应予以重视。

4.1.2 岩土工程勘察报告不满足设计要求如何处理？

（1）《建设场地详细岩土工程勘察报告》是地基基础、结构抗浮的设计依据。勘察报告不满足设计要求时，应及时提出进行补充勘察或完善内容的要求。当场地复杂或当地勘察经验较少、工程复杂性高时，应对勘察纲要提出建议，对勘察报告中不合理的评价应质疑，必要时可提出重新评价的要求。

（2）地基基础设计应采用经审查合格的岩土工程勘察报告作为依据，且宜采用勘察报告推荐的地基持力层和基础型式，有疑问应及时与勘察单位协调处理。采用勘察报告未推荐的地基持力层或基础型式时，应事前取得勘察单位同意并由其提供书面变更意见重新报请原施工图审查机构审查。

4.1.3 什么情况应进行地质灾害危险性评估或场地稳定性评价？

当拟建工程位于危岩、陡坎等不利地段或切坡、荷载增加等建造行为对原有场地稳定性有不利影响时，应要求业主委托具有相关岩土工程资质的单位对改变后的场地进行地质灾害危险性评估或场地稳定性评价。

4.1.4 基础设计施工图中需要包含地基检验要求吗？

施工图设计成果中应明确地基检验要求，如基坑验槽、地基土载荷板试验、地基处理技术要求、桩及锚杆等规范规定的地基检验要求。当地基检验结果与勘察报告不符时，应提请业主要求勘察单位进一步勘察和更新勘察报告。

4.1.5 地基基础设计时哪些特殊地层应重点关注？

对液化土、软弱土、湿陷性土、盐渍土、膨胀土、地下采空区、岩溶、土洞发育区及起伏不平浅岩层等特殊或复杂地质条件应充分调查分析,结合区域特点有针对性地进行地基基础设计。在施工图中明确采取处理措施及相关要求,对湿陷性土、盐渍土应在施工图中提出防水措施。

4.1.6 与既有建筑临近时,基础设计应注意什么?

邻近既有建(构)筑物或地下设施时,首选相互影响小的地基基础方案。复核紧邻新老基础下地基承载力、变形及稳定性时,应考虑施工和使用各阶段工况。施工图中应表述新老基础间关系,需要时明确提出支护、隔振、防振要求。

4.1.7 地下水位较高时设计对施工阶段有哪些要求?

当地下水位较高,施工时需要临时降低地下水位时,应在施工图中明确下列要求:

(1)当基坑周边有建(构)筑物和地下设施时,应进行降水工程设计和全过程监测。

(2)施工方在停止降水之前,应与设计人协商,复核结构抗浮稳定性。在施工图中宜明确施工停止降水的条件。

4.1.8 地基基础设计是否考虑上部结构的共同作用?

地基基础设计时,若有条件应考虑上部结构与地基基础整体协调设计;宜按上部结构、基础和地基共同作用进行地基变形、基底反力和结构构件内力分析。

4.1.9 基础埋置深度不满足规范要求时应注意什么?

当基础埋置深度不满足规范规定或高宽比超过适用高宽比较多的高层建筑,应进行建筑稳定性验算。建筑物稳定性验算时宜按大震验算,当采用桩基础时,尚应验算桩身和连接钢筋的受拉极限承载力;当为天然基础时,地基承载力可采用极限标准值,此时大震地震作用标准值可偏安全地采用等效弹性方法计算。

4.1.10 基础检测资料应注意什么?

验槽、验桩过程中不能仅关注检测结论而忽视检测资料的完整性和可追溯性。经常出现已经验收签字,但尚无正式的检验报告和检测报告的情况,若正式报告的结论与原结论不符,则非常被动。故不仅需要加强数据分析,而且在验槽、验桩后验收签字前,须取得正式的检验报告,且应及时归档备查。

4.2 地 基 设 计

4.2.1 地基变形计算分层总和法的应用?

对于结构复杂的多高层建筑、上部荷载差异悬殊的结构、相邻建筑物基础存在相互影响的结构等,控制地基变形是地基基础设计的关键环节;地基与结构相互作用的精细化计算是必要的,其沉降分析结果可作为工程判断的重要依据,模型参数确定是数值分析计算的关键环节。

沉降变形计算不可过于依赖分层总和法。在有可信的沉降修正经验系数时,分层总和法可以用于预估建筑物总沉降量、分析判断沉降变形特征进而比选地基基础方案;工程中不要过分依赖差异沉降的计算结果,除分析外还应依靠工程经验和构造措施,如设置沉降后浇带、地基处理等来控制沉降差。

4.2.2 不同特性的土层施工阶段变形量是多少?

一般情况下,需要分别预估建筑物在施工期间和使用期间的地基变形值,以便预留建筑物有关部分之间的净空，选择连接方法和施工顺序。一般建筑物在施工期间完成的沉降量，基于工程经验，对于碎石和砂土可认为其最终沉降量已完成80%以上，对于其他低压缩性土可认为已完成最终沉降量的50%~80%，对于中压缩性土可认为已完成20%~50%，对于高压缩性土可认为已完成5%~20%。

大面积地面堆载要注意什么？当在建筑物周边附近范围内有大面积地面堆载（例如生产堆料、工业设备等地面堆载和天然地面上的大面积填土或堆土等）时，特别是堆在软土地基的建筑周边，应考虑因其引起的地基不均匀变形及基础内外过大的沉降差对上部结构的不利影响。

当因场地、总图等要求设计室外地面高于天然地面，需要大面积堆土时，宜提前3~6个月完成大面积堆载，软土地基更应提前，有利于地基土的固结；在深厚软土地基上堆载时需要采取有效的地基处理措施，否则，地面较大的沉降会影响建筑功能及结构安全；如需在主体结构施工完成后进行大面积堆载时，应控制堆载的范围和速度，避免大量、集中、快速堆载；对于后期大面积堆载，应注意引起的地基附加沉降量加大，沉降稳定时间延长，以及对桩的负摩阻效应，同时宜进行相应的地基变形计算分析。

4.2.3 地基变形计算时相邻荷载的影响采用什么方法计算？

计算地基变形时，应考虑相邻荷载的影响，其值可按应力叠加原理，采用角点法计算。

4.2.4 哪些情况应进行地基基础差异沉降计算？

除地基基础设计规范有明确规定可不进行建筑地基变形验算外，下列情况地基基础设计应进行差异沉降计算，并应在基础和上部结构的相关部位充分考虑差异沉降的影响采取相应措施，增强其抵抗差异沉降的能力：

（1）同一结构单元的基础设置在性质截然不同的地基土上。

（2）同一结构单元部分采用天然地基部分采用复合地基。

（3）采用不同基础类型或基础埋深显著不同。

（4）采用经处理的地基作为基础主要持力层。

（5）上部结构荷载差异较大的区域。

其中（1）~（3）三种情况的基础应尽量避免采用。

4.2.5 为什么基础沉降计算结果偏大？

地基变形计算时，压缩模量取值应采用与基础底面下第 i 层土厚度中心处的自重压力 p_{oz} 至土自重压力 p_{ez} 与附加压力 p_z 之和的压力段相匹配的压缩模量 E_{si}；否则基础沉降计算结果可能会偏大；勘察报告应提供能综合反映土层压缩性能指标的不同压力下的孔隙比，选用适宜的压力段计算压缩模量；压缩模量选用应有依据，应告知勘察单位结构的基底附加应力大致范围，勘察单位根据提供的数值给出相应应力段的压缩模量。

4.2.6 沉降观测点宜设置在哪里？

沉降观测点位宜选设在下列位置，并在基础施工完成后开始观测：

（1）建筑的四角、核心筒四角、大转角处及沿外墙每20~30m处或每隔3~4根柱基上。

（2）高低层建筑、新旧建筑、纵横墙等交接处的两侧。

（3）建筑分缝、后浇带和沉降缝两侧、基础埋深或荷载相差悬殊处、处理地基与天然地基接壤处、不同结构的分界处及填挖方分界处。

（4）对于宽度不小于 15m 或小于 15m 但地质条件复杂以及膨胀土地区的建筑，应设置在室内地面中心及四周。

（5）筏形基础、箱形基础底板或接近基础的结构四角处及其中部位置。

（6）对于电视塔、烟囱、水塔等高耸建筑，应设在沿周边与基础轴线相交的对称位置上，点数不少于 4 个。

（7）结构对变形敏感部位。

当建筑结构或地质复杂时，应加密布点。

4.2.7　坡地上的建筑物基础设计应注意什么？

（1）在坡地上建造单栋多、高层建筑物时，应就地势建造，通过场地的局部平整，使建筑物全部或分区坐落在同一标高、土层性质相近的场地（或台阶场地、稳定的土层）上。坡地建筑不宜将建筑的外墙作为挡土墙使用。建筑外墙与边坡土体间应留有足够的距离，防止土体滑动造成建筑结构严重变形破坏。无法避免时应计算土压力对主体结构的影响，确保安全。建筑物临近坡地侧，宜设置永久性支挡结构。永久性支挡结构宜与主体结构预留一定的安全间距。对于与场地地质稳定相关的永久性支挡结构（或场地边坡支护），应建议业主委托具有相关岩土工程资质的单位，结合场地及建筑物基础情况，进行专项设计。

说明：山地建筑基础设计应遵守现行《建筑地基基础设计规范》GB 50007、《山地建筑结构设计标准》JGJ/T 472 和相关地方规范、规程规定；这些规范、规程中很多内容和建设场地有关，不是结构工程师能够控制的，但结构工程师对山地建筑要慎重，要有宏观意识，不能仅仅只看地勘报告，要实地踏勘，对场地有总体了解，判断宏观、中观和微观各层面的因素。对很多不属于结构工程师设计范围的，结构设计说明中要按上述规范的内容给予说明，要求业主专门另行采取处理措施（假如出现事故，这些属于地基规范的强条，结构工程师很难证明不是自己的责任），对结构地基有影响的部分设计时要充分考虑：

1）很多山地建筑是山坡局部一块整平场地作为建筑场地，但山坡顶或山坡底的洪水有可能进入场地，这本来属于建筑场地设计的范畴，但因为建筑设计情况的复杂性，比如甲方委托的设计仅为单体等，这时候结构工程师需要提醒建筑师和业主，至少在结构图纸上做如下说明。

本设计仅考虑场地范围内的雨水对结构地基的影响，场地外应做专门的截水沟并经专门设计，避免场地以外的山洪进入场地，若无法避免时，业主应进行专项的场地排水设计，避免洪水对建筑结构的破坏。

2）场地及对场地有影响的范围是否存在滑坡、泥石流、山洪、建筑基底范围以外的山坡及场地的稳定性、场地有无采空、岩溶洞、危岩崩塌、因场地挖填堆卸载影响场地的稳定性等。该部分也不应该属于结构设计的范围，一般来说结构工程师没有能力对其安全性进行判断，地勘报告中如未反映此部分内容。结构人员应该在总说明中补充如下说明：该场地为山地，业主应专门就场地稳定性，是否存在采空、岩溶洞、危岩崩塌、堆卸载影响等问题委托勘察单位或其他单位分析评估并采取相关措施等。

3）一般山地场地有大量的挡土墙、护坡、锚杆等设计，该部分内容比较复杂，结构工程师一般难当其任，应建议建设方另行委托岩土专业工程师设计。对于简单的、比较矮的挡土墙（控制在 6m 以下）结构师也可以设计。

4）山地边坡的稳定等验算一般结构工程师难以胜任，设计院应要求建设方专门委托岩土专业工程师进行，但结构工程师也要审核岩土工程师的计算书。因为边坡的外界条件和要求还是由结构工程师把控；比如在地震作用下建筑物对地基土的倾覆弯矩、剪力等外界条件。对位于边坡上的新建建筑真正负责任的还是结构工程师，所以对此应该慎之又慎。

（2）山地建筑结构不宜兼作支挡结构。当主体结构兼作支挡结构时，应考虑主体结构与岩土体的共同作用及其地震效应。

说明：岩土与建筑物之间的地震相互作用算不清，目前还没有国家规范专门规定山地建筑地震作用的岩土压力，现行《山地建筑结构设计标准》JGJ/T 472只在条文说明中给出参考，并且目前还没有将岩土与结构体共同考虑的分析计算软件，如确需计算可参考中国建筑设计研究院有限公司的《结构设计统一技术措施》2018版简化的计算方法。

（3）位于边坡上的新建建筑基础设计，宜采取以下措施避免边坡的影响，无法避免时应进行边坡稳定计算。

1）加深基础或尽量离开边坡边缘，使建筑基础位于滑切面影响范围之外，或者是基础应力扩散范围避开了边坡。

2）应考虑边坡对地震作用的放大（参考《建筑抗震设计标准》GB/T 50011—2010（2024年版）第4.1.8条和《山地建筑结构设计标准》JGJ/T 472—2020第4.2.2条条文说明）。

3）当边坡为土质时，桩基是一个好的选择。桩基将建筑的垂直荷载直接传至滑切线以下的土体中，相当于加深基础。

4）桩穿过土质边坡圆弧滑切面以下一定深度，应保证桩的大部分承载力通过滑切面以下土层的侧阻和端阻承担，若以摩擦为主的桩仅仅深入滑切面以下很小的深度，桩的荷载还是大部分传到了滑切面以上的土层，此时边坡仍需要验算稳定。

对于岩石边坡，应考虑桩侧阻力对破裂面以上岩石稳定的不利影响。详见《山地建筑结构设计标准》JGJ/T 472—2020第4.3.4条及条文说明。

5）即使经验算满足稳定要求或采取支挡措施的稳定边坡，地基的承载力仍需要适当的折减，这个是和减少边坡的变形理念一致的，具体可以参考重庆市《建筑地基基础设计标准》DBJ50/T—047—2024的有关规定。

4.2.8　"人工填土"和"大面积压实填土"是一样的吗？

注意区分"人工填土"和"大面积压实填土"，大面积压实填土指采用机械碾压施工的填土，施工质量是有保证的，有些情况下可作为建（构）筑物基础持力层。

4.2.9　复合地基的褥垫层要考虑其强度吗？

复合地基的褥垫层受力基本是处于有侧限变形状态，可以不考虑其承载力问题，它的功能是保证桩土共同承担荷载。

4.2.10　什么情况下不宜采用复合地基？

以下情况不宜采用复合地基：

（1）桩间土未完成固结的回填土地基。

（2）桩间土可能出现固结沉降的地基。

（3）桩-土应力比大于20的复合地基。

（桩-土应力比概念详见《建筑地基处理技术规范》JGJ 79—2012第7.1.5条条文说明）。

（4）嵌岩桩复合地基应慎用。

说明：对于地基主要受力层为液化土、湿陷性土、高灵敏度软土、欠固结土和新近填土等的天然地基土层，应先通过其他工艺改善和增强天然地基土层的物理力学性能指标（注意软土的加固不能采用挤密周围土的方法，因为软土是饱和土，土没挤密，力都传给了周围的水，形成超孔隙水压力），再二次采用刚性桩复合地基进行加固处理，即所谓采用复合工艺形成的组合型复合地基。该情况下的人工地基在充分发挥刚性桩桩体作用时，应降低刚性桩复合地基的桩土应力比（n），有效调节地基土和刚性桩的刚度梯度，使桩土相互和共同作用更加协调和合理。

4.2.11　回填土后期沉降的处理措施有哪些？

垫高沉降地面方案、高压旋喷桩加固方案、换土垫层法加固方案、微型桩＋注浆加固方案、振冲碎石桩加固方案、松木桩法加固方案等。

4.2.12　主楼与裙楼一体时天然地基承载力修正方法？

主楼与裙楼连在一起的建筑，对于主体结构地基承载力深度修正，宜考虑基础底面以上主体结构周边裙楼（筏板基础）产生的超载的有利作用，该超载可折算成当量土厚（两侧当量厚度不相同时按小值考虑）作为基础埋深计算。当主体结构单侧裙楼基础宽度大于2倍主体结构宽度时（两侧宽度不相同时按小值考虑），可按当量土厚计算。当单侧裙楼基础宽度小于2倍主体结构宽度时，应按当量土厚与实际埋深的较小值计算。

当裙楼基础为独立基础、防水板（架空或不架空），裙楼产生的超载需根据实际情况另行考虑。

当主楼基础长宽比较大时，可以按上述原则只考虑长边的超载情况。

4.2.13　如何理解规范中"同一结构单元不宜采用不同基础形式"的规定？

《建筑抗震设计标准》GB/T 50011—2010（2024年版）中规定"同一结构单元不宜部分采用天然地基部分采用桩基"；《建筑桩基技术规范》JGJ 94—2008中也有类似的规定，"同一结构单元宜避免采用不同类型的桩"。规范主要考虑到两种基础形式或者桩型在地震时，对上部结构所产生的震害效应不同，容易引起应力集中、扭转等不利情况。

在结构设计中，出于经济指标和施工条件的限制，同一建筑物下如需采用不同的基础形式，应根据建筑物的安全等级、结构刚度、场地分类、持力层性状等因素综合分析并采取相应的结构措施。同一结构单元中，对于刚度较好的多层建筑，独立柱基、条形基础和人工挖孔桩（墩）基组合运用，设计时需要将持力层选择在同一土层，并减少两基础的基底高差，使得两种基础形式的地震效应接近；天然地基和地基处理组合时，设计时需要使地基处理部分的刚度（或变形）接近于天然地基，实现两者变形协调；对于同一结构单元采用不同类型的桩基时，需要满足同为摩擦型桩或端承型桩，持力层在同一土层上。

4.3　基础设计

4.3.1　基础设计时各采用什么荷载组合？

确定基础底面积（即地基承载力验算），采用相应于作用的标准组合时的基础底面处的压力值；基础受冲切、受剪切、抗弯及局部受压承载力验算，采用相应于作用的基本组合时的基础底面处的压力设计值；基础变形验算，采用相应于作用的准永久组合时的基础底面处的附加压力设计值。

4.3.2　不同工况计算各采用什么水位？

抗浮稳定性验算时设防水位应取建筑物设计使用年限内（包括施工期间）可能发生的最高水位；对结构构件（底板、侧墙、抗拔桩等）进行裂缝宽度、变形大小验算时水位可适当降低，建议采用常年稳定水位，但不应低于潜水位。计算外墙裂缝宽度时可考虑竖向荷载的有利影响。

对结构构件承载力（底板、侧墙、桩抗拔承载力等）承受的水压力应按最高水位水头计算。

说明：地下室各构件和抗拔桩计算最大裂缝宽度时，地下水作用的准永久值系数还可以按以下方法取值：当采用最高地下水位时，可取平均水位水头高度与最高水位水头高度的比值且不应小于 0.7；当采用平均水位时，应取 1.0。

4.3.3　不同类型扩展基础应进行哪些计算？

1. 无筋扩展基础（刚性基础）

当基础宽度 $B \geqslant 2.0$m 时，不宜采用刚性基础，基础底面处的平均压力值超过 300kPa 时，应验算基础受剪承载力。

2. 钢筋混凝土扩展基础

（1）单向受力状态钢筋混凝土柱下独立基础、条形基础均应进行受弯、受剪承载力验算。

（2）对于土质地基，扩展基础受冲切、受剪承载力验算应遵循以下原则：

1）双向受力状态且基础底面两个方向边长相同或相近（长宽比<2）的钢筋混凝土墙（柱）下独立基础，当冲切破坏锥体落在基础底面以内时仅需验算受冲切承载力；但当采用荷载效应基本组合，基础底面平均压力超过 300kPa 时，建议补充验算墙（柱）边缘或台阶处的受剪承载力；当冲切破坏锥体落在基础底面以外时无需验算受冲切承载力。

2）基础底面平均压力超过 300kPa 时，对于钢筋混凝土墙（柱）下独立基础，当按式（4.3.3-1）确定的基础截面高度明显不合理（基础高度过大）时，可按式（4.3.3-2）及式（4.3.3-3）分别进行复核验算，并取两者计算的基础截面高度较大值设计（说明：此条必须由有丰富工程经验的设计人判断）。

$$V_s \leqslant 0.7 \beta_{hs} f_t A_0 \tag{4.3.3-1}$$

式中　V_s——相应于作用的基本组合时，柱边（或基础变阶）处的独立基础的剪力设计值，如图 4.3.3-1。其他参数同《建筑地基基础设计规范》GB 50007—2011。

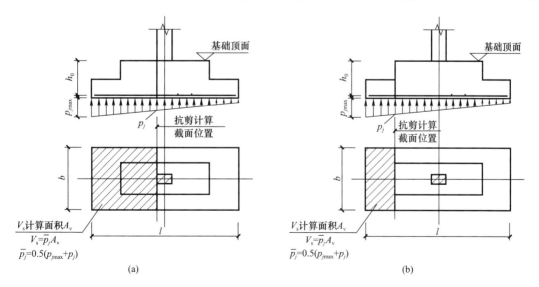

图 4.3.3-1　柱下独立基础剪力设计值的计算

（a）柱与基础交接处；（b）基础变阶处

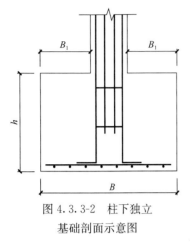

图 4.3.3-2　柱下独立
基础剖面示意图

$$V_s \leqslant 0.98\beta_{hs}f_tA_0 \qquad (4.3.3-2)$$

式中　0.98——为考虑基础厚度的影响，引入剪切系数 $\beta=$ 1.4 后的数值，$1.4\times0.7=0.98$。V_s 的取值如图 4.3.3-1 所示，其他参数同式（4.3.3-1）。

$$V_s \leqslant 0.7\beta_{hs}f_tA_0 \qquad (4.3.3-3)$$

式中　V_s——相应于作用的基本组合时，距柱边 $0.5h_0$ 处的独立基础的剪力设计值，如图 4.3.3-2 所示。其他参数同式（4.3.3-1）。

（3）当柱下独立基础置于完整、较完整的中风化岩石上时，可按下列公式验算柱与基础交接处截面受剪承载力：

$$V_s \leqslant 0.8(8-2R/3)\beta_{hs}f_tA_0 \qquad (4.3.3-4)$$
$$\beta_{hs} = (800/h_0)^{1/4} \qquad (4.3.3-5)$$

式中　V_s——相应于作用的基本组合时，柱与基础交接处的剪力设计值（kN）；

　　　R——基础对应的台阶宽度 B_1 与台阶有效高度 h_0 之比，当 $R>2.5$ 时取 $R=2.5$，$R<1.0$ 时取 $R=1.0$；

　　　β_{hs}——受剪切承载力截面高度影响系数，当 $h_0<800$mm 时，取 $h_0=800$mm；当 $h_0>2000$mm 时，取 $h_0=2000$mm；

　　　A_0——验算截面处基础的有效截面面积（m²）。

（4）当受剪验算截面为阶形及锥形时，可将其截面折算成矩形。

（5）当双柱联合基础柱净距 L 不小于 1.0 倍基础高度时，应在柱间基础顶面设置钢筋网或于基础内设置暗梁（图 4.3.3-3），基础顶面钢筋网或暗梁顶纵向钢筋及箍筋应按计算确定；基础顶面纵向钢筋最小配筋率不小于 0.15%。

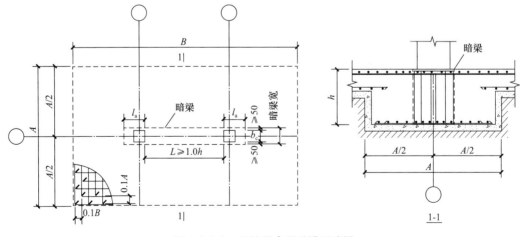

图 4.3.3-3　双柱联合基础设置暗梁

4.3.4　带有防水板的地下室独立基础设计有哪些方法？这些方法有什么特点？

带有防水板的独立基础（桩承台）设计，一般可采用下列方法：

（1）变厚度筏板设计法：防水板与独立基础共同受力，防水板下也有地基反力存在，其受力更接近于局部设置柱帽的筏板基础，宜优先采用此方法设计。

（2）防水板与独立基础（桩承台）分离设计法：防水板只用于抵抗水浮力，不考虑其地基承载能力分担上部荷载的作用，由独立基础承担全部结构荷载并考虑水浮力的影响。应当注意的是，采用这种方法计算时独立基础厚度及配筋取值宜比计算值适当加大，以考虑基底反力分布范围扩大对基础抗冲切能力降低和弯矩加大的不利影响，通常地基土越软其影响越大（图 4.3.4）。

说明：地下室基础由柱下桩基（桩承台）＋防水板组成，地下室防水板自重能否由板底下天然土层承受？

一般所说的防水板，即只承受水浮力的地下室底板，不考虑防水板的地基承载能力，基础（条形基础、独立柱基、桩基）承担全部结构荷载并考虑水浮力的影响。因此，防水板设计与土的承载力大小无关。防水板的具体要求可参考国标图集《建筑结构设计规范应用图示（地基基础）》13SG108-1 第 5-9 页、第 5-10 页。如地下室底板承担地基反力，则应按筏板设计。

实际设计过程中，有时为经济性考虑。地下室基础由柱下桩基＋防水板组成，防水板自重可以考虑由板底天然土层承担，前提是底板下的土层必须符合《建筑桩基技术规范》JGJ 94—2008 第 5.2.5 条所规定可考虑承台效应且未经扰动的土层要求。对可液化土、湿陷性土、高灵敏度软土、欠固结土、新填土，沉桩引起超空隙水压力和土体有隆起时，不考虑底板下土体的承载作用。

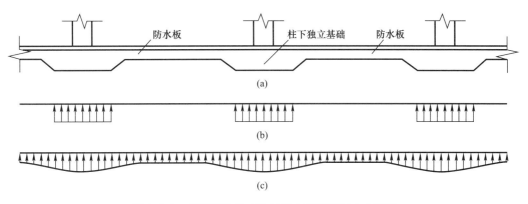

图 4.3.4　按不同设计方法的防水板基底反力分布图
（a）带防水板的柱下独立基础；（b）按独立基础计算的基底反力分布图；（c）基底反力实际分布图

4.3.5　地下室防水板配筋率如何规定？

对于柱下独立基础（桩承台）加防水板设计，当地下水位产生的浮力小于防水板自重与防水板上的建筑面层重量时，防水板可按构造配筋（最小配筋率 0.15%），独立基础（桩承台）不考虑防水板的影响。当地下水位产生的浮力大于防水板自重与防水板上的建筑面层重量时，防水板可按四角支承在独立基础（桩承台）的双向板计算，或按无梁楼板计算（独立基础或桩承台可按柱帽考虑），防水板最小配筋率为 0.20%，独立基础（桩承台）应考虑防水板的影响。独立基础（桩承台）顶面无配筋时，防水板面筋应贯穿独立基础（桩承台）顶面防水，板底筋应满足受拉的锚固长度并锚固在独立基础（桩承台）中。

4.3.6　对于单墙（柱）"桩基承台＋防水板"的承台顶部是否需要满足最小配筋率？

对于单墙（柱）"桩基承台＋防水板"的基础形式，一般承台比防水板厚较多，承台范围的顶部钢筋不需要按《混凝土结构设计标准》GB/T 50010—2010（2024 年版）中受力最小配筋率要求执行。

说明：《建筑桩基技术规范》JGJ 94—2008 第 4.2.3-1 条规定了柱下独立桩基承台的钢筋配置要求，如无地下室时顶部可不配置钢筋。对有地下室的建筑，采用"桩基承台＋防水板"的结构形式时，承台顶部受压，防水板底部钢筋锚入承台、顶部钢筋贯通承台。相对承台而言，其顶部配置了钢筋，但无最小配筋率要求。

4.3.7　独立柱基（桩承台）加防水板基础是否需要设置拉梁？

是否设置拉梁由设计人根据工程的具体情况确定。

4.3.8　什么情况下独立基础及桩承台间应设置拉梁？

对于下列情形，当无地下室时，独立基础及桩承台间应沿两个主轴方向设置连系梁：

（1）地基土为软弱黏性土、液化土、新近填土或严重不均匀土。

（2）重要的建筑物。

（3）基础承受较大水平力作用。

（4）抗震设防烈度为 8 度及以上。

连系梁一般直接与基础相连，当基础埋置较深时，连系梁可设置在地坪处附近直接与框架柱相连；基础连系梁的主筋应按计算确定，并应按受拉要求锚入基础或承台，连系梁内上下纵向钢筋在中间支座部位应贯通设置。

4.3.9　筏形基础需要计算哪些内容？

筏形基础主要计算内容有：

（1）梁板式筏形基础：

1）验算双向板的受冲切承载力、单向板的受剪切承载力，以确定基础底板的厚度。

2）计算基础板的弯矩，配置板受弯钢筋。

3）验算基础梁的受剪切承载力，以确定基础梁的截面，并配置梁箍筋或弯起钢筋。

4）计算基础梁的弯矩，配置梁受弯钢筋。

5）验算基础沉降量及相邻柱间的差异沉降。

（2）平板式筏形基础：

1）验算柱底及柱帽底面的受冲切、受剪切承载力，以确定基础板厚度和柱帽尺寸。对于含墙（包括核心筒）的结构，尚应验算墙边及筒周边的受冲切、受剪切承载力。对于框架-核心筒结构，可按内筒下筏板破坏锥底面积范围内地基土的实际净反力计算。

2）计算基础板的弯矩，配置板受弯钢筋。

3）验算基础沉降量及相邻柱间的差异沉降。

筏板基础设计时，可采用局部增设柱墩、局部加厚或配置抗冲切钢筋等措施控制筏板基础的厚度。当采用变厚度筏板时，尚应验算筏板变厚度处的受剪承载力。

4.3.10　如何处理筏型基础计算配筋结果过大的情况？

对于筏板基础计算配筋文件中常出现的较大配筋峰值情况，可采取以下措施"削峰"：

（1）调整网格尺寸重新计算（适当加大网格尺寸并使网格划分规则可减小峰值）。

（2）在满足抗冲切要求的前提下适当调整筏板厚度。

（3）在合理范围内调整地基基床系数重新计算。

（4）取相邻 3～5 个网格（或 3～5 倍筏板厚）且总宽度不大于半个柱距的计算配筋值加以平均，按平均值配筋。

（5）配有附加钢筋时应注意使附加钢筋长度满足钢筋强度充分利用点外伸一个锚固长度的要求。

4.3.11　筏型和独立基础外挑长度如何控制？

当地基承载力不满足规范要求或地基沉降量过大需要设置外扩基础，加大基础底面积时，筏板基础合理的外扩长度，一般不宜超过基础底板厚度的 2 倍；柱下独立基础、条形基础合理的外扩长度，一般不宜超过基础底板厚度的 2.5 倍。

4.3.12　什么情况下独立基础面应配筋钢筋？

对于风荷载比较敏感的高耸结构及轻质结构独立基础，大型广告牌及轻质高大围墙的立柱基础，柱底轴力较小，但弯矩及剪力较大，未控制零应力区的结构独立基础，以及承受上拔力的基础，基础上表面需要配置钢筋。悬臂式挡土墙或高度较大的顶端有约束的钢筋混凝土挡土墙的条形基础，其顶面应根据受力情况合理配筋，并满足构造要求。

4.3.13　承台四周回填土施工质量如何控制？

承台四周填土质量直接关系到桩基水平承载力计算方式，也关系到建筑物的抗震、抗风稳定性。若承台上下一定范围内存在液化土层，即使液化等级为轻微，也应全部消除，否则会直接影响桩基水平承载能力。全部消除液化的措施有换土、强夯和采用挤土桩等方式。设计图纸上应说明回填土的施工要求。

说明：采用挤土桩消除液化是有桩距和桩数要求的，桩距和桩数的具体规定参见现行《建筑地基处理技术规范》JGJ 79 或其他地方规范、规程。

4.3.14　基础施工图中容易忽视的说明？

施工图中绘制的基础或承台砖胎膜需要注明是模板还是兼作挡土墙，避免引起施工事故。

4.3.15　如何判断某些特殊墙肢冲切周长是否正确？

筏板基础的冲切承载力验算是建筑结构工程中经常遇到的问题。L 形墙肢、Z 形墙肢或者有端柱的墙肢按以下方式计算冲切周长：

（1）L 形墙肢如图 4.3.15-1 所示。

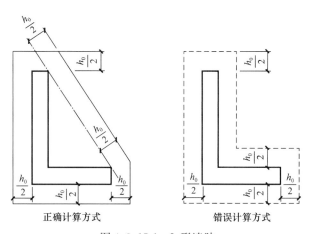

图 4.3.15-1　L 形墙肢

（2）Z 形墙肢如图 4.3.15-2 所示。

（3）带边框柱的墙肢如图 4.3.15-3 所示。

（4）柱墙组合的复杂情况如图 4.3.15-4 所示。

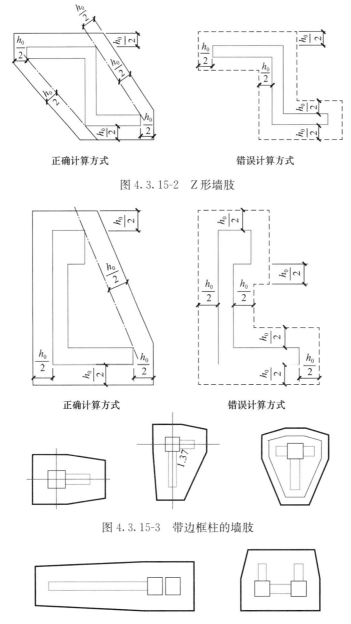

图 4.3.15-2　Z形墙肢

图 4.3.15-3　带边框柱的墙肢

图 4.3.15-4　柱墙组合的复杂情况

带边框柱的墙肢，冲切验算时，将边框柱和剪力墙合在一起，作为一个验算单元考虑，相当于一个异形柱。冲切力为各部分竖向构件轴力之和。

总结：

（1）边框柱和墙肢合成一个计算单元，相当于按异形柱计算。

（2）按"凸包＋偏移"的几何算法，确定冲切破坏锥和临界截面的轮廓线。

确定冲切面的核心是竖向构件外轮廓，外扩 $0.5h_0$ 的长度，取最短周长；由于两点之间直线最短，这就决定它必须是一个凸多边形，而不可出现凹角。

4.4　桩基设计

4.4.1　桩基础设计时各采用什么荷载组合？

桩基计算和验算应按现行《建筑桩基技术规范》JGJ 94 的相关规定，采用相应荷载效应作用的标准组合、准永久组合或基本组合；同时应注意根据桩基的安全等级，确定相应的结构重要性系数。

（1）确定桩数和布桩时，应采用传至承台底面荷载效应作用的标准组合。

（2）计算桩、承台承载力、确定尺寸和配筋时，应采用传至承台顶面荷载效应作用的基本组合。

（3）计算桩的沉降和水平位移时，应采用荷载效应作用的准永久组合（不考虑风荷载）。

（4）计算风荷载作用下桩的水平位移时，应采用风荷载效应作用的标准组合。

（5）计算水平地震作用下桩的水平位移时，应采用地震荷载效应作用的标准组合。

（6）进行承台和桩身裂缝控制预算时，应采用荷载效应作用的准永久组合。

（7）验算坡地、岸边建筑桩基的整体稳定性时，应采用荷载效应作用的标准组合；抗震设防区，应采用地震荷载效应作用和其他荷载效应作用的标准组合。

4.4.2　在自然地面试桩时承载力取用要注意什么？

基坑较深时，如在地面施工试桩，则工程桩设计承载力应参照试桩结果适当折减，因为试桩存在以下一些不确定性因素：

（1）基坑开挖后地基土回弹对桩身产生的向上拉力影响。

（2）因开挖前的基坑底土压力可能大于建筑物对基底桩间土的压力，尚应考虑基坑底面以下一定范围桩侧摩阻力因基坑开挖卸荷而降低。

（3）基坑深度范围内桩侧摩阻力估算准确度。

（4）堆载检测时对桩顶一定深度内桩侧摩阻力围压套箍作用。

（5）试桩施工的特定性等。

4.4.3　常规桩距时桩端下的软弱下卧层如何进行验算？

桩端软弱下卧层系指其承载力低于桩端持力层承载力 1/3 或与桩端持力层压缩模量之比不大于 0.6 的土层；桩端下存在软弱下卧层时，应进行下列验算：

（1）桩距不超过 $6d$ 的独立承台或桩筏基础，群桩桩端持力层下卧层承载力可按现行《建筑桩基技术规范》JGJ 94 要求进行验算，不能满足要求时宜采取加大桩距、增加桩数等措施调整。

（2）宜通过静载试验检验桩的实际承载力。当受设备或现场条件限制无法检测单桩竖向受压承载力时，可按现行《建筑基桩检测技术规范》JGJ 106 的相关规定采用钻芯法或深层平板载荷试验进行持力层核验。

（3）大直径或扩底灌注桩单桩，当桩端下持力层厚度 $2D$ 范围内存在低于桩端持力层承载力 1/3 或与桩端持力层压缩模量之比不大于 0.6 的软弱下卧层时（图 4.4.3），可按下列公式验算软弱下卧层的承载力：

$$\sigma_z + \gamma_m(l+t) \leqslant f_{az} \qquad (4.4.3\text{-}1)$$

$$\sigma_z = \frac{4(N_k + V \cdot \Delta\gamma - \pi d \cdot \sum q_{sik} l_i)}{\pi(D + 2t \cdot \tan\theta)^2} \qquad (4.4.3\text{-}2)$$

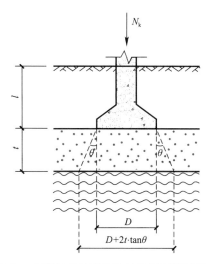

图 4.4.3　大直径或扩底灌注桩软弱下卧层计算

$$\Delta\gamma = \gamma_{\mathrm{G}} - \gamma_{\mathrm{m}} \tag{4.4.3-3}$$

式中　σ_z——作用于软弱下卧层顶面的平均附加应力标准值（kPa）；

　　　　γ_{m}——软弱下卧层顶面以上各土层重度（地下水以下取浮重度）按土层厚度计算的加权平均值（kN/m³）；

　　　　l——桩长（m）；

　　　　t——硬持力层厚度（m）；

　　　　f_{az}——软弱下卧层经深度修正后的地基承载力特征值（kPa）；

　　　　N_{k}——桩顶的竖向作用力标准值（kN）；

　　　　V——大直径或扩底灌注桩桩孔体积（m³）；

　　　　$\Delta\gamma$——桩体混凝土重度与土体重度差（kN/m³）；

　　　　γ_{G}——桩体混凝土重度（kN/m³）；

　　　　d——桩身直径（m）；

　　　　D——大直径扩底桩扩大端直径（m），当无扩大端时，取 $D=d$；

　　　　q_{sik}——第 i 层土的桩侧极限侧阻力标准值（kPa）；

　　　　l_i——第 i 层土的厚度（m）；

　　　　θ——桩端硬持力层压力扩散角，按表 4.4.3-1 取值。

桩端硬持力层压力扩散角 θ　　　　　　　　　　表 4.4.3-1

$E_{\mathrm{s1}}/E_{\mathrm{s2}}$	$t=0.25D$	$t \geqslant 0.5D$
1	4°	12°
3	6°	23°
5	10°	25°
10	20°	30°

注：1. 本条款引自现行《大直径扩底灌注桩技术规程》JGJ/T 225 规定。

　　2. E_{s1}、E_{s2} 分别为持力层、软弱下卧层的压缩模量。

　　3. 当 $t<0.25D$ 时，取 $\theta=0°$；t 介于 $0.25D$ 与 $0.5D$ 之间时可内插取值。

（4）大直径或扩底灌注桩单桩竖向变形可按下列公式计算：

$$s = s_1 + s_2 \tag{4.4.3-4}$$

$$s_1 = \frac{QL}{E_c A_{ps}} \tag{4.4.3-5}$$

$$s_2 = \frac{DI_\rho p_b}{2E_0} \tag{4.4.3-6}$$

$$p_b = (N_K + G_{fk})/A_p - (\pi d q_{sk} L/A_p) - \gamma_0 l_m \tag{4.4.3-7}$$

式中　s——单桩竖向变形（mm）；

s_1——桩身轴向压缩变形（mm）；

s_2——桩端下土的沉降变形（mm）；

Q——荷载效应准永久组合作用下，桩顶的附加荷载标准值（kN）；

L——扩大端变截面以上桩身长度（m），当无扩大端时，取 $L=1$；

E_c——桩体混凝土的弹性模量（MPa）；

A_{ps}——桩身截面面积（m²）；

I_ρ——大直径扩底桩沉降影响系数，与桩入土深度 l_m、扩大端半径 a 及持力层土体的泊松比有关，可按表 4.4.3-2 的规定取值；

p_b——桩底平均附加压力标准值（kPa）；

E_0——桩端持力层土体的变形模量（MPa），可由深层载荷试验确定；当无深层载荷试验数据时应取 $E_0 = \beta_0 E_{sl-2}$，其中 E_{sl-2} 为桩端持力层土体的压缩模量；β_0 为室内土工试验压缩模量换算为计算变形模量的修正系数，应按表 4.4.3-3 规定取值；

N_k——桩顶的竖向作用力标准值（kN）；

G_{fk}——桩底扩大端向上投影范围的桩自重和土体重量；

A_p——桩底扩大端水平投影面积（m²）；

q_{sk}——扩大端变截面以上桩长范围内按土层厚度计算的加权平均极限侧阻力标准值（kPa）；

γ_0——桩入土深度范围内土层重度的加权平均值（kN/m³）；

l_m——桩入土深度（m）。

大直径扩底桩沉降影响系数　　　　　　表 4.4.3-2

l_m/a	2.0	3.0	4.0	5.0	6.0	7.0	8.0	9.0	10.0	11.0	12.0	15.0
I_ρ	0.837	0.768	0.741	0.702	0.681	0.664	0.652	0.641	0.625	0.611	0.598	0.565

注：可由 l_m/a 值内插法确定 I_ρ；当 $l_m/a > 15$ 时，I_ρ 应按 0.565 取值。

大直径扩底桩桩端土体计算变形模量的修正系数　　　　　　表 4.4.3-3

E_{sl-2}（MPa）	10.0	12.0	15.0	18.0	20.0	25.0	28.0
β_0	1.30	1.55	1.87	2.20	2.30	2.40	2.50

注：1. 本条款引自现行《大直径扩底灌注桩技术规程》JGJ/T 225 有关规定。

　　2. 可由 E_{sl-2} 值内插法确定 β_0；当 $E_{sl-2} > 28.0$MPa 时，可由深层载荷试验确定 E_0。

4.4.4　非常规桩距时桩端下的软弱下卧层如何进行验算？

单桩、单排桩及桩距 $s_a > 6d$ 时疏桩基础软弱下卧层验算（图 4.4.4）：

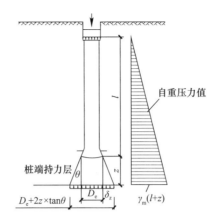

图 4.4.4　群桩基础下卧层验算图（按桩基规范方法单桩或桩距>6d）

$$\delta_z + \gamma_m(l+z) \leqslant f_{az} \tag{4.4.4-1}$$

$$\delta_z = 4(N_k - 3/4u \times \sum q_{sik}l_i)/[\pi(D_e + 2z \times \tan\theta)^2] \tag{4.4.4-2}$$

式中　δ_z——作用于软弱下卧层顶面的附加应力（kPa）；

　　γ_m——承台底面至软弱层顶面之间各土层重度（地下水位以下取浮重度）按厚度加权平均值（kN/m³）；

　　l——桩长（m）；

　　z——硬持力层厚度（m）；

　　f_{az}——软弱下卧层经深度 $1+z$ 修正的地基承载力特征值（kPa）；

　　N_k——荷载效应标准组合竖向力作用下，单桩（基桩）桩顶竖向力值（kN），按《建筑桩基技术规范》JGJ 94—2008 第 5.1.1 条计算；对于单桩基础，$N_k = F_k + G_k$；

　　u——桩身周长（m）；

　　D_e——桩端等代直径（m），对于圆形桩端，$D_e = D$（D 为桩端扩底直径）；对于方形桩，$D_e = 1.13b$（b 为桩的边长）；按《建筑桩基技术规范》JGJ 94—2008 表 5.4.1 确定扩散角时，表中 $B_0 = D_e$；

　　F_k——相应于作用的标准组合时，上部结构传至承台顶面的竖向力值（kN）；

　　G_k——承台自重和承台上的土重（kN/m³）；

　　q_{sik}——桩周第 i 层土的极限侧阻力标准值（kPa）；

　　l_i——桩周第 i 层土的厚度（m）；

　　θ——桩端持力层压力扩散角（°）。

注意事项：

（1）当 $z > [(s_a - D_e)\cot\theta]/2$ 时，桩端的压力扩散线相交于硬持力层中，存在应力重叠，此时应取 $z = [(s_a - D_e)\cot\theta]/2$ 进行验算。不能错误地理解为 $z > [(s_a - D_e)\cot\theta]/2$ 时，下卧层承载力自然满足，无需验算。因为承受相同竖向荷载的单桩（或基桩），不可能出现桩距 s_a 大时下卧层承载力不满足，桩距 s_a 减小时，承载力反而满足的情况。

（2）对于扩底桩，桩头斜面及变截面以上 2 倍桩身直径范围内不计侧阻力 q_{sik}。

4.4.5　管桩填芯混凝土抗拔承载力如何计算？

抗拔管桩截桩施工时，如果未按湖北省管桩规程要求预留桩身钢筋，可以考虑采用管桩顶填芯钢筋混凝土抗拔，管桩顶填芯混凝土长度 H，可按国标图集《预应力混凝土管桩》23G409 第 5-5 页进行计算；填芯混凝土与管桩内壁的粘结强度设计值，宜由现场试验确定。当缺乏试验资料时，C30 掺微膨胀剂的填芯混凝土 f_n 可取 $0.25\sim0.35\text{N/mm}^2$；如果管桩内壁比较光滑或泥浆未清理干净，填芯混凝土与管桩内壁的粘结强度设计值应折减；管桩顶填芯混凝土长度 H 不应小于 3m。

4.4.6　不同烈度地震区使用管桩的规定？

抗震设防烈度为 8 度的地区不宜采用普通预应力混凝土管桩（PC 桩）和预应力混凝土空心方桩（PS 桩）；抗震设防烈度为 9 度的地区不应采用普通预应力管桩（PC 桩）和预应力混凝土空心方桩（PS 桩）基础。

4.4.7　潜在滑裂面区域使用管桩应注意什么？

坡地、岸边的桩基不宜采用挤土桩，不得将桩支承于边坡潜在的滑动体上。桩端进入潜在滑裂面以下稳定岩土层内的深度应能保证桩基的稳定性，且应考虑滑动体传来的水平力，结合边坡治理情况进行设计。

4.4.8　柱（墙）底弯矩较大时布桩要点？

柱下单桩或墙下单排桩时，墙、柱和桩的中心线应重合，柱底弯矩宜由承台间系梁承担，但柱底弯矩较大时，应布置双桩或多桩。墙下条形承台需要承受墙底的面外弯矩时，应设置双排桩。

4.4.9　框架-剪力墙结构墙下布桩注意要点？

当框架-剪力墙结构采用墙下条形布桩和柱下独立布桩时，由于剪力墙自身刚度大，承担的轴力及剪力大，在地震作用工况下，墙下布桩时一定不要留有富余，否则容易引起剪力墙与框架柱之间的差异沉降。

4.4.10　桩基挤土效应要注意哪些影响？

应重视预制桩沉桩挤土效应。沉桩过程的挤土效应在松散土和非饱和填土中一般是有利的，会起到加密、提高承载力的作用；但是在饱和黏性土中则是负面的，对于挤土预制混凝土桩和钢桩会导致桩体倾斜、上浮，降低承载力，增大沉降。沉桩挤土效应还会造成周边建（构）筑物、市政设施受损。挤土效应影响不可忽视时，应避免采用挤土桩，无法避免时，可降低使用单桩设计承载力，施工时应注意成桩顺序，减少挤土效应的不利影响，并应提出施工后随机抽取验桩的要求，必要时，采取引孔措施。

4.4.11　哪些情况要考虑桩基负摩阻力？

桩侧负摩阻力：桩穿越较厚松散填土、自重湿陷性黄土、欠固结土、液化土层而进入相对较硬地层时；桩周存在软弱土层，邻近桩侧地面大面积堆载（包括大面积填土）、由于地下水位下降使桩周土产生显著沉降，当桩周土层产生的沉降超过基桩的沉降时，在计算基桩承载力时应计入桩侧负摩阻力。

说明：当桩基出现负摩阻力时，负摩阻力不仅不能为承担上部荷载做贡献，反而对桩产生下拉作用。对于摩擦桩，负摩阻力将引起桩的附加下沉，当建筑物的部分基础或同一基础中的部分桩上有负摩阻力作用时，基础可能出现不均匀沉降，导致上部结构产生次应力，轻者影响其使用，重者结构物发生损坏；对于端承桩，负摩阻力导致桩身轴力增大，严重的可导致桩身强度破坏，或者桩端持力层破坏。当桩周边地基土的沉降大于桩沉降时会在桩侧产生负摩阻力，以下情况往往会产生这种差异沉降，工程中应予以重视：

（1）当桩穿过欠固结的软黏土或新填土，而支承于较坚硬的土层（硬黏性土、中密砂土、砾卵石层或岩层）时，因新填土或欠固结软黏土的进一步固结沉降造成桩周土下沉。

（2）正常固结土层的表面有大面积堆载或新增填土时，此时桩周土在上部新增荷载作用下排水固结产生沉降，造成桩周土下沉。

（3）由于从软弱黏性土下面的透水层抽水或其他原因，使地下水位全面下降，土中有效应力增大，从而引起桩周土下沉。

（4）在饱和黏土地基中，群桩施工结束后，孔隙水消散，隆起的土体逐渐固结下沉，若桩端持力层较硬，则会引起负摩阻力。

（5）自重湿陷性黄土浸水下沉和冻土融化下沉时。

（6）邻近建筑物浅基础附加应力引起的土体沉降。

（7）生活垃圾或其他废弃物降解或分解而引起的土体沉降。

（8）松散的无黏性土在振动设备或交通动载下引起的沉降。

4.4.12　桩基负摩阻力应关注的重点？

（1）对于承受负摩阻力的桩基，其最大轴力一般在中性点处，此时桩身强度除应满足《建筑桩基技术规范》JGJ 94—2008 中第 5.8.2 条要求外，应将负摩阻力作为附加下拉荷载校核中性点处的桩身强度。可采用《建筑桩基技术规范》JGJ 94—2008 中第 5.4.3 及第 5.8.2 条进行校核；桩基负摩阻力计算时应注意区分摩擦型桩和端承型桩。

（2）需考虑负摩阻力的基桩承载力静载试验检测的最大加载量应考虑中性点以上部分桩侧摩阻力的不利影响。如果设计考虑了负摩阻力，但静载试验检测时未考虑中性点以上部分桩侧摩阻力的不利影响，将偏于不安全；如果设计未考虑负摩阻力，同时静载试验检测时又未考虑中性点以上部分桩侧摩阻力的不利影响，将更不安全（摩擦型桩），甚至很不安全（端承型桩）。

如果桩侧存在负摩阻力，通过静载试验得到的单桩竖向承载力特征值不建议直接采用。

说明：由于桩静载试验时间短，桩周软弱土层相对于桩的沉降来不及完成，对桩不产生负摩阻力。不仅如此，由于桩静载试验时，桩相对于周边土层有向下的沉降，土层对桩产生正摩阻力。因此在采用《建筑桩基技术规范》JGJ 94—2008 第 5.4.3 条验算基桩承载力时，公式中的 R_a 不能直接采用静载试验得到的单桩竖向承载力特征值 R_a'，而应采用 R_a' 扣除静载试验时中性点以上的桩侧正摩阻力特征值 Q 后的 R_a。

准确的 Q 是无法确定的，因为桩工作时实际中性点位置无从得知，只能采用《建筑桩基技术规范》JGJ 94—2008 第 5.4.4 条第 3 款计算的理论值，与桩工作时实际中性点位置可能不一致。因此，建议偏于安全地取 $R_a = R_a' - 1.2Q$。反过来，如果设计要求的单桩竖向承载力特征值为 R_a（只计入中性点以下的桩侧正摩阻力和端阻力），则静载试验的加载量不应小于 $2(R_a + 1.2Q)$，设计人员务必在施工图中注明这一要求，否则静载试验时检测人员会取加载量为 $2R_a$。当然，设计人员如果有经验和把握，也可将系数 1.2 改小，甚至为 1.0。

考虑到中性点的位置计算可能与实际受力存在误差，静载试验时可以在桩中性点以上部分涂沥青或设桩套管等措施消除桩侧摩阻力，则可直接采用静载试验得到的单桩竖向承载力特征值 R_a' 作为 R_a，按《建筑桩基技术规范》JGJ 94—2008 第 5.4.3 条验算基桩承载力。当然考虑到中性点位置可能存在的误差，也可对 R_a' 进行适当折减后作为 R_a，再按《建筑桩基技术规范》JGJ 94—2008 第 5.4.3 条验算基桩承载力。

4.4.13　有效桩长相差很大时地下室底板应按哪种模式计算？

对于桩基承台＋防水板的形式的地下室底板，当桩基有效桩长相差比较大，或者桩端持力层性质不同时，由于桩基抗压、抗拔刚度很难准确确定，此种情况下地下室底板承载力计算应按防水板模型和筏板模型包络设计。

说明：影响地基反力分布的因素众多，所以地基基础计算模式的选择不能一概而论；应综合分析地基基础和上部结构的实际情况，选用切合实际的计算模式。

4.4.14 嵌岩桩如何计算？

对于嵌岩桩承载力估算中的嵌岩段的侧阻力与端阻力取值，应根据地质勘察报告中提供嵌岩段的侧阻力与端阻力取值，并结合当地经验采用。

说明：目前规范关于嵌岩桩承载力估算方法主要有两类。一类以现行行业标准《建筑桩基技术规范》JGJ 94 和成都市、广东省、南京市等地方标准为代表，通过建立嵌岩段侧阻力和端阻力与岩石单轴抗压强度的关系，计算嵌岩桩承载力。各规范嵌岩桩侧阻力系数与端阻力系数，除了考虑因素不一样，其取值差异也较大，两个系数取值的合理性直接影响到嵌岩桩的承载力取值。另一类以现行国家标准《建筑地基基础设计规范》GB 50007 和北京市、浙江省、湖北省地方标准为代表，仍沿用常规土层中桩基承载力计算方法。需要在地质勘察报告中提供嵌岩段的侧阻力与端阻力取值。因此嵌岩桩的承载力估算方法建议按所建项目当地经验采用。

4.4.15 桩距小于规范要求时，桩基承载力如何折减？

当桩间距不满足规范最小间距时，桩间距减小将导致桩侧阻力因相互影响而降低，其基桩承载力特征值可将总侧阻力进行折减，侧阻折减系数按下列方法确定：

（1）单排桩

单排桩侧阻折减系数：

$$\eta_{s1} = 0.182\frac{s_{a1}}{d} + 0.454 \tag{4.4.15-1}$$

单排桩中基桩总侧阻：

$$Q_{su} = \eta_{s1} Q_{sk} \tag{4.4.15-2}$$

（2）矩阵形、梅花形排列的群桩

由于其中的基桩受两个方向相邻桩影响，故其侧阻为：

$$Q_{su} = \eta_{s1} \eta_{s2} Q_{sk} \tag{4.4.15-3}$$

式中　η_{s1}、η_{s2}——两轴线方向受相邻桩影响的侧阻折减系数。

1）群桩中的内部桩：受同一轴线方向左、右侧桩的相邻影响：

$$\eta_{s1} = 0.182\frac{s_{a1}}{d} + 0.454 \tag{4.4.15-4}$$

$$\eta_{s2} = 0.182\frac{s_{a2}}{d} + 0.454 \tag{4.4.15-5}$$

2）群桩中的角桩：只受相互正交二轴线方向单侧桩的相邻影响：

$$\eta_{s1} = 0.091\frac{s_{a1}}{d} + 0.717 \tag{4.4.15-6}$$

$$\eta_{s2} = 0.091\frac{s_{a2}}{d} + 0.717 \tag{4.4.15-7}$$

3）群桩中的边桩：一个轴线方向受双侧相邻桩的影响，按式（4.4.15-8）确定：

$$\eta_{s1} = 0.182\frac{s_{a1}}{d} + 0.454 \tag{4.4.15-8}$$

另一轴线方向受单侧相邻桩的影响，按式（4.4.15-9）确定：

$$\eta_{s2} = 0.091\frac{s_{a2}}{d} + 0.717 \tag{4.4.15-9}$$

式中 s_{a1}、s_{a2}——两轴线方向的桩中心距（图4.4.15）。

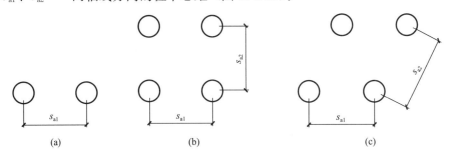

图4.4.15 桩间相互影响

（a）单排桩；（b）矩阵形的群桩；（c）梅花形排列的群桩

4.4.16 处于腐蚀环境中桩基构造要求？

处于腐蚀性介质作用环境中的地下结构可按现行《工业建筑防腐蚀设计标准》GB/T 50046有关规定采取防腐蚀设计措施。腐蚀性环境等级为中等及以上环境中桩身混凝土强度等级不宜低于C35；腐蚀性环境等级为强腐蚀时桩身混凝土水灰比不应大于0.4，中等及弱腐蚀时桩身混凝土水灰比不应大于0.45。

4.4.17 为什么可以不限制相邻桩基桩底高差？

桩基工程中，可不限制相邻桩的桩端标高差。

说明：规范对相邻桩桩端高差没有限制，具体原因如下：

对于摩擦型桩，其竖向承载力以桩侧阻力为主，传递到桩端的荷载相对较小，桩端埋深较浅的桩其桩端压力呈约1：2扩散线向四周扩散，如图4.4.17所示，而相邻桩净距不小于$2d$，故传递到相邻埋深较大桩上的水平和竖向应力均较小，不会导致桩体侧移。不过，相邻桩的桩端和桩侧应力在土体中的叠加效应导致沉降加大则不可避免。

对于端承型桩，按现行《建筑桩基技术规范》JGJ 94规定，当桩端持力层为倾斜基岩时，桩端嵌入完整和较完整基岩的全断面深度不小于0.5m，在这种条件下，基桩自身的稳定可以得到保证，不会对邻桩产生不利影响。对于桩端支持于坚硬土层中的情况，虽然桩端分担荷载很大，但由于桩端不存在临空面，处于三向约束状态，各基桩荷载不存在扩散效应，其水平应力远小于竖向应力，在桩的净距不小于$2d$情况下，桩端处于三向约束状态下不至失稳，但产生竖向应力叠加的增沉效应，这是沉降计算要考虑的问题。

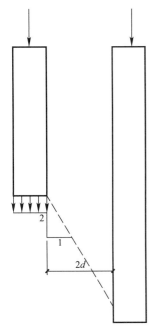

图4.4.17 桩端压力
扩散线示意图

4.4.18 补桩时桩距如何考虑？

桩基础设计中，补桩与废桩之间可不考虑最小中心距要求，但应避开废桩；补强桩与原有桩桩径不同时，按平均桩径计算最小中心距。

4.5 地下室及挡土墙设计

4.5.1 什么情况属于地下室顶板开大洞口？

地下室顶板应避免开设大洞口；当地下室顶板开洞率＞30％或洞口边长大于顶板相应

边长 30％时，应视为顶板开设大洞口。

4.5.2 地下室顶板的嵌固措施要注意什么？

当地下一层的侧向刚度不满足嵌固层要求时，应优先在顶板以下主楼相关范围内加大梁柱截面、加长加厚抗震墙或增设部分抗震墙等措施增加地下室结构的侧向刚度，使主楼相关范围地下一层的侧向刚度不小于地上一层侧向刚度的 2 倍。采取上述措施后若仍不满足作为嵌固层要求时，结构计算嵌固层可下移直至其满足嵌固条件。嵌固端不在地下室顶板时，应考虑地下室顶板的实际嵌固作用取包络分析结果进行结构构件设计。任何情况下结构底部设置约束边缘构件的区域均应从嵌固端下延一层。

4.5.3 超长地下室结构设计要点？

(1) 当地下室平面尺寸超出规范要求较多时，应根据上部结构情况，除混凝土材料符合相应要求外，还应采取相应的构造措施（如设置沉降缝、伸缩缝、沉降后浇带、伸缩后浇带、膨胀加强带、诱导缝等），控制地基沉降和大体积混凝土伸缩引起的结构裂缝。当采用跳仓施工法方案代替伸缩后浇带时，建议组织相关专家进行专项论证。

(2) 地下室长度超过 50m 或平面凹凸明显或局部约束过强时，宜每隔 30～40m 设置一道后浇带，其宽度一般可取 0.80～1.0m（地下室长度超过 150m 时后浇带宽度宜适当加宽，后浇带宽度应满足钢筋错位搭接所需长度要求），位置宜在柱距三等分的中间范围内以及剪力墙附近。后浇带内下部钢筋可贯通、上部钢筋宜断开并错位搭接；后浇带应在其两侧混凝土浇筑完毕两个月后采用强度等级高一级的无收缩微膨胀混凝土进行浇筑。

(3) 对多塔楼共用超长结构地下室，除应设置混凝土后浇带外，尚宜考虑温度变化和塔楼的约束作用对地下室结构进行补充分析，加强应力集中区域（如塔楼周边一跨范围）楼盖梁、板配筋构造。

(4) 塔楼不宜有局部位置与超长地下室相连。

4.5.4 设置沉降后浇带注意事项？

主楼部分与其裙楼之间不设置沉降缝时，宜设置沉降后浇带，沉降后浇带应符合下列规定：

(1) 沉降后浇带宜根据地基土的软硬程度，设置在与主楼部分相邻裙楼的第一跨（地基土较硬）或第二跨（地基土较软）内。

(2) 沉降后浇带一般在主楼主体结构完工且沉降趋于稳定后，采用高一强度等级的无收缩混凝土进行封闭。当沉降观测结果表明主楼部分的沉降在主体结构全部完工之前已趋于稳定，可适当提前封闭（沉降量趋于稳定是指根据沉降量与时间关系曲线得到最后 100d 的平均沉降速率小于 0.01～0.04mm/d）。

(3) 对主楼与裙楼相连部分的梁、板宜采取适当的加强措施。

4.5.5 跳仓法施工的要点？

对于平面超长的大体积混凝土项目，可以采用跳仓法施工，有条件时可以考虑取消温度后浇带；跳仓法是将结构按不开裂长度进行分仓，根据混凝土供应条件对大体积混凝土结构采取跳仓浇筑的方法施工，相邻仓的间歇时间为 7d 左右，此期间混凝土内部收缩应力得到释放，抗拉性能得到提高，前后仓混凝土内部收缩应力释放叠加，降低拉应力，有利控制温度收缩应力和有害裂缝的出现，可以避免采用永久性变形缝和后浇带。跳仓法是将后浇带法两缝变一缝（施工缝），缝中设置钢板止水带。

4.5.6　什么情况下可以取消沉降后浇带?

不宜取消沉降后浇带。因施工条件限值,必须取消沉降后浇带时,应有可靠的措施。确需取消沉降后浇带时,除进行详细分析外,可考虑从以下方面采取措施:

(1) 选用合适的持力层。

(2) 变刚度调整设计,调整桩长、桩径、桩数。

(3) 对湿陷性土、膨胀土等特殊地基控制地下水和地表水的影响。

(4) 采用基础或上部结构构件跨越局部软弱地层,加强基础、上部结构刚度及相应构件承载力。

(5) 调整施工顺序,先施工高层建筑再施工低层建筑。

(6) 减小高层建筑沉降、加大低层建筑沉降。

(7) 匹配地基基础形式:裙楼优先采用配重或锚杆抗浮措施。

4.5.7　地下室外墙处有坡道时设计注意点?

当紧邻地下室外墙设有汽车坡道,且将坡道板视作外墙的支座时,应仔细分析坡道板自身的刚度和支承条件、外墙水平力的传递途径、复核坡道板相关支承构件的强度和变形并加强构造,以保证坡道板相关结构的安全。

4.5.8　地下室外墙底端嵌固设计条件?

地下室无结构底板的地下室外墙下条形基础设计,应注意墙底弯矩及水平推力对基础的影响;当条形基础为地下室外墙的固端支座,基础厚度与外墙厚度接近时,应注意嵌固的有效性,使基础上边缘的实际抗弯能力不小于外墙根部的弯矩,并复核基础的受弯、受剪承载力。宜适当加大地下室外墙室内一侧配筋,以考虑墙下端实际嵌固刚度不足的影响。

当地下室底板为防水板时,防水板的设计要考虑能承担地下室外墙底部弯矩;当采用"墙下条形基础+防水板"的基础形式,防水板的设计也要考虑上述工况相应的弯矩。

4.5.9　纯地下室外墙扶壁柱基础如何设计?

对纯地下室外墙扶壁柱,其基础设计可将柱轴力折算成沿墙长分布的均布荷载,按墙下条形基础进行设计。

4.5.10　地下室外墙扶壁柱处设计关注点?

对于地下室外墙,当地上框架柱延伸至地下室位于外墙内时,虽然框架柱不作为外墙的有效侧向支撑,但应注意该框架柱对外墙外侧水平筋的支座作用,必要时应设置外侧附加水平筋,防止地下室外墙在柱边位置开裂。此时柱宽范围沿外墙一侧配筋应不小于地下室外墙外侧所需竖向钢筋,柱箍筋可不设加密区。

4.5.11　纯地下室外墙壁柱设置原则?

纯地下室外墙壁柱设置按以下原则确定:如果梁纵筋平直锚固段长度能满足规范要求,且边跨跨度较小或地下室外墙较厚等,则可以不设壁柱,或仅设置暗柱。如需设置壁柱,壁柱尺寸应满足梁纵筋平直锚固段长度要求。

4.5.12　地下室外墙的布筋方式和构造要求?

当地下室外墙与上部结构剪力墙齐平时,墙体钢筋的布置宜采用水平钢筋在外侧,竖向钢筋在里侧的布筋方式,以方便施工。

地下室外墙水平钢筋一般为构造分布钢筋,其间距不宜大于150mm,单侧配筋率不宜小于 0.2%。

4.5.13　挡土墙的形式该如何选择？

挡土墙结构类型应综合考虑工程地质、水文地质、荷载作用、环境条件、施工条件、工程造价等因素按表 4.5.13 采用。

挡土墙结构类型及适用范围　　　　　　　　　　　　　表 4.5.13

类型	结构示意	特点及适用范围
重力式		依靠墙自重承受土压力，保持平衡；一般用浆砌片石砌筑，缺乏石料地区可用混凝土；形式简单，取材容易，施工简便；当地基承载力低时，可在墙底设钢筋混凝土板，以减薄墙身、减少开挖量；适用于低墙、地质情况较好的有石料地区
悬臂式	立壁 墙趾板　墙踵板	采用钢筋混凝土，由立臂、墙趾板、墙踵板组成，断面尺寸小；墙过高时下部弯矩大，钢筋用量大；适用于石料缺乏、地基承载力低的地区，墙高不宜高于 6m
扶壁式	墙面板　立壁 墙趾板　墙踵板	采用钢筋混凝土，由墙面板、墙趾板、墙踵板、扶壁组成；适用于石料缺乏、地基承载力低的地区，墙高大于 6m，较悬臂式经济

4.5.14　挡土墙设计有哪些图集和参考书？

国标图集：《挡土墙（重力式、衡重式、悬臂式）》17J008；

中南标图集：《衡重式、悬臂式、扶壁式挡土墙》12ZG902、《重力式挡土墙》13ZG901；

参考书：《挡土墙设计实用手册》中国建筑工业出版社。

4.5.15　土压力系数怎么取值？

一般情况下，主动土压力系数可取 0.33；挡土墙主动土压力系数取值可参照《建筑地基基础设计规范》GB 50007—2011 附录 L。

4.5.16　挡土墙计算中主要有哪些荷载？

（1）侧向荷载：土压力、地面活荷载（地面堆载、车辆荷载）产生的侧向压力等。

（2）竖向荷载：挡土墙自重、上部传来的竖向荷载。

4.5.17　设计中地下室范围以外的高大挡土墙如何处理？

建筑物地下室范围以外的高大挡土墙，宜建议建设单位委托具有相应岩土资质的单位进行设计和施工。

4.5.18　墙后土压力的影响因素有哪些?

土压力大小及其分布规律与支护结构的水平位移方向和大小、土的性质、支护结构物的刚度及高度等因素有关。侧向岩土压力分为静止岩土压力、主动岩土压力和被动岩土压力。当支护结构的变形不满足主动岩土压力产生条件时，或当边坡上方有重要建筑物时，应对侧向岩土压力进行修正。

4.5.19　侧向土压力如何计算?

侧向岩土压力可采用库仑土压力或朗肯土压力公式求解。可采用岩土总压力公式直接计算或按岩土压力公式求和计算。侧向岩土压力和分布应根据支护类型确定。

4.5.20　侧向土压力是否可用解析公式计算?

在各种岩土侧压力计算中，可用解析公式求解，对于复杂情况也可采用数值分析法进行计算。

说明：一般认为，库仑公式计算主动土压力比较接近实际，但计算被动土压力误差较大；朗肯公式计算主动土压力偏于保守，但算被动土压力反而偏小。建议实际应用中，用库仑公式计算主动土压力，用朗肯公式计算被动土压力。

4.5.21　静止土压力如何计算?

静止土压力标准值，可按式（4.5.21）计算：

$$e_{0ik} = \left(\sum_{j=1}^{i} \gamma_j h_j + q\right) K_{0i} \tag{4.5.21}$$

式中　e_{0ik}——计算点处的静止土压力标准值（kN/m^3）；

　　　γ_j——计算点以上第 j 层土的重度（kN/m^3）；

　　　h_j——计算点以上第 j 层土的厚度（m）；

　　　q——地面均布荷载（kN/m^2）；

　　　K_{0i}——计算点处的静止土压力系数。

说明：静止土压力系数宜由试验确定。当无试验条件时，对砂土可取 $0.34 \sim 0.45$，对黏性土可取 $0.5 \sim 0.7$。

4.5.22　主动土压力如何计算?

（1）当墙背直立光滑、土体表面水平时采用朗肯主动土压力：

1）对于无黏性土：

$$e_{aik} = \left(\sum_{j=1}^{i} \gamma_j h_j + q\right) K_{ai} \tag{4.5.22-1}$$

式中　e_{aik}——计算点处的被动土压力标准值（kN/m^2），当 $e_{aik} < 0$ 时取 $e_{aik} = 0$；

　　　K_{ai}——计算点处的主动土压力系数，$K_{ai} = \tan^2\left(45° - \dfrac{\varphi}{2}\right)$；

　　　γ——计算点处的无黏性土重度（kN/m^3）；

　　　h——计算点处的计算点深度（m）；

　　　φ——计算点处的为土体内摩擦角。

2）对于黏性土

$$e_{0il} = \left(\sum_{j=1}^{i} \gamma_j h_j + q\right) K_{ai} - 2c_i \sqrt{K_{ai}} \tag{4.5.22-2}$$

式中　c_i——计算点处的黏聚力，其他各符号意义同前。

（2）库仑主动土压力计算

根据滑动楔体处于极限平衡状态，运用静力平衡条件求得：

$$E_a = \frac{1}{2}\gamma H^2 K_a \qquad (4.5.22\text{-}3)$$

$$K_a = \frac{\cos^2(\varphi - \alpha)}{\cos^2\alpha\cos(\alpha + \delta)\left[1 + \sqrt{\dfrac{\sin(\varphi + \delta)\sin(\varphi - \beta)}{\cos(\alpha + \delta)\cos(\alpha - \beta)}}\right]^2} \qquad (4.5.22\text{-}4)$$

式中　E_a——主动土压力合力标准值（kN/m）；

α——墙背与铅垂线之间的夹角，逆时针为正（俯斜墙背），顺时针为负（仰斜墙背）（°）；

β——墙背填土表面的倾角（°）；

δ——为墙背与填土之间的摩擦角（°），其值可以查表或试验得出；

γ——填土的重度（kN/m³）；

H——挡土墙高度（m）；

K_a——主动土压力系数；

φ——土体的内摩擦角。

4.5.23　被动土压力如何计算？

（1）朗肯被动土压力计算

1）对于无黏性土：

$$e_{pk} = \left(\sum_{j=1}^{i}\gamma_j h_j + q\right)K_p \qquad (4.5.23\text{-}1)$$

式中　K_p——被动土压力系数，$K_p = \tan^2\left(45° + \dfrac{\varphi}{2}\right)$

2）对于黏性土：

$$e_{0il} = \left(\sum_{j=1}^{i}\gamma_j h_j + q\right)K_{ai} + 2c_i\sqrt{K_{ai}} \qquad (4.5.23\text{-}2)$$

式中　c_i——计算点处的黏聚力，其他各符号意义同前。

3）朗肯土压力理论的基本假定：①挡土墙背竖直、光滑；②墙后填土表面水平且无限延长；③墙对破坏楔体没有干扰。

（2）库仑被动土压力计算

根据滑动楔体处于极限平衡状态，运用静力平衡条件求得：

$$E_p = \frac{1}{2}\gamma H^2 K_p \qquad (4.5.23\text{-}3)$$

$$K_p = \frac{\cos^2(\varphi + \alpha)}{\cos^2\alpha\cos(\alpha - \delta)\left[1 - \sqrt{\dfrac{\sin(\varphi + \delta)\sin(\varphi - \beta)}{\cos(\alpha - \delta)\cos(\alpha - \beta)}}\right]^2} \qquad (4.5.23\text{-}4)$$

式中　E_p——被动土压力合力标准值（kN/m）。

库仑土压力计算简图如图4.5.23所示。

由于没有考虑摩擦力，这样求得的主动土压力值偏大，而被动土压力值偏小。因此，用朗肯土压力理论来设计挡土墙总是偏于安全的，而且朗肯土压力公式形式简单，便于记

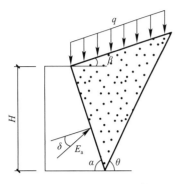

图 4.5.23　库仑土压力计算简图

忆，因此被广泛采用。

库仑土压力理论的基本假定：

1）挡土墙墙后填土为砂土（仅有内摩擦力而无黏聚力）。

2）挡土墙后填土产生主动土压力或被动土压力时，填土形成滑动楔体，其滑裂面为通过墙踵的平面。

基于以上假设，库仑根据滑动楔体处于极限平衡状态，运用静力平衡条件求得相应的主动土压力和被动土压力。

朗肯和库仑土压力理论均属于极限平衡状态土压力理论，就是说，用这两种理论计算出的土压力都是墙后土体出于极限平衡状态下的主动与被动土压力 E_a 和 E_p，没有考虑墙体位移对土压力的影响，这是他们的相同点。但两者存在着较大的差别，朗肯和库仑土压力理论分别根据不同的假设，以不同的分析方法计算土压力，只有在最简单的情况下（$\alpha=0$，$\beta=0$，$\delta=0$），用这两种理论计算的结果才相同，否则便得出不同的结果。

朗肯土压力理论应用半空间中的应力状态和极限平衡理论的概念比较明确，公式简单，便于记忆，对于黏性土和无黏性土都可以用该公式直接计算，故在工程中得到广泛应用。但为了使墙后的应力状态符合半空间的应力状态，必须假设墙背直立、光滑、墙后填土是水平的，因而使应用范围受到限制，并由于该理论忽略了墙背与填土之间摩擦力的影响，使计算的主动土压力偏大，而计算的被动土压力偏小。

库仑土压力理论根据墙后滑动土楔体的静力平衡条件推导得土压力计算公式，考虑了墙背与土之间的摩擦力，并可用于墙背倾斜，填土面倾斜的情况，但由于该理论假设填土是无黏性土，因此不能用库仑理论的原公式直接计算黏性土的土压力。库仑理论假设墙后填土破坏时，破裂面是一平面，而实际上却是一曲面，试验证明，只有当墙背倾角及墙背与填土间的外摩擦角较小时，主动土压力的破裂面才接近于一个平面，因此，计算结果与按曲线滑动面计算的有出入。在通常情况下，这种偏差在计算主动土压力时约为 2％～10％，可以认为已经满足实际工程所要求的精度；但在计算被动土压力时，由于破裂面接近于对数螺线，因此计算结果误差较大，这一误差随着土内摩擦角值的增大而增大，有时可达 2～3 倍，甚至更大。

4.5.24　特殊情况下土压力如何计算？

（1）水土分算与合算

当有地下水位时，挡土墙除了受土压力外，还会受到水压力作用。计算地下水位以下的水、土压力时，可采用"水土分算"或"水土合算"两种方法。所谓"水土分算"，即采用浮重度计算土压力，按静水压力计算水压力，然后两部分相加。"水土合算"是对地下水位以下的土，采用饱和重度计算土压力，不再另计水压力。"水土分算"和"水土合算"有一个共同的缺点，即均未考虑水的渗流作用。

所以土体中有地下水时，则地下水位以下作用在挡土墙上的土压力包括两种压力，一是水压力，另一是有效土压力。因此土压力计算有水土分算和水土合算两种方法。

（2）土中有地下水但未形成渗流时，作用于支护结构上的侧压力可按下列规定计算：

1）对砂土和粉土按水土分算原则计算。

2）对黏性土宜根据工程经验按水土分算或水土合算原则计算。

3）按水土分算原则计算时，作用在支护结构上的侧压力等于土压力和静止水压力之和，地下水位以下的土压力采用浮重度（γ'）和有效应力抗剪强度指标（c'、φ'）计算。

4）按水土合算原则计算时，地下水位以下的土压力采用饱和重度（γ_{sat}）和总应力抗剪强度指标（c、φ）计算。

说明：水土分算对于砂土的适用性已被公认，概念上也比较清楚，但对于黏性土，在实际使用中还有一定困难，主要原因就是有效应力强度指标难以获得。根据工程经验，虽然水土压力合算法没有理论依据，但作为经验公式还是适用的。

采用水土分算还是水土合算，是当前有争议的问题。一般认为，对砂土与粉土采用水土分算，黏性土采用水土合算。水土分算时采用有效应力抗剪强度；水土合算时采用总应力抗剪强度。对正常固结土，一般以室内自重固结下不排水指标求主动土压力；以不固结不排水指标求被动土压力。

4.5.25 如何选择重力式挡土墙的类型？

（1）根据墙背倾斜情况，重力式挡土墙可分为俯斜式挡土墙、仰斜式挡土墙、直立式挡土墙和衡重式挡土墙以及其他类型的挡土墙。

（2）采用重力式挡土墙时，土质边坡高度不宜大于10m，岩质边坡高度不宜大于12m。

（3）对变形有严格要求或开挖土石方可能危及边坡稳定的边坡不宜采用重力式挡墙，开挖土石方危及相邻建筑物安全的边坡不应采用重力式挡墙。

（4）重力式挡土墙类型应根据使用要求、地形和施工条件综合考虑确定，对岩质边坡和挖方形成的土质边坡宜采用仰斜式，高度较大的土质边坡宜采用衡重式或仰斜式。

说明：挡土墙高度较大时，土压力较大，降低土压力已成为突出问题，故宜采用衡重式或仰斜式。挖方边坡采用仰斜式挡土墙时，墙背可与边坡坡面紧贴，不存在填方施工不便、质量受影响的问题，仰斜式当是首选墙型。墙型的选择对挡土墙的安全与经济影响较大。在同等条件下，挡土墙中主动土压力以仰斜最小，直立居中，俯斜最大，因此仰斜式挡土墙较为合理。不同的挡土墙型往往使挡土墙条件（如挡土墙高度、填土质量）不同，故墙型应综合考虑多种因素而确定。

4.5.26 重力式挡土墙如何设计？

（1）重力式挡墙设计应进行抗滑移和抗倾覆稳定性验算。当挡土墙地基软弱、有软弱结构面或位于边坡坡顶时，还应按现行《建筑地基基础设计规范》GB 50007 的有关规定进行地基稳定性验算。

（2）重力式挡土墙的抗滑移稳定性应按式（4.5.26-1）～式（4.5.26-5）验算：

$$\frac{(G_n + E_{an})\mu}{E_{at} - G_t} \geqslant 1.3 \tag{4.5.26-1}$$

$$G_n = G\cos\alpha_0 \tag{4.5.26-2}$$

$$G_t = G\sin\alpha_0 \tag{4.5.26-3}$$

$$E_{at} = E_a\sin(\alpha - \alpha_0 - \delta) \tag{4.5.26-4}$$

$$E_{an} = E_a\cos(\alpha - \alpha_0 - \delta) \tag{4.5.26-5}$$

式中　G——挡土墙每延米自重；

α_0——挡土墙基底倾角（°）；

α——挡土墙墙背倾角（°）；

δ——岩土对挡土墙墙背摩擦角（°），可按表4.5.26-1选用；

μ——岩土对挡土墙基底的摩擦系数，由试验确定，也可按表4.5.26-2选用。

土对挡土墙墙背的摩擦角

表 4.5.26-1

挡土墙情况	摩擦角 δ
墙背平滑，排水不良	$(0\sim0.33)\,\varphi_k$
墙背粗糙，排水良好	$(0.33\sim0.50)\,\varphi_k$
墙背很粗糙，排水良好	$(0.50\sim0.67)\,\varphi_k$
墙背与填土间不可能滑动	$(0.67\sim1.00)\,\varphi_k$

说明：φ_k 为墙背填土的内摩擦角标准值。

岩土对挡土墙基底摩擦系数

表 4.5.26-2

岩土类别		摩擦系数 μ
黏性土	可塑	0.20～0.25
	硬塑	0.25～0.30
	坚硬	0.30～0.40
粉土		0.25～0.35
中砂、粗砂、砾砂		0.35～0.45
碎石土		0.40～0.50
极软岩、软岩、较软岩		0.40～0.60
表面粗糙的坚硬岩、较硬岩		0.60～0.75

说明：1. 对易风化的软质岩和塑性指数 I_p 大于 22 的黏性土，基底摩擦系数应通过试验确定。

2. 对碎石土，可根据其密实程度，填充物状况，风化程度等确定。

挡土墙抗滑稳定验算示意如图 4.5.26-1 所示。

（3）重力式挡土墙的抗倾覆稳定性应按式（4.5.26-6）～式（4.5.26-10）验算。

$$\frac{Gx_0 + E_{az}x_f}{E_{ax}z_f} \geqslant 1.6 \tag{4.5.26-6}$$

$$E_{ax} = E_a\sin(\alpha - \delta) \tag{4.5.26-7}$$

$$E_{az} = E_a\cos(\alpha - \delta) \tag{4.5.26-8}$$

$$x_f = b - z\cot\alpha \tag{4.5.26-9}$$

$$z_f = z - b\tan\alpha_0 \tag{4.5.26-10}$$

式中　z——土压力作用点离墙踵的高度；

　　　x_0——挡土墙重心离墙趾的水平距离；

　　　b——基底的水平投影宽度。

挡土墙抗倾覆稳定性验算示意如图 4.5.26-2 所示。

说明：1. 抗滑移稳定性及抗倾覆稳定性验算是重力式挡土墙设计中十分重要的一环，式（4.5.26-1）及式（4.5.26-6）应得到满足。当抗滑移稳定性不满足要求时，可采取增大挡土墙断面尺寸、墙底做成逆坡或者锯齿状、换土做成砂石垫层等措施使抗滑移稳定性满足要求。当抗倾覆稳定性不满足要求时，可采取增大挡土墙断面尺寸、增长墙趾、改变墙背做法（如在直立墙背上做卸荷台）等措施使抗倾覆稳定性满足要求。

2. 土质地基有软弱层时，存在着挡土墙地基整体失稳破坏的可能性，故需进行地基稳定性验算。重力式挡土墙的土质地基稳定性可采用圆弧滑动法验算，岩质地基稳定性可采用平面滑动法验算。

3. 重力式挡土墙的地基承载力和结构强度计算，应符合现行有关标准的规定。地基承载力验算除应符合现行《建筑地基基础设计规范》GB 50007 的规定，基底合力的偏心距不应大于 0.25 倍基础的宽度。

4.5.27　重力式挡土墙应满足哪些构造要求?

（1）重力式挡墙材料可使用浆砌块石或素混凝土。块石的强度等级不应低于 MU30，

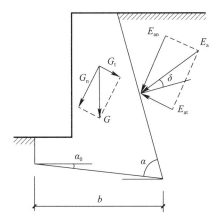 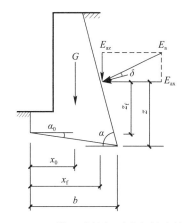

图 4.5.26-1 挡土墙抗滑稳定验算示意   图 4.5.26-2 挡土墙抗倾覆稳定性验算示意

砂浆强度等级不应低于 M7.5；混凝土强度等级不应低于 C15。

（2）重力式挡墙基底可做成逆坡。对土质地基，基底逆坡坡度不宜大于 1∶10；对岩质地基，基底逆坡坡度不宜大于 1∶5。

（3）挡土墙地基表面纵坡大于 5% 时，应将基底设计为台阶式，其最下一级台阶底宽不宜小于 1.0m。

（4）块石挡土墙的墙顶宽度不宜小于 400mm，素混凝土挡土墙的墙顶宽度不宜小于 300mm。

（5）重力式挡土墙的基础埋置深度，应根据地基稳定性、地基承载力、冻结深度、水流冲刷情况以及岩石风化程度等因素确定。在土质地基中，基础最小埋置深度不宜小于 0.5m，在岩质地基中，基础最小埋置深度不宜小于 0.25m。基础埋置深度应从坡脚排水沟底算起。受水流冲刷时，埋深应从预计冲刷底面算起。

（6）位于斜坡地面的重力式挡墙，其墙趾最小埋入深度和距斜坡面的最小水平距离应符合表 4.5.27 的规定。

斜坡地面墙趾最小埋入深度和距斜坡地面的水平距离（m）   表 4.5.27

地基情况	最小埋入深度（m）	距斜坡地面的最小水平距离（m）
完整硬质岩石地基	0.25	0.25～0.50
其他硬质岩石地基	0.60	0.60～1.50
软质岩石地基	1.00	1.50～3.00
土质地基	1.00	>3.00

说明：硬质岩指单轴抗压强度大于 30MPa 的岩石，软质岩指单轴抗压强度小于 15MPa 的岩石。

（7）重力式挡土墙的伸缩缝间距，对条石、块石挡土墙宜为 20～25m，对混凝土挡土墙宜为 10～15m。在挡土墙高度突变处及与其他建（构）筑物连接处应设置伸缩缝，在地基土性状变化处应设置沉降缝。缝宽宜为 20～30mm，缝中应填塞沥青麻筋或其他有弹性的防水材料，填塞深度不应小于 150mm。

（8）挡土墙后面的填土，应优先选择抗剪强度高和透水性较强的填料。当采用黏性土作填料时，宜掺入适量的砂砾或碎石。不应采用淤泥质土、耕植土、膨胀性黏土等软弱有害的岩土体作为填料。

（9）挡土墙的防渗与泄水布置应根据地形、地质、环境、水体来源及填料等因素分析确定。

（10）挡土墙后填土面应设置排水良好的地表排水系统。

4.5.28　悬臂式挡土墙和扶壁式挡土墙的适用条件有哪些？

（1）悬臂式挡土墙和扶壁式挡土墙适用于地基承载力较低的填方边坡。不适用于不良地质地段或地震动峰值加速度大于 0.2g 的地区边坡。

（2）悬臂式挡土墙和扶壁式挡土墙适用高度对悬臂式挡土墙不宜超过 6m，对扶壁式挡土墙不宜超过 10m。

（3）悬臂式挡土墙和扶壁式挡土墙结构应采用现浇钢筋混凝土结构。

（4）悬臂式挡土墙和扶壁式挡土墙的基础应置于稳定的岩土层内，其埋置深度应符合本章 4.5.27 条的规定。

4.5.29　悬臂式挡土墙和扶壁式挡土墙如何设计？

（1）悬臂式、扶壁式挡土墙设计时应进行抗滑移稳定性验算、抗倾覆稳定性验算、结构内力计算和配筋设计。地基软弱时，尚应进行地基稳定性验算。

悬臂式、扶壁式挡土墙的设计内容主要包括边坡侧向土压力计算、地基承载力验算、结构内力及配筋、裂缝宽度验算和稳定性计算。在计算时应根据计算内容分别采用相应的荷载组合及分项系数。扶壁式挡土墙外荷载一般包括墙后土体自重及坡顶地面活载。当受水或地震影响或坡顶附近有建筑物时，应考虑其产生的附加侧向土压力作用。

（2）挡土墙侧向土压力宜按第二破裂面法进行计算。当不能形成第二破裂面时，可用墙踵下缘与墙顶内缘的连线或通过墙踵的竖向面作为假想墙背计算，取其中不利状态的侧向压力作为设计控制值。

影响悬臂式、扶壁式挡土墙的侧向压力分布的因素很多，主要包括墙后填土、支护结构刚度、地下水、挡土墙变形及施工方法等，可简化为三角形、梯形或矩形。应根据工程具体情况，并结合当地经验确定符合实际的分布图形，这样结构内力计算才合理。

（3）对悬臂式挡土墙，根据其受力特点可按下列简化模型进行内力计算：

1）立板按固定在墙底板上的悬臂梁计算，主要承受墙后的主动土压力。应按承载能力极限状态下荷载效应的基本组合，采用相应的分项系数。

2）墙趾底板可简化为固定在立板上的悬臂板进行计算。

（4）对扶壁式挡土墙，根据其受力特点可按下列简化模型进行内力计算：

1）立板和墙踵板可根据边界约束条件按三边固定、一边自由的板或连续板进行计算。

2）墙趾底板可简化为固定在立板上的悬臂板进行计算。

3）扶壁可简化为悬臂的 T 形梁进行计算，其中立板为梁的翼，扶壁为梁的腹板。

扶壁式挡土墙是较复杂的空间受力结构体系，要精确计算是比较困难复杂的。根据扶壁式挡土墙的受力特点，可将空间受力问题简化为平面问题近似计算。这种方法能反映构件的受力情况，同时也是偏于安全的。

（5）计算悬臂式、扶壁式挡土墙整体稳定性和立板内力时，可不考虑挡土墙前底板以上土体的影响；在计算墙趾板内力时，应计算底板以上填土的自重。当悬臂式、扶壁式挡土墙基础埋深较小，墙趾处回填土往往难以保证夯填密实，因此在计算挡土墙整体稳定及立板内力时，可忽略墙前底板以上土体的有利影响，但在计算墙趾板内力时则应考虑墙趾板以上土体的重量。

（6）挡土墙结构应进行混凝土裂缝宽度验算。迎土面裂缝宽度不应大于 0.2mm，背土面不应大于 0.3mm，并应符合现行《混凝土结构设计标准》GB/T 50010 的有关规定。

4.5.30　悬臂式挡土墙和扶壁式挡土墙应满足哪些构造要求？

（1）悬臂式挡土墙和扶壁式挡土墙的混凝土强度等级不应低于 C25，立板和扶壁的混凝土保护层厚度不应小于 35mm，底板（含墙趾板和墙踵板）的保护层厚度不应小于 40mm。受力钢筋直径不应小于 12mm，间距不宜大于 250mm。

（2）悬臂式挡土墙截面尺寸应根据强度和变形计算确定，立板顶宽和底板厚度不应小于 200mm。当挡土墙高度大于 4m 时，宜加根部翼。

（3）扶壁式挡土墙尺寸应根据强度和变形计算确定，并应符合下列规定：

1）两扶壁之间的距离宜取挡土墙高度的 1/3～1/2。

2）扶壁的厚度宜取扶壁间距的 1/8～1/6，且不宜小于 300mm。

3）立板顶端和底板的厚度应不小于 200mm。

4）立板在扶壁处的外伸长度，宜根据外伸悬臂固端弯矩与中间跨固端弯矩相等的原则确定，可取两扶壁净距的 0.35 倍左右。

（4）悬臂式挡土墙和扶壁式挡土墙结构构件应根据其受力特点进行配筋设计，其配筋率、钢筋的搭接和锚固等应符合现行《混凝土结构设计标准》GB/T 50010 的有关规定。

（5）当挡土墙受滑动稳定控制时，应采取提高抗滑能力的构造措施。宜在墙底下设防滑键，其高度应保证键前土体不被挤出。防滑键厚度应根据抗剪强度计算确定，且不应小于 300mm。

（6）悬臂式挡土墙和扶壁式挡土墙位于纵向坡度大于 5% 的斜坡时，基底宜做成台阶形。

（7）对软弱地基或填方地基，当地基承载力不满足设计要求时，应进行地基处理或采用桩基础方案。

（8）悬臂式挡土墙和扶壁式挡土墙的泄水孔设置及构造要求等应按现行《混凝土结构设计标准》GB/T 50010 的相关规定执行。

（9）悬臂式挡土墙和扶壁式挡土墙纵向伸缩缝间距宜采用 10～15m。宜在不同结构单元处和地层性状变化处设置沉降缝；且沉降缝与伸缩缝宜合并设置。

（10）悬臂式挡土墙和扶壁式挡土墙的墙后填料质量和回填质量应符合本章第 4.5.27 条的要求。

4.5.31　地下室外墙计算时有哪些假定？

一般情况，地下室外墙在基础处可按固结考虑，顶部可按铰接考虑，为多层地下室时，中间楼层可视为简支支撑。墙体弯矩计算时，根据墙长（单跨）和层高 H 之间的关系，按"竖向单向板""双向板"和"水平单向板"，如图 4.5.31 所示。

（1）$L/H \geqslant 3$ 时，按竖向单向板计算。

（2）$L/H \leqslant 0.5$ 时，宜按水平单向板和双向板包络计算。

（3）$0.5 \leqslant L/H \leqslant 3$ 时，可按竖向单向板计算，也可按双向板计算。当按竖向单向板计算时，在外墙外侧支座处宜配置水平附加钢筋。当按双向板计算时，侧边支座可为铰接或刚接（根据相邻外墙或支承墙对本跨的约束情况确定）。

地下室外墙承载力计算时，一般情况下，按纯受弯构件计算，不考虑上部竖向荷载，但高层剪力墙与外墙重合处可考虑上部荷载作用，按压弯构件计算；计算外墙挠度、裂缝宽度（说明：外墙室内侧和室外侧的环境类别不同，所以其裂缝宽度限值也不相同）时，可考虑上部竖向荷载的有利作用按压弯构件计算。

地下室外墙计算简图如图 4.5.31 所示。

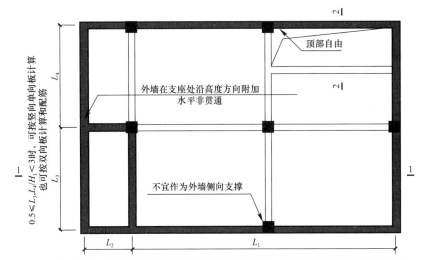

注：$L_2/H_1 \leqslant 0.5$ 时，宜按水平单向板和双向板包络计算；$L_2/H_1 \geqslant 3$ 时，按竖向单向板计算。

(a)

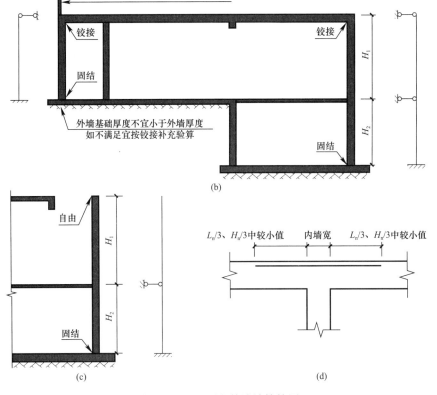

图 4.5.31　地下室外墙计算简图

(a) 地下室平面；(b) 1-1 剖面；(c) 2-2 剖面；(d) 外侧水平非贯通筋

4.5.32 地下室外墙主要承受什么荷载？

（1）侧向荷载：土压力、水压力、地面活荷载（地面堆载、车辆荷载）产生的侧向压力等，一般室外活载可取 $5kN/m^2$，消防车道处或有特殊较重荷载时，按实际情况确定。

（2）竖向荷载：墙自重、上部传来的竖向荷载。

（3）人防荷载：地下室外墙兼人防外墙时，相关计算内容及构造要求详见人防相关规范。

4.5.33 地下室外墙土压力系数怎么取值？

一般情况下，地下室外墙按静止土压力计算，静止土压力系数 K_0 可取 0.5。当地下室施工采用护坡桩时，地下室外墙的土压力系数可乘以折减系数 0.7。

实际土的静止土压力系数与土的种类、密度、含水量等因素有关，在较大的范围内变化，见表 4.5.33。

静止土压力系数 K_0 表 4.5.33

土类及物性		K_0	土类及物性		K_0
砾石土		0.17		硬黏土	0.11～0.25
砂土	$e=0.5$	0.23	黏土	紧密黏土	0.33～0.45
	$e=0.6$	0.34		塑性黏土	0.61～0.82
	$e=0.7$	0.52	泥炭土	有机质含量高	0.24～0.37
	$e=0.8$	0.60		有机质含量低	0.40～0.65
粉土与粉质黏土	$w=15\%～20\%$	0.43～0.54	砂质粉土		0.33
	$w=25\%～30\%$	0.60～0.75			

4.5.34 地下室外墙顶板处有车道洞口、采光井洞口、风井洞口等较大洞口时，怎么处理？

（1）外墙顶部按自由端计算。

（2）在外墙顶部（或中间楼层处）设置暗梁和水平卧梁支承外墙传来的水平荷载（详见水平卧梁布置示意），此时外墙在暗梁处仍按有侧向支撑（简支）计算。水平卧梁梁宽可取 150mm 或 200mm，梁高可取 400～500mm；外墙暗梁梁高可取与外墙同厚或大于墙厚，其配筋根据计算确定。

地下室外墙顶板处有较大洞口时的计算简图如图 4.5.34 所示。

4.5.35 地下室连续墙能否作为地下室外墙？

地下连续墙，作为基坑围护结构，主要作承重、挡土或截水防渗结构之用。地下连续墙与主体地下结构外墙相结合时，主要采用以下几种方式：

（1）单一墙

地下连续墙独立作为主体结构外墙，永久使用阶段按地下连续墙承担全部外墙荷载进行设计。

（2）复合墙

地下连续墙作为主体结构外墙的一部分，其内侧应设置混凝土衬墙；二者之间的结合面按不承受剪力进行构造设计，永久使用阶段水平荷载作用下的墙体内力按地下连续墙与衬墙的刚度比例进行分配。

（3）叠合墙

地下连续墙应作为主体结构外墙的一部分，其内侧设置混凝土衬墙；二者之间的结合面按承受剪力进行连接构造设计，永久使用阶段地下连续墙与衬墙按整体考虑，外墙厚度取地下连续墙与衬墙厚度之和（图 4.5.35）。

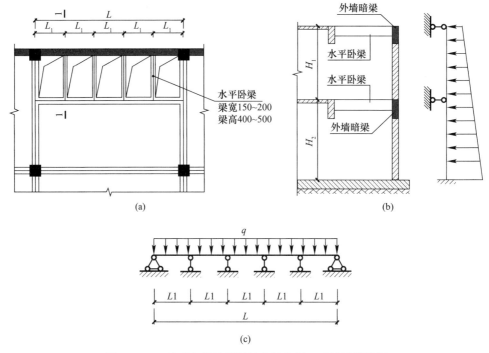

图 4.5.34　地下室外墙顶板处有较大洞口时的计算简图

（a）水平卧梁布置示意图（水平卧梁间距 L_1 宜小于等于 2m）；（b）1-1 剖面（暗梁梁宽同墙厚或大于墙厚，配筋根据计算确定）；（c）外墙暗梁计算简图（q 为地下室外墙传给暗梁的水平荷载）

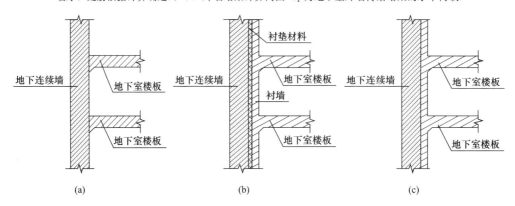

图 4.5.35　地下连续墙与地下结构外墙结合的形式

（a）单一墙；（b）复合墙；（c）叠合墙

地下连续墙作为基坑支护结构，其计算分析需考虑支护阶段内力，应由基坑支护设计单位进行计算和设计。（参考《全国民用建筑工程设计技术措施——结构（地基与基础）》第 10.5 节）

4.5.36　地下室外墙有哪些防水构造？

（1）结构自防水

地下工程采用防水混凝土，其抗渗等级应符合表 4.5.36 的要求。

设计抗渗等级 表 4.5.36

工程埋置深度 H（m）	设计抗渗等级
$H<10$	P8
$10{\leqslant}H<20$	P8
$20{\leqslant}H<30$	P10
$H{\geqslant}30$	P12

（2）结构外防水

地下工程结构防水层可选用防水卷材、防水涂料、塑料防水板等，防水层设置在结构迎水面，防水层宜采用软质保护材料或水泥砂浆保护层，参考现行图集《地下室防水》11ZG311、《地下室建筑防水构造》10J301。

4.6 抗浮设计

4.6.1 没有地下水或地下室处于不透水层是否可以不做抗浮设计？

对于勘察期间未见地下水且地下室处于不透水或弱透水层黏性土或泥（页）岩地基时，设计仍应采取一定的抗浮措施释放水浮力，防止使用期间基坑肥槽积水并渗入底板形成水盆效应，导致底板上浮影响地下室的正常使用。对于湖北省之外区域的工程，应吸纳当地的设计经验。

说明：近年来发生的多起建筑物上浮或结构破坏的事故，究其原因，肥槽回填不合格，形成"漏斗"而引起雨水大量渗入，形成"水盆"效应。合格的肥槽回填，既可保证结构侧限，又可防止地表水下渗。

4.6.2 基坑肥槽回填最好用什么材料？

地下室周边应采用弱透水、密实不透水材料回填，回填材质及其回填质量能保证地震作用下肥槽回填土对地下室的约束作用。

4.6.3 山坡地建筑抗浮设计关注点？

当建设场地处于山坡地带且高差较大时，如通过大范围土方平整后再修建地下室且地下室底部仍处于填土层或透水层内，虽可能会出现勘察期间未发现有地下水，但由于建设行为改变了原有场地排水条件而实际形成地下积水的情况，应要求勘察单位提供可能出现的地下水位。

4.6.4 为什么慎用采用盲沟方式抗浮设计？

在地下室底板或周边设置盲沟降低抗浮水位的方法虽然能降低抗浮水位，但存在风险应引起重视。

（1）设计方法不成熟

目前尚缺少定量的设计计算方法，基本上处于概念设计阶段，有待进一步研究。

（2）实际使用年限达不到 50 年

目前工程界对采用盲沟降低抗浮水位方法存在耐久性质疑，必须长期维护才能维持其有效性。即使按规定长期维护，实际使用年限依然很难达到与建筑工程结构设计使用年限相同的 50 年，因为天长日久，反滤层可能会被堵塞，地下水无法进入盲沟排走。

（3）后期维护费用高

在地下室周边设置盲沟降低抗浮水位方法必须长期维护才能维持其有效性，要求地下室室内沿侧墙周边间隔 $30\sim50m$ 配置自动抽水泵的集水坑，且应要求相关专业保证可靠供电。尤其长期监测和维护将需要大量的投入，因此，需要在技术可行、安全可靠、资源节约的前提下选用，否则难以确保与在设计使用年限内的长期使用效果。不能因为短期投入少而忽略了长期维修或维护费用。

（4）盲沟使用有风险

在地下室周边设置盲沟降低抗浮水位方法要求严格：地下室周边和基坑底部在土层的竖向分布上应全部是弱透水或不透水层并且没有通向基坑底部的暗沟、排水管等过水通道，建筑物周围可能会出现破坏基坑周围不透水性的情况，如增加外连的地下通道等。如果对实际场地的地质情况（土质和地下水）掌握不准确、盲沟没有进行设计或设计错误、施工质量得不到保证或没有定期进行疏通维护，造成盲沟沉降开裂、集水管堵塞或盲沟水来不及排走等问题，盲沟降低地下室抗浮水位的方法都将失败，出现地下室抗浮破坏。

（5）基础底板下设置暗沟排水的方法不宜用于黏土、易风化岩石（如泥岩、粉砂岩等）地基，因此类土层在流动水侵蚀作用下承载力会降低。对新近回填土地基不应采用设置暗沟排水，防止土层在流动水作用下造成水土流失。

4.6.5　永久锚杆的锚固段土层有要求吗?

应对永久锚杆的锚固段土层进行限制，不应再将有机质土层、液限大于 50% 的土层和相对密度小于 0.3 的土层作为锚固段土层。有机质土会引起锚杆的腐蚀破坏；液限大于 50% 的土层由于其高塑性会引起明显的徐变而导致锚固力不能长期保持恒定；相对密度小于 0.3 的土层松散不能提供足够的锚固力。所以，如果在上述土层中安设锚杆，当其受力后会出现严重的蠕变或锚杆承载力显著下降，或因注浆体与土层间的摩阻强度过低根本无法满足工程安全和正常使用的要求。

5 抗 震 设 计

5.1 一 般 规 定

5.1.1 现行《建筑与市政工程抗震通用规范》中关于抗震性能要求有哪些规定？

抗震设防的各类建筑与市政工程，其抗震设防性能要求详见《建筑与市政工程抗震通用规范》GB 55002—2021 第 2.1.1、2.1.2 条。应注意各级地震动的超越概率水准分别为：多遇地震动（以下简称"小震"）63.2%，设防地震动（以下简称"中震"）10%，罕遇地震动（以下简称"大震"）2%［说明：《建筑抗震设计标准》GB/T 50011—2010（2024 年版）中罕遇地震动超越概率水准为 2%～3%］。

5.1.2 抗震设防类别如何确定？

根据现行《建筑与市政工程抗震通用规范》GB 55002—2021 第 2.3 节、《建设工程抗震管理条例》（国务院 744 号令）第 16 条及《建筑工程抗震设防分类标准》GB 50223 确定，当地方政府有专门规定时也应执行。

说明：1.《建设工程抗震管理条例》（国务院 744 号令）第 16 条规定，学校、幼儿园、医院、养老机构、儿童福利机构、应急指挥中心、应急避难场所、广播电视等建筑，应按不低于重点设防类的要求采取抗震设防措施。需注意"学校"包含大学在内的教学楼、学生宿舍等与学生活动相关的建筑。

2. 武汉地区建设工程还应遵守《武汉市城乡建设局关于提高武汉市部分新建建筑工程抗震设防要求的通知》（武城建〔2021〕41 号）的规定。

5.1.3 建筑结构安全等级、结构重要性系数、抗震设防类别之间有何关系？

结构安全等级、结构重要性系数、抗震设防类别之间的关系可用表 5.1.3-1、表 5.1.3-2 表示。

结构安全等级分类 　　　　　　　　　　　　　　　　　　　　表 5.1.3-1

抗震设防类别	特殊设防类	重点设防类	标准设防类	适度设防类
安全等级	一级	一级	二级	三级

结构重要性系数取值 　　　　　　　　　　　　　　　　　　　表 5.1.3-2

结构安全等级	一级	二级	三级
结构重要性系数 γ_0	1.1	1.0	0.9

影响结构安全等级的因素，除抗震设防类别外，还有其他因素，应综合各种因素后，取最高等级。

5.1.4 结构重要性系数、地震作用调整系数、活荷载调整系数与设计使用年限的关系？

结构重要性系数、地震作用调整系数、活荷载调整系数与设计使用年限的关系可用表 5.1.4 表示。

结构重要性系数、地震作用调整系数、活荷载调整系数与
设计使用年限的关系　　　　　　　　　　　　　　表 5.1.4

设计使用年限	5 年	50 年	100 年
结构重要性系数 γ_0	0.9	1.0	1.1
地震作用调整系数 γ_E	1.0	1.0	1.45
活荷载调整系数 γ_L	0.9	1.0	1.1

说明：《建筑抗震设计标准》GB/T 50011—2010（2024 年版）中地震作用是按 50 年的设计基准期内超越概率为 63.2％的烈度取值的，相应的地震峰值加速度也是按 50 年情况下的保证概率取值，要使不同使用年限的地震作用具有相同的概率保证，故需要对地震作用进行调整。上表中"地震作用调整系数"取值可参考论文"毋剑平，白雪霜，孙建华．不同设计使用年限下地震作用的确定方法，工程抗震，2003（02）"。

5.1.5　各类建筑抗震设防烈度如何选取？

抗震设防烈度按现行《建筑抗震设计标准》GB/T 50011 及《中国地震动参数区划图》GB 18306 确定，还应执行《关于学校、医院等人员密集场所建设工程抗震设防要求确定原则的通知》（中震防发〔2009〕49 号）。

此外，对于武汉地区的新建建筑工程，还应执行《武汉市城乡建设局关于提高武汉市部分新建建筑工程抗震设防要求的通知》（武城建〔2021〕41 号）。

5.1.6　哪些新建建筑需进行地震安全性评价？地震安全性评价报告如何采用？

地震安全性评价范围根据《地震安全性评价管理条例》（2019 年修订）确定，必须进行地震安全性评价的建设工程有：

（1）国家重大建设工程。

（2）受地震破坏后可能引发水灾、火灾、爆炸、剧毒或者强腐蚀性物质大量泄露或者其他严重次生灾害的建设工程，包括水库大坝、堤防和贮油、贮气，贮存易燃易爆、剧毒或者强腐蚀性物质的设施以及其他可能发生严重次生灾害的建设工程。

（3）受地震破坏后可能引发放射性污染的核电站和核设施建设工程。

（4）省、自治区、直辖市认为对本行政区域有重大价值或者有重大影响的其他建设工程。

地震安全性评价单位对建设工程进行地震安全性评价后，应当编制该建设工程的地震安全性评价报告。地震安全性评价报告应当包括下列内容：

（1）工程概况和地震安全性评价的技术要求。

（2）地震活动环境评价。

（3）地震地质构造评价。

（4）设防烈度或者设计地震动参数。

（5）地震地质灾害评价。

（6）其他有关技术资料。

湖北地区还应执行鄂震发〔2021〕37 号文的规定，范围在《地震安全性评价管理条例》基础上有较大程度扩大。

应根据经评审通过的地震安全性评价报告提供的地震动参数进行抗震设计。若地震安全性评价报告给出的工程场地地震动参数小于《建筑与市政工程抗震通用规范》GB 55002—2021 第 4.2.2 条中的取值时，应以《建筑与市政工程抗震通用规范》GB 55002—

2021 为准。

5.1.7 哪些建筑需要编制建设工程抗震设防专篇？

根据《建设工程抗震管理条例》（国务院 744 号令）第十二条规定，位于高烈度设防地区、地震重点监视防御区的下列建设工程，设计单位应当在初步设计阶段按照国家有关规定编制建设工程抗震设防专篇，并作为设计文件组成部分：

（1）重大建设工程。

（2）地震时可能发生严重次生灾害的建设工程。

（3）地震时使用功能不能中断或者需要尽快恢复的建设工程。

即位于高烈度设防地区、地震重点监视防御区的特殊设防类（甲类）和重点设防类（乙类）建设工程应编制建设工程抗震设防专篇。

5.1.8 建筑抗震有利地段、一般地段、不利地段、危险地段如何划分？对上述各种场地的新建建筑分别有何要求？

建筑抗震场地地段划分按《建筑与市政工程抗震通用规范》GB 55002—2021 第 3.1.2 条确定。当工程结构处于发震断裂两侧 10km 以内时，应计入近场地效应对设计地震动参数的影响。根据《建筑抗震设计标准》GB/T 50011—2010（2024 年版）第 3.10.3 条规定，5km 以内宜乘以增大系数 1.5，5km 以外宜乘以不小于 1.25 的增大系数。当工程结构处于条状突出的山嘴、高耸孤立的山丘、非岩石和强风化岩石的陡坡、河岸和边坡边缘等不利地段时，应考虑不利地段对水平设计地震参数的放大作用。放大系数应根据不利地段的具体情况确定为 1.1～1.6，具体计算原则详见《建筑抗震设计标准》GB/T 50011—2010（2024 年版）第 4.1.8 条及条文说明。

建筑抗震地段划分一般按正式的地质勘察报告采用。

5.1.9 山地建筑场地类别如何划分？地震作用如何计算？

山地建筑场地的地形起伏较大，且不可避免地存在深挖高填。同一建筑场地的不同位置场地条件相差较大。分析表明，这种局部场地效应对结构的地震响应有较大的影响。故《山地建筑结构设计标准》JGJ/T 472—2020 第 3.1.5 条中，在《建筑抗震设计标准》GB/T 50011—2010（2024 年版）场地类别划分的基础上，给出了按局部场地条件确定场地类别的方法。偏安全考虑，取较不利的场地类别。如图 5.1.9 所示。

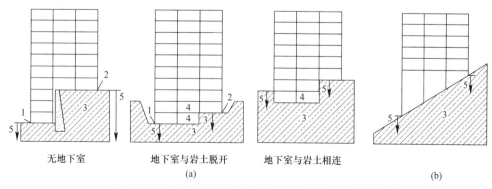

无地下室　地下室与岩土脱开　地下室与岩土相连　（a）　（b）

1—下接地端；2—上接地端；3—岩土；4—地下室；5—覆盖层厚度

图 5.1.9　覆盖层厚度取值示意

（a）掉层结构；（b）吊脚结构

说明：掉层结构指在同一结构单元内有两个及以上不在同一水平面的嵌固端，且上接地端以下利用坡地高差设置楼层的结构体系；吊脚结构指顺着坡地采用长短不同的竖向构件形成的具有不等高约束的结构体系。

山地建筑结构设计应保证基础嵌固条件的有效性，应采取措施保证场地及边坡的稳定性。基础宜置于稳定的岩土层中，避开滑塌区域。对边坡应进行稳定性评价和边坡支护设计，边坡必须达到稳定且严格控制变形，支护设计时需考虑罕遇地震作用下边坡冻土压力对支挡结构的影响，要求达到罕遇地震作用下边坡不破坏的性能要求。当结构外墙作为支挡结构时，除了考虑上述罕遇地震下边坡对外墙的动土压力外，还应考虑建筑结构在地震作用下向边坡移动时的土压力，可取被动土压力、罕遇地震作用下结构传给支挡结构的弹性地震作用与静止土压力之和两者的较小值。

经计算，无论是边坡向结构移动还是结构向边坡移动，边坡与结构外墙的相互作用力均会对结构受力及经济性产生较大影响，故《山地建筑结构设计标准》JGJ/T 472—2020第 3.1.10 条建议，山地建筑结构不宜作为支挡结构。当主体结构兼作支挡结构时，应考虑主体结构与岩土体的共同作用及其地震效应。

5.1.10 建筑地基基础的抗震验算要求有哪些？

根据《建筑与市政工程抗震通用规范》GB 55002—2021 第 3.2.1 条及《建筑抗震设计标准》GB/T 50011—2010（2024 年版）第 4.2.3 条确定。天然地基的抗震验算，应采用地震作用效应的标准组合和地基抗震承载力进行计算。

5.1.11 如何判定液化土？建筑场地存在液化土层，如何处理？

液化土判别依据《建筑抗震设计标准》GB/T 50011—2010（2024 年版）第 4.3.1～4.3.5 条确定。地基抗液化措施按《建筑抗震设计标准》GB/T 50011—2010（2024 年版）第 4.3.6～4.3.12 条选用。根据《建筑与市政工程抗震通用规范》GB 55002—2021 第3.2.2 条、第 3.2.3 条，液化土和震陷软土中桩的配筋范围，应取桩顶至液化土层或震陷软土层底面埋深以下不小于 1.0m 的范围，且其纵向钢筋应与桩顶截面相同，箍筋应进行加强。

5.1.12 建筑及其抗侧力结构的平面布置原则是什么？

建筑及其抗侧力结构的平面布置宜规则、对称，并应具有良好的整体性；建筑的立面和竖向剖面宜规则，结构的侧向刚度宜均匀变化，竖向抗侧力构件的截面尺寸和材料强度宜自下而上逐渐减小，避免抗侧力结构的侧向刚度和承载力突变。满足上述要求的结构是具有良好抗震性能的规则结构，方案设计时应尽量采用规则结构。

体型复杂、平立面特别不规则的建筑结构，必要时可按实际需要在适当部位设置防震缝，形成多个较规则的抗侧力结构单元。防震缝应根据抗震设防烈度、结构材料种类、结构类型、结构单元的高度和高差情况，留有足够宽度，其两侧的上部结构应完全分开。

说明：建筑设计应根据抗震概念设计的要求明确建筑体型的规则性。应控制平面长宽比，平面尽可能减少扭转、平面凹凸不规则、细腰平面等；重视楼板作为结构构件协调、传导水平荷载作用，避免楼板大开洞等。不规则的建筑应按规定采取加强措施；特别不规则的建筑应进行专门研究和论证，采取特别的加强措施；严重不规则的建筑不应采用。

不规则的建筑结构，应按规范要求进行水平地震作用计算和内力调整，并应对薄弱部位采取有效的抗震构造措施。

5.1.13 一般工程中平面不规则和竖向不规则有哪些？如何判断？避免不规则的有效措施有哪些？

平面不规则类型主要包括凹凸不规则（含组合平面）、楼板局部不连续、扭转不规则及偏心布置（偏心布置参照《高层民用建筑钢结构技术规程》JGJ 99—2015 第 3.3.2 条确定），具体详见《高层建筑混凝土结构技术规程》JGJ 3—2010 第 3.4.3、3.4.5、3.4.6 条和《建筑抗震设计标准》GB/T 50011—2010（2024 年版）第 3.4.3 条及相关条文说明。其中较大错层是指：楼面错层高度 h_0 大于相邻高侧的梁高 h_1；或两侧楼板横向由同一根钢筋混凝土梁相连，但楼板间垂直净距 $h_2 > 1.5b$（b 为支承梁宽）；或当两侧楼板横向用同一根梁相连，且 $h_2 < 1.5b$，但纵向梁净距（$h_2 - h_1$）$> b$，此时仍应认定为错层，如图 5.1.13-1 所示。当较大错层的面积大于该层总面积的 30% 时，应视为楼板局部不连续。

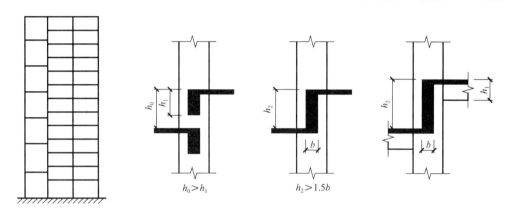

图 5.1.13-1　较大楼面错层示意

竖向不规则类型主要包括上下层刚度突变、上下层尺寸突变、构件间断、相邻楼层受剪承载力突变等，详见《建筑抗震设计标准》GB/T 50011—2010（2024 年版）第 3.4.3 条中的表 3.4.3-2。

避免不规则措施举例：

（1）某项目存在较多大台阶，因为台阶的斜撑作用对主体结构整体指标影响很大，故采用在跨层构件中设置水平缝措施，减少结构不规则性，如图 5.1.13-2 所示。

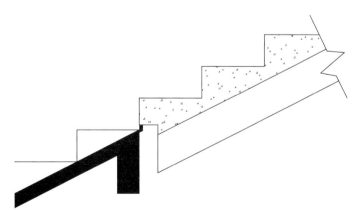

图 5.1.13-2　跨层构件中设置水平缝措施示意

（2）某项目因为错层，导致错层柱受力复杂，计算超限，故当有条件时采取将错层处外移，改善框架柱受力，如图 5.1.13-3 所示。

（3）适当降低主体结构范围的室内结构标高，减少室内外高差。

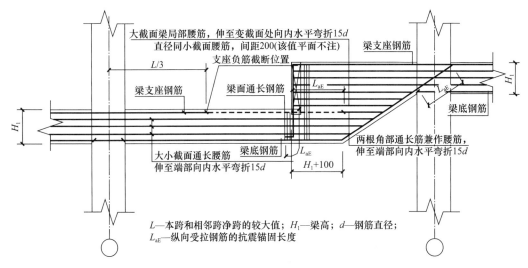

L—本跨和相邻跨净跨的较大值；H_1—梁高；d—钢筋直径；
L_{aE}—纵向受拉钢筋的抗震锚固长度

图 5.1.13-3 将错层处外移，改善框架柱受力措施示意

5.1.14 山地建筑结构布置原则及其结构规则性特点如何？

根据《山地建筑结构设计标准》JGJ/T 472—2020 第 3.3 及 3.4 节规定，山地建筑结构由于先天存在一定的不规则性，扭转效应明显，因此设计中应尽可能合理布置结构，减少扭转的不利影响。在判断结构规则性时，山地建筑结构应属于一种竖向不规则类型，即天然存在一项竖向不规则。但当在局部场地上营造局部平地环境（图 5.1.14），避免场地约束不均匀造成的扭转时，应不属于竖向不规则。

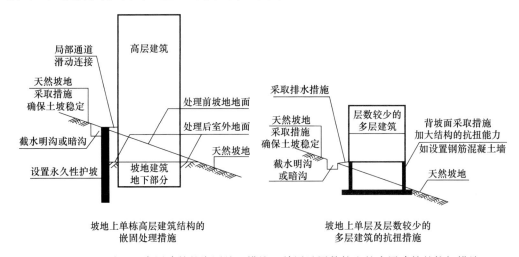

图 5.1.14 坡地上高层建筑的嵌固处理措施、单层及层数较少的多层建筑的抗扭措施

5.1.15 结构体系从抗震的角度应符合哪些具体要求？

结构体系宜满足以下要求：

（1）结构宜有多道抗震防线，多道抗震防线含义如下：

1）整个抗震结构体系，应由若干个延性较好的分体系组成，并由延性较好的结构构件连接起来协同工作，如框架-抗震墙体系由延性框架和抗震墙体系两个系统组成。双肢或多肢抗震墙由若干个单肢墙分系统组成。

2) 抗震结构体系应有最大可能数量的内部、外部赘余度，有意识地建立起一系列分布的屈服区，以使结构能吸收和耗散大量的地震能量，一旦破坏也易于修复。

3)《高层建筑混凝土结构技术规程》JGJ 3—2010 第 8.1.3 条中，在规定水平力作用下，当框架部分承受的地震倾覆力矩大于结构总地震倾覆力矩的 80% 时，按框架-剪力墙结构设计，但其最大适用高度宜按框架结构采用，框架部分的抗震等级和轴压比限值按框架结构的规定采用。这种少墙框架结构，抗震性能较差（说明：这里是"少墙框架-剪力墙结构"与"框架-剪力墙结构"的抗震性能对比，即"少墙框架-剪力墙结构"的抗震性能要比"框架-剪力墙结构"差，但合理采用包络设计原则后，其抗震性能比纯"框架结构"仍有明显提高）。此类结构体系中，剪力墙起不到第一道防线的作用，应按框架结构进行补充设计计算，包络设计，当按"框架结构"进行计算时，应对剪力墙刚度进行折减（折减系数可取 0.2）。

（2）结构宜具有合理的刚度和承载力分布，避免因局部削弱或突变形成薄弱部位，产生过大的应力集中或塑性变形集中。抗震薄弱层（部位）的概念，也是抗震设计中的重要概念，包括：

1) 结构在强烈地震下不存在强度安全储备，构件的实际承载力分析（而不是承载力设计值的分析）是判断薄弱层和薄弱部位的基础。

2) 要使楼层（部位）的实际承载力和设计计算的弹性受力之比在总体上保持一个相对均匀的变化，一旦楼层（或部位）的这个比例有突变时，会由于塑性内力重分布导致塑性变形的集中。

3) 要防止在局部上加强而忽视整个结构各部位刚度、强度的协调。

4) 在抗震设计中有意识、有目的地控制薄弱层（部位），使之有足够的变形能力又不使薄弱层发生转移，这是提高结构总体抗震性能的有效手段。

（3）结构在两个主轴方向的动力特性宜相近。

5.1.16 带"E"钢筋的采用原则？剪力墙中是否要求采用？

根据《混凝土结构设计标准》GB/T 50010—2010（2024 年版）第 11.2.3 条，抗震等级为一、二、三级的框架和斜撑构件，其纵向受力钢筋应采用带"E"钢筋。剪力墙及其连梁与边缘构件不属于本条规定的范围，可不采用带"E"钢筋。

目前，武汉建材市场已停止销售不带"E"钢筋，在武汉地区的新建建筑工程项目中，结构的受力钢筋可全部采用带"E"钢筋。

5.2 地震作用与抗震验算

5.2.1 抗震设防烈度与设计基本地震加速度的对应关系、设计地震分组、场地类别和设计特征周期的取值如何确定？

（1）抗震设防烈度和设计基本地震加速度取值的对应关系，应符合表 5.2.1-1 的规定。

抗震设防烈度和设计基本地震加速度取值的对应关系　　　　表 5.2.1-1

抗震设防烈度	6	7		8		9
设计基本地震加速度值	0.05g	0.10g	0.15g	0.20g	0.30g	0.40g

注：g 为重力加速度。

（2）设计地震分组按《建筑抗震设计标准》GB/T 50011—2010（2024年版）附录A确定。

（3）工程场地的场地类别应根据岩石的剪切波速或土层的等效剪切波速和场地覆盖层厚度按表5.2.1-2确定。土层的等效剪切波速按《建筑抗震设计标准》GB/T 50011—2010（2024年版）第4.1.5条计算，建筑场地的覆盖层厚度按《建筑抗震设计标准》GB/T 50011—2010（2024年版）第4.1.4条确定。

各类建筑场地的覆盖层厚度（m）　　　　　　表5.2.1-2

岩石的剪切波速V_s或土层的等效剪切波速V_{se}（m/s）	场地类别				
	I_0	I_1	II	III	IV
$V_s>800$	0				
$800{\geqslant}V_s>500$		0			
$500{\geqslant}V_{se}>250$		<5	≥5		
$250{\geqslant}V_{se}>150$		<3	3～50	>50	
$V_{se}{\leqslant}150$		<3	3～15	15～80	>80

（4）特征周期应根据场地类别和设计地震分组按表5.2.1-3采用。当有可靠的剪切波速和覆盖层厚度且其值处于表5.2.1-2所列场地类别分界线±15%范围内时，应按插值法确定特征周期［按《建筑抗震设计标准》GB/T 50011—2010（2024年版）第4.1.6条条文说明中的图7插值］。计算罕遇地震作用时，特征周期在表5.2.1-3或插值的基础上增加0.05s。

特 征 周 期（s）　　　　　　表5.2.1-3

设计地震分组	场地类别				
	I_0	I_1	II	III	IV
第一组	0.20	0.25	0.35	0.45	0.65
第二组	0.25	0.30	0.40	0.55	0.75
第三组	0.30	0.35	0.45	0.65	0.90

5.2.2　按《中国地震动参数区划图》各设防烈度、场地类别对应的地震加速度及水平地震影响系数如何确定？

各类场地地震动峰值加速度a_{max}应按照《中国地震动参数区划图》GB 18306—2015附录E进行调整，调整系数Fa见表5.2.2-1。

场地地震动峰值加速度调整系数Fa　　　　　　表5.2.2-1

II类场地地震动峰值加速度值	场地类别				
	I_0	I_1	II	III	IV
≤0.05g	0.72	0.8	1	1.3	1.25
0.10g	0.74	0.82	1	1.25	1.2
0.15g	0.75	0.83	1	1.15	1.1
0.20g	0.76	0.85	1	1	1
0.30g	0.85	0.95	1	1	0.95
≥0.40g	0.9	1	1	1	0.9

结构的水平地震影响系数$\alpha=k\beta$，其中k为地震系数，是地震峰值加速度a_{max}与重力加速度g之比；β为地震时结构对于地面加速度的放大系数，即动反应放大系数，《中国地震动参数区划图》GB 18306—2015取2.5。

《中国地震动参数区划图》GB 18306—2015 第 6.2 节：多遇地震动峰值加速度宜按不低于基本地震动峰值加速度 1/3 倍确定；罕遇地震动峰值加速度宜按基本地震动峰值加速度 1.6～2.3 倍确定。

以 6 度 0.05g 的Ⅲ类场地为例，仅按《中国地震动参数区划图》GB 18306—2015 相关规定，小震、中震及大震的地震动峰值加速度、水平地震影响系数最大值计算如下：

（1）Ⅱ类场地多遇地震动峰值加速度按基本地震动峰值加速度的 1/3 取值＝0.05g/3＝0.017g，Ⅱ类场地罕遇地震动峰值加速度按基本地震动峰值加速度的 2.3 取值＝0.05g×2.3＝0.115g。

（2）由于小震及中震Ⅱ类场地地震动峰值加速度值均不大于 0.05g，故 F_a＝1.3；大震Ⅱ类场地地震动峰值加速度值大于 0.10g，但小于 0.15g，故应在 0.10g 与 0.15g 之间线性插值，F_a＝1.25＋（0.115－0.10）×（1.15－1.25）/（0.15－0.10）＝1.22。

（3）Ⅲ类场地地震动峰值加速度值：小震 0.017g×1.3＝0.022g，中震 0.05g×1.3＝0.065g，大震 0.115g×1.22＝0.140g。

（4）Ⅲ类场地水平地震影响系数最大值：小震 0.022g/g×2.5＝0.0542，中震 0.065g/g×2.5＝0.1625，大震 0.140g/g×2.5＝0.3508。

《中国地震动参数区划图》GB 18306—2015 与《建筑抗震设计标准》GB/T 50011—2010（2024 年版）在地震动参数规定上略有差异，在确定地震动参数时应按两本规范取包络值。6 度 0.05g Ⅱ类、Ⅲ类场地《中国地震动参数区划图》GB 18306—2015 与《建筑抗震设计标准》GB/T 50011—2010（2024 年版）地震参数对比，见表 5.2.2-2、表 5.2.2-3。

6 度 0.05g　Ⅱ类场地地震动参数　　　　　　　表 5.2.2-2

		《中国地震动参数区划图》GB 18306—2015	《建筑抗震设计标准》GB/T 50011—2010（2024 年版）	包络值
地震动峰值加速度值 a_{max}（g）	小震	0.017	0.18	0.018
	中震	0.05	0.05	0.05
	大震	0.115	0.125	0.125
水平地震影响系数最大值 α_{max}	小震	0.0417	0.04	0.0417
	中震	0.1250	0.12	0.1250
	大震	0.2875	0.28	0.2875

6 度 0.05g　Ⅲ类场地地震动参数　　　　　　　表 5.2.2-3

		《中国地震动参数区划图》GB 18306—2015	《建筑抗震设计标准》GB/T 50011—2010（2024 年版）	包络值
地震动峰值加速度值 a_{max}（g）	小震	0.022	0.18	0.022
	中震	0.065	0.05	0.065
	大震	0.140	0.125	0.140
水平地震影响系数最大值 α_{max}	小震	0.0542	0.04	0.0542
	中震	0.1625	0.12	0.1625
	大震	0.3508	0.28	0.3508

根据《中国地震动参数区划图》GB 18306—2015 和《建筑抗震设计标准》GB/T 50011—2010（2024 年版），计算出 6 度（0.05g）、7 度（0.10g）、7 度（0.15g）各类场地多遇

地震（小震）、设防地震（中震）、罕遇地震（大震）的设计地震加速度及水平地震影响系数最大值供参考，详见表5.2.2-4～表5.2.2-6。

6度（0.05g）区设计地震加速度及水平地震影响系数最大值 表5.2.2-4

场地类别	地震水准	Ⅱ类场地设计地震加速度 a_{max}（g）	各类场地加速度调整系数	各类场地设计地震加速度 a_{max}（g）	各类场地水平地震影响系数最大值 α_{max}
（Ⅰ₀）（Ⅰ₁）Ⅱ	小震	0.018	1.00	0.018	0.0417
	中震	0.050	1.00	0.050	0.1250
	大震	0.125	1.00	0.125	0.2875
Ⅲ	小震		1.30	0.022	0.0542
	中震	—	1.30	0.065	0.1625
	大震		1.22	0.140	0.3508
Ⅳ	小震		1.25	0.021	0.0521
	中震		1.25	0.063	0.1563
	大震		1.17	0.135	0.3364

7度（0.10g）区设计地震加速度及水平地震影响系数最大值 表5.2.2-5

场地类别	地震水准	Ⅱ类场地设计地震加速度 a_{max}（g）	各类场地加速度调整系数	各类场地设计地震加速度 a_{max}（g）	各类场地水平地震影响系数最大值 α_{max}
（Ⅰ₀）（Ⅰ₁）Ⅱ	小震	0.035	1.00	0.035	0.0833
	中震	0.100	1.00	0.100	0.2500
	大震	0.220	1.00	0.220	0.5500
Ⅲ	小震		1.30	0.043	0.1083
	中震	—	1.25	0.125	0.3125
	大震		1.00	0.220	0.5500
Ⅳ	小震		1.25	0.0417	0.1042
	中震		1.20	0.1200	0.3000
	大震		0.99	0.2178	0.5445

7度（0.15g）区设计地震加速度及水平地震影响系数最大值 表5.2.2-6

场地类别	地震水准	Ⅱ类场地设计地震加速度 a_{max}（g）	各类场地加速度调整系数	各类场地设计地震加速度 a_{max}（g）	各类场地水平地震影响系数最大值 α_{max}
（Ⅰ₀）（Ⅰ₁）Ⅱ	小震	0.055	1.00	0.055	0.125
	中震	0.150	1.00	0.150	0.375
	大震	0.310	1.00	0.310	0.775
Ⅲ	小震		1.30	0.065	0.1625
	中震	—	1.15	0.173	0.4313
	大震		1.00	0.310	0.7750
Ⅳ	小震		1.25	0.0625	0.1563
	中震		1.10	0.1650	0.4125
	大震		0.945	0.29	0.7324

注：1. 对Ⅰ₀、Ⅰ₁类场地，由于全国区划图按场地类别调整加速度后低于《建筑抗震设计标准》GB/T 50011—2010（2024年版）的加速度值。因此，现阶段设计中对Ⅰ₀、Ⅰ₁类场地均采用Ⅱ类场地设计地震加速度及地震影响系数最大值。

2. 所有各区Ⅱ类场地中、大震设计地震加速度按《建筑抗震设计标准》GB/T 50011—2010（2024年版）取值，由此，7度（0.10g）、7度（0.15g）区罕遇地震动峰值加速度分别为基本地震动峰值加速度的2.2倍、2.0667倍。

5.2.3 结构的最小地震剪力系数如何取值？

多遇地震下，结构的最小地震剪力系数取值应符合下列规定：

（1）对扭转不规则或基本周期小于 3.5s 的结构，最小地震剪力系数不应小于表 5.2.3-1 的基准值。

（2）对基本周期大于 5.0s 的结构，最小地震剪力系数不应小于表 5.2.3-1 的基准值的 0.75 倍。

（3）对扭转规则且基本周期介于 3.5s 和 5.0s 之间的结构，最小地震剪力系数不应小于表 5.2.3-1 的基准值的 $(9.5-T_1)/6$ 倍（T_1 为结构计算方向的基本周期）。

（4）对竖向不规则结构的薄弱层，应在前三条的基础上乘以 1.15 的增大系数，薄弱层最小地震剪力系数详见表 5.2.3-2。

最小地震剪力系数基准值 λ_0 表 5.2.3-1

设防烈度	6 度	7 度（0.1g）	7 度（0.15g）	8 度（0.2g）	8 度（0.30g）	9 度
λ_0	0.008	0.016	0.024	0.032	0.048	0.064

薄弱层的最小地震剪力系数 λ_0 表 5.2.3-2

设防烈度	6 度	7 度（0.1g）	7 度（0.15g）	8 度（0.2g）	8 度（0.30g）	9 度
λ_0	0.0092	0.0184	0.0276	0.0368	0.0552	0.0736

注：1. 《建筑抗震设计标准》GB/T 50011—2010（2024 年版）第 5.2.5 条条文说明：对于扭转效应明显或基本周期小于 3.5s 的结构，剪力系数取 $0.2\alpha_{\max}$，即 $\lambda_0=0.2\alpha_{\max}$。若《中国地震动参数区划图》GB 18306—2015 确定的水平地震影响系数大于《建筑抗震设计标准》GB/T 50011—2010（2024 年版）表 5.1.4-1 中的数值时，应对表 5.2.3-1 中的 λ_0 按 $0.2\alpha_{\max}$ 调整。如 6 度（0.05g）区 $\alpha_{\max}=0.0417$，则 $\lambda_0=0.2\times0.0417=0.083$。

2. 对于竖向不规则结构的薄弱层和软弱层，应先对其地震作用剪力标准值进行放大［《建筑抗震设计标准》GB/T 50011—2010（2024 年版）第 3.4.4.2 条规定放大系数不小于 1.15；《高层建筑混凝土结构技术规程》JGJ 3—2010 第 3.5.8 条规定，放大系数不小于 1.25］，地震作用剪力标准值放大之后再与表 5.2.3-2 比较。

5.2.4 当地震剪力系数不满足要求时应如何处理？

当不满足时，需改变结构布置或调整结构总剪力和各楼层的水平地震剪力使之满足要求。

当结构底部的总地震剪力略小于本条规定而中、上部楼层均满足最小值时，可采用下列方法调整（程序中可通过地震放大系数实现调整）：

（1）若结构基本周期位于设计反应谱的加速度控制段（$T_1 \leqslant T_g$，T_1 为结构一阶平动周期，T_g 为场地特征周期），则各楼层均需乘以同样大小的增大系数，增大系数为：

$$\delta_{11}=\cdots=\delta_{1n}=\frac{\lambda_0}{\lambda_1}=\frac{\lambda_1+\Delta\lambda_0}{\lambda_1}=1+\frac{\Delta\lambda_0}{\lambda_1} \tag{5.2.4-1}$$

其中 $\Delta\lambda_0$ 为底部的剪力系数的差值，λ_0 为最小地震剪力系数，λ_1 为底层调整前的剪力系数。

若结构基本周期位于反应谱的位移控制段（$T_1 \geqslant 5T_g$），则各楼层 i 均需按底部的剪力系数差值 $\Delta\lambda_0$ 增加该层的地震剪力——$\Delta F_{Eki}=\Delta\lambda_0 G_{Ei}$，各楼层剪重比的增大系数：

$$\delta_{2i}=1+\frac{\Delta\lambda_0}{\lambda_i} \tag{5.2.4-2}$$

其中，λ_i 为该层调整前的剪力系数。

（2）若结构基本周期位于反应谱的速度控制段（$T_g < T_1 < 5T_g$），则增加值应大于 Δ

$\lambda_0 G_{Ei}$，顶部增加值可取动位移作用和加速度作用二者的平均值，中间各层的增加值可近似按线性分布。顶部增大系数为：

$$\delta_{3n} = \frac{1}{2}(\delta_{1n} + \delta_{2n}) = \frac{1}{2}\left(1 + \frac{\Delta\lambda_0}{\lambda_1} + 1 + \frac{\Delta\lambda_0}{\lambda_n}\right) = 1 + \frac{(\lambda_1 + \lambda_n)\Delta\lambda_0}{2\lambda_1\lambda_n} \qquad (5.2.4\text{-}3)$$

其中，δ_{1n}、δ_{2n} 分别为按式（5.2.1-1）、式（5.2.1-2）计算的增大系数，λ_n 为顶层调整前的剪力系数。

需要注意：①当底部总剪力相差较多时，结构的选型和总体布置需重新调整，不能仅采用乘以增大系数方法处理。参考朱炳寅编著的《建筑抗震设计规范应用与分析》（第二版）一书 P193 页，应控制调整的幅度不宜大于 1.2～1.3；当调整幅度大于 1.3 时，应调整结构布置和截面尺寸，提高结构侧向刚度。具体调整幅度的限值，应根据实际工程情况，由设计人和审图机构把握。②只要底部总剪力不满足要求，则结构各楼层的剪力均需要调整，不能仅调整不满足的楼层。③满足最小地震剪力是结构后续抗震计算的前提，只有调整到符合最小剪力要求才能进行相应的地震倾覆力矩、构件内力、位移等的计算分析；即意味着，当各层的地震剪力需要调整时，原先计算的倾覆力矩、内力和位移均需相应调整。④采用时程分析法时，其计算的总剪力也需符合最小地震剪力的要求。⑤本条规定不考虑阻尼比的不同，是最低要求，各类结构，包括钢结构、隔震和消能减震结构均需一律遵守。

5.2.5　哪些情况下需要考虑竖向地震作用？如何考虑？

下列情况下需要考虑竖向地震：

（1）《建筑与市政工程抗震通用规范》GB 55002—2021 第 4.1.2 条：抗震设防烈度不低于 8 度的大跨度、长悬臂结构和抗震设防烈度 9 度的高层建筑物、盛水构筑物、储气罐、储气柜等应计算竖向地震作用。

（2）《高层建筑混凝土结构技术规程》JGJ 3—2010 第 4.3.2 条：高层建筑中的大跨度、长悬臂结构，7 度（0.15g）、8 度抗震设计时应计入竖向地震作用。9 度抗震设计时应计算竖向地震作用。（大跨度指跨度大于 24m 的楼盖结构、跨度大于 8m 的转换结构、悬挑长度大于 2m 的悬挑结构。大跨度、长悬臂结构应验算其自身及其支承部位结构的竖向地震效应。）

综上，需要考虑竖向地震作用的结构见表 5.2.5-1。

应考虑竖向地震作用的结构　　　　　　　　　　表 5.2.5-1

烈度、跨度或矢高	大跨度楼盖结构	大跨度屋架	长悬臂结构	转换结构	网架	网壳
7 度（0.15g）	>24m（高层）		>2m（高层）			矢高<1/5
8 度	>24m	>24m	>2m	>8m	所有	所有
9 度	>18m	>18m	>1.5m		所有	所有
9 度所有高层建筑						

竖向地震计算方法如下：

（1）《建筑抗震设计标准》GB/T 50011—2010（2024 年版）第 5.3.2 条：跨度、长度小于本规范第 5.1.2 条第 5 款规定（平面投影尺度很大的空间结构，指跨度大于 120m，或长度大于 300m，或悬臂大于 40m 的结构）且规则的平板型网架屋盖和跨度大于 24m 的屋架、屋盖横梁及托架的竖向地震作用标准值，宜取其重力荷载代表值和竖向地震作用系数的乘积；竖向地震作用系数可按表 5.2.5-2 采用。

竖向地震作用系数 表 5.2.5-2

结构类型	烈度	场地类别		
		Ⅰ	Ⅱ	Ⅲ、Ⅳ
平板型网架、钢屋架	8	可不计算（0.10）	0.08（0.12）	0.10（0.15）
	9	0.15	0.15	0.20
钢筋混凝土屋架	8	0.10（0.15）	0.13（0.19）	0.13（0.19）
	9	0.20	0.25	0.25

注：括号中数值用于设计基本地震加速度为 $0.30g$ 的地区。

（2）《建筑抗震设计标准》GB/T 50011—2010（2024 年版）第 5.3.3 条：长悬臂构件和不属于本规范第 5.3.2 条的大跨结构的竖向地震作用标准值，8 度和 9 度可分别取该结构、构件重力荷载代表值的 10％和 20％，设计基本地震加速度为 $0.30g$ 时，可取该结构、构件重力荷载代表值的 15％。

（3）《建筑抗震设计标准》GB/T 50011—2010（2024 年版）第 5.3.4 条：大跨度空间结构的竖向地震作用，尚可按竖向振型分解反应谱方法计算。其竖向地震影响系数可采用本规范第 5.1.4、5.1.5 条规定的水平地震影响系数的 65％，但特征周期可均按设计第一组采用。

（4）《高层建筑混凝土结构技术规程》JGJ 3—2010 第 4.3.14 条：跨度大于 24m 的楼盖结构、跨度大于 12m 的转换结构和连体结构、悬挑长度大于 5m 的悬挑结构，结构竖向地震作用效应标准值宜采用时程分析方法或振型分解反应谱方法进行计算。时程分析计算时输入的地震加速度最大值可按规定的水平输入最大值的 65％采用，反应谱分析时结构竖向地震影响系数最大值可按水平地震影响系数最大值的 65％采用，但设计地震分组可按第一组采用。

（5）《高层建筑混凝土结构技术规程》JGJ 3—2010 第 4.3.15 条：高层建筑中，大跨度结构、悬挑结构、转换结构、连体结构的连接体的竖向地震作用标准值，不宜小于结构或构件承受的重力荷载代表值与表 5.2.5-3 所规定的竖向地震作用系数的乘积。

竖向地震作用系数 表 5.2.5-3

设防烈度	7 度（0.15g）	8 度（0.20g）	8 度（0.30g）	9 度（0.40g）
竖向地震作用系数	0.08	0.10	0.15	0.20

（6）《空间网格结构技术规程》JGJ 7—2010 第 4.4.3 条：在单维地震作用下，对空间网格结构进行多遇地震作用下的效应计算时，可采用振型分解反应谱法；对于体型复杂或重要的大跨度结构，应采用时程分析法进行补充计算。

5.2.6 对特殊用途的建筑，如档案库、藏书库、IDC 机房等，重力荷载代表值如何考虑？

建筑的重力荷载代表值应取结构和构配件自重标准值和各可变荷载组合值之和。可变荷载的组合值系数按表 5.2.6 取值。

建筑重力荷载代表值计算时，可变荷载组合值系数大小的本质就是可变荷载在地震时遇合的概率大小，可变荷载越"不可变"其组合值系数也就越大（如档案库、藏书库、

UPS 电池室、数据机房、IDC 机房等）。实际工程中常遇到建筑主要功能或局部功能为档案库、藏书库、UPS 电池室、数据机房的情况，设计时需要将这类荷载与一般活荷载进行区分对待：

组合值系数　　　　　　　　　　　　　　　　表 5.2.6

可变荷载种类		组合值系数
雪荷载		0.5
屋面积灰荷载		0.5
屋面活荷载		不计入
按实际情况计算的楼面活荷载		1.0
按等效均布荷载计算的楼面活荷载	藏书库、档案库	0.8
	其他民用建筑、城镇给水排水和燃气热力工程	0.5
起重机悬吊物重力	硬钩起重机	0.3
	软钩起重机	不计入

（1）当建筑的主要功能为档案库、藏书库时，将可变荷载的组合值系数取 0.8。

（2）当建筑的局部为档案库、藏书库等功能时，可将部分活荷载按恒荷载输入，可变荷载的组合值系数仍取 0.5。

假定活荷载为 L，将活荷载中的一部分按恒荷载等效，等效后恒荷载为 D_1，活荷载为 L_1，等效前后荷载效应和重力荷载代表值均应一致，即：

$1.5L = 1.3D_1 + 1.5L_1$

$0.8L = D_1 + 0.5L_1$

可得：$D_1 \approx 0.53L$，$L_1 \approx 0.54L$

以档案库为例，活荷载 $L = 12.0 \text{kN/m}^2$，楼面装修荷载 2.0kN/m^2，程序中恒荷载按 8.36kN/m^2，活荷载按 6.48kN/m^2 输入，则建筑的可变荷载的组合值系数仍可取 0.5。

对于工业建筑，活荷载大于 4.0kN/m^2 时，荷载分项系数可取 1.4，可参照上述方法换算。

5.2.7　现行《建筑与市政工程抗震通用规范》GB 55002 中地震作用分项系数有哪些调整？

重力荷载分项系数 γ_G 由 1.2 调整为 1.3，地震作用分项系数见表 5.2.7。

地震作用分项系数　　　　　　　　　　　　　　表 5.2.7

地震作用	γ_{Eh}	γ_{Ev}
仅计算水平地震作用	1.4	0
仅计算竖向地震作用	0	1.4
同时计算水平与竖向地震作用（水平地震为主）	1.4	0.5
同时计算水平与竖向地震作用（竖向地震为主）	0.5	1.4

5.2.8　各类结构弹性层间位移角限值是多少？

各类结构弹性层间位移角限值相关规定见《建筑抗震设计标准》GB/T 50011—2010（2024 年版）第 5.5.1 条、《高层建筑混凝土结构技术规程》JGJ 3—2010 第 3.7.3 条和《钢结构设计标准》GB 50017—2017 附录 B.2 节。

5.2.9　什么情况下要进行弹塑性变形验算，弹塑性层间位移角限值是多少？

（1）下列结构应进行弹塑性变形验算：

1）8度Ⅲ、Ⅳ类场地和9度时，高大的单层钢筋混凝土柱厂房的横向排架。

2）7～9度时楼层屈服强度系数小于0.5的钢筋混凝土框架结构和框排架结构。

3）高度大于150m的结构。

4）甲类建筑和9度时乙类建筑中的钢筋混凝土结构和钢结构。

5）采用隔震和消能减震设计的结构。

（2）下列结构宜进行弹塑性变形验算：

1）表5.2.9-1所列高度范围且属于《建筑抗震设计标准》GB/T 50011—2010（2024年版）第3.4.3条中的表3.4.3-2所列竖向不规则类型的高层建筑结构。

弹塑性变形验算的房屋高度范围　　　　　　　　　　　　　表5.2.9-1

设防烈度、场地类别	房屋高度范围（m）
8度Ⅰ、Ⅱ类场地和7度	>100
8度Ⅲ、Ⅳ类场地	>80
9度	>60

2）7度Ⅲ、Ⅳ类场地和8度时乙类建筑中的钢筋混凝土结构和钢结构。

3）板柱-抗震墙结构和底部框架砌体房屋。

4）高度不大于150m的其他高层钢结构。

5）不规则的地下建筑结构及地下空间综合体。

各类结构弹塑性层间位移角限值见表5.2.9-2。

弹塑性层间位移角限值　　　　　　　　　　　　　　　　表5.2.9-2

结构类型	弹塑性层间位移角限值
单层钢筋混凝土柱排架	1/30
钢筋混凝土框架	1/50
底部框架砌体房屋中的框架-抗震墙	1/100
钢筋混凝土框架-抗震墙、板柱-抗震墙、框架-核心筒	1/100
钢筋混凝土抗震墙、筒中筒	1/120
多、高层钢结构	1/50

注：1. 对钢筋混凝土框架结构，当轴压比小于0.40时，可提高10%；当柱子全高的箍筋构造比《建筑抗震设计标准》GB/T 50011—2010（2024年版）第6.3.9条规定的体积配箍率大30%时，可提高20%，但累计不超过25%。

2. 有些地区的超限高层建筑工程，其弹塑性层间位移角限值，要求执行《建筑抗震设计标准》GB/T 50011—2010（2024年版）附录M的规定。

5.3　结构抗震分析

5.3.1　嵌固端如何选取？如何判断？当顶板开大洞或场地高差较大时如何处理？嵌固层的构造要求有哪些？

当条件满足时，地下室顶板作为上部结构的嵌固部位是合理、经济的选择，嵌固部位向下延伸越多，结构需要采取的加强措施的范围越大（从向下延伸的嵌固部位到地下室顶板），结构成本也越高。当地下室顶板作为上部结构嵌固部位时，地下一层与首层侧向刚度比不宜小于 2。由于开设大洞等原因，造成地下室顶板不能作为上部结构的嵌固部位时，按地下室顶板嵌固和向下延伸的嵌固端分别计算，包络设计。

地下室顶板作为上部结构的嵌固部位时，应符合下列要求：

地下室在地上结构相关范围的顶板应采用现浇梁板结构，楼板厚度不宜小于 180mm，若柱网内设置多根次梁使板跨度较小（应根据工程经验确定，一般可按板跨度不大于 4m 考虑）时，板厚可适当减小（应根据工程经验确定，如减小至楼板厚度≥160mm）。混凝土强度等级不宜小于 C30，应采用双层双向配筋，且每层每个方向的配筋率不宜小于 0.25%。当板厚超过 180mm 时，在同样的配筋下楼板面内刚度更大，因此每米宽度内的贯通支座筋配筋量，只需不小于 180mm 厚板的 0.25% 配筋率对应的配筋量（即 450mm^2），板底及板面通长钢筋的配筋量不小于 450mm^2 且不小于板最小配筋率即可。

说明：《建筑抗震设计标准》GB/T 50011—2010（2024 年版）第 6.1.14 条和《高层建筑混凝土结构技术规程》JGJ 3—2010 第 5.3.7 条均明确，当地下室顶板作为上部结构嵌固部位时，地下一层与首层侧向刚度比不宜小于 2。作为上部结构嵌固端的地下室应为完整的地下室。若地下室顶板与室外地坪的高差不大于本层层高的 1/3 且不大于 1.0m 时，可将地下室顶板作为上部结构的嵌固端。当地下室顶板不能作为结构嵌固部位时，应考察地下二层与上部首层的侧向刚度比，并满足上述要求，地下二层仍不满足时，以此类推验算以下各层（始终与首层比较）。

嵌固部位结构侧向刚度比按等效剪切刚度比计算，地下室计算的平面范围取相应上部结构及其相关范围（取三跨且不大于 20m 范围内的结构，特别注意为多塔楼结构时，地下室相关范围不能共用）。

由于开设大洞等原因，造成地下室顶板不能作为上部结构的嵌固部位时，考虑地下室结构自身刚度以及周边回填土的约束作用，地下室顶板对上部结构的嵌固作用是实际存在的，因此仍应考虑地下室顶板的实际嵌固作用。按地下室顶板嵌固和向下延伸的嵌固端分别计算，包络设计。约束边缘构件应延伸至嵌固端，地下室顶板及其向下延伸的嵌固端楼层，均应满足嵌固端楼层的构造要求。

当地下一层与首层侧向刚度比不满足 2 倍要求时，应对方案一（嵌固端向下延伸并考虑地下室顶板的实际嵌固作用包络设计）和方案二（在主楼及相关范围地下室设置钢筋混凝土墙（刚度墙），使刚度比满足嵌固端的要求）进行对比分析，选择经济合理的结构方案。

《建筑抗震设计标准》GB/T 50011—2010（2024 年版）第 6.1.14 条条文说明已明确，作为上部结构嵌固端的地下室应为完整的地下室。场地高差较大，比如山（坡）地建筑中出现地下室各边埋填深度差异较大时，宜单独设置支挡结构。

地下室顶板对应于地上框架柱的梁柱节点除应满足抗震计算要求外，尚应符合下列规定之一：

（1）地下一层柱截面每侧纵向钢筋不应小于地上一层柱对应纵向钢筋的 1.1 倍，且地下一层柱上端和节点左右梁端实配的抗震受弯承载力之和应大于地上一层柱下端实配的抗震受弯承载力的 1.3 倍。

（2）地下室顶板梁刚度较大时，柱截面每侧的纵向钢筋面积应大于地上一层对应柱每侧纵向钢筋面积的 1.1 倍；同时梁端顶面和底面的纵向钢筋面积均应比计算增大 10% 以上。

（3）抗震墙底部加强部位的范围，应从地下室顶板算起。当结构计算嵌固端位于地下一层的底板或以下时，底部加强部位尚宜向下延伸到计算嵌固端。地下一层抗震墙墙肢端部边缘构件纵向钢筋的截面面积，不应少于地上一层对应墙肢端部边缘构件纵向钢筋的截面面积。

5.3.2　楼层刚性楼板、弹性楼板分别在哪些情况下考虑？

结构整体指标（如周期、位移、扭转位移比、倾覆力矩比等）反映的是结构的整体特性，故应采用强制刚性楼板假定进行计算；构件设计计算时，可采用弹性楼板假定。

计算构件拉力或者温度应力分析时，应采用弹性楼板假定，否则无法计算出拉力。地下室埋深大，应采用弹性楼板假定计算外墙水土压力对结构的影响。

5.3.3　阻尼比、周期折减系数、中梁刚度放大系数、连梁刚度折减系数如何确定？

（1）各类结构阻尼比宜符合表 5.3.3 规定。

不同结构的阻尼比　　　　　　　　　　　表 5.3.3

结构类型		混凝土结构	钢结构			预应力混凝土结构		组合结构	
			$H\leqslant50m$	$50m<$ $H<200m$	$H\geqslant200m$	预应力混凝土框架结构	框架-剪力墙结构、框架-核心筒结构和板柱-剪力墙结构中，当仅采用预应力混凝土梁或板	$H\leqslant200m$	$H>200m$
阻尼比	小震	0.05	0.04 (0.045)	0.03 (0.035)	0.02 (0.025)	0.03	0.05	0.04 [0.05]	0.03 [0.04]

注：1. 对于钢结构，当偏心支撑框架部分承担的地震倾覆力矩大于结构总地震倾覆力矩的50%时，小震下的阻尼比可采用括号内数值。

2. 对于组合结构，当楼盖梁采用钢筋混凝土梁时，小震下的阻尼比可采用方括号内数值。

3. H 表示房屋高度。

（2）当非承重墙体为砌体墙时，高层建筑结构的计算自振周期折减系数可按下列规定取值：框架结构可取 0.6～0.7；框架-剪力墙结构可取 0.7～0.8；框架-核心筒结构可取 0.8～0.9；剪力墙结构可取 0.8～1.0。对于其他结构体系或采用其他非承重墙体时，可根据工程情况确定周期折减系数。

（3）结构内力与位移计算采用刚性楼板假定时，现浇楼盖和装配整体式楼盖的梁刚度放大系数：中梁按《混凝土结构设计标准》GB/T 50010—2010（2024 年版）第 5.2.4 条，边梁取 1.5。

（4）承载力计算时剪力墙连梁的刚度可乘以相应的折减系数，6、7 度取 0.7；8、9 度取 0.5；大震分析时可取 0.3；中震分析时可取大震与小震的平均值。

5.3.4　有斜交构件抗侧力构件的建筑地震作用如何计算？

有斜交抗侧力构件的结构，当相交角度大于 15°时，应分别计算各抗侧力构件方向的水平地震作用。如果工程中存在斜交抗侧力构件与 X、Y 方向的夹角均大于 15°时，在软件参数"斜交抗侧力构件方向角度（0°～90°）"处输入该角度进行补充计算。

5.3.5　多层框架结构是否应满足周期比要求？

根据武汉市城乡建设局发布的《执行工程建设标准及强制性条文等疑难问题解答》（2021 年版）第三章 3.9 条：《建筑抗震设计规范》GB 50011—2010（2016 年版）中，将建筑形体的规则性分为四类："规则""不规则""特别不规则""严重不规则"。规则性不同，抗震设计方法不同。

多层框架结构的扭转周期比大于 0.9，据现行抗震规范：

（1）根据《建筑抗震设计标准》GB/T 50011—2010（2024 年版）第 3.4.3 条第 1 款，"平面不规则主要类型"中没有"扭转周期比大于 0.9"这一条。

（2）根据《建筑抗震设计标准》GB/T 50011—2010（2024 年版）第 3.4.3 条第 3 款及第 3.4.1 条条文说明，按照现行《超限高层建筑工程抗震设防专项审查技术要点》附件 1 中的表 3，"扭转周期比大于 0.9"为一项不规则项，属"扭转刚度弱"。

因此，多层框架结构如果仅有"扭转周期比大于 0.9"，建筑形体可认为"规则"；但如果结构同时还有其他某一项不规则，即有两项不规则时，建筑形体则为"特别不规则"。

5.3.6　当层间位移角数值很小，结构扭转位移比限值是否可放宽？

限制结构扭转位移比的目的是在于限制结构的扭转，当结构的层间位移角不大于规范限值的 0.4 倍时，扭转位移比的限制可适当放宽，但不应大于 1.6。

说明：广东省《高层建筑混凝土结构技术规程》第 3.4 节对结构扭转位移比限值放宽，设计当地项目可按地方标准执行。

5.3.7　进行结构中震或大震等效弹性验算时，相关参数如何取值？

结构在中、大震作用下，由于部分构件屈服，结构的整体阻尼会增大，周期也会增长。等效弹性方法通过增加阻尼比的方法来近似考虑结构阻尼的增加和刚度退化。

以 YJK 计算软件为例，实现《高层建筑混凝土结构技术规程》JGJ 3—2010 第 3.11 节性能设计时，所采用的主要参数见表 5.3.7。

设计选用参数　　　　　　　　　　　　　　　　　　　　表 5.3.7

设计参数	中震弹性	中震不屈服	大震不屈服
水平地震影响系数最大值	根据场地类别和设计地震分组据实填写		
场地特征周期 T_g（s）	同多遇地震弹性分析	同多遇地震弹性分析	多遇地震弹性分析 $T_g+0.05$
阻尼比	同多遇地震弹性分析	可适当增加，增加值一般不大于 0.02	
剪力墙连梁刚度折减	可适当折减，一般不小于 0.3		
与抗震等级有关的增大系数 *	不考虑	不考虑	不考虑
作用分项系数 *	同多遇地震弹性分析	1.0	1.0
材料分项系数 *	同多遇地震弹性分析	1.0	1.0
抗震承载力调整系数 *	按规范要求	1.0	1.0
材料强度 *	设计值	标准值	标准值
周期折减系数	1.0	1.0	1.0
是否考虑风荷载参与地震组合	不考虑	不考虑	不考虑
温度荷载	不考虑	不考虑	不考虑

注：1. 设计参数中标记 * 处，表示在 YJK 软件中，勾选性能设计（高规），并勾选性能水准中"中震"或者"大震"参数时，软件可自动处理。

2. YJK 软件默认剪力墙为关键构件，柱、支撑为一般竖向构件，梁为水平耗能构件。如果软件的默认值与实际不符，需要在性能设计/构件类型中进行指定。

3. 不勾选剪重比、薄弱层、$0.2V_0$ 调整等选项。

5.4　钢筋混凝土结构抗震要点

5.4.1　防震缝宽度如何确定？

钢筋混凝土房屋需要设置防震缝时，应符合《建筑抗震设计标准》GB/T 50011—2010（2024 年版）第 6.1.4 条规定。当房屋不同结构单元分别为钢筋混凝土结构和钢结构的两者之间需设置防震缝时，缝宽应不小于第 6.1.4 条规定数值的 1.5 倍。

5.4.2　大底盘结构的抗震等级如何确定？带框架裙房的剪力墙结构中裙房的抗震等级如何确定？

裙房与主楼相连，除应按裙房本身确定抗震等级外，相关范围不应低于主楼的抗震等级；主楼结构在裙房顶板对应的相邻上下各一层应适当加强抗震构造措施。裙房与主楼分离时，应按裙房本身确定抗震等级。

对于高层大底盘多塔楼结构，尚应符合的相关规定：底盘高度超过房屋高度20%的大底盘结构，尚应满足《高层建筑混凝土结构技术规程》JGJ 3—2010第10.6.5条的相关规定。

裙房与主楼相连，当主楼为剪力墙结构、裙房为框架结构时，裙房高度以上主楼剪力墙的抗震等级，按高度为主楼高度的剪力墙结构确定；裙房高度范围内主楼剪力墙的抗震等级，可根据底层裙房框架承担的地震倾覆力矩百分比，依照《高层建筑混凝土结构技术规程》JGJ 3—2010第8.1.3条的规定，按高度为主楼高度的剪力墙结构或框架-剪力墙结构确定。裙房框架的抗震等级，除按高度为裙房高度的框架结构确定外，相关范围不应低于主楼剪力墙的抗震等级。

5.4.3 如何判断单跨框架结构？单跨框架结构应采取何种措施？

应正确区分单跨框架和单跨框架结构。下列情况可确定为单跨框架结构：

（1）全部由单跨框架组成的结构。

（2）由单跨框架和多跨框架组成的结构，可根据多跨框架之间的最大间距以及多跨框架的抗侧刚度占总抗侧刚度的百分比判断。多跨框架之间的最大间距可参考表5.4.3，超过表中规定的最大间距可考虑按单跨框架结构。

多跨框架之间的最大间距   表 5.4.3

设防烈度	6度	7度	8度	9度	
最大间距（m）取较小值	3.5B，50	3.0B，40	2.5B，30	2B，20	B 为多跨框架之间无大洞口的楼、屋盖的宽度

甲、乙类建筑以及高层的丙类建筑不应采用单跨框架结构，多层建筑不宜采用单跨框架结构，必须采用时应采取有效的结构措施。

（1）丙类建筑的多层单跨框架结构宜采用抗震性能化设计方法，满足基本抗震性能目标的要求，抗震等级应提高一级。

（2）由大小跨组成的两跨框架，在重力荷载及多遇地震作用下，当小跨框架边柱为偏心受拉柱时，应控制基础零应力区满足规范要求，并要求柱纵筋全长焊接或机械连接。

（3）未按抗震性能化设计的单跨框架结构，应采取更高的延性措施，抗震构造措施的抗震等级应提高一级，即：乙类建筑单跨框架结构的抗震构造措施的抗震等级，比按乙类建筑确定的抗震构造措施的抗震等级再提高一级；丙类建筑单跨框架结构的抗震构造措施的抗震等级，比按丙类建筑确定的抗震构造措施的抗震等级再提高一级。

说明：广东省相关规范在判断由单跨框架和多跨框架组成的结构时，根据多跨框架的抗侧刚度为总抗侧刚度的50%以下即为单跨框架。

5.4.4 框架结构中如何采取措施避免楼梯对主体结构的斜撑作用？楼梯与主体结构整浇时，应如何处理？

可采取措施避免楼梯对框架结构侧向刚度的影响，否则主体结构分析计算时应补充考虑楼梯实际刚度的计算模型。楼梯梁和楼层梁上的楼梯柱，其抗震等级及构造要求应同主体结构框架，楼梯柱的截面宽度不应小于200mm，截面长度不小于梯口梁截面宽度＋

50mm 且不少于 300mm。

（1）当拟采取措施避免楼梯对主体结构的斜撑作用、避免主体结构形成短柱时，可采用图 5.4.4 所示的梯段下端滑动措施。

（2）当有条件时，框架结构的楼梯间应尽量在半层平台侧四角均设置落地框架柱。

（3）楼梯柱宜锚入上层框架梁内，使梁上楼梯柱形成 H 形框架，加强楼梯柱弱轴方向的整体性。当两层楼面梁的挠度计算值差别较大时，楼梯平台以上的柱段可预留钢筋混凝土后浇。

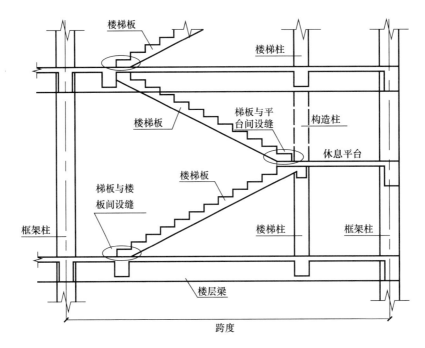

图 5.4.4　梯段下端滑动措施示意

（4）外挑楼梯不宜作为疏散楼梯，应加强其与主体结构的连接构造。

（5）若考虑楼梯实际刚度对主体结构的影响，在配筋设计时应按照考虑楼梯实际刚度和不考虑楼梯刚度仅传递竖向楼梯荷载至主体结构上的两种计算结果，对楼梯及其周边结构构件进行包络。

5.4.5　采取何种措施保证"强柱弱梁"目标的实现?

强柱弱梁问题实际上就是梁柱塑性铰的出铰机制问题，属于"大震不倒"的问题，应采取计算、构造等综合措施确保强柱弱梁目标的实现。

（1）混凝土受压区高度应满足规范的相关要求，按规范要求不同抗震等级的框架采用不同的内力放大系数。

（2）框架梁支座负弯矩应考虑塑性调幅，有利于适当减小梁端负弯矩。

（3）控制梁底跨中钢筋通入支座的数量，同时应满足规范规定的延性要求，即混凝梁端部的梁底钢筋与梁顶钢筋的比值，一级抗震等级时不应小于 0.5，二、三级时不应小于 0.3。

（4）支座裂缝宽度验算时按现行《混凝土结构设计标准》GB/T 50010 的括号内限值。

（5）应注意楼板配筋对梁端实际承载力的影响。

（6）应注意梁端为满足延性要求而设置的正弯矩钢筋对强柱弱梁的影响。

（7）强柱弱梁计算应考虑梁柱节点的刚域影响。

说明：强柱弱梁的实现除构造措施外，按规范要求根据不同抗震等级采用的柱弯矩放大计算较为关键。

5.4.6　四级抗震墙墙肢轴压比限值如何确定？

四级抗震墙的轴压比限值规范未给出明确规定。考虑到随着设防烈度的增加，地震作用组合下的轴压力越大，建议 7 度设防下的四级抗震墙轴压比按照 0.65；6 度设防下的四级抗震墙轴压比按照 0.7 进行控制。

5.4.7　连梁抗剪计算超限如何处理？

对超筋连梁应采用恰当方法进行处理，主要方法：

（1）对连梁调幅处理。经全部调幅（包括计算中连梁刚度折减和对计算结果的后期调幅）后的弯矩设计值不宜小于调幅前（完全弹性）的 0.7 倍（6 度、7 度）和 0.5 倍（8 度、9 度）。

（2）减小连梁的截面。

说明：1. 剪力墙中连梁的弯矩和剪力可进行塑性调幅（注意：对框架梁只能对竖向荷载下的梁端弯矩进行调幅，而对连梁则没有这一限制。也就是说，对连梁弯矩的调幅是对连梁端弯矩组合值的调幅），以降低其剪力设计值。但在结构计算中已对连梁进行了刚度折减时，其调幅范围应限制或不再调幅，当部分连梁降低弯矩设计值后，其余部位的连梁和墙肢的弯矩应相应加大。

1）对连梁的调幅可采用两种方法：一是在内力计算前，直接将连梁的刚度进行折减；二是在内力计算后，将连梁的弯矩和剪力组合值乘以折减系数。

2）采用对连梁弯矩调幅的办法，考虑连梁的塑性内力重分布，降低连梁的计算内力，同时应加大剪力墙的地震效应设计值。

3）本调整方法考虑连梁端部的塑性内力重分布，对跨高比较大的连梁效果比较好，而对跨高比较小的连梁效果较差。

4）经本次调整，仍可确保连梁对承受竖向荷载无明显影响。

2. 通过降低连梁的截面高度，达到减小连梁计算内力的目的，同时加大剪力墙的地震效应设计值。当层高较高时，可以在门洞顶及楼层标高处分别设置一道连梁。

5.4.8　带端柱剪力墙计算如何处理？端柱的抗震等级如何确定？

带端柱的剪力墙不是剪力墙与柱的简单叠加，程序中常用方法是对柱墙采用直接叠加的计算处理方法。应该明确：端柱不是柱而是墙，应强调端柱与墙的整体概念。

建议带端柱剪力墙采用软件设计时按组合墙配筋处理，边框柱在配筋计算时已经作为组合墙的翼缘，是配筋截面的一部分。如果边框柱仅与一个方向的墙肢相连，考虑到墙配筋时通常仅考虑面内弯矩作用，面外按轴压配筋验算，软件在生成边缘构件配筋面积时，取组合墙暗柱计算配筋面积和边框柱自身计算配筋面积的大值作为边缘构件计算配筋面积；如果边框柱两个方向均与墙肢相连，则软件直接叠加两个方向该处暗柱计算配筋面积作为边缘构件计算配筋面积，不再与边框柱自身配筋取大。

程序采用墙＋柱的输入模式，会出现端柱的抗震等级同框架的情况。而在框架-剪力墙结构中，框架的抗震等级一般不会高于剪力墙的抗震等级，否则将会出现偏不安全的情况，应人工修改端柱的抗震等级，使其同剪力墙。

5.4.9　框架-剪力墙结构中剪力墙布置的原则？

框架-剪力墙结构中剪力墙的布置应按"均匀、分散、对称、周边"的原则考虑，并宜符合下列要求：

（1）框架-剪力墙结构应设计成双向抗侧力体系，剪力墙的布置宜减少结构的扭转变形；纵向剪力墙宜布置在结构单元的中间区段，当建筑纵向长度较长时，不宜集中布置在两端。

（2）剪力墙间距不宜过大，不宜过分集中布置。

（3）纵、横剪力墙宜组成 L 形、T 形和〔形等形式，以增加抗侧刚度和抗扭能力。

（4）单片剪力墙底部承担的水平剪力不宜超过结构底部总水平剪力的 30%。

（5）剪力墙宜贯通建筑物的全高，宜避免刚度突变；剪力墙开洞时，洞口宜上下对齐。

（6）剪力墙不宜设在楼板需要开大洞的部位，无法避免时，洞口面积不宜大于墙面面积的 1/6，并通过可靠的计算分析，适当折减其抗侧力刚度，以及采取有效的构造措施。

（7）横向剪力墙沿长度方向的间距宜符合表 5.4.9 的要求，超过时，应计入楼板平面内变形的影响；当这些剪力墙之间的楼板有较大开洞时，剪力墙的间距应予减小。

剪力墙的间距（m）　　　　　　　　　　表 5.4.9

楼盖形式	非抗震设计	抗震设防烈度		
		6 度、7 度	8 度	9 度
现浇	≤5B 且≤60	≤4.0B 且≤50	≤3B 且≤40	≤2B 且≤30
装配整体	≤3.5B 且≤50	≤3.0B 且≤40	≤2.5B 且≤30	—

注：表中 B 为剪力墙之间的楼面宽度（m）。

5.4.10　框架-剪力墙结构的判断及抗震等级如何确定？

根据《高层建筑混凝土结构技术规程》JGJ 3—2010 第 8.1.3 条确定。

5.4.11　框架-剪力墙结构中各层框架总剪力的 $0.2V_0$ 调整系数如何确定？

根据《高层建筑混凝土结构技术规程》JGJ 3—2010 第 8.1.4 条：抗震设计时，框架-剪力墙结构对应于地震作用标准值的各层框架总剪力应符合下列规定：

（1）满足式（5.4.11）要求的楼层，其框架总剪力不必调整；不满足式（5.4.11）要求的楼层，其框架总剪力应按 $0.2V_0$ 和 $1.5V_{f,max}$ 二者的较小值采用：

$$V_f \geqslant 0.2V_0 \qquad (5.4.11)$$

式中　V_0——对框架柱数量从下至上基本不变的结构，应取对应于地震作用标准值的结构底层总剪力；对框架柱数量从下至上分段有规律变化的结构，应取每段底层结构对应于地震作用标准值的总剪力；

　　　V_f——对应于地震作用标准值且未经调整的各层（或某一段内各层）框架承担的地震总剪力；

　$V_{f,max}$——对框架柱数量从下至上基本不变的结构，应取对应于地震作用标准值且未经调整的各层框架承担的地震总剪力中的最大值；对框架柱数量从下至上分段有规律变化的结构，应取每段中对应于地震作用标准值且未经调整的各层框架承担的地震总剪力中的最大值。

（2）各层框架所承担的地震总剪力按本条（1）款调整后，应按调整前、后总剪力的比值调整每根框架柱和与之相连框架梁的剪力及端部弯矩标准值，框架柱的轴力标准值可不予调整。

（3）按振型分解反应谱法计算地震作用时，本条（1）款所规定的调整可在振型组合之后，并满足《高层建筑混凝土结构技术规程》JGJ 3—2010 第 4.3.12 条关于楼层最小地震剪力系数的前提下进行。

5.4.12 板柱-抗震墙结构的适用范围？

设防烈度为 8 度（0.3g）时，不宜采用板柱-抗震墙结构。设防烈度为 9 度时，不应采用板柱-抗震墙结构。板柱-抗震墙结构房屋适宜的最大高度：设防烈度 6 度时为 80m，设防烈度 7 度时为 70m，设防烈度 8 度（0.2g）时为 55m。

5.4.13 无梁楼盖结构的设计建议有哪些？

除了满足规范相关条文的要求，对无梁楼盖的结构设计提出如下设计建议：

（1）结构设计时，应优先考虑设置柱帽。

（2）无梁楼盖结构应采用较为均匀规则的柱网布置，同一方向连续跨数不宜少于 5 跨。

（3）应特别关注板柱节点的竖向承载力问题及构造问题，施工图中应明确荷载控制要求，包括总荷载和不均匀荷载等。比如地下室顶板有覆土荷载和施工机械荷载时，不宜采用无梁楼盖。无梁楼盖施工荷载不得超过设计总说明中注明的允许使用荷载。

5.4.14 筒体结构框架部分计算分配的楼层地震剪力有何要求？框架部分的剪力如何调整？

本条是抗震多道防线的要求，为了保证剪力墙或筒体破坏后框架柱仍具有一定的承载能力，需要对框架部分承担的地震剪力做出最低比例要求。根据《高层建筑混凝土结构技术规程》JGJ 3—2010 第 9.1.11 条抗震设计时，筒体结构的框架部分按侧向刚度分配的楼层地震剪力标准值应符合下列规定：

（1）框架部分分配的楼层地震剪力标准值的最大值 $V_{f,max}$ 不宜小于结构底部总地震剪力标准值的 10%。

（2）当框架部分分配的地震剪力标准值的最大值 $V_{f,max}$ 小于结构底部总地震剪力标准值的 10% 时，各层框架部分承担的地震剪力标准值应增大到结构底部总地震剪力标准值的 15%；此时，各层核心筒墙体的地震剪力标准值宜乘以增大系数 1.1，但可不大于结构底部总地震剪力标准值，墙体的抗震构造措施应按抗震等级提高一级后采用，已为特一级的可不再提高。

（3）当框架部分分配的地震剪力标准值小于结构底部总地震剪力标准值的 20%，但其最大值 $V_{f,max}$ 不小于结构底部总地震剪力标准值的 10% 时，应按结构底部总地震剪力标准值的 20% 和框架部分楼层地震剪力标准值中最大值的 1.5 倍二者的较小值进行调整。

说明：按（2）或（3）调整框架柱的地震剪力后，框架柱端弯矩及与之相连的框架梁端弯矩、剪力应进行相应调整。

有加强层时，本条框架部分分配的楼层地震剪力标准值的最大值不应包括加强层及其上、下层的框架剪力。

另外，根据《超限高层建筑工程抗震设防专项审查技术要点》，对于超高的框架-核心筒结构，其混凝土内筒和外框之间的刚度宜有一个合适的比例，框架部分计算分配的楼层地震剪力，除底部个别楼层、加强层及其相邻上下层外，多数不低于基底剪力的 8% 且最大值不宜低于 10%，最小值不宜低于 5%。

对比筒体结构与框架-剪力墙结构（《高层建筑混凝土结构技术规程》JGJ 3—2010 第 8.1.4 条）的相

关要求可以发现，二者的调整要求有差异：

（1）框架部分承担的地震剪力是否需要调整，框架-剪力墙结构是与 0.2 倍分段底层结构的地震总剪力标准值对比，而筒体结构是与 0.2 倍结构底部总剪力标准值对比。

（2）当框架部分分配的地震剪力标准值的最大值 $V_{f,max}$ 小于结构底部总地震剪力标准值的 10% 时，框架部分地震剪力调整方法不同。

5.4.15 筒体结构楼盖设计有哪些需要注意的问题？

筒体结构楼盖设计应注意以下几点：

（1）筒体结构的楼盖外角宜设置双层双向钢筋，单层单向配筋率不宜小于 0.3%，钢筋的直径不应小于 8mm，间距不应大于 150mm，配筋范围不宜小于外框架（或外筒）至内筒外墙中距的 1/3 和 3m。

（2）楼盖主梁不宜搁置在核心筒或内筒连梁上。

（3）框架-核心筒结构的周边柱间必须设置框架梁。

说明：外框筒角部框架柱内收时，也应按图 5.4.15-1 设置框架梁直接连接角柱与邻近框架柱，不应为了使梁正交而采用图 5.4.15-2 双悬挑的平面布置。

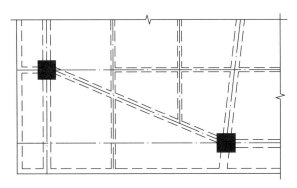

图 5.4.15-1　框架梁连接角柱与邻近框架柱平面布置

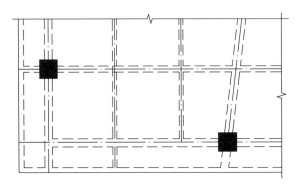

图 5.4.15-2　双悬挑平面布置

（4）抗震设计时，核心筒、内筒的连梁宜配置对角斜向钢筋或交叉暗撑。

5.4.16 非结构构件的抗震构造有哪些要求？

非结构构件主要包括围护结构自身及其与主体结构的连接、建筑附属机电设备与主体结构的连接。非结构构件设计前应根据设计合同要求明确结构的设计分工，当合同规定由院外专门单位设计时，则结构设计应考虑非结构构件对主体结构的影响；当合同规定由我院进行设计时，则结构设计应进行从非结构构件设计、连接构件设计与施工预埋到主体结构验算的全过程设计，其抗震构造应满足《建筑抗震设计标准》GB/T 50011—2010（2024 年版）第 3.7 节、第 13.3 节相关规定的要求。

5.4.17 非结构构件的地震作用如何计算？

按照《建筑抗震设计标准》GB/T 50011—2010（2024 年版）第 13.2 节相关规定执行。

5.4.18 算例

某会展中心内部为高大空间，根据建筑防火要求需设置 14.1m 高隔墙，隔墙顶部无屋面主体结构构件拉结。以此为例介绍围护构件（建筑分隔隔墙）自身的地震作用计算中，计算模型的简化及取用、地震作用取值及截面设计。

（1）主受力构件为主体结构柱及跨度为柱间距的墙顶压顶梁，次受力构件（也是隔墙的拉结构件）为按照较小间距设置的构造柱（每隔 3m 一根）及横向拉结梁（每隔 2.4～3.1m 一道）。构造柱、圈梁立面布置详图如图 5.4.18-1（a）所示。

（2）整体计算中，将隔墙的夹墙受力构件作为一个楼盖层结构进行建模，忽略梁（实际为主体结构框架柱、墙顶压顶梁、构造柱及拉结梁）本身的自重，根据《建筑抗震设计标准》GB/T 50011—2010（2024 年版）第 13.2.3 条公式，将地震作用乘以适当系数等效转换为集中恒载输入模型中进行计算分析。表 5.4.18 为等效荷载计算，图 5.4.18-2 为等效荷载布置示意图及计算模型简图。

（3）根据计算结果进行压顶梁、构造柱、拉结梁的截面设计，如图 5.4.18-1（b）所示。

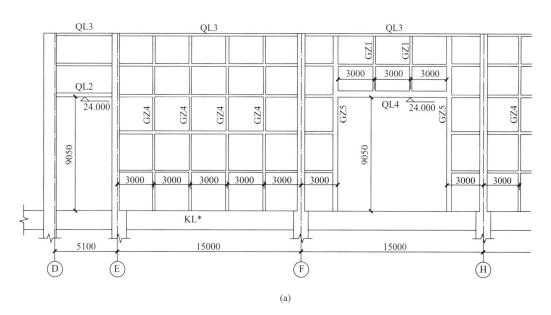

(a)

图 5.4.18-1 构造柱、圈梁立面布置图及构件配筋详图（一）

（a）构造柱、圈梁立面布置图

展厅构造柱配筋表

柱编号	GZ1	GZ2	GZ3	GZ4	GZ5
配筋信息	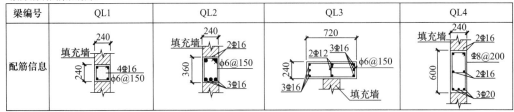				

展厅隔墙圈梁配筋表

梁编号	QL1	QL2	QL3	QL4
配筋信息				

(b)

图 5.4.18-1　构造柱、圈梁立面布置图及构件配筋详图（二）

（b）构造柱、圈梁构件配筋详图

等效荷载计算　　　　　　　　　　　　　　　　　　　　表 5.4.18

单质点重 G_i（kN）					高度 H_i（m）					$G_i H_i$（kN·m）				
G_1	G_2	G_3	G_4	G_5	H_1	H_2	H_3	H_4	H_5	$G_1 H_1$	$G_2 H_2$	$G_3 H_3$	$G_4 H_4$	$G_5 H_5$
0	0	0	0	0	3.1	6.2	9.1	11.6	14.05	0	0	0	0	0

总重 $G=0$kN，$G_{eq}=0.85G=0$kN，构造柱间距 $S=3$m，砌体重 2.6kN/m²

水平地震作用标准值 F_{Ek}（kN）	转换为恒载 （×1.3/1.2）	按非结构构件放大 （×$\gamma\eta\zeta_1\zeta_2$/0.85＝1.0×0.9×2×1/0.85＝2.12）
F_{1k}	0.3873	0.4196	0.8895
F_{2k}	0.7496	0.8121	1.722
F_{3k}	0.9903	1.073	2.275
F_{4k}	1.157	1.254	2.658
F_{5k}	0.6937	0.7515	1.593
总和 $F_{Ek}=3.978$kN		

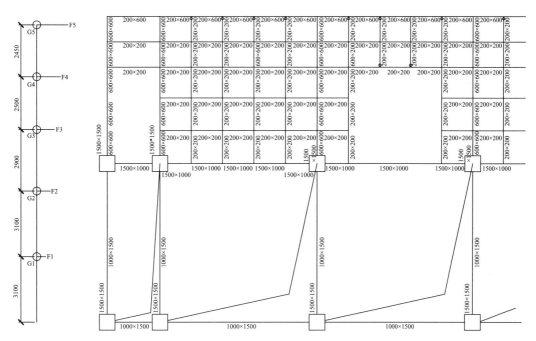

图 5.4.18-2 等效荷载布置示意图及计算模型简图

6 钢筋混凝土结构

6.1 一般规定

6.1.1 如何确定建筑物的高宽比？高宽比超过规范规定，结构设计应采取哪些措施？

建筑物的高宽比为房屋高度 H 与建筑平面宽度 B 之比。房屋高度 H 是指主楼屋面至室外地面高度，不包括凸出屋面的电梯机房、水箱、构架等高度。建筑平面宽度 B，当建筑平面为矩形时，按所考虑方向的最小投影宽度作为建筑物的计算宽度，但对凸出建筑物平面很小的局部结构（如楼梯间、电梯间等），一般不作为建筑物的计算宽度；当建筑平面非矩形时，可取平面的等效宽度 $B=3.5r$，r 为建筑平面（不计外挑部分）最小回转半径。对带有裙楼的高层建筑，当主裙楼相关范围内的面积和刚度超过其上部塔楼面积和刚度的 2.5 和 2.0 倍时，计算高宽比的房屋高度和宽度可按裙楼以上塔楼结构考虑。

高层建筑对结构高宽比的规定，是结构整体刚度、经济合理等各项性能宏观控制指标，是长期工程经验总结。《高层建筑混凝土结构技术规程》JGJ 3—2010 对侧向位移、结构稳定、抗倾覆能力、承载能力等性能的规定，也体现了对结构高宽比的要求。当满足这些规定时，高宽比的规定不是一个必须满足的条件，也不是判别结构规则与否作为超限高层建筑抗震专项审查的一个指标。

高层建筑的高宽比超出规范限值很多时，其经济性较差。设计时宜分别进行风和中、大震作用下的结构强度及稳定性、工程桩抗拔及桩身受拉承载力验算。同时需要控制好整体稳定及抗倾覆计算，振型数也应比一般结构多，注意高振型对上部结构的影响。

实际工程已有较多超过高宽比限值的例子（如上海金茂大厦 88 层 420m，高宽比为 7.6；深圳地王大厦 81 层 320m，高宽比为 8.8）。当超过限值时，应对结构进行更准确、更符合实际受力状态的计算分析和切实可靠的构造措施。

说明：房屋高宽比计算参考了徐建等主编的《建筑结构设计常见及疑难问题解析》中第 2.1.17 节的相关规定。

6.1.2 超长结构通过设置后浇带和混凝土外加剂可以控制多长不设缝？超长结构是否全部楼板均设置抗温度应力钢筋？

因建筑使用功能要求、高层建筑基础埋深要求、变形缝处理困难等因素，超长结构设计目前普遍存在。超长结构设计应从"设计自身、对原材料（含外加剂）要求和施工质量保证措施"三方面综合考虑，减少温度应力引起的开裂现象。

对于地下室结构，其上覆土后受温度影响较小，主要需要解决的是施工期间混凝土早期收缩造成的裂缝问题，施工中留后浇带或在混凝土中掺加适量外加剂、设膨胀加强带，可抵消一部分混凝土收缩产生的拉应力，以达到避免或减少裂缝宽度的目的。有可靠措施时地下部分可不设伸缩缝。

但不能认为只要采取了相关措施，就可以任意加大伸缩缝间距，甚至不设缝。超长结构，应根据概念和计算慎重考虑各种不利因素的影响，确定合理的伸缩缝间距。以总长多少控制难以量化，要依据具体措施和可靠的经验。

超长结构均应进行温度应力计算，根据计算结果设置抗温度应力钢筋。

6.1.3 多高层混凝土结构及混合结构房屋的自振周期合理范围区间为多少？

在满足我国设计规范对结构整体稳定性、位移限值以及最小剪重比等要求基础上，高层建筑结构（不含纯钢结构、框架结构）自振周期的合理分布范围宜参考表 6.1.3。当高层建筑结构的基本周期超过 $0.4\sqrt{H}$ 时，结构偏柔；当基本周期 T 接近 $0.45\sqrt{H}$ 时，结构过柔，建议予以调整加强结构整体稳定性。

结构自振周期与结构高度的关系 表 6.1.3

周期	高度				
	$H<50$m	$50{\leqslant}H<100$m	$100{\leqslant}H<150$m	$150{\leqslant}H<250$m	$H{\geqslant}250$m
第一周期（s）	$0.08\sqrt{H}\sim$ $0.15\sqrt{H}$	$0.15\sqrt{H}\sim$ $0.3\sqrt{H}$	$0.2\sqrt{H}\sim$ $0.35\sqrt{H}$	$0.25\sqrt{H}\sim$ $0.4\sqrt{H}$	$0.3\sqrt{H}\sim$ $0.4\sqrt{H}$

说明：高层建筑结构自振周期是其固有的力学特性，与结构的刚度和质量相关。本文给出的结构自振周期与结构高度关系参考了徐培福等于 2014 年 2 月发表在《土木工程学报》中的《高层建筑结构自振周期与结构高度关系及合理范围研究》一文。

6.1.4 楼板大开洞时结构计算应注意些什么？

（1）对大开洞楼层及相邻上下层，计算中应考虑楼板变形对结构内力和位移的影响，采用弹性楼板假定。

（2）对楼板大开洞后形成的跃层柱、跃层剪力墙，应判断软件对跃层构件的计算长度指定是否符合实际情况。

（3）楼板大开洞后，由于跃层构件的侧向刚度减小，宜适当加大跃层构件截面尺寸，减小长细比，并适当加强其抗震构造措施；其余竖向构件的抗侧能力（包括刚度、延性、受剪承载力、受弯承载力）宜适当提高。跃层构件的竖向承载力和稳定性也应适当加强。

（4）对大开洞楼层及相邻上层，宜对楼板进行受剪承载力计算，并根据楼板应力计算结果予以加强。

6.1.5 普通地下室、人防地下室底板的最小配筋率是否可按《混凝土结构通用规范》GB 55008—2021 第 4.4.6-3 条以及《人民防空地下室设计规范》GB 50038—2005（2023 年版）第 4.11.7 条注 5 执行？

普通地下室底板最小配筋率应按《混凝土结构通用规范》GB 55008—2021 第 4.4.6 条执行；地下室底板如为卧置于地基上的板，可按《混凝土结构通用规范》GB 55008—2021 第 4.4.6 条第 3 款执行，即此时板中受拉钢筋的最小配筋率不应小于 0.15%。

对卧置于地基上的核 5 级、核 6 级和核 6B 级甲类防空地下室结构底板，当其内力由平时设计荷载控制时，板中受拉钢筋最小配筋率可适当降低，但不应小于 0.15%。

说明：1.《混凝土结构通用规范》GB 55008—2021 第 4.4.6-2 条 "除悬臂板、柱支承板之外的板类受弯构件，当纵向受拉钢筋采用强度等级 500MPa 的钢筋时，其最小配筋百分率应允许采用 0.15% 和

45ft/fy 中的较大值"的规定；《混凝土结构通用规范》GB 55008—2021 第 4.4.6-3 条及《人民防空地下室设计规范》GB 50038—2005（2023 年版）第 4.11.7 条注 5 规定：卧置于地基上地下室结构底板最小配筋率为 0.15%，因此，当底板钢筋采用 400MPa 时，也可采用 0.15%的最小配筋率。

2. 桩、独立承台＋防水底板中的地下室底板为非卧置于地基上的板。

6.2　钢筋混凝土楼盖的设计与构造

6.2.1　多层房屋地下室的顶板是否需要有最小板厚的要求？

回填土对地下室的刚度影响较大，地下室对上部结构的位移和转角约束很大，地下室顶板不宜太薄。如地下室上同时有多个结构单元，顶板受力复杂，更不宜太薄。建议参考高层混凝土地下室顶板厚度要求，楼板板厚不宜小于 160mm。

6.2.2　常用的楼盖类型有哪些？现浇混凝土楼板和预制现浇混凝土楼板的基本要求有哪些？

（1）常用的楼盖有：肋形楼盖和无梁楼盖。

1）肋形楼盖有：现浇梁式单向板、双向板、单向密肋板和双向密肋板，后张无粘结预应力现浇单向板和双向板，预制板。

2）无梁楼盖有：现浇无梁平板；带托板（柱帽）的无梁楼板。

（2）剪力墙结构、筒体结构及复杂高层建筑结构，应采用现浇混凝土楼盖结构；剪力墙结构和框架结构以及开洞较多的，宜采用现浇楼盖结构。

装配整体式混凝土结构的楼盖宜采用叠合楼盖，其最大适用高度按《装配式混凝土建筑技术标准》GB/T 51231—2016 第 5.1.2 条执行，并应符合下列要求：

（1）无现浇叠合层的预制板，板端搁置在梁上的长度不应小于 50mm。

（2）预制板板端宜预留胡子筋，其长度不宜小于 100mm。

（3）预制空心板孔端应有堵头，堵头宜留出不小于 60mm 的空腔，空腔应采用强度等级不低于 C20 的混凝土浇灌密实。

（4）楼盖的预制板板缝上缘宽度不宜小于 40mm，板缝大于 40mm 时，应在板缝内配置钢筋并宜贯通整个结构单元。预制板板缝、板缝梁的混凝土强度等级宜高于预制板的混凝土强度等级。

（5）楼盖每层宜设置钢筋混凝土现浇层。现浇层厚度不应小于 50mm，并应双向配置直径不小于 6mm、间距不大于 200mm 的钢筋网，钢筋应锚固在梁或剪力墙内。

说明：1. 楼板受力复杂的部位（比如结构转换层、大底盘多塔楼结构的底盘顶层、平面复杂或者开洞过大的楼层、作为上部结构嵌固部位的地下室楼层等）、受温度变化的影响较大的部位（比如房屋顶层），应采用现浇楼盖结构并采取相应的加强措施。

2. 装配式建筑对楼板的相关要求，另详见现行《装配式混凝土建筑技术标准》GB/T 51231 结构专篇。

6.2.3　现浇混凝土楼板的最小厚度有何要求？板厚与跨度的比值有什么要求？

楼板的厚度一般由设计计算确定，应该满足承载力、刚度和裂缝控制的要求，还应考虑使用要求，包括防火要求、预埋管线、施工方便和经济性方面的因素。

为便于设计，对于现浇板最小厚度、板的厚度与跨度的最小比值等参考表 6.2.3-1、表 6.2.3-2。

现浇板的最小厚度（mm） 表 6.2.3-1

序号	板的类别		最小厚度（mm）
1	单向板	屋面板	80
2		民用建筑楼板	80
3		工业建筑楼板	80
4		工业建筑行车道楼板	80
5	双向板		80
6	密肋板（单向及双向）	肋的间距≤700mm 时	50
7		肋的间距＞700mm 时	50
8	悬臂板	悬臂长度≤500mm 时	60（板根部）
9		悬臂长度＞500mm 时	80（板根部）
		悬臂长度＝1200mm 时	100（板根部）
10	无梁楼板		150
11	现浇空心楼盖（顶板/底板）		50
12*	防空地下室结构顶板中间楼板		200
	防空地下室结构顶板		250
13	普通地下室顶板		160
	多层普通地下室的中间楼层楼板		120
14	作为上部结构嵌固部位的地下室楼层板		180

说明：1. 根据《建筑设计防火规范》GB 50016—2014（2018 年版）第 5.1 条规定：高层建筑一般楼层现浇楼板板厚不小于 90mm，对建筑高度大于 100m 的民用建筑，其楼板的耐火极限不应低于 2.00h，此时楼板厚度不小于 100mm。

2.《高层建筑混凝土结构技术规程》JGJ 3—2010 第 3.6.3 条：一般楼层现浇楼板板厚，当板内预埋暗管时不宜小于 100mm，顶层楼板不宜小于 120mm；转换层楼板应符合本规程第 10 章的相关规定。

3. 表中标记"＊"处应注意：根据《武汉市民防办公室关于进一步提高全市人防设计及人防审图质量的通知》（武民防〔2021〕10 号）规定：位于地下一层的人防地下室顶板厚度不小于 250mm。人防地下室位于地下二层时，人防区顶板可取 200mm 厚。

4.《人民防空地下室设计规范》GB 50038—2005（2023 年版）第 4.11.3 条注 2 规定：防空地下室结构顶板、中间楼板的最小厚度指实心截面。

5. 防空地下室结构顶板、中间楼板的最小厚度不包括甲类防空地下室防早期核辐射对结构厚度的要求。

板的厚度与跨度的最小比值（h/L） 表 6.2.3-2

序号	板的支承情况	板的种类				
		单向板	双向板	悬臂板	无梁楼盖	
					有托板	无托板
1	简支	1/30	1/40	—	1/32～1/40	1/30～1/35
2	连续	1/40	1/50	1/12	—	—

注：1. L 为板的短边计算跨度。
2. 跨度大于 4m 的板宜适当加厚。
3. 荷载较大时，板厚另行考虑。
4. 根据《武汉市住宅工程质量通病防控技术规程》DB42/T 636—2010 第 6.1.3 条要求，现浇板的设计厚度：单向板厚度不宜小于 $L/30$（L 为板跨度），双向板厚度不宜小于 $L/35$（L 为板短向跨度）。
5. 楼梯板的厚度应比上表适当增加。
6. 具体施工时，混凝土的保护层厚度一般比设计规定的最小保护层厚度略有增加，而设计计算时一般按照混凝土最小保护层厚度计算，因此，板厚和配筋均应考虑此因素经计算后适当增加。

6.2.4　现浇混凝土楼盖结构的梁截面高度一般如何取用?

梁截面高度与梁的跨度、梁所承受的荷载有关,为方便计算,一般按高跨比确定梁截面,然后进一步验算,常用梁截面的高度,可根据荷载情况参照表 6.2.4 取用。

梁截面高度 (L 为梁的计算跨度,井字梁为短跨)　　　表 6.2.4

分类	梁截面高度
简支梁	$(1/15\sim1/12)\,L$
连续梁	$(1/20\sim1/12)\,L$
单向密肋梁	$(1/22\sim1/18)\,L$
井字梁	$(1/20\sim1/15)\,L$
悬挑梁	$(1/7\sim1/5)\,L$
框支梁	有抗震设防 $L/6$
	非抗震设防 $L/7$

注:1. 双向密肋梁截面高度可适当减少。
　　2. 梁的荷载较大时,截面高度取较大值,必要时应计算挠度及裂缝宽度。梁的设计荷载的大小,一般均布线荷载超过 40kN/m 时,可认为是荷载较大。
　　3. 有特殊要求的梁,截面高度尚可较表列数值减少,但应验算挠度及裂缝宽度,并采取加强刚度的措施,如增设受压钢筋;在需要与可能时梁内设置型钢;增设预应力钢筋等。
　　4. 在计算梁的挠度时,宜考虑梁受压区现浇板(翼缘)的有利作用。
　　5. 在验算挠度时,可将计算所得挠度值减去构件的合理起拱值。

梁截面的高宽比一般在下列范围内采用:

矩形截面:$h/b=2.0\sim3.5$;

T 形截面:$h/b=2.5\sim4.0$;

扁梁的截面宽高比 b/h 不宜超过 3。

6.2.5　现浇密肋楼盖的设计要点有哪些?

双向密肋楼盖相关技术要求及计算原理详见《现浇混凝土空心楼盖技术规程》JGJ/T 268—2012。密肋楼盖的截面计算单元依据该规程分为下述三类,如图 6.2.5-1 所示,图中符号释义参见该规程,本文以第二类(T 形单元)为例进行说明。

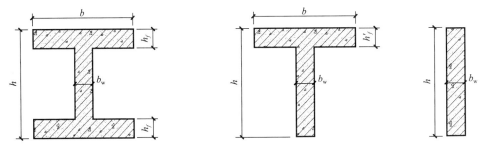

图 6.2.5-1　截面计算单元示意图

1. 密肋楼板介绍

密肋楼板常用于多层地下室,外形整齐美观,可不吊顶,不抹灰。与常规梁板结构相比,可优化 200~300mm 的层高,从而减少基坑开挖量。图 6.2.5-2 为某工程密肋楼板实景图。

密肋楼板包含主梁、肋梁、柱帽等部分,密肋楼板平面布置及柱帽断面如图 6.2.5-3、图 6.2.5-4 所示。

图 6.2.5-2　某工程密肋楼板实景图

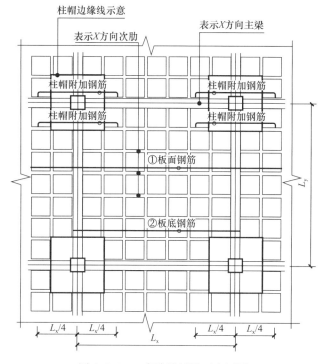

图 6.2.5-3　密肋楼板平面布置图

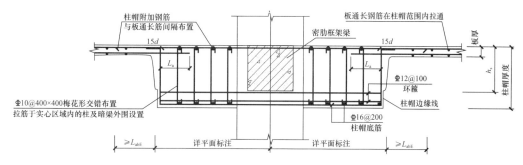

图 6.2.5-4　柱帽断面图

2. 计算要点（以盈建科计算为例）

（1）建模

在建模中可把暗梁（主梁）当作普通梁输入，现浇空心板布置菜单中输入密肋楼板，由于模壳为定制产品，建议设计前与厂家沟通，确定其模壳规格。

（2）计算中应注意的问题

1）对现浇空心楼板设置弹性板 3 或弹性板 6。

2）应考虑梁与弹性板变形协调。

3）弹性板荷载计算方式应选择有限元方式。

4）有柱帽时软件对主梁在柱帽的位置自动加腋（托板柱帽）。

3. 设计要点

（1）肋梁设计

采用弹性板有限元（壳元）模型计算密肋楼板的计算结果中实际不存在："板钢筋"，只有肋梁（T 形截面或者工字形截面）钢筋，但肋梁的梁面钢筋应分布于上翼缘中。设计时，可先假定楼板中的钢筋（例如 90mm 厚板，楼板钢筋为双层双向 Φ8@200），然后将楼板面筋的剩余配筋配置于肋梁宽度范围内。若将软件输出肋梁面筋全部布置于肋梁宽度范围内，则楼板钢筋可作为富余储备。

（2）主梁设计

主梁钢筋应伸入框架柱内，且按要求设置箍筋加密区。

（3）柱帽设计

柱帽应进行抗冲切验算，包含柱冲切柱帽及柱帽冲切板两项。

4. 工程实例

某工程地下室跨度为 9m×11m，建筑功能为车库，恒、活荷载分别为 3.0kN/m²、4.0kN/m²，采用密肋楼盖结构，标准跨平面布置如图 6.2.5-5 所示，模壳规格 1100mm×

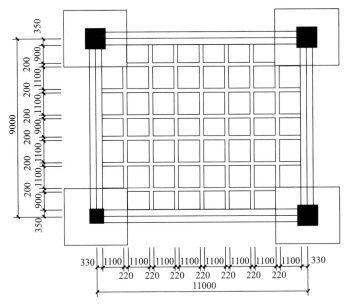

图 6.2.5-5　普通地下室（9m×11m）标准跨平面布置

1100mm，翼板厚度 90mm，11m 跨主梁截面 700mm×410mm，9m 跨主梁 660mm×410mm，11m 跨方向肋梁 200mm×410mm，9m 跨方向肋梁 220mm×410mm。柱头处设置带托板柱帽，托板高度 200mm，柱帽边与第 1 跨肋梁边平。

　　柱帽的抗冲切验算，可由软件自动验算，具体结果可在构件信息中查询，如图 6.2.5-6 所示。

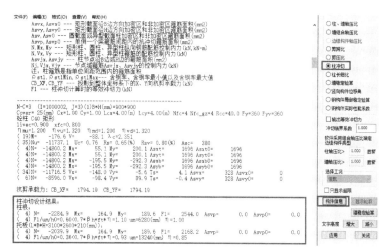

图 6.2.5-6　柱帽的抗冲切验算结果

　　对于柱帽的配筋，可在设计结果的"等值线"菜单下查看空心板配筋的等值线，根据计算结果查得柱帽区 X、Y 向的总计算配筋面积，再减去此区域的楼面通长钢筋，即为柱帽附加钢筋所需面积值。

6.3　框架结构

6.3.1　含斜柱结构中斜柱的设计要点？

　　斜柱计算时，应注意斜柱轴力的水平分力会导致梁中出现较大的拉力，对应的框架梁应按偏拉构件设计。但在计算中由于考虑弹性板后，拉力基本被楼板分担，梁中拉力很小，而楼板仅按静力算法时并未考虑该拉力，会出现梁、板实际均未考虑柱轴力的水平分力的情况；由于混凝土养护不到位等原因，在结构受力前即出现收缩开裂的情况难以避免，因此建议不考虑混凝土的抗拉作用，根据柱轴力的水平分力进行复核，补足抗拉配筋。

6.3.2　框架柱单向偏心受压计算与双向偏心受压计算有何不同？设计中如何采用？

　　关于柱角筋，应根据不同的计算方法（单偏压计算还是双偏压计算）区别对待。按双偏压计算的柱，先假定角筋面积后再进行计算，实际选筋时应控制角筋不小于计算假定值。按单偏压计算的柱，两个方向配筋分别计算，角筋直径不需特别控制；但对于实际为双偏心受压的框架柱，采用单偏压计算仅为简化计算方法，其最终配筋还需按双偏压计算复核。柱纵筋计算方法应按工程实际情况选用。

6.3.3　梁上托柱，在托柱部位是否需要设置附加箍筋和附加吊筋。

　　当集中荷载在梁高范围内或梁下部传入时，为防止集中荷载影响下部混凝土的撕裂及裂缝，并弥补间接加载导致的梁斜截面受剪承载力低，应在集中荷载影响区范围内配置附加横向钢筋。当在梁上托柱时，柱轴力直接通过梁下部受压混凝土进行传递，理论上可以不另附加横向钢筋。

6.3.4　钢筋混凝土超短柱有何受力特点，设计时应该如何处理？

超短柱指剪跨比小于 1.5 的柱，其破坏形式为剪切斜拉破坏，属于脆性破坏，设计时轴压比限值要进行专门研究（《高层建筑混凝土结构技术规程》JGJ 3—2010 第 6.4.2 条），

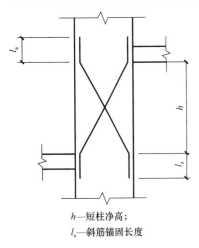

h—短柱净高；
l_a—斜筋锚固长度

图 6.3.4　框架柱对角斜筋设置

一般可按规定降低 0.1 采用，并采取特殊构造措施。如采用外包钢板箍、设置型钢或将抗震薄弱层转移到相邻的一般楼层；箍筋应按提高一级抗震等级配置，一级时应适当提高箍筋的要求；框架柱每个方向应配置两根对角斜筋（图 6.3.4），对角斜筋的直径，一、二级框架分别不应小于 20mm 和 18mm，三、四级框架不应小于 16mm；对角斜筋的锚固长度，不应小于 40 倍斜筋直径等。

6.3.5　柱净高与截面高度之比≤4 是否为短柱？

规范定义当剪跨比 $\lambda \leqslant 2$ 时，属于短柱。剪跨比 $\lambda = M/(Vh_0)$，M 为计算截面上与剪力设计值 V 相应的弯矩设计值。当柱反弯点在柱高中点时，$\lambda \leqslant 2$ 与 $H_n/h_0 \leqslant 4$ 是等效的（H_n—柱净高，h_0—柱截面高度）。当填充墙的设置等导致柱净高与柱截面高度之比≤4 的柱不需控制体积配箍率满足 1.2%，但箍筋应全长加密。

当剪跨比 $\lambda \leqslant 2$ 时，宜采用复合螺旋箍或井字复合箍，其箍筋体积配筋率不应小于 1.2%；9 度设防烈度一级抗震等级时，不应小于 1.5%，同时箍筋最小直径不小于 10mm，箍筋最大间距应满足柱纵向钢筋直径的 6 倍和 100 中的较小值。

6.3.6　框架结构或框架-剪力墙结构顶层抽柱形成的大空间楼层的设计建议。

（1）合理选择大空间的平面位置，一般宜选择在结构平面的中部，尽可能避免设置在两端，以免造成平面刚度不均匀、不对称而产生较大的扭转效应。当条件允许时，优先选用轻钢结构屋盖。

（2）当由于使用功能需要，大空间必须设置在房屋端部时，为了减小水平地震作用下结构的扭转效应，框剪结构宜在房屋端部该大空间附近设置屈曲约束支撑、增设剪力墙或开洞剪力墙等措施，以调整平面刚度的均匀性，使本楼层竖向构件的最大水平位移与平均位移比值满足规范要求。

（3）大空间楼层的侧向刚度与其下一楼层的侧向刚度不应差异过大，一般不宜小于其下一楼层侧向刚度的一半。为此可采用设置屈曲约束支撑、加大大空间楼层的构件截面尺寸或提高混凝土强度等级等措施。

（4）大空间楼层屋面框架梁跨度较大，在水平地震作用效应与竖向荷载作用的效应组合下，往往边柱上端的弯矩很大，而相对轴力较小，出现偏心很大的大偏心受压状态，柱子的纵向受力钢筋配筋极多，甚至出现超筋的情况。可以考虑采用以外墙上的连续梁为主梁，单向密肋次梁的布置方案更合理。

6.3.7 《混凝土结构通用规范》GB 55008—2021 要求二层及以下框架柱截面的最小宽度不宜小于 300mm，三层及三层以上框架柱截面最小宽度不应小于 400mm。多层或高层建筑的顶层或顶部几层框架柱（或梁上柱）截面最小宽度是否要按该要求控制？

规范规定柱截面的尺寸，是为了更好实现强柱弱梁。多层或高层建筑的顶层或顶部几层框架柱（或梁上柱）也应满足此要求。对于局部不影响抗震性能，仅承受竖向荷载的柱（如摇摆柱）可以适当放宽。

6.3.8 悬挑梁底部钢筋是否应满足规范对框架梁端部的抗震构造要求？

悬挑梁及与其相连的柱在水平力作用下没有框架作用，不执行框架梁相关规定，当悬挑梁顶部钢筋较多时可设置适量的构造钢筋（受压钢筋）。

6.3.9 为避免由于轴压比的控制而使柱截面过大，宜提高柱子的混凝土强度等级，高强混凝土柱的梁柱节点处理方法有哪些？

柱采用高强混凝土之后，当梁（板）混凝土强度等级不超过 5MPa 时可按较低强度等级一同整浇；当超过时，梁柱节点区可如图 6.3.9 所示，局部做高强混凝土。

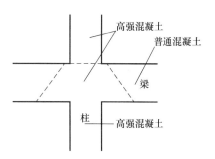

图 6.3.9　柱梁（板）混凝土强度等级超过 5MPa 时的梁柱节点区做法

说明：1. 目前已普遍采用商品混凝土，其坍落度皆很大。在节点区只浇高强混凝土，支模非常困难，节点区先浇捣的高强混凝土可能会流淌较远，如图中点线所示，将造成梁上很不容易处理的施工缝，而这里正是梁端内力较大，可能形成塑性铰的部位。

2. 节点区所用少量混凝土，理当随搅拌随浇筑，但实际上工地常一次搅拌多量混凝土，再逐个节点使用，在浇筑到最后几个节点时，可能已经超过混凝土的初凝时间。

3. 现阶段推荐的高强混凝土柱的梁柱节点处理方法：当柱与梁板的强度等级相差较大时，可与后浇带类似采用快易收口网，安装方便，可以振捣。此措施已经成为几大建筑施工单位的通用施工措施，已在较多项目中采用过。

6.3.10 框架结构中的托柱转换梁应满足哪些要求？梁上柱柱底标高从何处计算？梁下转换柱应满足哪些要求？

按照《混凝土结构通用规范》GB 55008—2021 第 4.4.10 条转换梁相关要求执行；梁上柱柱底标高从梁面处计算；转换柱应按照《混凝土结构通用规范》GB 55008—2021 第 4.4.11 条执行。

6.4　剪力墙结构

6.4.1 《高层建筑混凝土结构技术规程》JGJ 3—2010 第 7.1.1 条规定："剪力墙宜简单、规则，宜沿两个主轴方向或其他方向双向布置，两个方向的侧向刚度不宜相差过大。抗震设计时，不应采用仅单向有墙的结构布置"。如何判定两个方向的侧向刚度相差过大？住宅设计中出现单向少墙的结构是否可按整体剪力墙结构设计？

主要抗侧力结构布置应遵循均匀对称的基本原则，结合房屋的使用功能进行抗侧力结构布局，使结构的刚度中心与质量中心重合或基本重合，减少结构的扭转。结构在两个主轴方向的动力特性宜相近，即：体系特征、周期和振型等相近（对周期指相差宜在 20%

以内）。

单向少墙结构可根据实际情况，按照框架结构或框剪结构进行包络设计。

6.4.2 剪力墙连梁的判断标准是什么？连梁宽度是否必须与剪力墙同厚？同一楼层连梁底部和顶部配筋可不相同吗？

两端与剪力墙在平面内相连的梁为连梁。跨高比<5 的连梁对剪切变形十分敏感，容易出现剪切裂缝，而当连梁的跨高比≥5 时，连梁呈现框架梁的特性。对于两端均与剪力墙平面外相连的梁，无论梁的跨高比是否<5 均为框架梁。

一端与剪力墙平面内相连，一端与框架柱相连，梁的跨高比<5，配筋仍宜按连梁构造，抗震等级按墙体确定。当梁的跨高比≥5 时，抗震等级按框架确定。一端与剪力墙平面外相连，另一端与框架柱相连的梁，可不作为连梁对待，其与剪力墙相连处宜按铰接或按半刚接设计，刚接端宜设箍筋加密区。

连梁是剪力墙的一部分，其宽度一般应与剪力墙的厚度相同，受力明确且便于施工。当采用连梁宽度与剪力墙厚度不同布置时，应考虑梁、墙轴线偏心的影响，并明确连梁的构造。同一楼层连梁底部和顶部配筋可不相同。

6.4.3 开洞连梁的计算处理，梁元模型与墙元模型有何区别？

两种均可。当为弱连梁时，宜采用梁元（即杆元）模型计算，其他连梁宜采用墙元（即剪力墙开洞）模型计算。实际工程中，为减小设计工作量且便于调整优化，对所有连梁（无论跨高比大小）均可按墙元模型（采用墙开洞的墙元模型，通过改变洞口高度调整连梁截面）计算，以便于方案调整并减小结构设计工作量。

6.4.4 短肢墙结构对短肢墙的布置有何要求？

规范中并无明确规定，但若集中布置在平面的一边或建筑物周边，则短肢墙一旦出现破坏，楼层可能出现倒塌，故尽量避免上述布置方式。一般情况下，在规定的水平地震作用下，短肢墙承受的底部倾覆力矩不小于结构底部总倾覆力矩的 30%时，属于短肢墙较多的剪力墙结构，应执行《高层建筑混凝土结构技术规程》JGJ 3—2010 第 7.1.8 条和第 7.2.1 条的有关要求和规定。对于含有短肢剪力墙的结构，不论是否属于短肢剪力墙较多，所有短肢剪力墙都要满足《高层建筑混凝土结构技术规程》JGJ 3—2010 第 7.2.2 条的要求。

6.4.5 部分高层剪力墙结构外围纵向剪力墙由于开门开窗的影响，均为横向剪力墙的翼墙，墙长多在 600mm 以内，但是各项计算指标均符合规范要求。这种结构布置是否合理？

可认为此种结构布置为单向少墙结构。这类结构通常在一个方向剪力墙密集，而在正交方向剪力墙稀少，甚至没有剪力墙。在一般的框剪结构设计中，剪力墙的面外刚度及其抗侧力能力是被忽略的，因为在正常的结构中，剪力墙的面外抗侧力贡献相对于其面内微乎其微，但对于单向少墙结构，剪力墙的面外成为一种不能忽略的抗力成分。

对单向少墙结构，首先存在一个体系界定问题，即正确统计每个地震作用方向框架和剪力墙的倾覆力矩比例和剪力比例。通常统计剪力墙和框架柱倾覆力矩及剪力比例的基本方法是按构件种类分类，即所有墙上的力计入剪力墙，所有框架上的力计入框架，但这种方法不适用于单向少墙结构。对单向少墙结构，宜将正交方向剪力墙作为扁柱考虑其面外的倾覆力矩计入框架。对框架部分总倾覆力矩比例和剪力比例在 10%以内，属于剪力墙结构，大于10%，属于框架-剪力墙结构，应进行相应构造加强。

说明：具体做法可以参照文献：[1] 魏琏，王森，曾庆立. 一向少墙高层剪力墙结构抗震设计计算方法 [J]. 建筑结构，2020，50（07）：1-8；

[2] 魏琏，王森，曾庆立等. 一向少墙的高层钢筋混凝土结构的结构体系研究 [J]. 建筑结构，2017，47（01）：23-27.

6.4.6 在剪力墙结构外墙角部开设角窗时，应当采取哪些加强措施？

高层建筑剪力墙结构的角部是结构的关键部位，在角部剪力墙上开设转角窗，实际上是取消了角部的剪力墙肢，代之以角部折梁，这不仅削弱了结构的整体抗扭刚度和抗侧力刚度，而且邻近洞口的墙肢、连梁内力增大，扭转效应明显，对结构抗震不利。

所以，在地震区，特别是在高烈度地震区，应尽量避免在剪力墙结构外墙角部开设角窗，必须设置时应采取加强措施。

（1）抗震计算时应考虑扭转耦联影响。

（2）转角窗两侧墙肢厚度不宜小于250mm。

（3）宜提高转角窗两侧墙肢的抗震等级，并按提高后的抗震等级确定轴压比限值。

（4）角窗两侧的墙肢应沿全高设置约束边缘构件，暗柱长度不宜小于3倍墙厚且不小于600mm。

（5）加强转角窗折梁的配筋与构造，结构电算时，转角折梁的负弯矩调幅系数、扭矩折减系数均应取1.0。

（6）转角窗房间的楼板宜适当加厚（不宜小于150mm），并配置双层双向受力钢筋；板内应设置连接两侧墙体的暗梁，暗梁纵筋锚入墙内l_{aE}。

6.4.7 为什么规范规定，在选择墙厚时，取层高及无肢长度二者较小值计算剪力墙的最小厚度？

可以从双向板受弯现象理解，矩形双向板以短向受力为主，弯曲度短向会更严重，故主要应控制短向平面外变形。当层高较大时，以层高定墙厚会使墙厚过大面不合理，选择无支长度定墙厚同样可保证墙平面外稳定。对无端柱和翼墙的一字形墙，只能按层高计算墙厚。

6.4.8 参与侧向刚度计算的地下室水池墙、地下室外墙等墙体是否需要设置边缘构件？为提高地下室侧向刚度在主体外的地库范围增加的墙是否需要设置边缘构件？

对剪力墙，规范提出要设置边缘构件，而对参与侧向刚度计算的地下室外墙、内隔墙、水池墙等墙体，其所处位置、平面形态、竖向分布和受力特点与剪力墙均不同，设计规范、标准图集对这类墙体没有设置边缘构件的要求。实际设计中，剪力墙的边缘构件应向下延伸至地下室内；与外墙平面外相交梁处可设置暗柱。

6.4.9 对于特一级剪力墙，轴压比作何限制？

参照《全国民用建筑工程设计技术措施》（结构）的要求，取轴压比不大于0.4。

6.5 框架-剪力墙结构

6.5.1 对少量剪力墙的框架结构中框架及剪力墙抗震等级如何确定？设计应如何把握？

（1）当框架部分承受的地震倾覆力矩大于结构总地震倾覆力矩的80%时，意味着结构中剪力墙的数量极少，结合《建筑抗震设计标准》GB/T 50011—2010（2024年版）第6.1.3条规定，称之为少量剪力墙的框架结构。此时，框架部分的抗震等级和轴压比应按照框架结构的规定执行，剪力墙的抗震等级与框架的抗震等级相同，房屋的最大适用高度宜按框架结构采用。

少量剪力墙的框架结构中，剪力墙常出现超筋现象，为避免剪力墙受力过大、过早破坏，宜采取将剪力墙减薄、开结构洞等措施。

（2）当按框架和剪力墙协同工作模型计算的结构层间位移角，可满足框架-剪力墙结构的规定（即弹性层间位移角不大于 1/800）时，按框架-剪力墙结构进行设计（按框架和剪力墙协同工作模型计算，在计算程序中的结构体系选择框架-剪力墙），房屋最大适用高度、框架的抗震等级、框架柱的轴压比等按本条（1）执行。

（3）当按框架和剪力墙协同工作模型计算的结构层间位移角，不满足框架-剪力墙结构的规定（即弹性层间位移角大于 1/800）时，应按"小震不坏、中震可修、大震不倒"的基本抗震性能目标要求，对少量剪力墙的框架结构进行抗震性能分析和论证。

说明：带有少量剪力墙的框架结构是一种特殊的框架结构形式，仍属于框架结构（明确结构体系的目的在于分清框架及剪力墙在结构中的地位，其中框架是主体，是承受竖向荷载的主体，也是主要的抗侧力结构）。

6.5.2　框架-剪力墙结构中含有部分短肢墙，是否有数量限制？

对此规范并无明确规定，此类结构仍按框架-剪力墙结构的有关规定设计。若有截面厚度不大于 300 的短肢墙，其地震倾覆力矩应算在框架部分，在结构计算程序中应判断是否满足框架（含短肢剪力墙）承受的地震倾覆力矩之比不得大于 50% 的规定。对于短肢墙应按规范有关要求设计。

6.5.3　少量框架柱的剪力墙结构中框架柱如何设计？

当剪力墙结构中只有很少量的框架柱时，可确定为少量框架柱的剪力墙结构，房屋适用的最大高度可按框架-剪力墙结构确定，对剪力墙及框架进行包络设计。

对少量框架的剪力墙结构进行包络设计时，应注意以下几点：

（1）带少量框架柱的剪力墙结构，其结构体系没有变化，仍属于剪力墙结构，结构的侧向位移限值按剪力墙结构确定。

（2）剪力墙的抗震等级按纯剪力墙结构确定；框架柱的抗震等级按框架-剪力墙结构确定。

6.5.4　对于框架部分承受的地震倾覆力矩大于结构总地震倾覆力矩的 50% 但不大于 80% 时，且结构高度为超过框架结构最大适用高度的，"框架部分的抗震等级和轴压比限值宜按框架结构的规定采用"如何理解？

当房屋结构高度超过框架结构的最大适用高度时，框架的抗震等级可按房屋高度为框架结构限值时的框架结构确定。

《高层建筑混凝土结构技术规程》JGJ 3—2010 第 8.1.3 条第 3 款，提出房屋"最大适用高度可比框架结构适当增加"的要求，在实际工程中很难量化，为此，可不考虑"比框架结构适当增加"的要求。

6.6　筒体结构

6.6.1　框架-剪力墙结构与框架-核心筒结构的区别？筒体结构的适用高度？

框架-剪力墙与框架-核心筒的最大适用高度见表 6.6.1。

框架-剪力墙与框架-核心筒的最大适用高度   表 6.6.1

情况	结构体系	非抗震设计	抗震设防烈度			
			6 度	7 度	8 度	9 度
A 级高度	框架-剪力墙	140	130	120	100	50
	框架-核心筒	160	150	130	100	70
B 级高度	框架-剪力墙	170	160	140	120	—
	框架-核心筒	220	210	180	140	—

（1）框架-剪力墙的墙体布置相对比较分散；框架-核心筒的剪力墙形成筒体，且角部附近的墙体不宜开洞，当不可避免时，筒角内壁至洞口的距离不应小于 500mm 和开洞墙截面厚度的较大值。

（2）对框架-核心筒结构，除应满足对框架-剪力墙结构的一般要求外，核心筒墙体构造要求更加严格。

1）底部加强部位主要墙体的水平和竖向分布钢筋的配筋率均不宜小于 0.30%。

2）底部加强部位角部墙体约束边缘构件沿墙肢的长度宜取墙肢截面高度的 1/4，约束边缘构件范围内应主要采用箍筋。

3）底部加强部位以上角部墙体宜按《高层建筑混凝土结构技术规程》JGJ 3—2010 第 7.2.15 条的规定设置约束边缘构件。

（3）高度不超过 60m 的框架-核心筒结构可按框架-剪力墙结构设计。

6.6.2　钢筋混凝土楼面梁在筒体支承端的计算及构造应注意哪些问题？

钢筋混凝土楼面梁不宜搁置在核心筒或内筒的连梁上。当剪力墙支承与其平面外相交、荷载较大、跨度不小于 5m 或梁端高度大于 2 倍墙厚的大梁时，宜设置扶壁柱或暗柱承受梁端弯矩，暗柱宽度可取梁宽加 2 倍墙厚，并设箍筋，也可按宽度为梁宽加 2 倍墙厚对应的暗柱刚度计算梁端所受弯矩。

6.6.3　核心筒连梁的交叉斜筋及交叉暗撑的计算与设置有哪些要求？

连梁交叉斜筋及交叉暗撑的计算及构造要求见《高层建筑混凝土结构技术规程》JGJ 3—2010 第 9.3.8 条及《建筑抗震设计标准》GB/T 50011—2010（2024 年版）第 11.7.10 条。

6.7　复杂高层建筑结构

6.7.1　连体结构有几种形式？其受力特点如何？

连体结构可分为架空连廊式和凯旋门式两种形式。

其中，架空连廊式连体结构为两个结构单元之间设置一个或多个连廊，连廊的跨度从几米到几十米不等，连廊的宽度一般约在 10m 之内。架空连廊式连体结构的连接体部分结构较弱，基本不能协调连接体两侧的结构共同工作，故一般做成弱连接，即连接体一端与结构铰接，一端做成滑动支座；当两端均做成滑动支座时，应重点考虑滑动支座的做法，限复位装置的构造，注意避免连接体滑落及连接体同塔楼发生碰撞对主体结构造成破坏等。

凯旋门式连体结构类似一个巨大的"门框"，连接体在结构的顶部若干层与两侧"门柱"（即两侧结构）连接成整体楼层，连接体的宽度与两侧"门柱"的宽度相等或接近，两侧"门柱"结构一般采用对称的平面形式。凯旋门式连体结构的连接体部分一般包含多个楼层，具有足够的刚度，可协调两侧结构的受力、变形，使整个结构共同工作，故可做成强连接，如两端均为刚接或铰接等。

连体结构的受力比一般单体结构或多塔楼结构更复杂。主要表现在如下几个方面：

（1）结构扭转振动变形较大，扭转效应较明显。

连体结构自振振型较为复杂，前几个振型与单体结构有明显区别，除顺向振型外，还出现反向振型，扭转振型丰富，扭转性能较差。在风荷载或地震作用下，结构除产生平动变形外，还会产生扭转变形；同时由于连接体楼板的变形，两侧结构还有可能产生相向运动，该振动态与整体结构的扭转振动耦合。当两侧结构不对称时，上述变形更为不利。当第一扭转频率与场地卓越频率接近时，容易引起较大的扭转反应，易使结构发生脆性破坏。

（2）连体结构中部刚度小，而此部位混凝土强度等级又低于下部结构，从而使结构薄弱部位由结构的底部转移到连体结构中塔楼（两侧结构）的中下部，设计中注意采取加强措施。

（3）连接体部分是连体结构的关键部位，受力复杂。连接体一方面要协调两侧结构的变形，另一方面不但在水平荷载（风及地震作用）作用下承受较大的内力，当连接体跨度较大，层数较多时，竖向荷载（静力）作用下的内力也很大，同时，竖向地震作用也很明显。同时，连接体结构与两侧结构的连接部位应力集中现象明显，易发生脆性破坏。设计中应采取措施保证结构安全。

6.7.2　进行立面大开洞结构设计时应采取哪些加强措施？

一些大面宽的高层建筑由于造型需要，在立面上作局部开洞处理，形成镂空通透的效果，产生立面大开洞结构。立面大开洞结构与连体结构的区别是：立面大开洞结构开洞范围较小，结构整体性较好，塔楼局部振动影响较小可以忽略。一般认为，满足开洞楼层数小于楼层总数（以较低楼层计算）的30%，且开洞面积小于立面面积的20%，即属于立面大开洞结构。

立面大开洞结构设计宜按下述要求进行：

（1）由于较多楼层相连，传力均匀，可按单塔结构计算分析。

（2）由于立面开洞造成少量竖向构件间断而采取转换方式，转换构件可采用梁、桁架、斜撑等，可计入楼板特别是转换底层楼板对转换构件内力的影响。

（3）转换结构水平构件截面设计应计入轴力。

（4）由于立面开洞造成少量竖向构件间断时，应验算开洞楼层是否形成薄弱层或软弱层，开洞楼层地震作用标准值的剪力应乘以1.25的增大系数。

（5）性能化设计应将转换构件及洞口两侧支承转换构件的竖向构件在转换层上下楼层范围定义为关键构件，按中震弹性进行设计，并满足大震不屈服要求。

6.7.3　地下室连为一体，地上有若干栋高层建筑，若结构嵌固部位设在地下一层底板上，此结构是否为大底盘多塔楼结构？

对于多塔楼仅通过大面积地下室连为一体，每塔楼（包括带有局部小裙房）均用防震缝分开，使之分属不同的结构单元，不属大底盘多塔楼结构。若地下室连为一体，地上有几幢高层建筑，因某些原因，如上下层剪切刚度比不满足要求或楼板有过大的开洞或楼板标高相差很大等，将结构嵌固部位设在地下层底板上，也不应判定为大底盘多塔楼结构。

对于嵌固端取为地下室底板的结构，由于地下室对结构实际具有约束作用，结构设计应按结构嵌固在地下室底板和地下室顶板模型进行包络设计。在塔楼相关范围内的地下室顶板厚度不应小于 160mm，应采用双层双向配筋，且每个方向的配筋率不宜小于 0.25%。对于塔楼相关范围外的地下室顶板，设计可以按照普通楼板设计，满足最小配筋率要求。

6.7.4 结构中仅个别楼层有错层构件，或错层楼板标高差不超过对应位置的梁截面高度时，是否属于错层结构？

关于错层结构的定义，目前没有一致的意见，主要因为实际结构中错层的类型太多、太复杂。

楼板相错高度不超过梁截面高度时，可不作为错层结构；至于住宅中个别位置楼板跃层等错层情况，比较复杂，应根据实际情况个别判断。但是，即便不作为错层结构（主要是最大适用高度限制上），在一些关键部位仍应采取必要的加强措施，例如错层部位的框架柱和剪力墙宜符合《高层建筑混凝土结构技术规程》JGJ 3—2010 第 10.4.4 和 10.4.5 条的要求。

6.7.5 楼梯踏步与剪力墙浇筑成整体，踏步平板水平钢筋锚入墙身，可否作为剪力墙的侧向支撑，以减少墙体稳定计算高度？如可行，是否形成错层？

可以仅考虑作为独立（即无楼板连接）墙体的有限侧向刚度支撑，剪力墙的计算高度宜通过屈曲分析确定；不形成错层。

6.8 非结构构件

6.8.1 构造柱是否需要加密箍筋？

构造柱不需加密箍筋。可以认为：构造柱并非承重构件，在墙体中适当部位设置钢筋混凝土构造柱，并与圈梁、腰梁、墙体压顶梁等连接使之共同工作，可以增加墙体的延性，提高构件抗侧力能力，防止或延缓墙体在地震作用下发生突然倒塌，或减轻墙体损坏程度，它是为增加墙体延性的构造措施。柱子加密箍筋的目的是提高柱子延性，柱子影响延性的主要因素是轴压比大小及考虑强柱弱梁原则，构造柱不存在轴压比问题，因此构造柱不需加密箍筋。

6.8.2 主体结构顶部出屋面的小塔楼是否应按一层建入模型？该层各项计算指标和构造要求是否必须按主体要求执行？

主体结构顶部出屋面的小塔楼应按一层建入模型，该层各项计算指标和构造要求应按实际情况和相应结构类型采用不同控制指标和构造区别对待。

6.9 预埋件与连接件

6.9.1 锚固连接的重要性系数如何取值？

重要锚固的安全等级为一级，$\gamma_A = 1.2$；一般锚固的安全等级为二级，$\gamma_A = 1.1$；且 $\gamma_A \geqslant \gamma_0$。$\gamma_A$ 根据锚固连接的重要性由设计人自行确定。γ_0 为被连接结构的重要性系数。

6.9.2 锚固连接的材料强度如何确定？

混凝土：埋置预埋件的混凝土强度等级宜≥C25，并≤C60。

锚筋：构造预埋件锚筋用 HPB300 级、HRB400 级热轧钢筋；预埋件锚筋采用

HRB400 级热轧钢筋，锚筋的抗拉强度设计值 f_y 取值不应大于 $300N/mm^2$，锚筋严禁采用冷加工钢筋。

吊环应采用 HPB300 钢筋或 Q235B 圆钢（当吊环直径 $d \leqslant 14mm$ 时，可以采用 HPB300 钢筋；当吊环直径 $d > 14mm$ 时，可采用 Q235 圆钢），吊环锚入混凝土中的深度不应小于 $30d$ 并应焊接或绑扎在钢筋骨架上。在构件的自重标准值作用下，每个吊环按 2 个截面计算，对 HPB300 钢筋，吊环应力不应大于 $65N/mm^2$；对 Q235 圆钢，吊环应力不应大于 $50N/mm^2$。当在一个构件上设有 4 个吊环时，应按 3 个吊环计算。

焊条和焊剂：当锚筋与钢板或型钢采用手工电弧焊时，HPB300 级钢筋采用 E4303 型焊条，HRB400 级钢筋采用 E5003 型焊条；HRB400 级锚筋与钢板或型钢采用穿孔塞焊时分别采用 E5003 和 E5503 型焊条。当锚筋与钢板采用压力埋弧焊时，采用 HJ431 型焊剂，或其他性能相近的焊剂。

当角钢锚筋或抗剪钢板与钢板采用手工电弧焊时，Q235 钢采用 E4303 型焊条。

6.9.3　锚固连接的承载力如何设计？

预埋件承载力极限状态计算采用下列表达式：

（1）当预埋件承受静力荷载时

$$\gamma_A S \leqslant R \tag{6.9.3-1}$$

（2）当预埋件承受地震作用时

$$S \leqslant \frac{K_1(\text{或} K_2)R}{\gamma_{RE}} \tag{6.9.3-2}$$

式中　R——承受静力荷载时预埋件的承载力设计值；

γ_A——锚固连接重要性系数，且 $\gamma_A \geqslant \gamma_0$；

S——作用力设计值，当抗震验算时，取用地震作用效应和其他效应的基本组合；当疲劳验算时，荷载采用标准值；

K_1——直锚筋承载力折减系数，见表 6.9.3；

K_2——角钢锚筋及直锚筋和抗剪钢板组合使用时的承载力折减系数，见表 6.9.3；

γ_{RE}——承载力抗震调整系数，取 $\gamma_{RE}=1$。

承载力折减系数 K_1、K_2 表 6.9.3

分类	K_1	K_2
静力计算	1.0	1.0
抗震验算	0.8（0.7）	0.7
在 $A_1 \sim A_7$ 级起重机水平荷载作用下的疲劳验算	受力 0.6 受剪 0.4	—

注：1. 表中括号内的数字为当受拉锚筋锚固长度不足，锚筋末端加焊端锚板时的 K_1 值。
　　2. 直接承受安装或检修用起重机的构件可不作疲劳验算。
　　3. 当预埋件承受多次重复荷载需进行疲劳验算时，$\gamma_A S \leqslant K_1$（或 K_2）R。

6.9.4　预埋件焊接构造如何设计？

预埋件焊接构造：预埋件的受力锚筋与锚板呈 T 形垂直焊接时，不得将锚筋弯成 U 形或 L 形后用角焊缝与锚板焊接。锚筋端部应采用压力埋弧焊或周边角焊或穿孔塞焊与锚板焊牢，当锚筋直径 $d \leqslant 20mm$ 时，宜采用压力埋弧焊；当 $d > 20mm$ 时，宜采用穿孔塞焊，穿孔塞焊的要求如图 6.9.4-1 所示。所有焊缝均应确保焊接质量并严格检查。

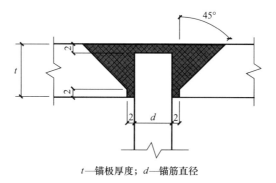

t—锚板厚度；d—锚筋直径

图 6.9.4-1　穿孔塞焊要求示意图

受拉锚筋（包括直锚筋及弯折锚筋）与锚板水平连接时，应采用双面角焊缝（图 6.9.4-2），$l_w \geqslant 4d$（HPB300 级钢）或 $\geqslant 5d$（HRB400 级钢）。

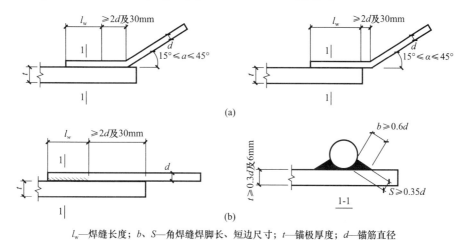

l_w—焊缝长度；b、S—角焊缝焊脚长、短边尺寸；t—锚板厚度；d—锚筋直径

图 6.9.4-2　水平受拉锚筋焊接要求

（a）弯折锚筋；（b）直锚筋

对于圆锚筋或角钢锚筋采用 T 形手工焊时，焊缝的具体要求如图 6.9.4-3 所示。

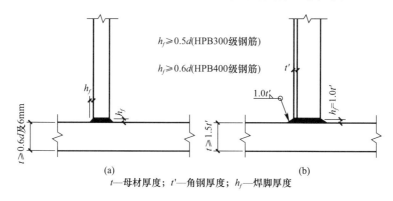

t—母材厚度；t'—角钢厚度；h_f—焊脚厚度

图 6.9.4-3　T 形手工焊时焊缝的具体要求

（a）对圆锚筋；（b）对角钢锚筋

6.9.5　预埋件设计与施工过程有哪些注意事项？

（1）位于构件混凝土浇灌面的预埋件，其受剪承载力设计值应乘以折减系数 0.8。

（2）对有剪力作用的复合受力预埋件如拉剪、拉弯剪等，应按受剪锚筋确定所需边距。

（3）对有拉力或弯矩作用的复合受力预埋件如拉弯剪、压弯剪等，当锚筋产生拉力时，应按受拉锚筋确定所需的锚固长度。

（4）如受剪预埋件周围（即在以锚筋端部向锚板方向作 $45°$ 放射的锥体投影面积范围内），构件为少配筋或无配筋时，则应在锚板附近增设与锚板平行的附加钢筋网，其直径应 $>0.6d$ 及 8mm，间距宜 <200mm。

（5）受拉预埋件位于构件受拉区时，应设法使锚筋承受的拉力传至受压区，如图 6.9.5-1 所示。

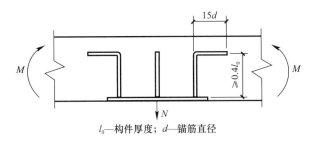

l_0——构件厚度；d——锚筋直径

图 6.9.5-1　将锚筋延长到受压区

（6）受剪预埋件位于构件受拉区时，应采用吊筋将剪力传到受压区，如图 6.9.5-2、图 6.9.5-3 所示，吊筋直径 d 应经计算确定，且直径宜 >12mm。

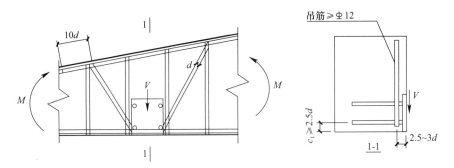

图 6.9.5-2　加吊筋将剪力传至受压区

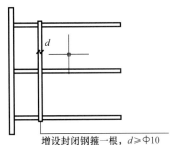

增设封闭钢箍一根，$d \geqslant \Phi 10$

图 6.9.5-3　地震区受力锚筋
构造要求

（7）考虑地震作用组合的预埋件，在靠近锚板的锚筋根部宜增设一根直径 $d \geqslant 10$mm 的封闭箍筋，并与锚筋贴紧扎牢。

（8）预埋件锚筋应放在构件最外排主筋的内侧。

（9）对角钢锚筋预埋件，宜先放入构件的钢筋笼内就位，然后再绑扎预埋件附近的箍筋，对二面焊有锚板的预埋件，严禁采用将锚筋或角钢锚筋沿中段割断后插入钢筋笼内的做法，保持二面有锚板的预埋件的整体性，如图 6.9.5-4 所示。

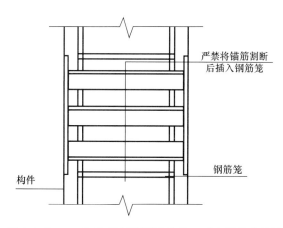

图 6.9.5-4　二面有锚板的预埋件施工时应保持整体性

（10）施工时，预埋件在构件上的位置应保持正确，预埋板下面的混凝土应注意振捣密实，对角钢锚筋预埋件更应加强振捣。

（11）对处于混凝土浇灌面上的预埋件，如果锚板平面尺寸较大（二个边长均＞250mm 时），则可在板面中部适当的位置，由设计人员指定，开设直径不小于 30mm 的排气溢浆孔，以利混凝土的浇灌捣实。

（12）预埋件在构件上的外露部分，应根据所处环境予以防水防锈处理，但对将来需补焊外接钢构件处，可暂不处理，留待外接钢构件（如传力板、钢牛腿等）焊接后再处理。

（13）在已埋入混凝土构件的预埋件锚板面上施焊时，应尽量采用细焊条、小电流、分层施焊，以免烧伤混凝土。

（14）锚筋的锚固长度详见 22G101-1 图集的受拉钢筋的基本锚固长度。

（15）受剪、压剪及不使锚筋受拉的压弯、压弯剪预埋件锚筋的锚固长度应＞15d。

（16）构造预埋件采用的 HPB300 级光面钢筋，其锚筋最小锚固长度为 20d。

（17）角钢锚筋的锚固长度。

1）受剪、压剪及不使锚筋受拉的压弯、压弯剪预埋件的锚固长度≥4b'；对于肢宽 b'≥80mm 的角钢锚筋应≥6b'。

2）受拉、弯剪、拉弯剪及使锚筋受拉的压弯、压弯剪预埋件锚筋的锚固长度应按计算确定，但应≥6b'。

3）角钢锚筋端部必须焊有端锚板。

（18）锚筋到锚板边缘的距离详见《混凝土结构设计标准》GB/T 50010—2010（2024 年版）第 9.7.4 条的规定，锚板厚度应满足《混凝土结构设计标准》GB/T 50010—2010（2024 年版）第 9.7.1 条的规定。

（19）角钢锚筋的间距和边距及锚板厚度。

1）角钢锚筋距锚板边缘的距离和锚板厚度以及角钢锚筋的间距和距构件边缘的边距应符合图 6.9.5-5 的规定。

受拉时 c'≥1.75b'，c_1≥3b'，b_1≥3b'，c_a＝c_b≥25mm

锚板厚度 t≥1.5t'及 8mm；

受剪时，c'≥1.75b'，c_1≥7b'，b_1≥3b'，（沿剪力方向）

$c_a \geqslant 3.5t$，$c_b \geqslant 3t$，$t \geqslant \sqrt{W_{min}/b'}$ 及 8mm。

W_{min} 为中和轴与剪力方向垂直的角钢最小截面抵抗矩。

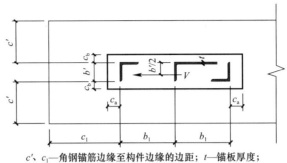

c'、c_1—角钢锚筋边缘至构件边缘的边距；t—锚板厚度；
c_a、c_b—角钢锚筋边缘至锚板边缘的边距；b'—角钢边长；
b_1—角钢锚筋间距

图 6.9.5-5　角钢锚筋的间距和边距要求

2）角钢锚筋预埋件的端锚板尺寸及厚度应符合图 6.9.5-6 的要求。

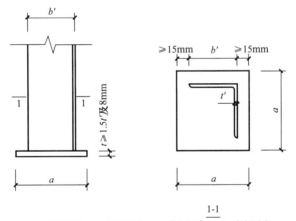

a—端板边长；t—端板厚度；t'—角钢厚度；b'—角钢肢长

图 6.9.5-6　角钢锚筋端锚板的尺寸

6.9.6　锚筋锚固长度不足时如何解决？

锚筋锚固长度不足时，应在锚筋端部加设弯钩及插筋，或在锚筋端部加焊锚固端板，或在端部安装专门的机械锚头，并应符合相应构造要求。

6.9.7　受拉锚筋承载力如何设计？

（1）对受拉锚筋，可将锚筋强度按式（6.9.7）折减。

$$f_s = \frac{l'_a}{l_a} f_y = a_a f_y \tag{6.9.7}$$

式中　f_s——固锚固长度不足而折减的锚筋强度；

　　　　l_a——受拉锚筋的锚固长度；

　　　　l'_a——实际锚固长度，且 $l'_a \geqslant l'_{amin}$；

　　　　l'_{amin}——受拉锚筋的最小锚固长度 $l'_{amin} \geqslant 0.5l_a$ 及 $15d$；

f_y——钢筋抗拉强度设计值;

a_a——锚筋的实际锚固长度与计算锚固长度的比值。

对有抗震设防要求及直接承受动力荷载的预埋件,不得采用上述强度折减方法。

(2) 受剪锚筋的锚固长度小于 $15d$ 时,预埋件的受剪承载力设计值应乘以影响系数 ξ_1 加以折减。

l_a' 不应小于 $6d$;

$6d \leqslant l_a' \leqslant 15d$,$\xi_1 = 1 - 0.027 \ (15 - l_a'/d)$。

对有抗震设防要求及直接承受动力荷载的预埋件,不得采用上述强度折减方法。

6.9.8 受剪锚筋至构件边缘尺寸不足时如何解决?

(1) 当锚筋距构件边缘的横向边距 c 小于 $3d$ 或 45mm,但大于 $2d$ 和 30mm 时,受剪承载力设计值应乘以影响系数 ξ_2,ξ_2 值见式 (6.9.8-1)。

$$\xi_2 = 1 - 0.08\left(3 - \frac{c}{d}\right) \tag{6.9.8-1}$$

$$2 \leqslant \frac{c}{d} \leqslant 3$$

(2) 当锚筋纵向边距 c_1 小于 $6d$ 和 70mm,但大于 $4d$ 和 50mm 时,受剪承载力设计值应乘以影响系数 ξ_3 加以折减,ξ_3 值见式 (6.9.8-2)。

$$\xi_3 = 1 - 0.25\left(6 - \frac{c_1}{d}\right) \tag{6.9.8-2}$$

$$2 \leqslant \frac{c_1}{d} \leqslant 6$$

(3) 当锚筋纵向边距 c_1 满足 $4b' \leqslant c_1 \leqslant 7b'$ 时,受剪承载力设计值应乘以影响系数 ξ_4 加以折减,ξ_4 值见式 (6.9.8-3)。

$$\xi_4 = \sqrt[3]{\frac{c_1}{7b'}} \tag{6.9.8-3}$$

$$4 \leqslant \frac{c_1}{b'} \leqslant 7$$

(4) 当角钢锚筋的一侧横向边距 c' 值满足 $b' \leqslant c' \leqslant 1.75b'$,且另一侧 c 值满足 $c \leqslant 2.5b'$ 时,受剪承载力设计值应乘以折减系数 0.95。

(5) 梁端预埋件的受剪锚筋距构件边缘的距离不能满足规定要求时,应设附加钢筋加强,附加钢筋的直径 $d_1 = 0.8d$。

7 砌体结构

7.1 一般规定

7.1.1 砌体结构承重墙体材料如何选择？

砌体结构材料应依据其承载性能、节能环保性能、使用环境条件合理选用。一般承重结构的砌块可选择烧结普通及多孔砖、蒸压灰砂砖、蒸压粉煤灰砖、混凝土普通及多孔砖、混凝土砌块和石材等材料。

地面以下或防潮层以下的砌体，不宜采用多孔砖及混凝土空心砌块。如必须采用时，应将其孔洞预先用不低于 M10 的水泥砂浆或不低于 Cb20 的混凝土灌实，对于混凝土空心砌块灌孔混凝土强度不低于 Cb20 外，还应满足不低于 1.5 倍的砌块强度等级，不应随砌随灌，以保证灌孔混凝土的密实度及质量。

不应采用非蒸压硅酸盐砖、非蒸压硅酸盐砌块及非蒸压加气混凝土制品。

不得采用蒸压类的多孔和空心砖。

对禁用黏土类制品的地区，黏土类烧结实心及空心砖均不能采用。

说明：同一结构单元中的承重墙体不得采用两种及两种以上不同材料（如页岩砖和灰砂砖并用）或不同类型的砌块（如实心砖和多孔砖并用）。多层砌体房屋中的承重墙体作为抗震构件应当上下连续且由同一种材料砌成。房屋在计算分析时其质量和刚度应沿高度均匀分布。如果砌体材料种类不同，将破坏结构的连续性，造成上下层的刚度突变。同时，采用不同砌体材料建造的房屋在温度变形、材料收缩、结构受力诸方面都存在不协调，因而造成房屋较早损坏，地震中则可能会出现严重的破坏甚至倒塌，故此种做法应当禁止（参考《西南院统一措施》）。

7.1.2 砌体结构材料应符合哪些性能指标？

（1）对于环境类别 1 类和 2 类的承重砌体，所用砌块材料的最低强度等级应满足表 7.1.2-1 相关要求。

1 类和 2 类环境下砌块材料最低强度等级　　　　　　　　表 7.1.2-1

环境类别	烧结砖	混凝土砖	普通、轻骨料混凝土砌块	蒸压普通砖	蒸压加气混凝土砌块	石材
1	MU10	MU15	MU7.5	MU15	A5.0	MU20
2	MU15	MU20	MU7.5	MU20	—	MU30

注：1. 环境类别 1 为干燥环境（干燥室内或室外环境、室外有防水防护环境）。
　　2. 环境类别 2 为潮湿环境（潮湿室内或室外环境，包括与无侵蚀性土和水接触的环境）。

（2）配筋砌块砌体抗震墙，表 7.1.2-1 中 1 类、2 类环境的普通、轻骨料混凝土砌块强度等级为 MU10。

（3）当安全等级为一级或设计工作年限大于 50 年的砌体结构，所用材料最低强度等级应按表 7.1.2-1 至少提高一个等级。

（4）砌体砂浆的最低强度等级应符合表7.1.2-2要求。

砌体砂浆的最低强度等级　　　　　　　　　　　　　表7.1.2-2

砌体材料	烧结普通砖、烧结多孔砖	蒸压加气混凝土砌块	蒸压灰砂普通砖、蒸压粉煤灰砖砌块	混凝土普通砖、混凝土多孔砖砌块	混凝土砌块	配筋砌块
砂浆等级	M5	Ma5	Ms5	Mb5	Mb7.5	Mb10

（5）下列情况的各类砌体，其砌体强度设计值应乘以调整系数。

1）对无筋砌体构件，其截面面积小于0.3m²时，γ_a为其截面面积加0.7；对配筋砌体构件，当其中砌体截面面积小于0.2m²时，γ_a为其截面面积加0.8。构件截面面积以m²计。

2）当砌体用强度等级小于M5的水泥砂浆砌筑时，对砌体抗压强度设计值，γ_a取值为0.9；对砌体抗拉强度设计值和抗剪强度设计值，γ_a取值为0.8。

3）当验算施工中房屋的构件时，γ_a为1.1。

7.1.3　砌体结构设计时，有哪些限制条件？

（1）甲类设防建筑不宜采用砌体结构，当需要时应进行专门研究。

（2）甲、乙类设防建筑不应采用底部框架-抗震墙砌体结构。

（3）多层房屋的层数及高度应满足《建筑抗震设计标准》GB/T 50011—2010（2024年版）第7.1.2条的相关规定。

（4）横墙很少的房屋不建议采取砌体结构。

说明：横墙较少一般指同一楼层内开间大于4.2m的房间占该层面积的40%以上者；横墙很少一般指同一楼层内开间大于4.2m的房间占该层面积的80%以上且开间大于4.8m的房间占该层面积的50%以上者。

（5）乙类设防或横墙较少的多层建筑房屋层数应按《建筑抗震设计标准》GB/T 50011—2010（2024年版）第7.1.2条的规定减少一层且总高度应降低3m。

（6）多层砌体结构房屋的层高，不应超过3.6m；当使用功能确有需要时，采取约束砌体等加强措施后，其层高不应超过3.9m。

（7）底部框架-抗震墙结构底层不应超过4.5m；当底部采用约束砌体抗震墙时，底层不应超过4.2m。

（8）多层砌体房屋不应在房屋转角处设置转角窗。

（9）不应采用砌体墙与混凝土墙混合承重结构体系。

（10）不应采用悬挑式踏步或踏步竖肋插入墙内的楼梯，8、9度地区不应采用装配式楼梯段。

（11）不应采用独立的砖柱承受楼面梁板。

7.2　结构布置与设计

7.2.1　多层砌体房屋的建筑布置和结构体系，应遵循哪些原则？

（1）应优先采用横墙承重或纵横墙共同承重的结构体系。

（2）结构布置应力求体系简单、受力明确、传力直接、减少扭转效应。结构体系在满足建筑功能的同时，应具有足够的承载力、较好的整体刚度和稳定性。

（3）纵横墙砌体抗震墙（横墙承重体系和纵横墙承重体系详见图 7.2.1-1 和图 7.2.1-2 示意）的布置应符合下列要求：

1）平面布置宜均匀对称，沿平面内宜对齐，沿竖向应上下连续，且纵横向墙体的数量不宜相差太大（对于现浇楼盖，两段横向墙体相对错位在 500mm 以内；对于预制楼盖，相对错位在 300mm 以内时，均可认为是对齐的）。

2）平面轮廓凹凸尺寸，不应超过典型尺寸的 50％；当超过典型尺寸的 25％时，房屋转角处应采取加强措施。

3）楼板局部大开洞尺寸不宜超过楼板宽度的 30％，且不应在墙体两侧同时开洞。

4）房屋错层的楼板高差超过 500mm 时，应按两层计算；错层部分的墙体应采取加强措施。

5）同一轴线上的窗间墙宽度宜均匀；在满足《建筑抗震设计标准》GB/T 50011—2010（2024 年版）第 7.1.6 条要求的前提下，墙体立面开洞面积：6、7 度时不宜大于总面积的 55％，8、9 度时不宜大于总面积的 50％。

6）在房屋宽度方向的中部应设置内纵墙，其累计长度不宜小于房屋总长度的 60％。

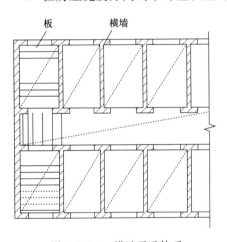

图 7.2.1-1　横墙承重体系

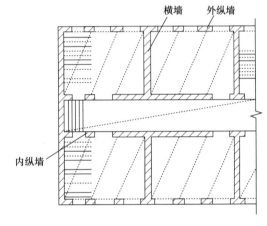

图 7.2.1-2　纵横墙承重体系

7.2.2　砌体结构在何种情况下，宜设置防震缝？

砌体结构在下列情况下宜设置防震缝，缝两侧均应设置墙体，缝宽应根据烈度和房屋高度确定，可采用 70～100mm。

（1）房屋立面高差在 6m 以上。

（2）房屋有错层，且楼板高差大于层高的 1/4。

（3）各部分结构刚度、质量截然不同。

7.2.3　多层砌体房屋中的楼屋盖设计应符合哪些方面的要求？

（1）楼板在墙上或梁上应有足够的支撑长度和可靠连接，罕遇地震下楼板不应跌落或拉脱。

（2）优先采用现浇钢筋混凝土楼、屋盖。除横墙较少、跨度较大的房屋，宜采用现浇钢筋混凝土楼、屋盖外，其他建筑楼面可采用装配整体式，但屋面考虑防水宜采用钢筋混凝土现浇屋盖。

（3）现浇钢筋混凝土楼、屋面板伸入纵横墙内的长度，均不应小于 120mm。

（4）预制钢筋混凝土板在混凝土梁或圈梁上的支承长度不应小于80mm；当板未直接搁置在圈梁上时，在内墙上的支承长度不应小于100mm，在外墙上的支承长度不应小于120mm。

（5）预制钢筋混凝土板端钢筋应与支座处沿墙或圈梁配置的纵筋绑扎，应采用强度等级不低于C25的混凝土浇筑成板带。

（6）当预制钢筋混凝土板的跨度大于4.8m并与外墙平行时，靠外墙的预制板侧边应与墙或圈梁拉结。

（7）预制钢筋混凝土板与现浇板对接时，预制板端钢筋应与现浇板可靠连接。

7.2.4 防止或减轻砌体结构墙体开裂的主要措施有哪些？

（1）为防止或减轻房屋受温度影响引起的开裂，应在墙体中设置伸缩缝。伸缩缝的设置根据建筑体系、屋面做法等方面综合考虑。砌体房屋伸缩缝的最大间距可按表7.2.4采用。

砌体房屋伸缩缝的最大间距（m） 表7.2.4

屋盖或楼盖类别		间距
整体式或装配整体式钢筋混凝土结构	有保温层或隔热层的屋盖、楼盖	50
	无保温层或隔热层的屋盖、楼盖	40
装配式无檩体系钢筋混凝土结构	有保温层或隔热层的屋盖、楼盖	60
	无保温层或隔热层的屋盖	50
装配式有檩体系钢筋混凝土结构	有保温层或隔热层的屋盖	75
	无保温层或隔热层的屋盖	60
瓦材屋盖、木屋盖或楼盖、轻钢屋盖		100

注：1. 对烧结普通砖、烧结多孔砖、配筋砌块砌体房屋，取表中数值；对石砌体、蒸压灰砂普通砖、蒸压粉煤灰普通砖、混凝土砌块、混凝土普通砖和混凝土多孔砖房屋，取表中数值乘以0.8的系数，当墙体有可靠外保温措施时，其间距可取表中数值。
2. 在钢筋混凝土屋面上挂瓦的屋盖应按钢筋混凝土屋盖采用。
3. 层高大于5m的烧结普通砖、烧结多孔砖、配筋砌块砌体结构单层房屋，其伸缩缝间距可按表中数值乘以1.3。
4. 温差较大且变化频繁地区和严寒地区不采暖的房屋及构筑物墙体的伸缩缝的最大间距，应按表中数值予以适当减小。
5. 墙体的伸缩缝应与结构的其他变形缝相结合，缝宽度应满足各种变形缝的变形要求；在进行立面处理时，必须保证缝隙的变形作用。

（2）屋面应设置保温、隔热层；顶层屋面板下设置现浇钢筋混凝土圈梁，并沿内、外墙拉通，房屋两端圈梁下的墙体内宜设置水平钢筋；顶层墙体有门窗等洞口时，在过梁上的水平灰缝内设置2根直径6mm钢筋，钢筋应伸入洞口两端墙内不小于600mm。

（3）女儿墙应设置构造柱，构造柱间距不宜大于4m，构造柱应伸至女儿墙顶并与现浇钢筋混凝土压顶整浇在一起。

（4）增大基础圈梁的刚度；避免因地基不均匀沉降造成墙体开裂。底层窗台下墙体灰缝内设置2根直径6mm钢筋，钢筋应伸入窗间墙内不小于600mm。

（5）适当加大过梁的支承长度，减轻洞口处开裂。

7.3 抗 震 设 计

7.3.1 砌体结构在何种情况下需进行抗震验算？

（1）抗震设防烈度为6度时，规则的砌体结构房屋构件，可不进行抗震验算，但应满足《建筑抗震设计标准》GB/T 50011—2010（2024 年版）及《砌体结构设计规范》GB 50003—2011 第 10 章规定的抗震措施要求。

（2）抗震设防烈度为 7 度和 7 度以上的建筑，应进行多遇地震作用下的截面抗震验算。

（3）6 度时，下列多层砌体结构房屋的构件，应进行多遇地震作用下的截面抗震验算。

（4）平面不规则的建筑。多层砌体房屋不符合下列要求之一时可视为平面不规则：

1）平面轮廓凹凸尺寸，不超过典型尺寸的 50%。

2）纵横向砌体抗震墙的布置均匀对称，沿平面内基本对齐；且同一轴线上的门、窗间墙宽度比较均匀；墙面洞口的面积，6、7 度时不宜大于墙面总面积的 55%，8、9 度时不宜大于 50%。

3）房屋纵横向抗震墙体的数量相差不大；纵横的间距和内纵横墙累计长度满足《建筑抗震设计标准》GB/T 50011—2010（2024 年版）的要求。

4）有效楼板宽度不小于该层楼板典型宽度的 50%，或开洞面积不大于该层楼面面积的 30%。

5）房屋错层的楼板高差不超过 500mm。

（5）外廊式和单面走廊式底部框架-抗震墙砌体房屋。

（6）托梁等转换构件。

（7）底部框架-抗震墙房屋宜进行罕遇地震作用下弹塑性变形验算。

7.3.2　抗震计算应注意哪些方面？

（1）多层砌体房屋、底部框架-抗震墙房屋和多层内框架房屋的抗震计算，可按底部剪力法计算，并按《建筑抗震设计标准》GB/T 50011—2010（2024 年版）规定调整地震作用效应。

（2）对砌体房屋，可只选择从属面积较大的墙段，或竖向应力较小的墙段进行截面抗震承载力验算。

说明："从属面积"是指墙体负担地震作用的面积，是按单方向墙体承担全部竖向荷载划分的荷载面积范围，如图 7.3.2 所示。

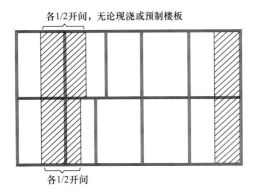
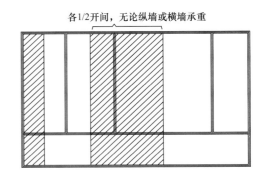

图 7.3.2　地震作用从属面积划分示意图

（3）砌体结构静力设计计算应详细核算垂直荷载下砌体墙垛的承载力，不得遗漏。条件不利的墙垛计算时应留有余地，特别是对各种多孔砖砌体更应留有一定的安全储备。

（4）多层砌体房屋，应根据情况按本措施 7.1.2 条相关要求对砌体的强度设计值进行折减。

（5）多层砌体房屋，可不进行天然地基及基础的抗震承载力验算。

7.3.3 当多层砌体房屋纵横墙抗剪强度不能满足抗震验算要求时，可采取哪些措施？

（1）增加墙厚。多层砌体房屋如住宅建筑，尤其是增加外墙厚度，不仅可以提高墙体抗剪能力，而且对保温节能亦有好处。但自重的增加反而对抗震不利，故需综合考虑。

（2）提高砌体强度等级。

（3）为了改善砌体结构的受力性能，提高砌体的延性，在砌体的水平灰缝中配置适当数量的钢筋是有效的。一般可在 240mm 厚的墙体中配置 $2\phi6\sim2\phi8$ 通长水平钢筋。

（4）砌体墙段内增设构造柱或芯柱。钢筋混凝土构造柱设置在墙段两端是为了约束墙体、增强变形能力及延性。当砌体的抗剪强度不足时，亦可将构造柱或芯柱（混凝土空心小砌块）设置在墙段中部，以此来提高砌体的抗剪能力，并可按《建筑抗震设计标准》GB/T 50011—2010（2024 年版）的规定进行计算。

7.3.4 多层砌体结构房屋抗震设计时，应注意哪些主要构造方面的要求？

（1）多层砌体的高宽比宜满足《建筑抗震设计标准》GB/T 50011—2010（2024 年版）第 7.1.4 条的相关要求。

说明：多层砌体房屋一般可以不做整体弯曲验算，但为保证房屋的稳定性对其最大高宽比进行了限制。

（2）多层砌体房屋中砌体墙段的局部尺寸限制，宜符合《建筑抗震设计标准》GB/T 50011—2010（2024 年版）第 7.1.6 条的要求。当局部尺寸不足时，应采用局部加强措施弥补，且最小宽度不宜小于 1/4 层高和表列数据的 80%。

说明：限制房屋局部尺寸的目的是使各墙体的受力分布较均匀，避免强弱不均匀时被"各个击破"；防止承重构件失稳；防止附属构件脱落伤人。

（3）构造柱的设置是有效提高多层砌体房屋整体性和延性的重要抗震构造措施，一般情况下应满足《建筑抗震设计标准》GB/T 50011—2010（2024 年版）第 7.3.1、7.3.2 条的相关要求，除满足上述要求外，下列情况也应设构造柱：

1）对于大开间房屋，当跨度大于 6m 的梁（屋架）或荷载较大的梁支承于纵向窗间墙平面外方向时，应在梁下增设构造柱。构造柱所在窗间墙垛应当考虑梁对墙垛的不利影响，以及对梁的嵌固作用。

2）梁端支承处砌体局部受压承载力较大时，应设构造柱。

3）承重窗间墙最小宽度不能满足要求，可以适当加大构造柱的截面及配筋，但墙垛最小截面不得小于 800mm×240mm（图 7.3.4-1），构造柱截面不得大于 300mm×240mm，不能满足该要求的小墙垛，应按非承重墙设计。

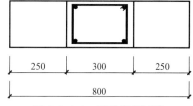

图 7.3.4-1　承重窗间墙垛
最小截面示意图

4）承重外墙尽端至门窗洞边的最小距离及非承重外墙尽端至门窗洞边的最小距离：由于尽端开间的窗洞加门洞，使承重外墙尽端的局部尺寸不能满足最小距离的要求，此时，尽端山墙至门窗洞边的最小距离至少亦应保持大于 1/4 层高。同时应将转角构造柱的截面放大，但任一方向的构造柱截面（长度）不宜大于 300mm（图 7.3.4-2）。

（4）多层砌体房屋设置现浇钢筋混凝土圈梁的应满足《建筑抗震设计标准》GB/T

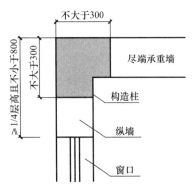

图 7.3.4-2　承重外墙尽端至门窗
洞边构造要求

50011—2010（2024 年版）第 7.3.3、7.3.4 条相关要求。抗震圈梁一般应封闭、交圈，并宜设置在同一标高上。遇有不同标高的圈梁时，应使圈梁交错搭接。圈梁应紧靠楼板。

7.3.5　底部框架-抗震墙砌体房屋抗震设计有哪些要求?

（1）底部框架-抗震墙砌体房屋抗震设计应符合现行《底部框架-抗震墙砌体房屋抗震技术规程》JGJ 248 的有关规定。8 度（0.30g）、9 度及甲、乙类设防建筑不应采用底部框架-抗震墙砌体结构。

（2）底部框架-抗震墙砌体房屋的底部楼层的层高不应超过 4.5m；当底层采用约束砌体抗震墙时，底层层高不应超过 4.2m；上部砌体房屋部分的层高不应超过 3.6m。

（3）当采用底部-抗震墙砌体结构时，上部砌体房屋不应采用横墙很少的结构。

说明：当开间不大于 4.2m 的房间面积占该层总面积不到 20％且开间大于 4.8m 的房间面积占总面积的 50％以上为横墙很少。

（4）上部的砌体墙体与底部的框架梁或抗震墙，除楼梯间附近的个别墙段外均应对齐。

（5）上部砌体房屋的平面轮廓凹凸尺寸，不应超过基本部分的尺寸的 50％；当超过基本部分尺寸的 25％时，房屋转角处应采用加强措施。

（6）楼板开洞面积不宜大于该楼层面积的 30％；底部框架-抗震墙部分的有效楼板宽度不宜小于该层楼板基本宽度的 50％；上部砌体房屋楼板局部大洞口的尺寸不宜超过楼板宽度的 30％，且不应在墙体两侧同时开洞。

（7）过渡楼层不应错层，其他楼层不宜错层。

1）过渡层的楼盖必须采用现浇钢筋混凝土楼板，板厚不应小于 120mm。板上应少开洞或开小洞。

2）过渡层内的构造柱间距不大于层高，构造柱纵向钢筋应插入下层框架梁、框架柱或混凝土墙中 45 倍钢筋直径。

3）过渡层内墙体，在相邻构造柱间均应设通长拉结钢筋。砖砌体墙中应沿墙高设通长水平钢筋，两端锚入构造柱内。

4）过渡层采用普通砖砌体墙时，砌筑砂浆的强度等级不应低于 M10；采用小砌块墙时，砌筑砂浆的强度等级不应低于 Mb10。

5）过渡层内的砌体墙中，当开有宽度大于 1.2m 的门洞和 1.8m 的窗洞时，应在洞口两边增设截面不小于 120mm×墙厚的构造柱。

说明：过渡楼层是指底层框架-抗震墙砌体房屋第二层或底部两层框架-抗震墙砌体房屋的第三层。

（8）底层框架-抗震墙砌体房屋的底层和底部两层框架-抗震墙砌体房屋第二层顶板应采用厚度不小于 120mm 的现浇钢筋混凝土楼板。

（9）底部钢筋混凝土托墙梁应符合下列要求：

1）梁宽不应小于 300mm，高度不应小于跨度的 1/10。

2）箍筋直径不应小于 8mm，间距不应小于 200mm。

3）腰筋不应小于 2 根Φ14，间距不应大于 200mm。

4）梁的纵向钢筋和腰筋应按受拉钢筋的要求锚固到框架柱内，特别是支座上部纵向钢筋在柱内的锚固长度应符合框支梁的要求。

（10）底层框架-抗震墙砌体房屋底部框架柱应符合下列要求：

1）框架柱截面尺寸不应小于400mm×400mm，圆柱直径不应小于450mm。

2）框架柱的轴压比，6度时不应大于0.85，7度时不应大于0.75，8度时不应大于0.65。

3）当钢筋的强度标准值低于400MPa时，框架柱的纵向钢筋最小配筋率按表7.3.5执行。

框架柱的纵向钢筋最小配筋率　　　　　　表 7.3.5

框架柱	抗震等级	
	6度、7度	8度
中柱	0.9%	1.1%
角柱、边柱	1.0%	1.2%

4）箍筋直径，在6、7度时不应小于8mm，8度时不应小于10mm，且全高加密，间距不应大于100mm。

5）框架柱的最上端和最下端组合的弯矩设计值应乘以增大系数，8度、7度、6度时分别按1.5、1.25、1.15采用。

（11）地震作用效应应按《建筑抗震设计标准》GB/T 50011—2010（2024年版）第7.2.4条的规定进行调整。

7.4 填 充 墙

7.4.1 砌体填充墙选取的常用材料有哪些类型？

（1）砌块类：加气混凝土砌块；蒸压灰砂砖、蒸压粉煤灰砖等。

（2）预制墙板：混凝土预制件、加气混凝土条形板等。

（3）轻质隔断类：轻钢龙骨石膏板、GRG或GRC挂板、成品活动隔断等。

7.4.2 砌体填充墙设计时应注意哪些方面？

（1）非承重墙体宜选择轻质材料；选择砌体时，应采取措施减少对主体结构的不利影响。

（2）非承重墙体与主体结构应有可靠的拉接，应满足主体结构不同方向的层间变形能力。

（3）砌体填充墙在高烈度区宜与主体采用柔性连接，柔性连接方式可按现行《蒸压加气混凝土砌块、板材构造》13J104选用。填充墙与圆柱相交柔性连接示意如图7.4.2-1所示。

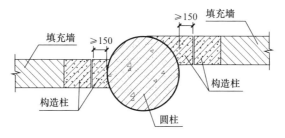

图 7.4.2-1 填充墙与圆柱相交柔性连接示意图

（4）一般情况下，砌体填充墙与主体采用刚性连接，采用刚性连接时应采取以下加强措施：

1）内墙空心砖、轻骨料混凝砌块、混凝土空心砌块的强度等级不应低于 MU3.5，砌体的砂浆强度等级不应低于 M5。

2）墙顶应与框架梁顶紧（图 7.4.2-2）。

3）墙长大于 5m 时，墙顶与梁宜拉结；墙长超过 8m 或层高 2 倍时，宜设置钢筋混凝土构造柱，构造柱间距不宜大于 4m；当门窗洞口宽度大于 2m 时，宜在洞口边设置钢筋混凝土构造柱。

4）墙高超过 4m 时，墙体半高处设置与框架柱及构造柱连接且沿墙全长贯通的钢筋混凝土水平系梁。

5）墙高超过 6m 时，沿墙长构造柱设置的间距不宜超过 3m，沿墙高设置的贯通的钢筋混凝土水平系梁间距不宜大于 3m，形成一个小型框架结构，确保墙体的稳定，水平系梁的截面高度不应小于 120mm。

6）框架柱为钢柱或钢管混凝土柱时，宜在钢柱边设置构造柱，便于墙体钢筋的拉结。

7）砌体填充墙应沿框架柱全高每隔 500～600mm 设 $2\phi6$ 拉筋，拉筋伸入墙内的长度，6 度、7 度时宜沿墙全长贯通，8 度、9 度应全长贯通。

8）拉结筋与结构构件的连接方法宜优先采用预留法，也可采用预埋件法或植筋法。植筋应满足现行《混凝土结构加固设计规范》GB 50367 的相关要求。

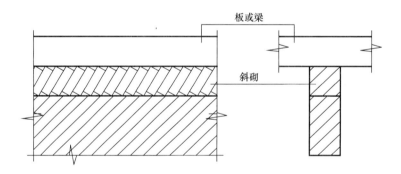

图 7.4.2-2　砌体填充墙长≤5.0m 时顶部拉结示意图

7.4.3　墙柱的高厚比验算如何进行？

（1）填充墙的稳定应符合现行《砌体结构设计规范》GB 50003、《蒸压加气混凝土制品应用技术标准》JGJ/T 17 的相关要求。

（2）高厚比按式（7.4.3-1）进行验算：

$$\beta = \frac{H_0}{h} \leqslant \mu_1 \mu_2 [\beta] \tag{7.4.3-1}$$

式中　H_0——墙的计算高度（mm），按现行《砌体结构设计规范》GB 50003 相关要求确定（表 7.4.3-1、表 7.4.3-2）；

　　　h——墙厚（mm）；

　　　μ_1——自承重墙允许高厚比的修正系数，取 1.3；

　　　μ_2——有门窗洞口墙允许高厚比的修正系数；按式（7.4.3-2）计算，当小于 0.7

时，取 0.7；

$[\beta]$——墙、柱的允许高厚比，按表 7.4.3-3 确定。

$$\mu_2 = 1 - 0.4 b_s / S \tag{7.4.3-2}$$

式中 b_s——在宽度 s 范围内的门窗洞口宽度（mm）；

S——相邻横墙之间的距离（mm）。

$\beta = 24$ 计算高度 H_0 的允许最大值 表 7.4.3-1

墙体厚度 (mm)	无门窗洞口 (mm)	有门窗洞口 b_s/S					
		0.3	0.4	0.5	0.6	0.7	0.8
100	3120	2740	2620	2490	2370	2240	2180
125	3900	3430	3270	3120	2960	2800	2730
150	4680	4110	3930	3740	3550	3370	3270
200	6240	5490	5240	4990	4740	4490	4360
240	7480	6580	6290	5990	5690	5390	5240
250	7800	6860	6550	6240	5920	5610	5460

$\beta = 26$ 计算高度 H_0 的允许最大值 表 7.4.3-2

墙体厚度 (mm)	无门窗洞口 (mm)	有门窗洞口 b_s/S					
		0.3	0.4	0.5	0.6	0.7	0.8
100	3380	2970	2830	2700	2560	2430	2360
125	4220	3710	3540	3380	3210	3040	2950
150	5070	4460	4250	4050	3850	3650	3540
200	6760	5940	5670	5400	5130	4860	4730
240	8110	7130	6810	6490	6160	5840	5670
250	8450	7430	7090	6760	6420	6080	5910

墙、柱的允许高厚比 表 7.4.3-3

砂浆强度等级	普通或蒸压加气混凝土用砂浆	蒸压加气混凝土用砂浆（薄灰缝）
	≥M5.0 或 Ma5.0	≥Ma5.0
$[\beta]$	24	26

7.4.4 填充墙的抗震计算方法有哪几种？

砌体填充墙抗震承载力，可采用等效测力法和楼面反应谱法验算。

采用等效测力法时，水平地震作用标准值可按式（7.4.4-1）计算：

$$F = \gamma \eta \zeta_1 \zeta_2 \alpha_{max} G \tag{7.4.4-1}$$

式中 F——沿最不利方向施加于非结构构件重心处的水平地震作用标准值；

γ——非结构构件功能系数，取决于建筑抗震设防类别和使用要求，对一、二、三级功能级别，分别取 1.4、1.0、0.6；

η——非结构构件类别系数，按表 7.4.4 采用；

ζ_1——状态系数，对预制建筑构件、悬臂类构件和柔性体系宜取 2.0，其余情况取 1.0；

ζ_2——位置系数，建筑的顶点宜取 2.0，底部宜取 1.0，沿高度线性分布；

α_{max}——水平地震影响系数最大值；

G——非结构构件的重力，包括附加在墙体上附着物的重量。

采用楼面反应谱法时，水平地震作用标准值可按式（7.4.4-2）计算：

$$F = \gamma \eta \beta_s G \qquad\qquad (7.4.4\text{-}2)$$

式中　β_s——非结构构件的楼面反应谱值，取决于设防烈度、场地条件、非结构构件与结构体系之间的周期比、质量比和阻尼，以及非结构构件在结构的支承位置、数量和连接性质；

　　　　γ——非结构构件功能系数，取决于建筑抗震设防类别和使用要求，一般分为1.4、1.0、0.6三档；

　　　　η——非结构构件类别系数，取决于构件材料性能等因素，一般在 0.6～1.2 范围内取值。

建筑非结构构件的类别系数和功能级别　　　　　　　　　　　　　表 7.4.4

构件、部件名称		类别系数 η	功能级别		
			甲级建筑	乙级建筑	丙级建筑
非承重外墙	围护墙	1.0	一级	一级	二级
非承重内墙	电梯间隔墙	1.2	一级	二级	三级
	楼梯间隔墙	1.2	一级	一级	一级
	天井隔墙	1.2	一级	二级	二级
	到顶的防火墙	0.9	一级	二级	二级
	其他隔墙	0.6	二级	二级	三级
连接	墙体连接件	1.2	一级	一级	二级
附属构件	女儿墙、小烟囱等	1.2	一级	二级	三级

8 多高层钢结构

8.1 钢结构计算分析

8.1.1 《钢结构设计标准》GB 50017—2017 第 5.2.1 条指出，框架及支撑结构整体初始几何缺陷代表值的最大值 Δ_0 可通过在每层柱顶施加假想水平力 H_{ni} 等效考虑，但第 5.2.1 条的条文说明指出，对于框架结构也可通过在框架每层柱的柱顶作用附加的假想水平力 H_{ni} 来替代整体初始几何缺陷。框架-支撑结构的整体初始几何缺陷到底如何考虑？框架-支撑结构能否采用二阶 P-Δ 弹性分析方法？

1994 年，Bridge 等为了避免复杂的计算长度的确定，在结构上加上假想荷载，进行二阶弹性内力分析，计算长度就可以取几何长度。我国《钢结构设计规范》GB 50017—2003 参照 ASCE 的方法，首次将"每层柱顶附加考虑假想水平力以考虑结构初始缺陷"列进了规范条文。《钢结构设计规范》GB 50017—2003 第 3.2.8 条假想水平力的公式为（式中 α_y 为钢材强度影响系数）：

$$H_{ni} = \frac{\alpha_y Q_i}{250}\sqrt{0.2 + \frac{1}{n_s}} \tag{8.1.1-1}$$

《钢结构设计标准》GB 50017—2017 认为假想水平力取值大小即是使得结构侧向变形为初始侧移值时所对应的水平力，与钢材强度没有直接关系，因此取消了《钢结构设计规范》GB 50017—2003 中钢材强度影响系数 α_y，给出假想水平力（图 8.1.1-1b）的公式为：

$$H_{ni} = \frac{G_i}{250}\sqrt{0.2 + \frac{1}{n_s}} \tag{8.1.1-2}$$

由式（8.1.1-2），《钢结构设计标准》GB 50017—2017 得到框架及支撑结构整体初始几何缺陷代表值（图 8.1.1-1a）：

$$\Delta_i = \frac{H_{ni}h_i}{G_i} = \frac{h_i}{250}\sqrt{0.2 + \frac{1}{n_s}} \tag{8.1.1-3}$$

《钢结构设计标准》GB 50017—2017 第 5.2.1 条的条文说明更是明确指出，结构整体初始几何缺陷值通过在框架每层柱的柱顶作用附加的假想水平力 H_{ni} 来替代整体初始几何缺陷，均针对框架结构而言。结构整体初始几何缺陷代表值［式（8.1.1-3）］、假想水平力［式（8.1.1-2）］是否适用于有支撑的框架？

童根树通过分析单层单跨和 5 跨的支撑框架，考虑材料弹塑性和各种初始缺陷，提出了多种荷载条件下通用的假想荷载近似公式 $Q_n = 0.45\% \sqrt{f_y/235} \sum P_{ui}$，其中 P_{ui} 为取规范公式得到的无侧移屈曲极限荷载。

对于框架-支撑结构，不建议用式（8.1.1-3）考虑结构整体初始几何缺陷值，也不建议通过在框架每层柱的柱顶作用附加的假想水平力 H_{ni}［式（8.1.1-2）］来替代整体初始几何缺陷。

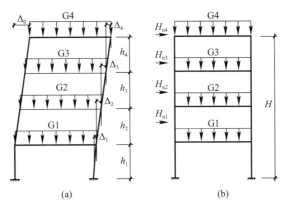

图 8.1.1-1 框架结构整体初始几何缺陷代表值及假想水平力

（a）框架整体初始几何缺陷代表值；（b）框架结构假想水平力

《钢结构设计标准》GB 50017—2017 第 8.3.1 条第 2 款规定，对于有支撑框架，当支撑结构（支撑桁架、剪力墙等）满足公式 $S_b \geqslant 4.4\left[\left(1+\dfrac{100}{f_y}\right)\sum N_{bi}-\sum N_{0i}\right]$ 时为强支撑框架，此时框架柱的计算长度系数 μ 可按无侧移框架柱的计算长度系数确定。

表 8.1.1 为 PKPM 软件计算某框架-支撑结构分别采用一阶弹性分析与设计、二阶 P-Δ 弹性分析与设计和直接分析设计法计算结果。

某框架-支撑结构一阶弹性分析与设计、二阶 P-Δ 弹性分析与设计和直接分析设计法计算结果 表 8.1.1

计算方法		一阶弹性分析与设计	二阶 P-Δ 弹性分析与设计	直接分析设计法
钢柱 GZ1 强度验算	强度应力比	0.87	0.89	0.89
	应力比对应的内力	$N=6012kN$, $M_x=19kN\cdot m$, $M_y=308kN\cdot m$	$N=6179kN$, $M_x=21kN\cdot m$, $M_y=309kN\cdot m$	$N=6179kN$, $M_x=49kN\cdot m$, $M_y=290kN\cdot m$
钢柱 GZ1 平面内稳定验算	平面内稳定应力比	0.77	0.84	0.96
	应力比对应的内力	$N=6012kN$, $M_x=19kN\cdot m$, $M_y=308kN\cdot m$	$N=6179kN$, $M_x=21kN\cdot m$, $M_y=309kN\cdot m$	$N=6179kN$, $M_x=49kN\cdot m$, $M_y=290kN\cdot m$
钢柱 GZ1 平面外稳定验算	平面外稳定应力比	0.77	0.85	0.97
	应力比对应的内力	$N=6012kN$, $M_x=19kN\cdot m$, $M_y=308kN\cdot m$	$N=6179kN$, $M_x=21kN\cdot m$, $M_y=309kN\cdot m$	$N=6179kN$, $M_x=49kN\cdot m$, $M_y=290kN\cdot m$
计算长度系数	X 方向	0.71	1.00	—
	Y 方向	0.66	1.00	—
钢支撑 GZC1 强度验算	强度应力比	0.34	0.35	0.71
	应力比对应的内力	$N=2087kN$, $M_x=0kN\cdot m$, $M_y=0kN\cdot m$	$N=2150kN$, $M_x=0kN\cdot m$, $M_y=0kN\cdot m$	$N=2147kN$, $M_x=45kN\cdot m$, $M_y=82kN\cdot m$
钢支撑 GZC1 平面内稳定验算	平面内稳定应力比	0.54	0.56	0.76
	应力比对应的内力	$N=2087kN$, $M_x=0kN\cdot m$, $M_y=0kN\cdot m$	$N=2150kN$, $M_x=0kN\cdot m$, $M_y=0kN\cdot m$	$N=2147kN$, $M_x=45kN\cdot m$, $M_y=82kN\cdot m$

续表

计算方法		一阶弹性分析与设计	二阶 P-Δ 弹性分析与设计	直接分析设计法
钢支撑 GZC1 平面外稳定验算	平面内稳定应力比	1.05	1.09	0.82
	应力比对应的内力	$N = 2087\text{kN}$, $M_x = 0\text{kN}\cdot\text{m}$, $M_y = 0\text{kN}\cdot\text{m}$	$N = 2150\text{kN}$, $M_x = 0\text{kN}\cdot\text{m}$, $M_y = 0\text{kN}\cdot\text{m}$	$N = 2147\text{kN}$, $M_x = 45\text{kN}\cdot\text{m}$, $M_y = 82\text{kN}\cdot\text{m}$

从表 8.1.1 可以看出，稳定验算（平面内、平面外），一阶弹性分析与设计得到的应力，比二阶 P-Δ 弹性分析与设计得到的应力还小。其原因就是一阶弹性分析与设计按照公式 $S_b \geqslant 4.4\left[\left(1 + \dfrac{100}{f_y}\right)\sum N_{bi} - \sum N_{0i}\right]$ 判断结构为强支撑，因此其计算长度系数小于 1.0，x、y 方向分别为 0.71、0.66；而二阶 P-Δ 弹性分析与设计方法，软件强制将计算长度系数设置为了 1.0。一阶弹性分析与设计方法，内力、计算长度系数、稳定系数 φ 均小于二阶 P-Δ 弹性分析与设计方法，因此平面内、平面外稳定应力比，一阶弹性分析与设计方法小于二阶 P-Δ 弹性分析与设计方法。

利用 PKPM 软件采用二阶 P-Δ 弹性分析与设计方法计算框架-支撑结构时有以下两点值得注意：

（1）如果采用二阶 P-Δ 弹性分析与设计时，软件强制将构件计算长度系数取为 1.0，而不根据公式 $S_b \geqslant 4.4\left[\left(1 + \dfrac{100}{f_y}\right)\sum N_{bi} - \sum N_{0i}\right]$ 判断是否为强支撑。如果为强支撑，则为无侧移框架柱，柱计算长度系数小于 1.0。

（2）框架-支撑结构考虑结构整体初始几何缺陷（P-Δ_0），通过在每层柱顶施加假想水平力 $H_{ni} = \dfrac{G_i}{250}\sqrt{0.2 + \dfrac{1}{n_s}}$ 欠妥。

综合以上分析，对于框架-支撑结构，建议尽量将支撑设计为支撑结构层侧移刚度满足公式 $S_b \geqslant 4.4\left[\left(1 + \dfrac{100}{f_y}\right)\sum N_{bi} - \sum N_{0i}\right]$，用一阶弹性分析方法进行分析，框架柱的计算长度系数 μ 可按无侧移（图 8.1.1-2b）框架柱的计算长度系数确定；对于不满足公式 $S_b \geqslant 4.4\left[\left(1 + \dfrac{100}{f_y}\right)\sum N_{bi} - \sum N_{0i}\right]$ 的部分楼层，用一阶弹性分析方法进行分析，框架柱的计算长度系数 μ 按有侧移（图 8.1.1-2a）框架柱的计算长度系数确定。

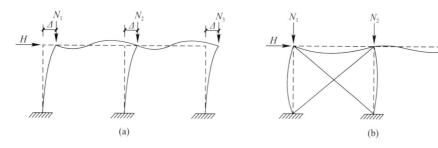

图 8.1.1-2 框架类型
（a）有侧移框架；（b）无侧移框架

8.1.2 《高层民用建筑钢结构技术规程》JGJ 99—2015 第 7.3.2 条第 4 款规定，当框架柱的计算长度系数取 **1.0**，或取无侧移失稳对应的计算长度系数时，应保证支撑能对框架的侧向稳定提供支承作用，支撑构件的应力比应满足 $\rho \leqslant 1-3\theta_i$；《钢结构设计标准》GB 50017—2017 第 8.3.1 条第 2 款规定，对于有支撑框架，当支撑结构（支撑桁架、剪力墙等）满足公式 $S_b \geqslant 4.4\left[\left(1+\dfrac{100}{f_y}\right)\sum N_{bi} - \sum N_{0i}\right]$ 时为强支撑框架，此时框架柱的计算长度系数 μ 可按无侧移框架柱的计算长度系数确定。框架-支撑结构到底如何判断框架柱为无侧移框架柱？

《高层民用建筑钢结构技术规程》JGJ 99—2015 第 7.3.2 条第 4 款条文说明对公式 $\rho \leqslant 1-3\theta_i$ 进行了推导，摘录如下：

框架-支撑（含延性墙板）结构体系，存在两种相互作用，第 1 种是线性的，在内力分析的层面上得到自动的考虑，第 2 种是稳定性方面的，例如一个没有承受水平力的结构，其中框架部分发生失稳，必然带动支撑架一起失稳，或者在当支撑架足够刚强时，框架首先发生无侧移失稳。

水平力使支撑受拉屈服，则它不再有刚度为框架提供稳定性方面的支持，此时框架柱的稳定性，按无支撑框架考虑。

但是，如果希望支撑架对框架提供稳定性支持，则对支撑架的要求就是两个方面的叠加：既要承担水平力，还要承担对框架柱提供支撑，使框架柱的承载力从有侧移失稳的承载力增加到无侧移失稳的承载力。

研究表明，这两种要求是叠加的，用公式表达为

$$\frac{S_{ith}}{S_i} + \frac{Q_i}{Q_{iy}} \leqslant 1 \tag{8.1.2-1}$$

$$S_{ith} = \frac{3}{h_i}\left(1.2\sum_{j=1}^{m} N_{jb} - \sum_{j=1}^{m} N_{ju}\right)_i \quad i = 1,\ 2,\ \cdots,\ n \tag{8.1.2-2}$$

式中　Q_i——第 i 层承受的总水平力（kN）；

$\quad\quad Q_{iy}$——第 i 层支撑能够承受的总水平力（kN）；

$\quad\quad S_i$——支撑架在第 i 层的层抗侧刚度（kN/mm）；

$\quad\quad S_{ith}$——为使框架柱从有侧移失稳转化为无侧移失稳所需要的支撑架的最小刚度（kN/mm）；

$\quad\quad N_{jb}$——框架柱按照无侧移失稳的计算长度系数决定的压杆承载力（kN）；

$\quad\quad N_{ju}$——框架柱按照有侧移失稳的计算长度系数决定的压杆承载力（kN）；

$\quad\quad h_i$——所计算楼层的层高（mm）；

$\quad\quad m$——本层的柱子数量，含摇摆柱。

《钢结构设计规范》GB 50017—2003 采用了表达式 $S_b \geqslant 3\left(1.2\sum N_{bi} - \sum N_{0i}\right)$，其中，侧移刚度 S_b 是产生单位侧移倾角的水平力。当改用单位位移的水平力表示时，应除以所计算楼层高度 h_i，因此采用式（8.1.2-2）。

为了方便应用，对式（8.1.2-2）进行如下简化：

（1）式（8.1.2-2）括号上的有侧移承载力略去，同时 1.2 也改为 1.0，这样得到：

$$S_{i\text{th}} = \frac{3}{h_i} \sum_{j=1}^{m} N_{ib} \tag{8.1.2-3}$$

（2）式（8.1.2-3）的无侧移失稳承载力用各个柱子的轴力代替，代入式（8.1.2-1）得到：

$$3 \frac{\sum N_i}{S_i h_i} + \frac{Q_i}{Q_{iy}} \leqslant 1 \tag{8.1.2-4}$$

而 $\dfrac{\sum N_i}{S_i h_i}$ 就是二阶效应系数 θ，$\dfrac{Q_i}{Q_{iy}}$ 就是支撑构件的承载力被利用的百分比，简称利用比，俗称应力比。

对弯曲型支撑架，也有类似于式（8.1.2-1）的公式，因此式 $\rho \leqslant 1 - 3\theta_i$ 适用于任何的支撑架。

其实《高层民用建筑钢结构技术规程》JGJ 99—2015 以上推导过程是有问题的。理由如下：

（1）《高层民用建筑钢结构技术规程》JGJ 99—2015 第 7.3.2 条第 1 款条文说明指出：式 $\theta_i = \dfrac{\sum N \cdot \Delta u}{\sum H \cdot h_i}$ 只适用于剪切型结构（框架结构），弯剪型和弯曲型计算公式复杂，采用计算机分析更加方便。《钢结构设计标准》GB 50017—2017 也有此规定，对于弯剪型和弯曲型结构，二阶效应系数应按公式 $\theta_i = \dfrac{1}{\eta_{\text{cr}}}$ 计算。但是现行《高层民用建筑钢结构技术规程》JGJ 99—2015 第 7.3.2 条第 4 款条文说明在推导框架-支撑结构公式 $\rho \leqslant 1 - 3\theta_i$ 时指出：$\dfrac{\sum N_i}{S_i h_i}$（与公式 $\dfrac{\sum N \cdot \Delta u}{\sum H \cdot h_i}$ 相同）就是二阶效应系数 θ。很明显就是将 $\theta_i = \dfrac{\sum N \cdot \Delta u}{\sum H \cdot h_i}$ 也用于了框架-支撑结构，这是不合理的。

（2）《钢结构设计标准》GB 50017—2017 已经将《钢结构设计规范》GB 50017—2003 强支撑判别式由 $S_b \geqslant 3 \left(1.2 \sum N_{bi} - \sum N_{0i} \right)$ 修改为了 $S_b \geqslant 4.4 \left[\left(1 + \dfrac{100}{f_y} \right) \sum N_{bi} - \sum N_{0i} \right]$。《高层民用建筑钢结构技术规程》JGJ 99—2015 还利用《钢结构设计规范》GB 50017—2003 强支撑判别公式 $S_b \geqslant 3 \left(1.2 \sum N_{bi} - \sum N_{0i} \right)$ 不适合。

综合以上分析，对于框架-支撑结构，建议按照《钢结构设计标准》GB 50017—2017 强支撑公式 $S_b \geqslant 4.4 \left[\left(1 + \dfrac{100}{f_y} \right) \sum N_{bi} - \sum N_{0i} \right]$ 确定框架柱为无侧移，不建议按照《高层民用建筑钢结构技术规程》JGJ 99—2015 公式 $\rho \leqslant 1 - 3\theta_i$ 确定框架柱为无侧移。

8.1.3　《钢结构设计标准》GB 50017—2017 第 5.5.1 条规定，采用直接分析设计法时，不需要按计算长度法进行构件受压稳定承载力验算。但是《钢结构设计标准》GB 50017—2017 第 5.5.7 条又规定，当构件可能产生侧向失稳时，按式（8.1.3-2）进行构件截面承载力验算。为什么直接分析设计法还需要考虑梁的整体稳定系数 φ_b？

《钢结构设计标准》GB 50017—2017 参考欧洲钢结构设计规范 Eurocode 3—Design of steel structures 和美国钢结构设计规范 AISC 360-16 Specification for Structural Steel Buildings，首次将直接分析设计法（美国规范称为 Direct Analysis Method 方法，简称 DM 方法）引入规范。香港理工大学陈绍礼教授是较早研究直接分析法的学者，其编制的

NIDA 软件是目前经香港特区政府认可的唯一的一个可进行钢结构直接分析的软件，有着强大的非线性分析功能。

直接分析设计法应采用考虑二阶 P-Δ 效应（重力荷载在水平作用位移效应上引起的二阶效应，也称结构的重力二阶效应）和 P-δ 效应（轴向压力在挠曲杆件中产生的二阶效应，也称构件的重力二阶效应），同时考虑结构整体初始几何缺陷（P-Δ_0）和构件的初始缺陷（P-δ_0）、节点连接刚度和其他对结构稳定性有显著影响的因素，允许材料的弹塑性发展和内力重分布，获得各种荷载设计值（作用）下的内力和标准值（作用）下位移，同时在分析的所有阶段，各结构构件的设计均应符合《钢结构设计标准》GB 50017—2017第 6 章～第 8 章的有关规定，但不需要按计算长度法进行构件受压稳定承载力验算（此处仅针对柱和支撑，不包括梁的弯扭稳定应力验算）。由于直接分析设计法已经在分析过程中考虑了一阶弹性设计中计算长度所要考虑的因素，故不再需要进行基于计算长度的稳定性验算了。

一阶弹性分析与设计、二阶 P-Δ 弹性分析与设计、直接分析设计法异同点对比见表 8.1.3。

一阶弹性分析与设计、二阶 **P-Δ** 弹性分析与设计、直接分析设计法异同点对比　　　表 8.1.3

分析设计方法		分析阶段				设计阶段		
		结构整体初始几何缺陷（P-Δ_0）	结构的重力二阶效应（P-Δ）	构件初始缺陷（P-δ_0）	构件的重力二阶效应（P-δ）	计算长度系数 μ	稳定系数 φ	设计弯矩
一阶弹性分析与设计		无	无	无	无	附录 E[2]	附录 D[2]	分析弯矩 I
二阶 P-Δ 弹性分析与设计	内力放大法[1]	假想水平力	对一阶弯矩放大	无	无	≤1.0[3]	附录 D[2]	分析弯矩 II
	几何刚度有限元法	假想水平力	几何刚度有限元法	无	无	≤1.0[3]	附录 D[2]	分析弯矩 II
直接分析设计法		假想水平力	几何刚度有限元法	假想均布荷载	构件细分	无	1.0	分析弯矩 II+假想均布荷载引起的弯矩

注：[1] 内力放大法仅适用于框架结构。

　　　[2] 均指《钢结构设计标准》GB 50017—2017。

　　　[3] 二阶 P-Δ 弹性分析与设计时，构件计算长度系数一般取 1.0。但当结构无侧移影响时，如近似一端固接、一端铰接的柱子，其计算长度系数小于 1.0。

《钢结构设计标准》GB 50017—2017 第 5.5.7 条规定：

（1）构件有足够侧向支撑以防止侧向失稳时：

$$\frac{N}{Af} + \frac{M_x^{\mathrm{II}}}{M_{cx}} + \frac{M_y^{\mathrm{II}}}{M_{cy}} \leqslant 1.0 \qquad (8.1.3\text{-}1)$$

（2）当构件可能产生侧向失稳时：

$$\frac{N}{Af} + \frac{M_x^{\mathrm{II}}}{\varphi_b W_x f} + \frac{M_y^{\mathrm{II}}}{M_{cy}} \leqslant 1.0 \qquad (8.1.3\text{-}2)$$

式中　$M_x^{\mathbb{I}}$、$M_y^{\mathbb{I}}$——绕 x 轴、y 轴的二阶弯矩设计值，可由结构分析直接得到（N·mm）；

　　　　φ_b——梁的整体稳定系数，应按《钢结构设计标准》GB 50017—2017 附录
　　　　　　　 C 确定。

　　为什么当构件可能产生侧向失稳时，还需要考虑梁的整体稳定系数 φ_b？其原因就是直接分析法在结构分析阶段无法考虑梁的整体稳定这样的失稳（图 8.1.3-1），因此需要在构件设计中用梁的整体稳定系数 φ_b 考虑。

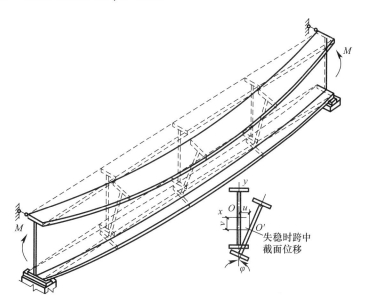

图 8.1.3-1　简支钢梁丧失整体稳定全貌

　　尤其是对于 H 形钢柱，弯矩大、轴力小时，钢柱很容易出现图 8.1.3-1 的绕弱轴弯曲侧移失稳，因此除了验算式（8.1.3-1）外，还需要验算式（8.1.3-2）。也就是说直接分析设计法，可以解决压弯构件 φ 的问题，但是不能解决压弯构件中 φ_b 的问题。

　　当钢柱为箱形截面，不存在强、弱轴，不太可能出现绕弱轴弯曲侧移失稳。而且《钢结构设计标准》GB 50017—2017 第 6.2.4 条规定，当箱形截面简支梁截面尺寸（图 8.1.3-2）满足 $h/b_0 \leqslant 6$，$l_1/b_0 \leqslant 95\varepsilon_k^2$ 时（符号释义参见该标准），可不计算整体稳定性，l_1 为受压翼缘侧向支承点间的距离（梁的支座处视为有侧向支承）。夏志斌、姚谏《钢结构原理与设计》一书指出：这两个条件在实际工程中很容易做到，因此规范甚至没有给出箱形截面简支梁整体稳定系数的计算方法。当箱形钢柱满足这两个条件，其整体稳定系数 φ_b 可取为 1.0。

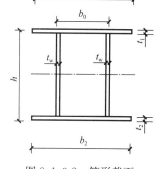

图 8.1.3-2　箱形截面

　　直接分析法有以下两种方式：

　　（1）不考虑材料弹塑性发展

　　不考虑材料弹塑性发展时，结构分析应限于第一个塑性铰的形成，对应的荷载水平不应低于荷载设计值，不允许进行内力重分布。

　　二阶 $P\text{-}\Delta\text{-}\delta$ 弹性分析是直接分析法的一种特例，也是常用的一种分析手段。该方法不

考虑材料非线性，只考虑几何非线性（P-Δ 效应、P-δ 效应），以第一塑性铰为准则，不允许进行内力重分布。

PKPM 软件中"弹性直接分析设计方法"就属于这一种方法。

（2）按二阶弹塑性分析

直接分析法按二阶弹塑性分析时宜采用塑性铰法或塑性区法。塑性铰形成的区域，构件和节点应有足够的延性保证以便内力重分布，允许一个或者多个塑性铰产生，构件的极限状态应根据设计目标及构件在整个结构中的作用来确定。

采用塑性铰法进行直接分析设计时，除考虑结构整体初始几何缺陷和构件的初始缺陷外，当受压构件所受轴力大于 $0.5Af$ 时，其弯曲刚度还应乘以刚度折减系数 0.8。因塑性铰法一般只将塑性集中在构件两端，而假定构件的中段保持弹性，当轴力较大时通常高估其刚度，为考虑该效应，故需折减其刚度。

采用塑性区法进行直接分析设计时，应按不小于 1/1000 的出厂加工精度考虑构件的初始几何缺陷，并考虑初始残余应力。

PKPM 软件选用弹性直接分析设计方法时，有"考虑柱、支撑侧向失稳"的勾选项（图 8.1.3-3）。不勾选此项，软件按照式（8.1.3-1）进行计算；勾选此项，软件按照式（8.1.3-2）计算。当钢柱为箱形柱，且截面尺寸满足 $h/b_0 \leqslant 6$，$l_1/b_0 \leqslant 95\varepsilon_k^2$（图 8.1.3-2）时，可不勾选此项；当钢柱为 H 形钢柱时，必须勾选此项。下面以一个 PKPM 算例为例，比较勾选、不勾选此项，钢柱的计算结果。

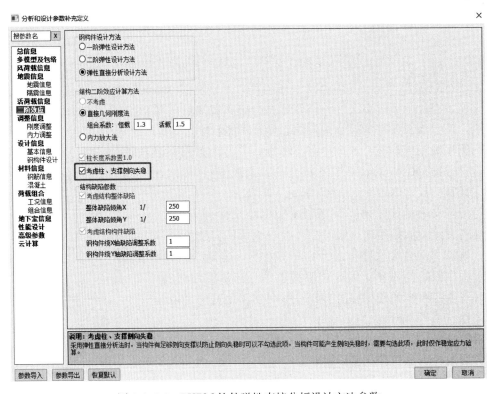

图 8.1.3-3　PKPM 软件弹性直接分析设计方法参数

8 度 0.20g 地区 12 层钢框架，结构平面布置如图 8.1.3-4 所示。钢号为 Q355B，钢框架抗震等级为二级。采用 PKPM2021（V1.3 版本）程序计算。

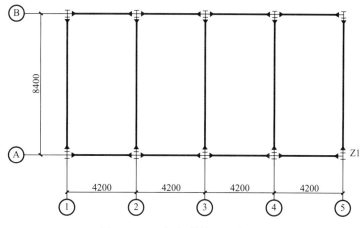

图 8.1.3-4　框架结构平面布置图

以第八层角柱 Z1 为例，其构件信息如图 8.1.3-5 所示。不勾选"考虑柱、支撑侧向失稳"、勾选"考虑柱、支撑侧向失稳"计算结果分别如图 8.1.3-6、图 8.1.3-7 所示。

一、构件几何材料信息

层号	IST=8
塔号	ITOW=1
单元号	IELE=5
构件种类标志(KELE)	柱
上节点号	J1=96
下节点号	J2=85
构件材料信息(Ma)	钢
长度(m)	DL=3.00
截面类型号	Kind=1
截面名称	H400×300×16×20
钢号	355
净毛面积比	Rnet=1.00

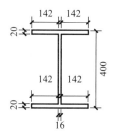

图 8.1.3-5　钢柱 Z1 构件信息

从图 8.1.3-6、图 8.1.3-7 可以看出，不勾选"考虑柱、支撑侧向失稳"时钢柱 Z1 验算不超限；勾选"考虑柱、支撑侧向失稳"时钢柱 Z1 面外稳定应力比验算超限。

下面对钢框架柱软件输出结果手算验证如下：

（1）强度应力比：

$$\frac{N}{Af} + \frac{M_{\mathrm{x}}^{\mathrm{II}}}{M_{\mathrm{cx}}} + \frac{M_{\mathrm{y}}^{\mathrm{II}}}{M_{\mathrm{cy}}} \leqslant 1.0 \tag{8.1.3-3}$$

四、构件设计验算信息

Px:　x向梁与柱全塑性承载力比
Py:　y向梁与柱全塑性承载力比

项目	内容
轴压比:	(18)　N=-1221.0　Uc=0.23
强度验算:	(18)　N=-1221.05　Mx=-340.23　My=56.40　F1/f=0.94
平面内稳定验算:	(0)　N=0.00　Mx=0.00　My=0.00　F2/f=0.00
平面外稳定验算:	(0)　N=0.00　Mx=0.00　My=0.00　F3/f=0.00

项目	内容
X向长细比=	λ_x= 17.96　≤　56.95
Y向长细比=	λ_y= 42.11　≤　56.95
	《高钢规》7.3.9条：钢框架柱的长细比，一级不应大于$60\sqrt{\frac{235}{f_y}}$，二级不应大于$70\sqrt{\frac{235}{f_y}}$
	三级不应大于$80\sqrt{\frac{235}{f_y}}$，四级及非抗震设计不应大于$100\sqrt{\frac{235}{f_y}}$
	《钢结构设计标准》GB50017-2017 7.4.6、7.4.7条给出构件长细比限值
	程序最终限值取两者较严值
宽厚比=	b/tf= 7.10　≤　8.95
	《高钢规》7.4.1条给出宽厚比限值
	《钢结构设计标准》GB50017-2017 3.5.1条给出宽厚比限值
	程序最终限值取两者的较严值
高厚比=	h/tw= 22.50　≤　36.61
	《高钢规》7.4.1条给出高厚比限值
	《钢结构设计标准》GB50017-2017 3.5.1条给出高厚比限值
	程序最终限值取两者的较严值
钢柱强柱弱梁验算:	X向　(18)　N=-1221.05　Px=1.90
	Y向　(18)　N=-1221.05　Py=0.63
	《抗规》8.2.5-1条 钢框架节点左右梁端和上下柱端的全塑性承载力，除下列情况之一外，应符合下式要求：
	柱所在楼层的受剪承载力比相邻上一层的受剪承载力高出25%；
	柱轴压比不超过0.4，或$N_2 \le \phi A_c f$(N_2为2倍地震作用下的组合轴力设计值)
	与支撑斜杆相连的节点
	等截面梁：
	$\sum W_{pc}\left(f_{yc}-\dfrac{N}{A_c}\right) \ge \eta \sum W_{pb} f_{yb}$
	端部翼缘变截面梁：
	$\sum W_{pc}\left(f_{yc}-\dfrac{N}{A_c}\right) \ge \sum \left(\eta W_{pb1} f_{yb}+V_{pb}s\right)$
受剪承载力:	CB_XF=178.49　CB_YF=541.14
	《钢结构设计标准》GB50017-2017 10.3.4

图 8.1.3-6　不勾选"考虑柱、支撑侧向失稳"时钢柱 Z1 构件设计验算信息

控制内力组合为非地震组合

$$N=1221.05\text{kN}, \quad M_x^{\text{II}}=340.23\text{kN} \cdot \text{m}, \quad M_y^{\text{II}}=56.40\text{kN} \cdot \text{m}$$

H 型截面，宽厚比等级 S1，$\gamma_x=1.05$，$\gamma_y=1.20$

$$W_x=2479.04\text{cm}^3, \quad W_y=600.81\text{cm}^3, \quad A=177.6\text{cm}^2$$

不考虑材料弹塑性发展（不考虑材料非线性，只考虑几何非线性）

$$M_{cx}=\gamma_x W_x f=1.05 \times 2479.04 \times 10^3 \times 295=767.88\text{kN} \cdot \text{m}$$

$$M_{cy}=\gamma_y W_y f=1.20 \times 600.81 \times 10^3 \times 295=212.69\text{kN} \cdot \text{m}$$

$$\frac{N}{Af}+\frac{M_x^{\text{II}}}{M_{cx}}+\frac{M_y^{\text{II}}}{M_{cy}}=\frac{1221.05 \times 10^3}{177.6 \times 10^2 \times 295}+\frac{340.23}{767.88}+\frac{56.40}{212.69}=0.94$$

与软件输出结果一致。

四、构件设计验算信息

Px: x向梁与柱全塑性承载力比
Py: y向梁与柱全塑性承载力比

项目	内容
轴压比:	(18) N=-1221.0 Uc=0.23
强度验算:	(18) N=-1221.05 Mx=-340.23 My=56.40 F1/f=0.94
平面内稳定验算:	(18) N=-1221.05 Mx=-340.23 My=56.40 F2/f=0.96
平面外稳定验算:	(15) N=-1056.55 Mx=-96.37 My=125.86 F3/f=1.04

项目	内容
X向长细比=	λx= 17.96 ≤ 56.95
Y向长细比=	λy= 42.11 ≤ 56.95
	《高钢规》7.3.9条：钢框架柱的长细比，一级不应大于$60\sqrt{\frac{235}{f_y}}$，二级不应大于$70\sqrt{\frac{235}{f_y}}$，
	三级不应大于$80\sqrt{\frac{235}{f_y}}$，四级及非抗震设计不应大于$100\sqrt{\frac{235}{f_y}}$
	《钢结构设计标准》GB50017-2017 7.4.6、7.4.7条给出构件长细比限值
	程序限值取两者的较严值
宽厚比=	b/tf= 7.10 ≤ 8.95
	《高钢规》7.4.1条给出宽厚比限值
	《钢结构设计标准》GB50017-2017 3.5.1条给出宽厚比限值
	程序最终限值取两者的较严值
高厚比=	h/tw= 22.50 ≤ 36.61
	《高钢规》7.4.1条给出高厚比限值
	《钢结构设计标准》GB50017-2017 3.5.1条给出高厚比限值
	程序最终限值取两者的较严值
钢柱强柱弱梁验算:	X向 (18) N=-1221.05 Px=1.90
	Y向 (18) N=-1221.05 Py=0.63
	《抗规》8.2.5-1条 钢框架节点左右梁端和上下柱端的全塑性承载力，除下列情况之一外，应符合下式要求：
	柱所在楼层的受剪承载力比相邻上一层的受剪承载力高出25%；
	柱轴压比不超过0.4，或$N_2 \le \phi A_c f$(N_2为2倍地震作用下的组合轴力设计值)
	与支撑斜杆相连的节点
	等截面梁：
	$\sum W_{pc}\left(f_{yc}-\frac{N}{A_c}\right) \ge \eta \sum W_{pb}f_{yb}$
	端部翼缘变截面梁：
	$\sum W_{pc}\left(f_{yc}-\frac{N}{A_c}\right) \ge \sum(\eta W_{pb}f_{yb}+V_{pb}s)$
受剪承载力:	CB_XF=178.49 CB_YF=541.14
	《钢结构设计标准》GB50017-2017 10.3.4

超限类别(307) 面外稳定验算超限 : (15)Mx= -96. My= 126. N= -1057. F3= 3.0600E+05 > F= 2.9500E+05

图 8.1.3-7 勾选"考虑柱、支撑侧向失稳"时钢柱 Z1 构件设计验算信息

（2）平面内稳定应力比：

$$\frac{N}{Af} + \frac{M_x^{II}}{\varphi_b W_x f} + \frac{M_y^{II}}{M_{cy}} \le 1.0 \qquad (8.1.3-4)$$

控制内力组合为非地震组合：

$$N = 1221.05\text{kN}, \quad M_x^{II} = 340.23\text{kN} \cdot \text{m}, \quad M_y^{II} = 56.40\text{kN} \cdot \text{m}$$

受压翼缘侧向支承点之间的距离：

$$l_1 = 3000\text{mm}$$

参数

$$\xi = \frac{l_1 t_1}{b_1 h} = \frac{3000 \times 20}{300 \times 400} = 0.5$$

梁整体稳定的等效弯矩系数：

$$\beta_b = 1.75 - 1.05\left(\frac{M2}{M1}\right) + 0.3\left(\frac{M2}{M1}\right)^2 = 1.75 - 1.05 + 0.3 = 1 \leqslant 2.3$$

毛截面对 y 轴的回转半径：

$$i_y = 71.2\text{mm}$$

侧向支承点间对截面弱轴 y-y 的长细比：

$$\lambda_y = \frac{l_1}{i_y} = \frac{3000}{71.2} = 42.135$$

截面不对称影响系数：

$$\eta_b = 0$$

整体稳定系数：

$$\varphi_b = \beta_b \frac{4320}{\lambda_y^2} \cdot \frac{Ah}{W_x}\left[\sqrt{1 + \left(\frac{\lambda_y t_1}{4.4h}\right)^2} + \eta_b\right]\varepsilon_k^2$$

$$= 1 \times \frac{4320}{42.135^2} \times \frac{17760 \times 400}{2479040} \times \left[\sqrt{1 + \left(\frac{42.135 \times 20}{4.4 \times 400}\right)^2} + 0\right] \times \frac{235}{355} = 5.12 > 0.6$$

$$\varphi_b' = 1.07 - \frac{0.282}{\varphi_b} = 1.07 - \frac{0.282}{5.12} = 1.01 > 1.0$$

取 $\varphi_b = 1.0$

平面内稳定应力比：

$$\frac{N}{Af} + \frac{M_x^{II}}{\varphi_b W_x f} + \frac{M_y^{II}}{M_{cy}} = \frac{1221.05 \times 10^3}{177.6 \times 10^2 \times 295} + \frac{340.23 \times 10^6}{1.0 \times 2479.04 \times 10^3 \times 295} + \frac{56.40}{212.69} = 0.96$$

与软件输出结果一致。

（3）平面外稳定应力比：

$$\frac{N}{Af} + \frac{M_x^{II}}{M_{cx}} + \frac{M_y^{II}}{\varphi_b W_y f} \leqslant 1.0 \tag{8.1.3-5}$$

控制内力组合为非地震组合：

$$N = 1056.55\text{kN}, \quad M_x^{II} = 96.37\text{kN·m}, \quad M_y^{II} = 125.86\text{kN·m}$$

$$\frac{N}{Af} + \frac{M_x^{II}}{M_{cx}} + \frac{M_y^{II}}{\varphi_b W_y f} = \frac{1056.55 \times 10^3}{177.6 \times 10^2 \times 295} + \frac{96.37}{767.88} + \frac{125.86 \times 10^6}{1.0 \times 600.81 \times 10^3 \times 295} = 1.04$$

与软件输出结果一致。

综上，按照直接分析设计方法设计钢柱，当钢柱为箱形柱，且截面尺寸满足 $h/b_0 \leqslant 6$，$l_1/b_0 \leqslant 95\varepsilon_k^2$（图 8.1.3-2）时，按照式（8.1.3-3）进行钢柱截面承载力验算，PKPM 软件选用弹性直接分析设计方法时，不勾选"考虑柱、支撑侧向失稳"（图 8.1.3-3）；当钢柱为 H 形钢柱时，按照式（8.1.3-4）进行钢柱截面承载力验算，PKPM 软件选用弹性直接分析设计方法时，勾选"考虑柱、支撑侧向失稳"（图 8.1.3-3）。

8.1.4　采用直接分析设计方法设计框架-支撑结构时，铰接的支撑除了有轴力外，为什么还有弯矩？

某 10 层钢框架-支撑结构，标准层结构平面布置如图 8.1.4-1、图 8.1.4-2 所示。钢支撑 GZC 截面为 H300×300×14×20，钢号为 Q355B。采用 PKPM2021（V1.3 版本）程序、弹性直接分析设计方法进行计算。

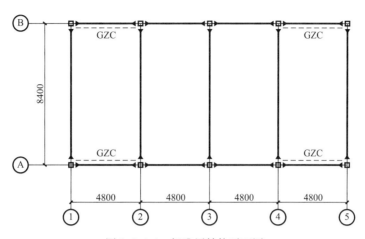

图 8.1.4-1　标准层结构平面图

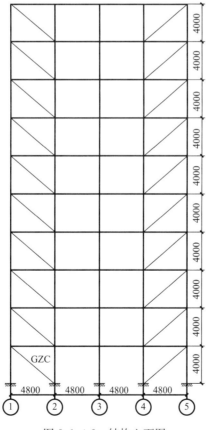

图 8.1.4-2　结构立面图

　　一层钢支撑 GZC 两端铰接，构件设计属性信息如图 8.1.4-3 所示。构件设计验算信息如图 8.1.4-4 所示。

三、构件设计属性信息

构件两端约束标志	两端铰接
构件属性信息	普通支撑，普通钢支撑
抗震等级	二级
构造措施抗震等级	二级
是否人防	非人防构件
是否单拉杆	否
长度系数	Cx=1.00　Cy=1.00
活荷内力折减系数	1.00
地震作用放大系数	X向：1.00 Y向：1.00
薄弱层地震内力调整系数	X向：1.00 Y向：1.00
剪重比调整系数	X向：1.00 Y向：1.04
二道防线调整系数	X向：1.00 Y向：1.00
风荷载内力调整系数	X向：1.00 Y向：1.00
地震作用下转换柱剪力弯矩调整系数	X向：1.00 Y向：1.00
刚度调整系数	X向：1.00 Y向：1.00
所在楼层二阶效应系数	X向：0.01 Y向：0.15
构件的应力比上限	F1_MAX=1.00 F2_MAX=1.00 F3_MAX=1.00
结构重要性系数	1.00

图 8.1.4-3　构件设计属性信息图

四、构件设计验算信息

项目	内容
强度验算：	(17)　N=-919.82　Mx=-17.70　My=-23.93　F1/f=0.35
平面内稳定验算：	(17)　N=-919.82　Mx=-17.70　My=-23.93　F2/f=0.35
平面外稳定验算：	(17)　N=-919.82　Mx=-17.70　My=-23.93　F3/f=0.37
X向长细比=	λx= 48.83 ≤ 97.63
Y向长细比	λy= 82.34 ≤ 97.63

项目	内容
	《高钢规》7.5.2条：中心支撑斜杆的长细比，按压杆设计时，不应大于 $120\sqrt{\dfrac{235}{f_y}}$，非抗震设计和四级采用拉杆设计时，其长细比不应大于180。
	《钢结构设计标准》GB50017-2017 7.4.6、7.4.7条给出构件长细比限值
	程序最终限值取两者较严值
宽厚比=	b/tf= 7.15 ≤ 7.32
	《高钢规》7.5.3条给出宽厚比限值
	《钢结构设计标准》GB50017-2017 7.3.1条给出宽厚比限值
	程序最终限值取两者的较严值
高厚比=	h/tw= 18.57 ≤ 21.15
	《高钢规》7.5.3条给出高厚比限值
	《钢结构设计标准》GB50017-2017 7.3.1条给出高厚比限值
	程序最终限值取两者的较严值
受剪承载力：	CB_XF=740.29　CB_YF=0.00
	《钢结构设计标准》GB50017-2017

图 8.1.4-4　构件设计验算信息图

由图 8.1.4-4 可以看出，两端铰接的钢支撑除了有轴力 N 外，还有弯矩 M_x、M_y。为什么两端铰接的支撑会出现弯矩？

《钢结构设计标准》GB 50017—2017 第 5.2.2 条规定，构件的初始缺陷（$P\text{-}\delta_0$）代表值可按式（8.1.4-1）计算确定，该缺陷值包括了残余应力的影响（图 8.1.4-5a）。构件的初始缺陷也可采用假想均布荷载进行等效简化计算，假想均布荷载可按式（8.1.4-2）确定（图 8.1.4-5b）。

$$\delta_0 = e_0 \sin \frac{\pi x}{l} \qquad (8.1.4\text{-}1)$$

$$q_0 = \frac{8Ne_0}{l^2} \qquad (8.1.4\text{-}2)$$

式中 δ_0——离构件端部 x 处的初始变形值（mm）；

e_0——构件中点处的初始变形值（mm）；

x——离构件端部的距离（mm）；

l——构件的总长度（mm）；

q_0——等效分布荷载（N/mm）；

N——构件承受的轴力设计值（N）。

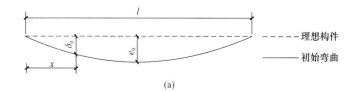

(a)

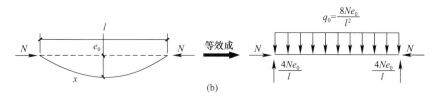

(b)

图 8.1.4-5 构件的初始缺陷

（a）等效几何缺陷；（b）假想均布荷载

构件初始弯曲缺陷值 e_0/l，当采用直接分析不考虑材料弹塑性发展时（即二阶 $P\text{-}\Delta\text{-}\delta$ 弹性分析，不考虑材料非线性，只考虑几何非线性），可按表 8.1.4 取构件综合缺陷代表值；当采用直接分析考虑材料弹塑性发展时，应满足塑性铰法和塑性区法的要求。

构件综合缺陷代表值	表 8.1.4
对应于《钢结构设计标准》GB 50017—2017 表 7.2.1-1 和表 7.2.1-2 中的柱子曲线	二阶分析采用的 e_0/l 值
a 类	1/400
b 类	1/350
c 类	1/300
d 类	1/250

构件的初始几何缺陷形状可用正弦波来模拟，构件初始几何缺陷代表值由柱子失稳曲线拟合而来，故《钢结构设计标准》GB 50017—2017 针对不同的截面和主轴，给出了 4 个值，分别对应 a、b、c、d 四条柱子失稳曲线。为了便于计算，构件的初始几何缺陷也可用均布荷载和支座反力代替。

PKPM 软件采用弹性直接分析设计方法时，不考虑材料弹塑性发展时，即二阶 $P\text{-}\Delta\text{-}\delta$

弹性分析，不考虑材料非线性，只考虑几何非线性。软件在考虑构件的初始缺陷（P-δ_0）时，采用假想均布荷载进行等效简化计算，在支撑杆件上加上了假想均布荷载 $q_0 = \dfrac{8Ne_0}{l^2}$，因此两端铰接的支撑杆件出现了弯矩。

查《钢结构设计标准》GB 50017—2017 表 7.2.1-1，对 x 轴，属于 b 类截面：

$$e_{0x}/l = 1/350$$

钢支撑构件的总长度：

$$l = \sqrt{4800^2 + 4000^2} = 6248.20\text{mm}$$

等效均布荷载：

$$q_{0x} = \frac{8Ne_{0x}}{l^2} = \frac{8N}{l} \cdot \frac{e_{0x}}{l} = \frac{8 \times 919.82 \times 10^3}{6248.20} \times \frac{1}{350} = 3.365\text{N/mm}$$

钢支撑自重：

$$g = 1.21992\text{N/mm}$$

x 方向弯矩（图 8.1.4-6）：

$$M_x = \frac{1}{8}q_{0x}l^2 + \frac{1}{8}(1.3g)l_x^2 = \frac{1}{8} \times 3.365 \times 6248.20^2 + \frac{1}{8} \times (1.3 \times 1.21992) \times 4800^2$$
$$= 21.00\text{kN} \cdot \text{m}$$

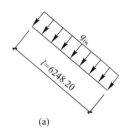
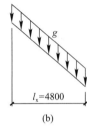

图 8.1.4-6　x 方向弯矩计算简图
（a）假想均布荷载；（b）钢支撑自重均布荷载

查《钢结构设计标准》GB 50017—2017 表 7.2.1-1，对 y 轴，保守的取为 c 类截面（假定翼缘为剪切边，而非焰切边）：

$$e_{0y}/l = 1/300$$

等效均布荷载：

$$q_{0y} = \frac{8Ne_{0y}}{l^2} = \frac{8N}{l} \cdot \frac{e_{0y}}{l} = \frac{8 \times 919.82 \times 10^3}{6248.20} \times \frac{1}{300}$$
$$= 3.9257\text{N/mm}$$

y 方向弯矩：

$$M_y = \frac{1}{8}q_{0y}l^2 = \frac{1}{8} \times 3.9257 \times 6248.20^2 = 19.16\text{kN} \cdot \text{m}$$

8.2　钢结构构造

8.2.1　顶部无楼板的钢框架梁整体稳定验算超限，加钢次梁后，钢框架梁整体稳定验算通过。钢次梁可以认为是钢框架梁的侧向支撑吗？

某超高层钢框架-钢筋混凝土核心筒结构，因底层局部设置两层通高大堂，二层部分钢框架梁顶部没有设置楼板。二层结构平面图如图 8.2.1-1 所示。

采用 PKPM 2021（V1.3 版本）程序进行计算。GKL1 上不设钢次梁的计算结果如图 8.2.1-2（a）所示，显然 GKL1 整体稳定验算超限（整体稳定应力比 1.09）；GKL1 上加设两根钢次梁的计算结果如图 8.2.1-2（b）所示，GKL1 整体稳定应力比降为 0.51，整体稳定验算不超限。

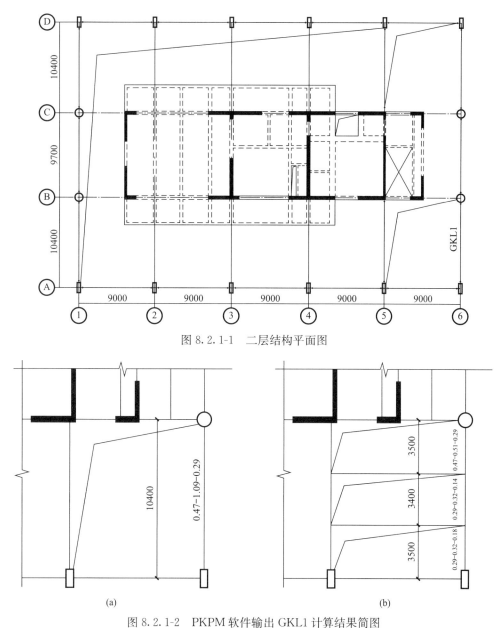

图 8.2.1-1 二层结构平面图

图 8.2.1-2 PKPM 软件输出 GKL1 计算结果简图
（a）无钢次梁时 GKL1 计算结果；（b）加两根钢次梁时 GKL1 计算结果

图 8.2.1-3（a）为 GKL1 上无钢次梁时，GKL1 构件几何材料信息；图 8.2.1-3（b）为 GKL1 上加设两根钢次梁时，GKL1 构件几何材料信息。图 8.2.1-4（a）为 GKL1 上无钢次梁时，GKL1 构件设计验算信息；图 8.2.1-4（b）为 GKL1 上加设两根钢次梁时，GKL1 构件设计验算信息。

下面手工复核 GKL1 的稳定应力比。复核过程见表 8.2.1。

从表 8.2.1 可以看出，加设两根钢次梁后，GKL1 稳定应力比由 1.09 降为 0.51，主要原因就是梁受压翼缘侧向支承点之间的距离 l_1 由 10400mm 减少为 3500mm。那么加设的两根次梁，能不能作为 GKL1 的侧向支撑呢？

一、构件几何材料信息

层号	IST=1
塔号	ITOW=1
单元号	IELE=10
构件种类标志(KELE)	梁
左节点号	J1=340
右节点号	J2=341
构件材料信息(Ma)	钢
长度(m)	DL=10.40
截面类型号	Kind=1
截面名称	H800X300X14X26
钢号	355
净毛面积比	Rnet=1.00

一、构件几何材料信息

层号	IST=1
塔号	ITOW=1
单元号	IELE=26
构件种类标志(KELE)	梁
左节点号	J1=344
右节点号	J2=345
构件材料信息(Ma)	钢
长度(m)	DL=3.50
截面类型号	Kind=1
截面名称	H800X300X14X26
钢号	355
净毛面积比	Rnet=1.00

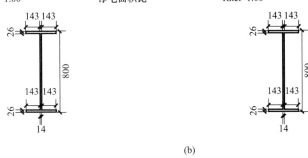

(a)　　　　　　　　　　　　(b)

图 8.2.1-3　PKPM 软件输出 GKL1 构件几何材料信息简图

（a）无钢次梁时 GKL1 构件几何材料信息；（b）加两根钢次梁时 GKL1 构件几何材料信息

四、构件设计验算信息

1　-M　------　各个计算截面的最大负弯矩
2　+M　------　各个计算截面的最大正弯矩
3　Shear　---　各个计算截面的剪力
4　N-T　-----　最大轴拉力(kN)
5　N-C　-----　最大轴压力(kN)

	-I-	-1-	-2-	-3-	-4-	-5-	-6-	-7-	-J-
-M	-10.11	0.00	0.00	0.00	0.00	0.00	0.00	-443.57	-1050.62
LoadCase	79	1	1	1	1	1	1	75	75
+M	0.00	345.51	564.86	647.95	594.78	405.35	79.66	0.00	0.00
LoadCase	1	80	80	80	80	80	80	1	1
Shear	325.99	221.16	116.34	11.51	-100.11	-204.94	-309.77	-414.60	-519.42
LoadCase	80	80	80	80	75	75	75	75	75
N-T	0.00	0.00	0.00	0.00	0.00	0.00	0.00	0.00	0.00
N-C	0.00	0.00	0.00	0.00	0.00	0.00	0.00	0.00	0.00
强度验算	(21) N=0.00, M=-1018.10, F1/f=0.47								
稳定验算	(21) N=0.00, M=-1018.10, F2/f=1.09								
抗剪验算	(21) V=-516.27, F3/fv=0.29								
下翼缘稳定	正则化长细比 r=0.53, 　不进行下翼缘稳定计算								
宽厚比	b/t$_f$=5.50 ≤ 8.14　《抗规》8.3.2条给出宽厚比限值　《钢结构设计标准》GB50017-2017 3.5.1条给出宽厚比限值　程序最终限值取两者的较严值								
高厚比	h/tw=53.43 ≤ 56.95　《抗规》8.3.2条给出高厚比限值　《钢结构设计标准》GB50017-2017 3.5.1条给出高厚比限值　程序最终限值取两者的较严值								

超限类别(305)　面内稳定应力超限：（21）M= -1018. F2= 3.2287E+05 ＞ f= 2.9500E+05

(a)

图 8.2.1-4　PKPM 软件输出 GKL1 构件设计验算信息简图（一）

（a）无钢次梁时 GKL1 构件设计验算信息

四、构件设计验算信息

1 -M ------ 各个计算截面的最大负弯矩
2 +M ------ 各个计算截面的最大正弯矩
3 Shear --- 各个计算截面的剪力
4 N-T ----- 最大轴拉力(kN)
5 N-C ----- 最大轴压力(kN)

	-I-	-1-	-2-	-3-	-4-	-5-	-6-	-7-	-J-
-M	0.00	0.00	0.00	-109.65	-267.02	-439.94	-628.28	-832.05	-1051.25
LoadCase	1	1	1	75	76	76	76	76	76
+M	315.91	207.62	83.91	0.00	0.00	0.00	0.00	0.00	0.00
LoadCase	80	80	80	76	76	76	76	76	76
Shear	-236.63	-271.90	-307.17	-342.44	-377.72	-412.99	-448.26	-483.53	-518.80
LoadCase	76	76	76	76	76	76	76	76	76
N-T	0.00	0.00	0.00	0.00	0.00	0.00	0.00	0.00	0.00
N-C	0.00	0.00	0.00	0.00	0.00	0.00	0.00	0.00	0.00
强度验算	(22) N=0.00, M=-1019.25, F1/f=0.47								
稳定验算	(22) N=0.00, M=-1019.25, F2/f=0.51								
抗剪验算	(22) V=-515.70, F3/fv=0.29								
下翼缘稳定	正则化长细比 r=0.39, 不进行下翼缘稳定计算								
宽厚比	b/tf=5.50 ≤ 8.14 《抗规》8.3.2条给出宽厚比限值 《钢结构设计标准》GB50017-2017 3.5.1条给出宽厚比限值 程序最终限值取两者的较严值								
高厚比	h/tw=53.43 ≤ 56.95 《抗规》8.3.2条给出高厚比限值 《钢结构设计标准》GB50017-2017 3.5.1条给出高厚比限值 程序最终限值取两者的较严值								

(b)

图 8.2.1-4　PKPM 软件输出 GKL1 构件设计验算信息简图（二）

（b）加两根钢次梁时 GKL1 构件设计验算信息

GKL1 的稳定应力比手工复核过程　　　　　　　表 8.2.1

	无钢次梁时 GKL1 稳定应力比计算	加设两根钢次梁时 GKL1 稳定应力比计算
梁受压翼缘侧向支承点之间的距离	$l_1=10400$mm	$l_1=3500$mm
梁受压翼缘厚度	$t_1=26$mm	
梁截面的全高	$h=800$mm	
受压翼缘的宽度	$b_1=300$mm	
按受压最大纤维确定的梁毛截面模量	$W_x=7063830$mm^3	
参数	$\zeta=\dfrac{l_1 t_1}{b_1 h}=\dfrac{10400\times26}{300\times800}$ $=1.127<2.0$	$\zeta=\dfrac{l_1 t_1}{b_1 h}=\dfrac{3500\times26}{300\times800}$ $=0.379<2.0$
梁整体稳定的等效弯矩系数	$\beta_b=0.69+0.13\zeta$ $=0.69+0.13\times1.127$ $=0.83647$	$\beta_b=0.69+0.13\zeta$ $=0.69+0.13\times0.379$ $=0.7393$
截面不对称影响系数	$\eta_b=0$	
梁毛截面对 y 轴的回转半径	$i_y=67$mm	
在侧向支承点间对截面弱轴 y-y 的长细比;	$\lambda_y=\dfrac{l_1}{i_y}=\dfrac{10400}{67}=155.22$	$\lambda_y=\dfrac{l_1}{i_y}=\dfrac{3500}{67}=52.24$

	无钢次梁时 GKL1 稳定应力比计算	加设两根钢次梁时 GKL1 稳定应力比计算
梁的毛截面面积	$A = 26072 \text{mm}^2$	
梁的整体稳定系数	$\varphi_b = \beta_b \dfrac{4320}{\lambda_y^2} \cdot \dfrac{Ah}{W_x} \left[\sqrt{1 + \left(\dfrac{\lambda_y t_1}{4.4h} \right)^2} + \eta_b \right] \varepsilon_k^2$ $= 0.446 < 0.6$	$\varphi_b = \beta_b \dfrac{4320}{\lambda_y^2} \cdot \dfrac{Ah}{W_x} \left[\sqrt{1 + \left(\dfrac{\lambda_y t_1}{4.4h} \right)^2} + \eta_b \right] \varepsilon_k^2$ $= 2.452 > 0.6$
修正后梁的整体稳定系数	—	$\varphi_b' = 1.07 - \dfrac{0.282}{\varphi_b}$ $= 1.07 - \dfrac{0.282}{2.452} = 0.955$
绕强轴作用的最大弯矩设计值	$M_x = 1018.10 \text{kN} \cdot \text{m}$	$M_x = 1019.25 \text{kN} \cdot \text{m}$
稳定应力比	$\dfrac{M_x}{\varphi_b W_x f} = 1.096$	$\dfrac{M_x}{\varphi_b' W_x f} = 0.51$

《钢结构设计标准》GB 50017—2017 第 6.2.6 条规定，用作减小梁受压翼缘自由长度的侧向支撑，其支撑力应将梁的受压翼缘视为轴心压杆计算。其条文说明指出，减小梁侧向计算长度的支撑，应设置在受压翼缘，此时对支撑的设计可以参照本标准第 7.5.1 条用于减小压杆计算长度的侧向支撑。

《钢结构设计标准》GB 50017—2017 第 7.5.1 条规定，用作减小轴心受压构件自由长度的支撑，应能承受沿被撑构件屈曲方向的支撑力，其值应按下列方法计算（本算例加设两根钢次梁，因此仅列出现行《钢结构设计标准》GB 50017—2017 第 7.5.1 条第 2 款的计算方法）：

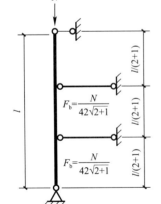

长度为 l 的单根柱设置 m 道等间距及间距不等但与平均间距相比相差不超过 20% 的支撑时，各支承点的支撑力 F_{bm} 应按式（8.2.1）计算（图 8.2.1-5）：

$$F_{bm} = \frac{N}{42\sqrt{m+1}} \qquad (8.2.1)$$

式中　N——被撑构件的最大轴心压力（N）。

很显然，规范对于用作减小梁受压翼缘自由长度的侧向支撑，其支撑承载力提出了要求。那么对于本算例，加设的两根钢次梁满足了规范支撑承载力的要求，是否就认为加设的两根钢次梁可以作为 GKL1 的侧向支撑？

《钢结构设计规范理解与应用》对于侧向支撑给出了如图 8.2.1-6 的说明。跨中有侧向支承的梁，假定侧向支承点处梁截面无侧向位移和扭转，侧向自由长度 l_1 应取为侧向支承点间距离。

图 8.2.1-5　单根柱设置支撑时支撑力（以 $m = 2$ 为例）

《钢结构设计规范理解与应用》更是明确指出，对于楼盖梁，如果次梁上有刚性铺板连牢，则次梁通常可视为主梁的侧向支承。如果次梁上没有密铺的刚性铺板，除次梁应计算整体稳定外，次梁对主梁的支承作用也不能考虑。如欲减小主梁的侧向自由长度，应在相邻梁受压翼缘之间设置横向水平支撑（图 8.2.1-7），支撑横杆可用次梁代替。这样，位于支撑节点处的次梁，就可视为主梁的侧向支承构件。

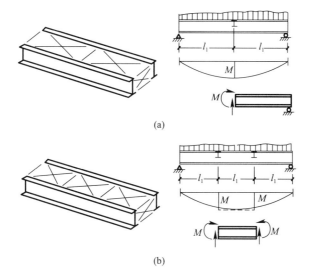

图 8.2.1-6 跨中有侧向支承的梁

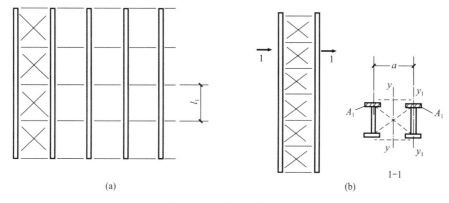

图 8.2.1-7 梁的支撑体系

综上分析，仅加设钢次梁不能作为主梁的侧向支承构件。相邻梁受压翼缘之间设置横向水平支撑，次梁仅作支撑横。这样，位于支撑节点处的次梁，就可视为主梁的侧向支承构件。

关于梁的侧向支承，还需说明以下几点：

(1) 横向水平支撑杆件以及撑杆设置在梁的受压翼缘时，可认为能防止梁的侧弯和扭转；如果设置在梁的形心处，则只能阻止梁的侧移，但不能防止扭转；如果支撑杆件只设置在受拉翼缘上，效果就更差。后两种情况都不能视为梁的有效侧向支承。从第 8.1 节图 8.1.3-1 可以看出，简支梁的整体失稳，主要原因就是上翼缘，梁朝向面外侧弯和扭转，因此将横向水平支撑杆件以及撑杆设置在梁的受压翼缘时，可以有效防止梁的整体失稳。

(2) 有的资料(如文献 [8.8])指出，横向支撑桁架的水平刚度 EI_y 应等于或大于主梁刚度 EI_{y1} 的 25 倍，横向支撑桁架才能作为主梁的有效侧向支承。如果主梁的截面高度较大，应考虑像屋架那样设置空间稳定的支撑体系。

（3）主梁侧增设的次梁，虽然不能算作主梁的有效侧向支承，但是增设的次梁可以提高主梁的稳定承载能力，但是提高的程度很难具体量化。当次梁连接于主梁腹板时，主梁的扭转不仅由它的抗扭刚度来抵抗，还由次梁的抗弯刚度来抵抗（图 8.2.1-8），这就大大提高了主梁的稳定承载力。

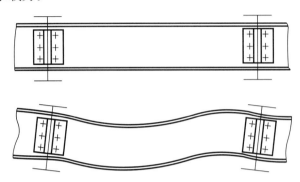

图 8.2.1-8　次梁提高主梁稳定承载力示意图

（4）当次梁坐落在主梁顶面时，次梁对主梁的稳定性有两方面的作用：其一是有利作用，即主梁的扭转受到次梁的约束；其二是不利作用，次梁受荷变形而在支座处有转角，会使主梁受扭。根据文献［8.10］报告的试验结果，当次梁在主梁上的支承面遍及主梁宽度（图 8.2.1-9a、b），且主梁在次梁下面有横向加劲肋，那么次梁的约束作用接近于完全的支撑，此时如果所有次梁水平刚度 EI_y 等于或大于主梁刚度 EI_{y1} 的 25 倍时，则次梁可以作为主梁的有效侧向支承。

如果次梁的支承面宽度不及主梁翼缘宽度的一半，且主梁不设加劲肋（图 8.2.1-9c），那么次梁对主梁几乎没有约束作用，这一种构造方式应尽量避免，而且这种构造还会使主梁受扭。

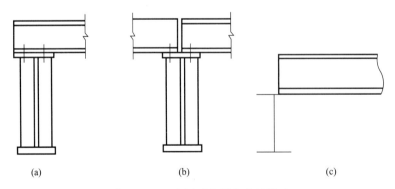

(a)　　　　　　　　　(b)　　　　　　　　　(c)

图 8.2.1-9　次梁对主梁稳定性影响

（5）当铺板密铺在梁的受压翼缘上并与其牢固相连，能阻止梁受压翼缘的侧向位移时，可不计算梁的整体稳定性。

现浇的钢筋混凝土板和梁上翼缘之间的摩擦力，一般足以阻止梁侧向弯曲和扭转（图 8.2.1-10a）。预制的钢筋混凝土板，约束作用不如现浇板，需要在梁翼缘上焊接剪力键，并将预制板间空隙用砂浆填实（图 8.2.1-10b）。压型钢板铺于钢梁上，混凝土浇于压型钢板上，这时应有一定数量的连接件将压型钢板固定于梁翼缘（图 8.2.1-10c）。

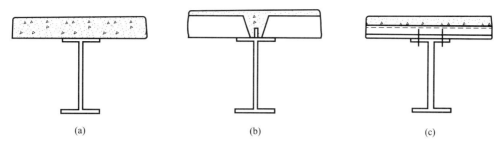

图 8.2.1-10　钢筋混凝土板对梁的约束作用

仅铺有压型钢板的钢梁（图 8.2.1-11），板对梁侧向弯曲和扭转的约束作用不如浇有混凝土的楼板。压型钢板主要靠剪切刚度来约束主梁，因此还应要求压型钢板在平面内具有足够的剪切刚度和剪切强度。

图 8.2.1-11　仅铺有压型钢板的钢梁

（6）当钢梁整体稳定验算超限时，将钢梁由 H 形钢梁改为箱形截面梁是一种有效的办法。文献［8.11］采用如图 8.2.1-12（a）的双轴对称带耳箱形截面，残余应力则假定为二次抛物线分布（图 8.2.1-12b），最大残余拉应力 σ_{rt} 采用最大残余压应力 σ_{rc} 绝对值的两倍；荷载分别采用纯弯矩、集中荷载或均布荷载作用在上翼缘或下翼缘。计算分析表明，由于闭口截面的抗扭刚度较大，在一般的截面尺寸情况下，只要满足强度条件和刚度条件，就不必进行整体稳定验算。

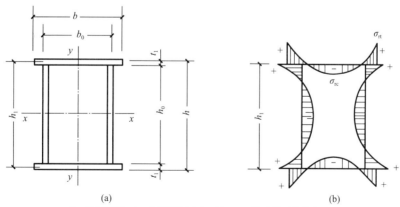

b—翼缘宽度；b_0—两侧腹板中心距离；h—箱形截面总高度；
h_1—上下翼缘中心距离；h_0—腹板净高；t_1—翼缘厚度

图 8.2.1-12　带耳箱形截面及残余应力

文献［8.11］最后偏于安全地归纳为，只要箱形截面满足 $h/b_0 \leq 6$，$l_1/b_0 \leq 95 \cdot \dfrac{235}{f_y}$，可不计算整体稳定性，$l_1$ 为受压翼缘侧向支承点间的距离。由于上述条件很容易满足，所以《钢结构设计标准》GB 50017—2017 附录 C 甚至都没有给出箱形截面梁的整体稳定系数 φ_b。

8.2.2 《钢结构设计标准》GB 50017—2017 第 6.2.5 规定，当简支梁仅腹板与相邻构件相连，钢梁稳定性计算时侧向支承点距离应取实际距离的 1.2 倍。《高层民用建筑钢结构技术规程》JGJ 99—2015 第 7.1.2 条规定，当梁在端部仅以腹板与柱（或主梁）相连时，梁的整体稳定系数 φ_b（$\varphi_b > 0.6$ 时）应乘以降低系数 0.85。我们在设计顶部无楼板简支钢次梁时，应该选用哪本规范进行稳定性设计？

《钢结构设计标准》GB 50017—2017 第 6.2.5 条规定，梁的支座处应采取构造措施，以防止梁端截面的扭转。当简支梁仅腹板与相邻构件相连，钢梁稳定性计算时侧向支承点距离应取实际距离的 1.2 倍。其条文说明解释为：梁端支座，弯曲铰支容易理解也容易达成，扭转铰支却往往被疏忽，因此本条特别规定。对仅腹板连接的钢梁，因为钢梁腹板容易变形，抗扭刚度小，并不能保证梁端截面不发生扭转，因此在稳定性计算时，计算长度应放大。

国标图集《〈钢结构设计标准〉图示》20G108-3 对《钢结构设计标准》GB 50017—2017 第 6.2.5 条解释如图 8.2.2-1 所示。

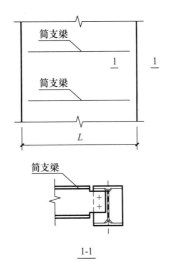

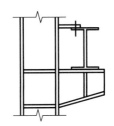

6.2.5图示2 防止梁端截面扭转措施示意一

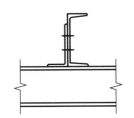

6.2.5图示1 简支梁仅腹板相连平面图示意
(简支梁稳定性计算时侧向支承点距离应取1.2L)

6.2.5图示3 防止梁端截面扭转措施示意二

图 8.2.2-1 20G108-3 对 GB 50017—2017 第 6.2.5 条的解释

《高层民用建筑钢结构技术规程》JGJ 99—2015 第 7.1.2 条规定，当梁在端部仅以腹板与柱（或主梁）相连时，梁的整体稳定系数 φ_b（$\varphi_b > 0.6$ 时）应乘以降低系数 0.85。其条文说明解释为：支座处仅以腹板与柱（或主梁）相连的梁，由于梁端截面不能保证完全没有扭转，故在验算整体稳定时，φ_b 应乘以 0.85 的降低系数。

两本规范都强调，梁仅腹板与支承构件（柱或主梁）相连（简支连接），梁端截面不能保证不发生扭转，因此，稳定性计算时，应留够安全度。《高层民用建筑钢结构技术规程》JGJ 99—2015 将梁的整体稳定系数 φ_b 乘以 0.85 的折减系数，《钢结构设计标准》GB 50017—2017 是将梁受压翼缘侧向支承点之间的距离乘以 1.2，其实质也是降低整体稳定系数 φ_b。

因此，当框架梁与柱铰接（仅腹板相连），计算框架梁整体稳定性时，应将框架梁的整体稳定系数 φ_b 乘以 0.85 的折减系数，或将框架梁受压翼缘侧向支承点之间的距离乘以 1.2。当次梁与主梁柱铰接（仅腹板相连），计算次梁整体稳定性时，应将次梁的整体稳定系数 φ_b 乘以 0.85 的折减系数，或将次梁受压翼缘侧向支承点之间的距离乘以 1.2。

下面以一道算例，分别以《高层民用建筑钢结构技术规程》JGJ 99—2015 和《钢结构设计标准》GB 50017—2017 计算梁的整体稳定性。以图 8.2.2-2（a）中 GL1 为例，钢梁上均无混凝土铺板（楼板开洞），PKPM 软件输出 GL1 计算结果如图 8.2.2-2（b）所示。按式（8.2.2-1）和式（8.2.2-2）计算（各符号释义可参见《钢结构设计标准》GB 50017—2017）。

$$\varphi_b = \beta_b \frac{4320}{\lambda_y^2} \cdot \frac{Ah}{W_x} \left[\sqrt{1 + \left(\frac{\lambda_y t_1}{4.4h} \right)^2} + \eta_b \right] \varepsilon_k^2 \tag{8.2.2-1}$$

$$\lambda_y = \frac{l_1}{i_y} \tag{8.2.2-2}$$

（1）《高层民用建筑钢结构技术规程》JGJ 99—2015

$$\xi = \frac{l_1 t_1}{b_1 h} = \frac{7500 \times 20}{200 \times 400} = 1.875$$

梁整体稳定的等效弯矩系数：

$$\beta_b = 0.69 + 0.13\xi = 0.69 + 1.13 \times 1.875 = 0.93375$$

$$i_y = 47.9 \text{mm}, \ \lambda_y = \frac{l_1}{i_y} = \frac{7500}{47.9} = 156.58$$

$$A = 11600 \text{mm}^2, \ W_x - 1639730 \text{mm}^3, \ \eta_b - 0$$

$$\varphi_b = \beta_b \frac{4320}{\lambda_y^2} \cdot \frac{Ah}{W_x} \left[\sqrt{1 + \left(\frac{\lambda_y t_1}{4.4h} \right)^2} + \eta_b \right] \varepsilon_k^2$$

$$= 0.93375 \times \frac{4320}{156.58^2} \times \frac{11600 \times 400}{1639730} \times \left[\sqrt{1 + \left(\frac{156.58 \times 20}{4.4 \times 400} \right)^2} + 0 \right] \times \frac{235}{345}$$

$$= 0.64728 > 0.6$$

$$\varphi'_b = 1.07 - \frac{0.282}{\varphi_b} = 1.07 - \frac{0.282}{0.64728} = 0.634333$$

稳定应力比：

$$\left(\frac{M_x}{\varphi'_b W_x} \right) / f = \left(\frac{273.9 \times 10^6}{0.85 \times 0.63433 \times 1639730} \right) / 295 = 1.05$$

与软件输出稳定应力比 0.89 不一致。

（2）《钢结构设计标准》GB 50017—2017

$$\xi = \frac{l_1 t_1}{b_1 h} = \frac{1.2 \times 7500 \times 20}{200 \times 400} = 2.25$$

梁整体稳定的等效弯矩系数：

$$\beta_b = 0.95$$

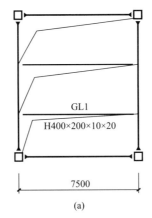

(a)

一、构件几何材料信息

层号	IST=1
塔号	ITOW=1
单元号	IELE=4
构件种类标志(KELE)	梁
左节点号	J1=7
右节点号	J2=8
构件材料信息(Ma)	钢
长度(m)	DL=7.50
截面类型号	Kind=1
截面参数(m)	B×H×B1×B2×H1×B3×B4×H2
	=0.010×0.400×0.095×0.095×0.020×0.095×0.095×0.020
钢号	345
净毛面积比	Rnet=1.00

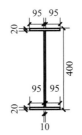

	-I-	-1-	-2-	-3-	-4-	-5-	-6-	-7-	-J-
-M	0.00	0.00	0.00	0.00	0.00	0.00	0.00	0.00	0.00
LoadCase	1	1	1	1	1	1	1	1	1
+M	0.00	114.15	202.61	256.07	273.90	256.07	202.61	114.15	0.00
LoadCase	1	1	1	1	1	1	1	1	1
Shear	129.97	110.77	76.03	38.02	0.00	-38.02	-76.03	-110.77	-129.97
LoadCase	1	1	1	1	1	1	1	1	1
N-T	0.00	0.00	0.00	0.00	0.00	0.00	0.00	0.00	0.00
N-C	0.00	0.00	0.00	0.00	0.00	0.00	0.00	0.00	0.00
强度验算	(1)　N=0.00, M=273.90, F1/f=0.54								
稳定验算	(1)　N=0.00, M=273.90, F2/f=0.89								
抗剪验算	(1)　V=129.97, F3/fv=0.21								
下翼缘稳定	正则化长细比 r=0.44,　　不进行下翼缘稳定计算								
宽厚比	b/tf=4.75 ≤ 12.38 《钢结构设计标准》GB50017-2017 3.5.1条给出宽厚比限值								
高厚比	h/tw=36.00 ≤ 102.34 《钢结构设计标准》GB50017-2017 3.5.1条给出梁的高厚比限值								

(b)

图 8.2.2-2　梁整体稳定性验算算例

（a）结构平面布置图；（b）PKPM 软件输出结果

$$i_y = 47.9\text{mm}, \quad \lambda_y = \frac{l_1}{i_y} = \frac{1.2 \times 7500}{47.9} = 187.89$$

$$\varphi_b = \beta_b \frac{4320}{\lambda_y^2} \cdot \frac{Ah}{W_x} \left[\sqrt{1 + \left(\frac{\lambda_y t_1}{4.4h}\right)^2} + \eta_b \right] \varepsilon_k^2$$

$$= 0.95 \times \frac{4320}{187.89^2} \times \frac{11600 \times 400}{1639730} \times \left[\sqrt{1 + \left(\frac{187.89 \times 20}{4.4 \times 400}\right)^2} + 0 \right] \times \frac{235}{345} = 0.5283 < 0.6$$

稳定应力比：

$$\left(\frac{M_x}{\varphi_b W_x}\right) / f \left(\frac{273.9 \times 10^6}{0.5283 \times 1639730}\right) / 295 = 1.07$$

与软件输出稳定应力比 0.89 不一致。

（3）PKPM 软件稳定应力比计算时，未考虑将梁的整体稳定系数 φ_b 折减，也未考虑将梁受压翼缘侧向支承点之间的距离乘以 1.2。

PKPM 软件稳定应力比：

$$\left(\frac{M_x}{\varphi_b W_x}\right) / f \left(\frac{273.9 \times 10^6}{0.63433 \times 1639730}\right) / 295 = 0.89$$

与软件输出稳定应力比一致。

（4）有人提出，是否应将《钢结构设计标准》GB 50017—2017 "梁受压翼缘侧向支承点之间的距离乘以 1.2" 与《高层民用建筑钢结构技术规程》JGJ 99—2015 "将梁的整体稳定系数 φ_b 乘以 0.85 的折减系数" 同时考虑。我们则觉得不需要，因为两本规范调整方法的本质是一样的，即梁端截面不能保证不发生扭转时，稳定性计算应留够安全度。我们建议钢梁整体稳定性验算，将《钢结构设计标准》GB 50017—2017 和《高层民用建筑钢结构技术规程》JGJ 99—2015 取包络即可，不需要同时考虑。针对此问题，我们也与《钢结构设计标准》GB 50017—2017 主要编制人员沟通过，规范编制人员也同意此观点。

如果同时考虑《钢结构设计标准》GB 50017—2017 "梁受压翼缘侧向支承点之间的距离乘以 1.2" 与《高层民用建筑钢结构技术规程》JGJ 99—2015 "将梁的整体稳定系数 φ_b 乘以 0.85 的折减系数"，则稳定应力比：

$$\left(\frac{M_x}{\varphi_b W_x}\right) / f \left(\frac{273.9 \times 10^6}{0.85 \times 0.5283 \times 1639730}\right) / 295 = 1.26$$

钢梁 GL1 整体稳定性验算结果汇总见表 8.2.2。

钢梁 GL1 整体稳定性验算结果汇总　　　　　　　　　　表 8.2.2

程序或执行规范	PKPM	执行《高层民用建筑钢结构技术规程》JGJ 99	执行《钢结构设计标准》GB 50017—2017	同时执行《高层民用建筑钢结构技术规程》JGJ 99—2015 和《钢结构设计标准》GB 50017—2017
梁受压翼缘侧向支承点之间的距离（mm）	7500	7500	9000	9000
稳定系数	0.63433	0.5392	0.5283	0.4491
稳定应力比	0.89	1.05	1.07	1.26

8.2.3　钢框架柱要限制轴压比吗？

钢筋混凝土柱、矩形钢管混凝土柱、型钢混凝土柱，规范都限制了其轴压比，使柱具有良好的延性和耗能能力。那么钢框架柱需要限制轴压比吗？

《高层民用建筑钢结构技术规程》JGJ 99—2015 第 7.3.3 条规定，钢框架柱的抗震承载力验算，应符合下列规定：

（1）除下列情况之一外，节点左右梁端和上下柱端的全塑性承载力应满足式（8.2.3-1）、式（8.2.3-2）的要求：

　　1）柱所在楼层的受剪承载力比相邻上一层的受剪承载力高出 25%。

　　2）柱轴压比不超过 0.4。

　　3）柱轴力符合 $N_2 \leqslant \varphi A_c f$ 时（N_2 为 2 倍地震作用下的组合轴力设计值）。

　　4）与支撑斜杆相连的节点。

（2）等截面梁与柱连接时：

$$\sum W_{pc}(f_{yc} - N/A_c) \geqslant \sum (\eta f_{yb} W_{pb}) \tag{8.2.3-1}$$

（3）梁端加强型连接或骨式连接的端部变截面梁与柱连接时：

$$\sum W_{pc}(f_{yc} - N/A_c) \geqslant \sum (\eta f_{yb} W_{pb1} + M_v) \tag{8.2.3-2}$$

式中　W_{pc}、W_{pb}——计算平面内交汇于节点的柱和梁的塑性截面模量（mm^3）；

　　　　　W_{pb1}——梁塑性铰所在截面的梁塑性截面模量（mm^3）；

　　f_{yc}、f_{yb}——柱和梁钢材的屈服强度（N/mm^2）；

　　　　　　N——按设计地震作用组合得出的柱轴力设计值（N）；

　　　　　　A_c——框架柱的截面面积（mm^2）；

　　　　　　η——强柱系数，一级取 1.15，二级取 1.10，三级取 1.05，四级取 1.0；

　　　　　　M_v——梁塑性铰剪力对梁端产生的附加弯矩（N·mm），$M_v = V_{pb} \cdot x$；

　　　　　V_{pb}——梁塑性铰剪力（N），$V_{pb} = 2M_{pb}/(l - 2x)$，$M_{pb} = f_y W_{pb}$；

　　　　　　x——塑性铰至柱面的距离（mm），塑性铰可取梁端部变截面翼缘的最小处。

骨式连接取 $(0.5 \sim 0.75)b_f + (0.30 \sim 0.45)h_b$，$b_f$ 和 h_b 分别为梁翼缘宽度和梁截面高度。梁端加强型连接可取加强板的长度加四分之一梁高。如有试验依据时，也可按试验取值。

《高层民用建筑钢结构技术规程》JGJ 99—2015 第 7.3.4 条规定，框筒结构柱应满足式（8.2.3-3）要求：

$$\frac{N_c}{A_c f} \leqslant \beta \tag{8.2.3-3}$$

式中　N_c——框筒结构柱在地震作用组合下的最大轴向压力设计值（N）；

　　　　　A_c——框筒结构柱截面面积（mm^2）；

　　　　　　f——框筒结构柱钢材的强度设计值（N/mm^2）；

　　　　　　β——系数，一、二、三级时取 0.75，四级时取 0.80。

在实际工程中，特别是采用框筒结构时，"强柱弱梁"验算式（8.2.3-1）、式（8.2.3-2）往往难以普遍满足，若为此加大柱截面，使工程的用钢量增加较多，是很不经济的。此时允许改按式（8.2.3-3）验算柱的轴压比。日本一般规定柱的轴压比不大于 0.6 时，不要求控制强柱弱梁，20 世纪 80 年代末，日本在北京京城大厦和京广中心的高层钢结构设计中，规定柱的轴压比不大于 0.67，不要求控制强柱弱梁。因日本无抗震承载力调整系数 γ_{RE}，参考日本轴压比不大于 0.6 不要求控制强柱弱梁得到：

$$N_c \leqslant 0.6 A_c \frac{f}{\gamma_{RE}}$$

即

$$\frac{N_c}{A_c f} \leqslant \frac{0.6}{\gamma_{RE}} = \frac{0.6}{0.75} = 0.8$$

与结构的延性设计综合考虑,《高层民用建筑钢结构技术规程》JGJ 99—2015 第 7.3.4 条偏于安全的规定系数 β:一、二、三级时取 0.75,四级时取 0.80。

根据规范的意图,支撑斜杆相连的节点未验算"强柱弱梁",设计中均应按照式(8.2.3-3)验算柱的轴压比。下面以我院设计的中国石油乌鲁木齐大厦第 8 层某支撑节点(图 8.2.3)为例,比较"强柱弱梁"验算和钢柱轴压比验算下钢柱截面经济性的差别,公式中符号参见《建筑结构专业技术措施》P224(北京市建筑设计研究院编,中国建筑工业出版社,2007 年出版)。

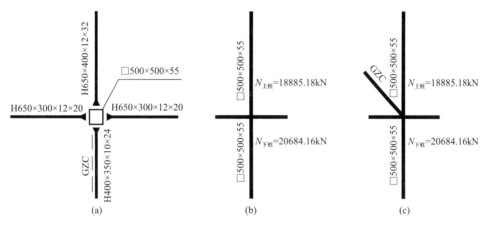

图 8.2.3 支撑节点图

(a) 平面图;(b) XZ 立面图;(c) YZ 立面图

钢梁塑性截面模量:

$$W_{pb左} = W_{pb右} = Bt_f(H - t_f) + \frac{1}{4}(H - 2t_f)^2 t_w$$

$$= 300 \times 20 \times (650 - 20) + \frac{1}{4} \times (652 - 2 \times 20)^2 \times 12 = 4896300 \text{mm}^3$$

X 方向钢梁全塑性抵抗矩:

$$\sum(\eta f_{yb} W_{pb}) = 2 \times 1.1 \times 335 \times 4896300 = 3608.57 \text{kN} \cdot \text{m}$$

$$W_{pb上} = Bt_f(H - t_f) + \frac{1}{4}(H - 2t_f)^2 t_w$$

$$= 400 \times 32 \times (652 - 32) + \frac{1}{4} \times (650 - 2 \times 32)^2 \times 12 = 8940588 \text{mm}^3$$

$$W_{pb下} = Bt_f(H - t_f) + \frac{1}{4}(H - 2t_f)^2 t_w$$

$$= 350 \times 24 \times (400 - 24) + \frac{1}{4} \times (400 - 2 \times 24)^2 \times 10 = 3468160 \text{mm}^3$$

Y 方向钢梁全塑性抵抗矩:

$$\sum(\eta f_{yb} W_{pb}) = 1.1 \times 335 \times (8940588 + 3468160) = 4572.62 \text{kN} \cdot \text{m}$$

钢柱塑性截面模量:

$$W_{pc} = Bt_f(H - t_f) + \frac{1}{2}(H - 2t_f)^2 t_w$$

$$= 500 \times 55 \times (500 - 55) + \frac{1}{2}(500 - 2 \times 55)^2 \times 55 = 16420250 \text{mm}^3$$

钢柱截面面积：

$$A_c = 97900 \text{mm}^2$$

钢柱轴力设计值：

$$N_{下柱} = 20684.16 \text{kN}, \quad N_{上柱} = 18885.18 \text{kN}$$

钢柱全塑性抵抗矩：

$$\sum W_{pc}(f_{yc} - N/A_c)$$

$$= 16420250 \times [(325 - 20684.16 \times 10^3/97900) + (325 - 18885.18 \times 10^3/97900)]$$

$$= 4036.41 \text{kN} \cdot \text{m}$$

X 方向钢梁全塑性抵抗矩/钢柱全塑性抵抗矩＝3608.57/4036.41＝0.89，Y 方向钢梁全塑性抵抗矩/钢柱全塑性抵抗矩＝4572.62/4036.41＝1.13。很显然，Y 方向"强柱弱梁"验算不满足规范要求，需要调整柱截面。将柱截面调整为□500×500×60，重新验算"强柱弱梁"（假定柱轴力不变）。

钢柱塑性截面模量：

$$W_{pc} = Bt_f(H - t_f) + \frac{1}{2}(H - 2t_f)^2 t_w$$

$$= 500 \times 60 \times (500 - 60) + \frac{1}{2}(500 - 2 \times 60)^2 \times 60 = 17532000 \text{mm}^3$$

钢柱截面面积：

$$A_c = 105600 \text{mm}^2$$

钢柱轴力设计值：

$$N_{下柱} = 20684.16 \text{kN}, \quad N_{上柱} = 18885.18 \text{kN}$$

钢柱全塑性抵抗矩：

$$\sum W_{pc}(f_{yc} - N/A_c)$$

$$= 17532000 \times [(325 - 20684.16 \times 10^3/105600) + (325 - 18885.18 \times 10^3/105600)]$$

$$= 4826.39 \text{kN} \cdot \text{m}$$

X 方向钢梁全塑性抵抗矩/钢柱全塑性抵抗矩＝3608.57/4826.39＝0.75，Y 方向钢梁全塑性抵抗矩/钢柱全塑性抵抗矩＝4572.62/4826.39＝0.95，满足"强柱弱梁"的验算。

对本例题计算结果见表 8.2.3。由表 8.2.3 可以看出：若要满足"强柱弱梁"的要求，需要增大柱截面，增加型钢重量为 7.86％。但是根据规范规定，与支撑相连的柱不需要验算"强柱弱梁"，则可以节省钢材用量。

"强柱弱梁"验算结果 　　　　　　　　　　　　　　　　　　　表 8.2.3

钢柱截面	钢梁全塑性抵抗矩/钢柱全塑性抵抗矩		钢柱轴压比	钢柱重量	增加型钢重量百分比（%）
	X 方向	Y 方向			
□500×500×55	0.89	1.13	0.73<0.75	768.52kg/m	—
□500×500×60	0.75	0.95	0.68<0.75	829.96kg/m	7.86%

综合以上分析，规范规定框筒钢柱轴压比小于 0.75 和 0.80，其实是为了节省钢材的用量。但是规范在"强柱弱梁"验算以及框筒钢柱轴压比的规定上，显得有些逻辑混乱。正确的理解应该是：

1）对于与支撑相连的节点，如果钢柱轴压比小于 0.75（一、二、三级抗震等级）、0.8（四级抗震等级），则可以不验算"强柱弱梁"。

2）为节省钢材，与支撑相连的钢柱应满足轴压比小于 0.75（一、二、三级抗震等级）、0.8（四级抗震等级）。

3）限制与支撑相连钢柱轴压比，就是为了避免满足"强柱弱梁"而增大钢柱截面、浪费钢材。

4）轴压比的限值不仅是规范中的框筒钢柱，而应该是所有与支撑相连的钢柱。

8.3 钢结构抗震及性能化设计

8.3.1 相比于《钢结构设计规范》GB 50017—2003，《钢结构设计标准》GB 50017—2017 为什么增加了截面板件宽厚比等级 S1～S5？

《钢结构设计标准》GB 50017—2017 第 3.5.1 条规定了压弯和受弯构件的截面板件宽厚比等级及限值。《建筑抗震设计标准》GB/T 50011—2010（2024 年版）表 8.3.2、《高层民用建筑钢结构技术规程》JGJ 99—2015 表 7.4.1 也对钢框架梁、柱板件宽厚比限值做了规定。表 8.3.1-1 为以上三本规范板件宽厚比限值汇总，一～四级，指框架柱、梁的抗震等级。

钢构件板件宽厚比大小直接决定了钢构件的承载力和受弯及压弯构件的塑性转动变形能力，因此钢构件截面的分类，是钢结构设计技术的基础，尤其是钢结构抗震设计方法的基础。根据截面承载力和塑性转动变形能力的不同，《钢结构设计标准》GB 50017—2017 将截面根据其板件宽厚比分为 5 个等级。

（1）S1 级截面：可达全截面塑性，保证塑性铰具有塑性设计要求的转动能力，且在转动过程中承载力不降低，称为一级塑性截面，也可称为塑性转动截面；此时图 8.3.1 所示的曲线 1 可以表示其弯矩-曲率关系，ϕ_{P_2} 一般要求达到塑性弯矩 M_p 除以弹性初始刚度得到的曲率 ϕ_p 的 8～15 倍。

（2）S2 级截面：可达全截面塑性，但由于局部屈曲，塑性铰转动能力有限，称为二级塑性截面；此时的弯矩-曲率关系如图 8.3.1 所示的曲线 2，ϕ_{P_1} 大约是 ϕ_p 的 2～3 倍。

截面板件宽厚比等级及限值 表 8.3.1-1

构件	截面杆件宽厚比等级		S1 级 （一级） [一级]	S2 级 （二级） [二级]	S3 级 （三级） [三级]	S4 级 （四级） [四级]	S5 级 （非抗震） [非抗震]
框架柱	H 形截面	翼缘外伸部分	$9\varepsilon_k$ $(10\varepsilon_k)[10\varepsilon_k]$	$11\varepsilon_k$ $(11\varepsilon_k)[11\varepsilon_k]$	$13\varepsilon_k$ $(12\varepsilon_k)[12\varepsilon_k]$	$15\varepsilon_k$ $(13\varepsilon_k)[13\varepsilon_k]$	$20\varepsilon_k$ $(-)[13\varepsilon_k]$
		腹板	$(33+13\alpha_0^{1.3})\varepsilon_k$ $(43)[43]$	$(38+13\alpha_0^{1.39})\varepsilon_k$ $(45)[45]$	$(40+18\alpha_0^{1.5})\varepsilon_k$ $(48)[48]$	$(45+25\alpha_0^{1.66})\varepsilon_k$ $(52)[52]$	250 $(-)[52]$

续表

构件	截面杆件宽厚比等级		S1 级 (一级) [一级]	S2 级 (二级) [二级]	S3 级 (三级) [三级]	S4 级 (四级) [四级]	S5 级 (非抗震) [非抗震]
框架柱	箱形截面壁板		$30\varepsilon_k$ $(33\varepsilon_k)[33\varepsilon_k]$	$35\varepsilon_k$ $(36\varepsilon_k)[36\varepsilon_k]$	$40\varepsilon_k$ $(38\varepsilon_k)[38\varepsilon_k]$	$45\varepsilon_k$ $(40\varepsilon_k)[40\varepsilon_k]$	— $(—)[40\varepsilon_k]$
	圆钢管径厚比		$50\varepsilon_k^2$ $(—)[50\varepsilon_k^2]$	$70\varepsilon_k^2$ $(—)[55\varepsilon_k^2]$	$90\varepsilon_k^2$ $(—)[60\varepsilon_k^2]$	$100\varepsilon_k^2$ $(—)[70\varepsilon_k^2]$	— $(—)[70\varepsilon_k^2]$
框架梁	H 形截面	翼缘外伸部分	$9\varepsilon_k$ $(9\varepsilon_k)[9\varepsilon_k]$	$11\varepsilon_k$ $(9\varepsilon_k)[9\varepsilon_k]$	$13\varepsilon_k$ $(10\varepsilon_k)[10\varepsilon_k]$	$15\varepsilon_k$ $(11\varepsilon_k)[11\varepsilon_k]$	20 $(—)[11\varepsilon_k]$
		腹板	$65\varepsilon_k$ $(60\varepsilon_k)[60\varepsilon_k]$	$72\varepsilon_k$ $(65\varepsilon_k)[65\varepsilon_k]$	$93\varepsilon_k$ $(70\varepsilon_k)[70\varepsilon_k]$	$124\varepsilon_k$ $(75\varepsilon_k)[75\varepsilon_k]$	$250\varepsilon_k$ $(—)[75\varepsilon_k]$
	箱形截面	翼缘在梁腹板之间部分	$25\varepsilon_k$ $(30\varepsilon_k)[30\varepsilon_k]$	$32\varepsilon_k$ $(30\varepsilon_k)[30\varepsilon_k]$	$37\varepsilon_k$ $(32\varepsilon_k)[32\varepsilon_k]$	$42\varepsilon_k$ $(36\varepsilon_k)[36\varepsilon_k]$	— $(—)[36\varepsilon_k]$
		腹板	$65\varepsilon_k$ $(60\varepsilon_k)[60\varepsilon_k]$	$72\varepsilon_k$ $(65\varepsilon_k)[65\varepsilon_k]$	$93\varepsilon_k$ $(70\varepsilon_k)[70\varepsilon_k]$	$124\varepsilon_k$ $(75\varepsilon_k)[75\varepsilon_k]$	$250\varepsilon_k$ $(—)[75\varepsilon_k]$

注：1. 框架梁出现轴压力时，H 形截面、箱形截面腹板高厚比应满足《建筑抗震设计标准》GB/T 50011—2010（2024 年版）表 8.3.2、《高层民用建筑钢结构技术规程》JGJ 99—2015 表 7.4.1 的规定。

2. 括号外数字摘自《钢结构设计标准》GB 50017—2017 表 3.5.1，括号内数字摘自《建筑抗震设计标准》GB/T 50011—2010（2024 年版）表 8.3.2，方括号内数字摘自《高层民用建筑钢结构技术规程》JGJ 99—2015 表 7.4.1。

3. 其中参数 α_0 应按下式计算：

$$\alpha_0 = \frac{\sigma_{max} - \sigma_{min}}{\sigma_{max}}$$

式中　σ_{max}——腹板计算边缘的最大压应力（N/mm²）；

　　　　σ_{min}——腹板计算高度另一边缘相应的应力（N/mm²），压应力取正值，拉应力取负值。

4. 各符号释义可参见《钢结构设计标准》GB 50017—2017。

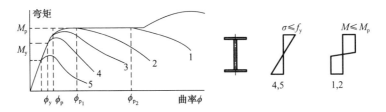

图 8.3.1　截面的分类及其转动能力

（3）S3 级截面：翼缘全部屈服，腹板可发展不超过 1/4 截面高度的塑性，称为弹塑性截面；作为梁时，其弯矩-曲率关系如图 8.3.1 所示的曲线 3。

（4）S4 级截面：边缘纤维可达屈服强度，但由于局部屈曲而不能发展塑性，称为弹性截面；作为梁时，其弯矩-曲率关系如图 8.3.1 所示的曲线 4。

（5）S5 级截面：在边缘纤维达屈服应力前，腹板可能发生局部屈曲，称为薄壁截面；作为梁时，其弯矩-曲率关系为图 8.3.1 所示的曲线 5。

《钢结构设计标准》GB 50017—2017 第 3.5.1 条规定，截面板件宽厚比等级分为 S1～S5 的主要目的是以下两点：

（1）便于规范条文的阐述

《钢结构设计规范》GB 50017—2003 关于截面板件宽厚比的规定分散在受弯构件、压弯构件的计算及塑性设计各章节中。表 8.3.1-2 为《钢结构设计规范》GB 50017—2003、《钢结构设计标准》GB 50017—2017 中截面板件宽厚比等级及限值对应条文列表，从表 8.3.1-2 可以看出，因《钢结构设计标准》GB 50017—2017 表 3.5.1 对各类构件宽厚比等级及限值作了统一规定，所以《钢结构设计标准》GB 50017—2017 在涉及板件宽厚比的规范条文表述上，要简洁很多。

截面板件宽厚比等级及限值　　　　　　　　　　　　　　　　表 8.3.1-2

	GB 50017—2003 条文	GB 50017—2017 条文	GB 50017—2017 板件宽厚比限值
受弯构件	$\dfrac{M_x}{\gamma_x W_{nx}} + \dfrac{M_y}{\gamma_y W_{ny}} \leqslant f$ （4.1.1） 当梁受压翼缘的自由外伸宽度与其厚度之比大于 $13\sqrt{235/f_y}$ 而不超过 $15\sqrt{235/f_y}$ 时，应取 $\gamma_x = 1.0$	$\dfrac{M_x}{\gamma_x W_{nx}} + \dfrac{M_y}{\gamma_y W_{ny}} \leqslant f$ （6.1.1） 对工字形和箱形截面，当截面板件宽厚比等级为 S4 或 S5 时，截面塑性发展系数应取为 1.0	受弯构件（梁）工字形截面翼缘 b/t： S3 级：$13\varepsilon_k$ S4 级：$15\varepsilon_k$
压弯构件	$\dfrac{N}{A_n} \pm \dfrac{M_x}{\gamma_x W_{nx}} \pm \dfrac{M_y}{\gamma_y W_{ny}} \leqslant f$ （5.2.1） 当压弯构件受压翼缘的自由外伸宽度与其厚度之比大于 $13\sqrt{235/f_y}$ 而不超过 $15\sqrt{235/f_y}$ 时，应取 $\gamma_x = 1.0$	$\dfrac{N}{A_n} \pm \dfrac{M_x}{\gamma_x W_{nx}} \pm \dfrac{M_y}{\gamma_y W_{ny}} \leqslant f$ （8.2.1-1） γ_x、γ_y——截面塑性发展系数，当截面板件宽厚比等级不满足 S3 级要求时，取 1.0	压弯构件（框架柱）H 形截面翼缘 b/t： S3 级：$13\varepsilon_k$ S4 级：$15\varepsilon_k$
塑性设计	第 9.1.4 条：塑性设计截面板件的宽厚比应满足下图要求 	第 10.1.5 条：采用塑性及弯矩调幅设计的结构构件，形成塑性铰并发生塑性转动的截面，其截面板件宽厚比等级应采用 S1 级	压弯构件（框架柱）H 形截面翼缘 b/t、受弯构件（梁）工字形截面翼缘 b/t： S1 级：$9\varepsilon_k$

（2）方便钢结构抗震性能化设计

钢构件板件宽厚比大小直接决定了钢构件的承载力和受弯及压弯构件的塑性转动变形能力，因此钢构件截面的分类，是钢结构设计技术的基础，尤其是钢结构抗震设计方法的基础。

《钢结构设计标准》GB 50017—2017 第 17 章首次引入了钢结构抗震性能化设计的方法。钢结构抗震性能化设计的抗震设计准则如下：验算本地区抗震设防烈度的多遇地震作用的构件承载力和结构弹性变形，对应小震不坏；根据其延性验算设防地震作用的承载力，对应中震可修；验算其罕遇地震作用的弹塑性变形，大震不倒。

按照《钢结构设计标准》GB 50017—2017 钢结构抗震性能化设计的钢结构，如果多遇地震（小震）承载力满足计算要求、而仅仅是构造（板件宽厚比、构件长细比）不满足《建筑抗震设计标准》GB/T 50011—2010（2024 年版）要求的构件，如果根据其延性验算设防地震（中震）作用的承载力仍可以满足要求，那么我们就可以根据不同的延性等级放松构件长细比、板件宽厚比的要求。

表 8.3.1-3 为不同延性等级对应的塑性耗能区（梁端）截面板件宽厚比等级和轴力、剪力限值，表 8.3.1-4 为不同延性等级框架柱长细比的限值（表中各符号释义参见《钢结构设计标准》GB 50017—2017）。

不同延性等级对应的塑性耗能区（梁端）截面板件

宽厚比等级和轴力、剪力限值　　　　　　　　　　表 8.3.1-3

结构构件延性等级	V级	IV级	III级	II级	I级
截面板件宽厚比最低等级	S5	S4	S3	S2	S1
N_{E2}	—	$\leqslant 0.15Af$		$\leqslant 0.15Af_y$	
V_{pb}（未设置纵向加劲肋）	—	$\leqslant 0.5h_w t_w f_v$		$\leqslant 0.5h_w t_w f_{vy}$	

不同延性等级框架柱长细比的限值　　　　　　　　表 8.3.1-4

结构构件延性等级	V级	IV级	I级、II级、III级
$N_p/(Af_y)\leqslant 0.15$	180	150	$120\varepsilon_k$
$N_p/(Af_y)>0.15$		$125[1-N_p/(Af_y)]\varepsilon_k$	

8.3.2　如何用《钢结构设计标准》GB 50017—2017 进行抗震性能化设计？

我国的抗震设计仅进行了小震弹性的计算，少数项目进行了大震的弹塑性变形验算。而设防地震对应的中震，是以抗震措施（强柱弱梁、强剪弱弯、强节点、各种系数调整、各种抗震构造措施等）来加以保证的。

目前钢结构抗震性能化设计，主要依据三本规范。《建筑抗震设计规范》GB 50011—2010 首次将性能设计列入规范。依据震害，尽可能将结构构件在地震中的破坏程度，用构件的承载力和变形的状态做适当的定量描述，以作为性能设计的参考指标；《高层民用建筑钢结构技术规程》JGJ 99—2015 参照现行行业标准《高层建筑混凝土结构技术规程》JGJ 3—2010 的相关规定，结合高层民用建筑钢结构构件的特点，拟定了高层钢结构的抗震性能化设计要求；《钢结构设计标准》GB 50017—2017 在《钢结构设计规范》GB 50017—2003 基础上，新增了钢结构抗震性能化设计一章的内容。

众所周知，抗震设计的本质是控制地震施加给建筑物的能量，弹性变形与塑性变形均可消耗能量。在能量输入相同的条件下，结构延性越好，弹性承载力要求越低；反之，结构延性差，则弹性承载力要求高，《钢结构设计标准》GB 50017—2017 简称为"高延性-低承载力"和"低延性-高承载力"两种抗震设计思路，均可达成大致相同的设防目标。结构根据预先设定的延性等级确定对应的地震作用的设计方法，《钢结构设计标准》GB 50017—2017 称为"性能化设计方法"。采用低延性-高承载力思路设计的钢结构，在《钢结构设计标准》GB 50017—2017 中特指在规定的设防类别下延性要求最低的钢结构。

《钢结构设计标准》GB 50017—2017 多次提及延性，下面对延性这一概念作简要说明。

延性是指构件和结构屈服后，具有承载力不降低或基本不降低、且有足够塑性变形能力的一种性能，一般用延性比表示延性，即塑性变形能力的大小。塑性变形可以耗散地震能量，大部分抗震结构在中震作用下都有部分构件进入塑性状态而耗能，耗能性能也是延性好坏的一个指标。延性结构的塑性变形可以耗散地震能量，结构变形虽然会加大，但作用于结构的惯性力不会很快上升，内力也不会再加大，因此可降低对延性结构的承载力要求，也可以说，延性结构（高延性）是用它的变形能力（而不是承载力）抵抗强烈的地震作用；反之，如果结构的延性不好（低延性），则必须用足够大的承载力抵抗地震。后者（低延性）会多用材料，由于地震发生概率极小，对于大多数抗震结构，高延性结构是一种经济的、合理而安全的设计对策。

需要特别强调的是，《钢结构设计标准》GB 50017—2017 抗震性能化设计适用于抗震设防烈度不高于 8 度（0.20g），结构高度不高于 100m 的框架结构、支撑结构和框架-支撑结构的构件和节点的抗震性能化设计。我国是一个多地震国家，性能化设计的适用面广，只要提出合适的性能目标，基本可适用于所有的结构，由于目前相关设计经验不多，《钢结构设计标准》GB 50017—2017 抗震性能化设计的适用范围暂时压缩在较小的范围内，在有可靠的设计经验和理论依据后，适用范围可放宽。

钢结构抗震性能化设计首先应对钢结构进行多遇地震作用下的验算，验算内容包含结构承载力及侧向变形是否满足《建筑抗震设计标准》GB/T 50011—2010（2024 年版）、《高层民用建筑钢结构技术规程》JGJ 99—2015 的要求，即查看结构构件的强度应力比、稳定应力比等是否均满足规范要求，同时查看结构在风和地震作用下的弹性层间位移角是否均满足规范的要求。只有在满足小震下承载力和变形的情况下才能进行抗震性能化设计。如果此时构件的宽厚比、高厚比及长细比均不满足《建筑抗震设计标准》GB/T 50011—2010（2024 年版）、《高层民用建筑钢结构技术规程》JGJ 99—2015 相应抗震等级的要求，则有必要进行性能化设计。如果按照对应《钢结构设计标准》GB 50017—2017 的某性能目标设计，满足了中震下承载力要求，可以按照对应的宽厚比等级及延性等级放松宽厚比、高厚比及长细比的限值。

对于按照性能化设计的结构，PKPM 软件在"多模型控制信息"下会自动形成"小震模型"和"新钢标中震模型"两个模型，分别进行小震与中震下的内力分析与承载力计算，最终将包络结果展示在主模型中。查看主模型计算结果，可以看到在主模型下包络了小震与中震模型的强度应力比、稳定应力比、长细比、宽厚比、轴压比及实际性能系数等结果。如果各项指标有超限，在程序中会标红提示。

采用 PKPM 软件进行钢结构抗震性能化设计的具体算例详见 8.3.3、8.3.4。

8.3.3　某 H 形钢框架梁，抗震等级为二级。施工完后，发现腹板板件宽厚比超《建筑抗震设计标准》GB/T 50011—2010（2024 年版）限值。是否需要做加固处理？

某工程为 10 层钢框架，7 度（0.15g）第一组，Ⅲ类场地，标准设防类，标准层结构平面布置如图 8.3.3-1 所示，钢材钢号为 Q355B，钢框架抗震等级为二级。采用 PKPM 程序计算。

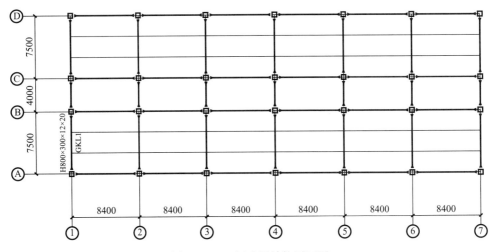

图 8.3.3-1　标准层结构平面图

第 10 层 GKL1 截面 H800×300×12×20，PKPM 输出计算结果如图 8.3.3-2 所示。

由图 8.3.3-2a 可以看出，GKL1 应力比不大（弯曲正应力比 0.31、剪应力比 0.26），软件也没有提示构件超限信息，也就是说 GKL1 构件承载能力没有问题。但是查看构件详细信息，发现钢梁腹板高厚比，超过了《高层民用建筑钢结构技术规程》JGJ 99—2015 表 7.4.1 中抗震等级为二级的 H 形钢梁腹板高厚比的限值。因项目已经完工，GKL1 的腹板高厚比超规范限值，是否需要加固处理呢？

钢结构有"高延性-低承载力"和"低延性-高承载力"两种抗震设计思路。前者称为"耗能或延性"观点的抗震设计思路，主要靠结构延性吸收和耗散输入的地震能量；后者可谓之"弹性承载力（抗力）超强"的抗震设计思路，输入结构的能量由阻尼耗散以及较低延性吸收。两种抗震设计思路相辅相成，设计时采用何种思路取决于经济性。一般情况下"低延性-高承载力"的抗震设计思路，在结构的刚度（位移）需求或抗风设计中已赋予结构较大的超强和抗侧力能力，以至于在强烈地震（如"中震"）作用下都可处于弹性状态或接近弹性状态工作，有较好的经济性，这种情况通常在较低设防地区出现。而"高延性-低承载力"的设计思路适宜于高烈度区应用。即：抗震钢结构设计，可依据结构的弹性抗力水平来要求其延性水平，对不同的延性结构，可取用不同的地震作用设计值。依据上述两种抗震设计思路，按框架梁承受的地震作用情况选择其合适的板件宽厚比限值，对保证结构安全和节约钢材两方面都有重要工程实际意义。

本算例中，GKL1 抗震等级为二级，按照《建筑抗震设计标准》GB/T 50011—2010（2024 年版）、《高层民用建筑钢结构技术规程》JGJ 99—2015，对 GKL1 板件宽厚比提出了较高的延性要求，也就是较严格的腹板宽厚比限值。但是 GKL1 应力比较小（也就是有较高的承载力），我们就可以根据《钢结构设计标准》GB 50017—2017 对结构进行抗震性能化设计，按照"低延性-高承载力"的抗震思路，降低 GKL1 的延性要求、放松 GKL1 腹板板件宽厚比限值。

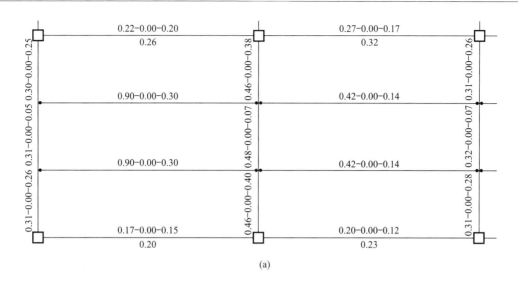

(a)

四、构件设计验算信息

1 -M ------ 各个计算截面的最大负弯矩
2 +M ------ 各个计算截面的最大正弯矩
3 Shear --- 各个计算截面的剪力
4 N-T ----- 最大轴拉力(kN)
5 N-C ----- 最大轴压力(kN)

	-I-	-1-	-2-	-3-	-4-	-5-	-6-	-7-	-J-
-M	-471.19	-373.20	-276.68	-182.12	-105.90	-33.55	0.00	0.00	0.00
LoadCase	50	50	50	50	74	74	1	1	1
+M	30.43	77.84	124.12	168.90	227.66	285.36	359.97	449.91	538.12
LoadCase	67	67	67	67	43	43	13	13	13
Shear	382.60	378.28	371.55	362.40	350.83	339.27	330.12	323.39	319.07
LoadCase	14	14	14	14	14	14	14	14	14
N-T	0.00	0.00	0.00	0.00	0.00	0.00	0.00	0.00	0.00
N-C	0.00	0.00	0.00	0.00	0.00	0.00	0.00	0.00	0.00
强度验算	(13) N=0.00, M=538.12, F1/f=0.31								
稳定验算	(0) N=0.00, M=0.00, F2/f=0.00								
抗剪验算	(14) V=378.28, F3/fv=0.26								
下翼缘稳定	正则化长细比 r=0.29, 不进行下翼缘稳定计算								
宽厚比	b/tf=7.20 ≤ 7.32 《高钢规》7.4.1条给出宽厚比值 《钢结构设计标准》GB50017-2017 3.5.1条给出宽厚比限值 程序最终限值取两者的较严值								
高厚比	h/tw=63.33 > 52.89 高厚比不满足构造要求 《高钢规》7.4.1条给出高厚比值 《钢结构设计标准》GB50017-2017 3.5.1条给出高厚比限值 程序最终限值取两者的较严值								

超限类别(303) 钢梁高厚比超限 : H/tw= 63.33 > H/tw_max= 52.89 Nb/AB/f= 0.0000E+00

(b)

图 8.3.3-2　第 10 层 GKL1 计算结果
(a) PKPM 输出钢梁应力比；(b) 构件设计验算信息

下面详细介绍该工程采用 PKPM 软件进行抗震性能化设计的过程。

PKPM 软件 SATWE 模块的抗震性能化设计参数如图 8.3.3-3 所示。各抗震性能化设计参数详见以下分析：

（1）塑性耗能区承载性能等级

《钢结构设计标准》GB 50017—2017 表 17.1.4-1 给出了塑性耗能区承载性能等级参考选用表。其条文说明指出，由于地震的复杂性，表 17.1.4-1 仅作为参考，不需严格执行。抗震设计仅是利用有限的财力，使地震造成的损失控制在合理的范围内，设计者应根据国家制定的安全度标准，权衡承载力和延性，采用合理的承载性能等级。

该工程设防烈度 7 度（0.15g）、高度≤50m，根据《钢结构设计标准》GB 50017—2017 表 17.1.4-1，塑性耗能区承载性能等级为性能 5～7，本算例选用性能 5。

（2）塑性耗能区的性能系数最小值

查《钢结构设计标准》GB 50017—2017 表 17.2.2-1，性能 5 对应的塑性耗能区的性能系数最小值为 0.45。按照《钢结构设计标准》GB 50017—2017 第 17.1.5 条的要求，关键构件的性能系数不应低于一般构件。其条文说明指出，柱脚、多高层钢结构中低于 1/3 总高度的框架柱、伸臂结构竖向桁架的立柱、水平伸臂与竖向桁架交汇区杆件、直接传递转换构件内力的抗震构件等都应按关键构件处理。关键构件和节点的性能系数不宜小于 0.55。

因此，此处"塑性耗能区的性能系数最小值"填为 0.45。该工程底部 4 层的钢柱为关键构件，在"层塔属性"菜单下，将底部 4 层钢柱性能系数修改为 0.55。

（3）结构构件延性等级

查《钢结构设计标准》GB 50017—2017 表 17.1.4-2，性能 5、标准设防类（丙类），结构构件最低延性等级为Ⅲ级。

（4）塑性耗能构件刚度折减系数

钢结构抗震设计的思路是进行塑性铰机构控制，由于非塑性耗能区构件和节点的承载力设计要求取决于结构体系及构件塑性耗能区的性能，因此《钢结构设计标准》GB 50017—2017 仅规定了构件塑性耗能区的抗震性能目标。对于框架结构，除单层和顶层框架外，塑性耗能区宜为框架梁端；对于支撑结构，塑性耗能区宜为成对设置的支撑；对于框架-中心支撑结构，塑性耗能区宜为成对设置的支撑、框架梁端；对于框架-偏心支撑结构，塑性耗能区宜为耗能梁段、框架梁端。

对于塑性耗能梁及塑性耗能支撑等构件，设计人员可根据选定的结构构件的性能等级，定义刚度折减系数，该刚度折减系数是针对中震模型下的，小震下不起作用。在 SATWE 程序中，如果选择框架结构，程序会自动判断所有的主梁为塑性耗能构件，定义的折减系数对于所有的主梁两端均起作用。如果是框架-支撑结构体系，程序同时判断默认所有的支撑构件与梁均为耗能支撑，该折减系数同样起作用。如果要修改塑性耗能构件单构件的刚度折减系数可以在"性能设计子模型（钢规）"菜单下，进行单个构件刚度折减系数的定义。

需要注意的是，如果没有进行中大震的弹塑性分析，实际上无法较为合理地确定塑性耗能构件的刚度折减系数，建议在一般情况下，该刚度折减系数偏于保守地按照不折减处理，也就是塑性耗能构件刚度折减系数取为 1.0。

（5）非塑性耗能区内力调整系数

按照《钢结构设计标准》GB 50017—2017，对于框架结构与框架-支撑中的非塑性耗能构件需要进行中震下的承载力验算，验算时对于中震下水平地震作用进行内力调整，该调整系数 β_e 与性能等级及结构体系有关。对于框架结构，非塑性耗能区内力调整系数为

$1.1\eta_y$，η_y 为钢材超强系数，查《钢结构设计标准》GB 50017—2017 表 17.2.2-3，塑性耗能区（梁）、弹性区（柱）钢材均为 Q355，钢材超强系数 η_y 取为 1.1。因此非塑性耗能区内力调整系数 $\beta_e=1.1$，$\eta_y=1.1\times1.1=1.21$。

该处的非塑性耗能区内力调整系数是针对全楼的参数，但是实际工程中塑性耗能区对于不同楼层《钢结构设计标准》GB 50017—2017 要求是不同的。《钢结构设计标准》GB 50017—2017 第 17.2.5 第 3 款中明确要求"框架柱应该按压弯构件计算，计算弯矩效应和轴力时，其非塑性耗能区内力调整系数不宜小于 $1.1\eta_y$。对框架结构，进行受剪计算时，剪力应按照《钢结构设计标准》GB 50017—2017 的 17.2.5-5 计算；计算弯矩效应时，多高层钢结构底层柱的非塑性耗能区内力调整系数不应小于 1.35。"需要注意的是，软件"多高层钢结构底层柱不小于 1.35 倍的要求，用户应到层塔属性定义中调整修改"的提示是错误的。对于框架结构底层柱的"非塑性耗能区内力调整系数"SATWE 程序默认为 1.35，无需设计人员填入（图 8.3.3-3）。

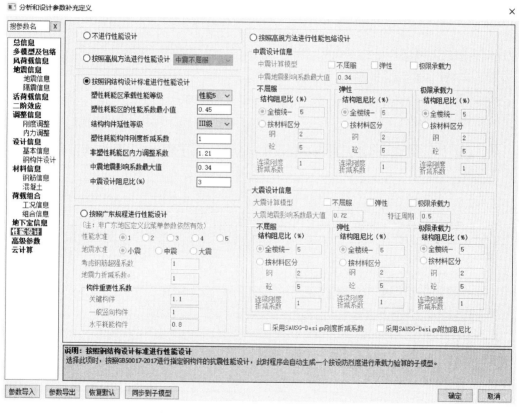

图 8.3.3-3　SATWE 抗震性能化设计参数

（6）中震地震影响系数最大值

《建筑抗震设计标准》GB/T 50011—2010（2024 年版）第 3.10.3 条规定，设防地震的地震影响系数最大值，7 度（0.15g）可采用 0.34。

（7）中震设计阻尼比

中震下程序默认的阻尼比为 2%，按照《钢结构设计标准》GB 50017—2017 第 17.2.1 条第 4 款所述，对于弹塑性分析的阻尼比可适当增加，采用等效线性化方法不宜大于 5%。

如果使用弹塑性分析软件进行了结构中震下的分析，可以根据输出的每条地震波的能量图，确定出每条地震波下结构中震弹塑性附加阻尼比。中震下的阻尼比可以取多条地震波中震计算的结构弹塑性附加阻尼比的平均值加上初始阻尼比。

本算例小震下阻尼比为 4%，偏于保守地将中震下阻尼比也取为 4%。

填完抗震性能化设计参数后，还需要在"钢构件设计"菜单下对钢构件宽厚比等级进行选择。根据《钢结构设计标准》GB 50017—2017 表 17.3.4-1，延性等级Ⅲ级，框架梁塑性耗能区（梁端）截面宽厚比等级为 S3 级。支撑板件宽厚比等级按《钢结构设计标准》GB 50017—2017 表 17.3.12 确定。

需要说明的是，《钢结构设计标准》GB 50017—2017 第 17.1.4 条第 5 款规定，当塑性耗能区的最低承载性能等级为性能 5、性能 6 或性能 7 时，通过罕遇地震下结构的弹塑性分析或按构件工作状态形成新的结构等效弹性分析模型，进行竖向构件的弹塑性层间位移角验算，应满足《建筑抗震设计标准》GB/T 50011—2010（2024 年版）的弹塑性层间位移角限值。本算例未进行罕遇地震作用下的弹塑性层间位移角验算，罕遇地震作用下的弹塑性层间位移角验算的具体方法，可以参看文献［8.14］"高层钢结构静力弹塑性分析""高层钢结构动力弹塑性分析"章节的内容。

图 8.3.3-4 为 GKL1 中震钢构件设计验算信息。由图 8.3.3-4 可以看出，GKL1 满足

4.2 包络子模型2"新钢标中震模型"信息

4.2.1 设计属性(仅列出差异部分)

4.2.2 设计验算信息

	-I-	-1-	-2-	-3-	-4-	-5-	-6-	-7-	-J-
-M	-366.30	-290.53	-215.88	-142.74	-71.50	-2.40	0.00	0.00	0.00
LoadCase	12	12	12	12	12	12	1	1	1
+M	0.00	33.70	83.23	131.25	177.38	221.37	263.46	304.04	343.50
LoadCase	1	11	11	11	11	11	11	11	11
Shear	244.22	241.22	237.00	231.56	224.89	218.23	212.79	208.57	205.57
LoadCase	12	12	12	12	12	12	12	12	12
N-T	0.00	0.00	0.00	0.00	0.00	0.00	0.00	0.00	0.00
N-C	0.00	0.00	0.00	0.00	0.00	0.00	0.00	0.00	0.00
强度验算	(12) N=0.00, M=-366.30, F1/f=0.18								
稳定验算	(0) N=0.00, M=0.00, F2/f=0.00								
抗剪验算	(12) V=241.22, F3/fv=0.14								
下翼缘稳定	正则化长细比 r=0.29，　不进行下翼缘稳定计算								
塑性耗能区轴力及限值	N=0.00, Nmax=934.56								
塑性耗能区剪力及限值	V=793.67, Vmax=798.00								
正则化长细比及限值	r=0.29, rmax=0.40								
实际性能系数	5.21≥0.45								
宽厚比	b/tf=7.20 ≤ 10.58								
	《钢结构设计标准》GB50017-2017 3.5.1条给出宽厚比限值								
高厚比	h/tw=63.33 ≤ 75.67								
	《钢结构设计标准》GB50017-2017 3.5.1条给出高厚比限值								

图 8.3.3-4　SATWE 中震钢梁 GKL1 设计验算信息

中震下承载力要求，可以按照截面宽厚比等级为 S3 级等级放松腹板高厚比的限值，GKL1 腹板高厚比可以满足 S3 等级的要求，不需要对 GKL1 腹板进行加固处理。

从本算例可以看出，在小震承载力满足要求的前提下，对结构进行抗震性能化设计，GKL1 腹板高厚比限值由《高层民用建筑钢结构技术规程》JGJ 99—2015 抗震等级二级的 $65\varepsilon_k$，放松为《钢结构设计标准》GB 50017—2017 中 S3 级的 $93\varepsilon_k$。

8.3.4 钢框架柱承载力满足要求、但长细比超限如何处理？

规范对钢柱长细比限值的规定，见表 8.3.4-1。由表 8.3.4-1 可以看出，不参与抵抗侧向力的轴心受压柱，长细比限值较松，限值长细比的目的主要是避免构件柔度太大，在本身自重作用下产生过大的挠度和运输、安装过程中造成弯曲。抗震的钢框架柱，长细比限值较严格，延性等级越高，要求长细比限值越严格。长细比较大的抗震钢框架柱，轴力加大，则结构承载能力和塑性变形能力越小，侧向刚度降低，易引起整体失稳，遭遇强烈地震时，框架柱有可能进入塑性，因此需要限制抗震钢框架柱的长细比。

框架柱长细比要求 表 8.3.4-1

规范	长细比限值	规范条文说明
《建筑抗震设计标准》GB/T 50011—2010（2024 年版）	第 8.3.1 条：框架柱的长细比，一级不应大于 $60\varepsilon_k$，二级不应大于 $80\varepsilon_k$，三级不应大于 $100\varepsilon_k$，四级不应大于 $120\varepsilon_k$	框架柱的长细比关系到钢结构的整体稳定。研究表明，钢结构高度加大时，轴力加大，竖向地震对框架柱的影响很大
《高层民用建筑钢结构技术规程》JGJ 99—2015	第 7.2.2 条：轴心受压柱的长细比不宜大于 $120\varepsilon_k$。 第 7.3.9 条：框架柱的长细比，一级不应大于 $60\varepsilon_k$，二级不应大于 $70\varepsilon_k$，三级不应大于 $80\varepsilon_k$，四级及非抗震设计不应大于 $100\varepsilon_k$	轴心受压柱一般为两端铰接，不参与抵抗侧向力的柱。 框架柱的长细比关系到钢结构的整体稳定。研究表明，钢结构高度加大时，轴力加大，竖向地震对框架柱的影响很大。本条规定比《建筑抗震设计标准》GB/T 50011—2010（2024 年版）的规定严格
《钢结构设计标准》GB 50017—2017	第 7.4.6 条：轴心受压柱的长细比不宜超过 150。当杆件内力设计值不大于承载能力的 50% 时，容许长细比值可取 200	构件容许长细比的规定，主要是避免构件柔度太大，在本身自重作用下产生过大的挠度和运输、安装过程中造成弯曲，以及在动力荷载作用下发生较大振动。对受压构件来说，由于刚度不足产生的不利影响远比受拉构件严重
	第 17.3.5 条：框架柱长细比宜符合下表要求。 结构构件延性等级 / $N_p/(Af_y) \leqslant 0.15$ / $N_p/(Af_y) > 0.15$： V 级：180；IV 级：150；I 级、II 级、III 级：$120\varepsilon_k$； $N_p/(Af_y) > 0.15$：$125[1 - N_p/(Af_y)]\varepsilon_k$	一般情况下，柱长细比越大、轴压比越大，则结构承载能力和塑性变形能力越小，侧向刚度降低，易引起整体失稳。遭遇强烈地震时，框架柱有可能进入塑性，因此有抗震设防要求的钢结构需要控制的框架柱长细比与轴压比相关。 表中长细比的限值与日本 AIJ《钢结构塑性设计指南》的要求基本等价

由表 8.3.4-1 可以看出，当框架柱长细比大于 $125\varepsilon_k$ 时，框架柱长细比限值与钢号修正项 ε_k 无关。如结构构件延性等级为 IV 级时长细比限值为 150、结构构件延性等级为 V 级时长细比限值为 180、轴心受压柱的长细比限值 150（当杆件内力设计值不大于承载能力的 50% 时，长细比限值为 200），这些长细比限值均与钢号修正项 ε_k 无关。

压杆发生弹性屈曲或弹塑性屈曲，与长细比 λ 和弹性界线 f_p（可取为 $0.7f_y$）有关。

定义临界长细比 $\lambda_E = \pi\sqrt{E/f_p} = \pi\sqrt{E/(0.7f_y)}$，当 $\lambda > \lambda_E$ 时为弹性屈曲范围；当 $\lambda < \lambda_E$ 时为弹塑性屈曲范围。

对 Q235：

$$\lambda_E = \pi\sqrt{E/(0.7f_y)} = 3.14 \times \sqrt{206 \times 103/(0.7 \times 235)} = 111 \approx 110\varepsilon_k$$

对 Q345：

$$\lambda_E = \pi\sqrt{E/(0.7f_y)} = 3.14 \times \sqrt{206 \times 103/(0.7 \times 345)} = 91 \approx 110\varepsilon_k$$

钢结构抗震设计时，长细比限值的钢号修正项 ε_k 大体是为了防止采用高强度钢材时，出现过小的截面从而使构件承载力退化严重，或构件失稳而丧失承载力或位移过大。但是只有弹塑性屈曲的部分范围内要防止这种情况发生（$\lambda < \lambda_E \approx 110\varepsilon_k$），而弹性屈曲范围（$\lambda > \lambda_E \approx 110\varepsilon_k$）时不会发生这种情况。

《建筑抗震设计标准》GB/T 50011—2010（2024 年版）第 H.2.8 的条文说明更是明确指出，当构件长细比不大于 $125\varepsilon_k$，也就是构件处于弹塑性屈曲范围时，长细比的钢号修正项 ε_k 才起作用；当构件长细比大于等于 $125\varepsilon_k$，也就是构件处于弹性屈曲范围时，长细比的钢号修正项 ε_k 不起作用。

钢框架柱承载力满足要求但长细比超规范限值时，如果不增大钢框架柱截面，一般有以下三种处理方式解决钢框架柱长细比超限的问题。

（1）减小钢框架柱壁厚。

算例 1：

某箱形钢框架柱，截面 □300×300×20×20，抗震等级三级，钢号 Q355B。PKPM 软件计算结果如图 8.3.4-1 所示。

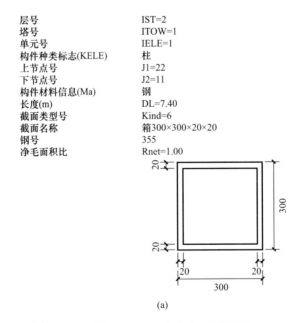

一、构件几何材料信息

层号	IST=2
塔号	ITOW=1
单元号	IELE=1
构件种类标志(KELE)	柱
上节点号	J1=22
下节点号	J2=11
构件材料信息(Ma)	钢
长度(m)	DL=7.40
截面类型号	Kind=6
截面名称	箱300×300×20×20
钢号	355
净毛面积比	Rnet=1.00

(a)

图 8.3.4-1 □300×300×20×20 计算结果（一）

（a）构件几何材料信息

四、构件设计验算信息

Px: x向梁与柱全塑性承载力比
Py: y向梁与柱全塑性承载力比

项目	内容
轴压比:	(18) N=-133.2 Uc=0.02
强度验算:	(18) N=-133.20 Mx=-222.47 My=8.79 F1/f=0.40
平面内稳定验算:	(18) N=-133.20 Mx=-222.47 My=8.79 F2/f=0.42
平面外稳定验算:	(16) N=-120.64 Mx=-67.71 My=74.11 F3/f=0.18
X向长细比=	λx= 82.86 > 81.36
Y向长细比=	λy= 74.05 ≤ 81.36

项目	内容
宽厚比:	《抗规》8.3.1条：钢框架柱的长细比，一级不应大于 $60\sqrt{\frac{235}{f_y}}$，二级不应大于 $80\sqrt{\frac{235}{f_y}}$。 三级不应大于 $100\sqrt{\frac{235}{f_y}}$，四级不应大于 $120\sqrt{\frac{235}{f_y}}$。 《钢结构设计标准》GB50017-2017 7.4.6、7.4.7条给出构件长细比限值 程序最终限值取两者的较严值 b'/tf= 13.00 ≤ 24.41 《抗规》8.3.2条给出宽厚比限值 《钢结构设计标准》GB50017-2017 3.5.1条给出宽厚比限值
高厚比:	程序最终限值取两者的较严值 h'/tw= 13.00 ≤ 30.92 《抗规》8.3.2条给出高厚比限值 《钢结构设计标准》GB50017-2017 3.5.1条给出高厚比限值 程序最终限值取两者的较严值
钢柱强柱弱梁验算:	X向 (18) N=-133.20 Px=1.16 Y向 (18) N=-133.20 Py=1.16
	《抗规》8.2.5-1条 钢框架节点左右梁端和上下柱端的全塑性承载力，除下列情况之一外，应符合下式要求： 柱所在楼层的受剪承载力比相邻上一层的受剪承载力高出25%； 柱轴压比不超过0.4，或 $N_2\le\varphi A_c f(N_2$为2倍地震作用下的组合轴力设计值） 与支撑斜杆相连的节点 等截面梁： $$\sum W_{pc}\left(f_{yc}-\frac{N}{A_c}\right)\ge\eta\sum W_{pb}f_{yb}$$ 端部翼缘变截面梁： $$\sum W_{pc}\left(f_{yc}-\frac{N}{A_c}\right)\ge\sum(\eta W_{pb1}f_{yb}+V_{pb}s)$$
受剪承载力:	CB_XF=197.71 CB_YF=197.71 《钢结构设计标准》GB50017-2017 10.3.4

超限类别(304) 长细比超限 : Rmd= 82.86 > Rmd_max= 81.36

(b)

图 8.3.4-1 □300×300×20×20 计算结果（二）

(b) 构件设计验算信息

由图 8.3.4-1 可以看出，钢框架柱承载力满足要求，但是 x 方向长细比 82.86 超过了抗震等级三级长细比的限值（$125\varepsilon_k=81.36$）。设计师将此钢箱柱壁厚加大到 25mm、截面修改为□300×300×25×25，计算结果如图 8.3.4-2 所示。

由图 8.3.4-2 可以看出，钢框架柱截面由□300×300×20×20 修改为□300×300×25×25，x 方向长细比由 82.86 增大为 87.40，超过了抗震等级三级的限值（$125\varepsilon_k=81.36$）更多了。为什么加大壁厚，长细比更大了？

以图 8.3.4-3 箱形截面柱为例，计算其回转半径。

截面惯性矩 $I=\frac{1}{12}(B^4-b^4)$

截面面积 $A=B^2-b^2$

截面回转半径 $i=\sqrt{I/A}=\sqrt{\frac{1}{12}\frac{(B^4-b^4)}{(B^2-b^2)}}=\sqrt{\frac{1}{12}(B^2+b^2)}=\sqrt{\frac{1}{12}[B^2+(B-2t)^2]}$

由回转半径公式可以看出，加大壁厚，也就是增大 t，回转半径 i 会变小。回转半径 i 变小，长细比 $\lambda=\mu l_0/i$ 就会变大。因此，钢柱长细比超限时，不应该加大壁厚，而应该减小壁厚，从而增大回转半径 i，最终使长细比 $\lambda=\mu l_0/i$ 减小。

一、构件几何材料信息

层号	IST=2
塔号	ITOW=1
单元号	IELE=1
构件种类标志(KELE)	柱
上节点号	J1=22
下节点号	J2=11
构件材料信息(Ma)	钢
长度(m)	DL=7.40
截面类型号	Kind=6
截面名称	箱300×300×25×25
钢号	355
净毛面积比	Rnet=1.00

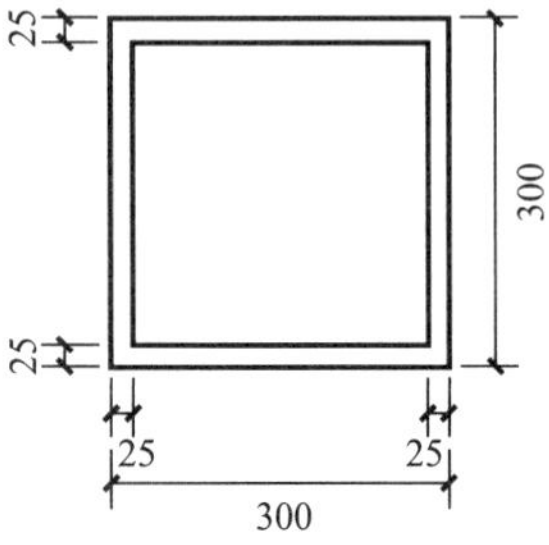

(a)

四、构件设计验算信息

Px:　　x向梁与柱全塑性承载力比
Py:　　y向梁与柱全塑性承载力比

项目	内容
轴压比：	(18) N=-137.5　Uc=0.02
强度验算：	(18) N=-137.48　Mx=-228.28　My=9.16　F1/f=0.35
平面内稳定验算：	(18) N=-137.48　Mx=-228.28　My=9.16　F2/f=0.36
平面外稳定验算：	(16) N=-124.54　Mx=-61.35　My=74.01　F3/f=0.16
X向长细比=	λx= 87.40 > 81.36
Y向长细比=	λy= 77.02 ≤ 81.36

项目	内容
宽厚比=	《抗规》8.3.1条：钢框架柱的长细比，一级不应大于$60\sqrt{\frac{235}{f_y}}$，二级不应大于$80\sqrt{\frac{235}{f_y}}$， 三级不应大于$100\sqrt{\frac{235}{f_y}}$，四级不应大于$120\sqrt{\frac{235}{f_y}}$ 《钢结构设计标准》GB50017-2017 7.4.6、7.4.7条给出构件长细比限值 程序最终限值取两者较严值 b/tf= 10.00 ≤ 24.41 《抗规》8.3.2条给出宽厚比限值 《钢结构设计标准》GB50017-2017 3.5.1条给出宽厚比限值 程序最终限值取两者的较严值
高厚比=	h/tw= 10.00 ≤ 30.92 《抗规》8.3.2条给出高厚比限值 《钢结构设计标准》GB50017-2017 3.5.1条给出高厚比限值 程序最终限值取两者的较严值
钢柱强柱弱梁验算	X向　(18) N=-137.48　Px=0.96 Y向　(18) N=-137.48　Py=0.96 《抗规》8.2.5-1条 钢框架节点左右梁端和上下柱端的全塑性承载力，除下列情况之一外，应符合下式要求： 柱所在楼层的受剪承载力比相邻上一层的受剪承载力高出25%； 柱轴压比不超过0.4，或N_2≤$\phi A_c f$(N_2为2倍地震作用下的组合轴力设计值) 与支撑斜杆相连的节点 等截面梁： $\sum W_{pc}\left(f_{yc}-\frac{N}{A_c}\right)\geqslant\eta\sum W_{pb}f_{yb}$ 端部翼缘变截面梁： $\sum W_{pc}\left(f_{yc}-\frac{N}{A_c}\right)\geqslant\sum(\eta W_{pb1}f_{yb}+V_{pb}s)$
受剪承载力=	CB_XF=238.64　CB_YP=238.64 《钢结构设计标准》GB50017-2017 10.3.4
超限类别(304)	长细比超限 : Rmd= 87.40 > Rmd_max= 81.36

(b)

图 8.3.4-2　□300×300×25×25 计算结果

(a) 构件几何材料信息；(b) 构件设计验算信息

将此钢箱柱壁厚减小为 14mm、截面由□300×300×20×20 修改为□300×300×14×14，计算结果如图 8.3.4-4 所示。由图 8.3.4-4 可以看出，钢框架柱截面由□300×300×20×20 修改为□300×300×14×14，x 方向长细比由 82.86 减小为 76.90，满足抗震等级三级长细比的限值（$125\varepsilon_k = 81.36$），减小钢柱壁厚，承载力仍能满足要求。

对于钢柱长细比略超规范限值，又不想增大钢柱截面，减小钢柱壁厚是解决钢柱长细比超限的有效方法。需要强调的是减小钢柱壁厚之后，钢柱承载力仍需要满足要求。

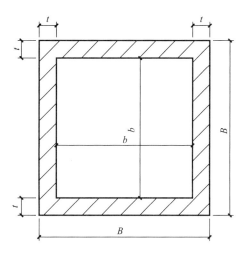

图 8.3.4-3　箱形截面柱几何参数

一、构件几何材料信息

层号	IST=2
塔号	ITOW=1
单元号	IELE=1
构件种类标志(KELE)	**柱**
上节点号	J1=22
下节点号	J2=11
构件材料信息(Ma)	**钢**
长度(m)	DL=7.40
截面类型号	Kind=6
截面名称	箱300×300×14×14
钢号	355
净毛面积比	Rnet=1.00

(a)

图 8.3.4-4　□300×300×14×14 计算结果（一）

（a）构件几何材料信息

四、构件设计验算信息

Px: x向梁与柱全塑性承载力比
Py: y向梁与柱全塑性承载力比

项目	内容
轴压比:	(18) N=-127.8　Uc=0.03
强度验算:	(18) N=-127.76 Mx=-212.52 My=8.16 F1/f=0.50
平面内稳定验算:	(18) N=-127.76 Mx=-212.52 My=8.16 F2/f=0.52
平面外稳定验算:	(16) N=-115.76 Mx=-51.22 My=74.36 F3/f=0.23
X向长细比=	λx= 76.90 ≤ 81.36
Y向长细比=	λy= 70.27 ≤ 81.36

项目	内容
宽厚比=	《抗规》8.3.1条, 钢框架柱的长细比, 一级不应大于60$\sqrt{\frac{235}{f_y}}$, 二级不应大于80$\sqrt{\frac{235}{f_y}}$, 三级不应大于100$\sqrt{\frac{235}{f_y}}$, 四级不应大于120$\sqrt{\frac{235}{f_y}}$, 《钢结构设计标准》GB50017-2017 7.4.6、7.4.7条给出构件长细比限值 程序最终限值取两者较严值 b/tf= 19.43 ≤ 24.41 《抗规》8.3.2条给出宽厚比值 《钢结构设计标准》GB50017-2017 3.5.1条给出宽厚比限值 程序最终限值取两者的较严值
高厚比=	h'/tw= 19.43 ≤ 30.92 《抗规》8.3.2条给出高厚比值 《钢结构设计标准》GB50017-2017 3.5.1条给出高厚比限值 程序最终限值取两者的较严值
钢柱强柱弱梁验算:	X向 (18) N=-127.76 Px=1.55 Y向 (18) N=-127.76 Py=1.55 《抗规》8.2.5-1条 钢框架节点左右梁端和上下柱端的全塑性承载力,除下列情况之一外,应符合下式要求: 柱所在楼层的受剪承载力比相邻上一层的受剪承载力高出25%; 柱轴压比不超过0.4, 或 $N_2 \le \phi A_c f(N_2$为2倍地震作用下的组合轴力设计值) 与支撑斜杆相连的节点 等截面梁: $\sum W_{pc}(f_{yc} - \frac{N}{A_c}) \geq \eta \sum W_{pb} f_{yb}$ 端部翼缘变截面梁: $\sum W_{pc}(f_{yc} - \frac{N}{A_c}) \geq \sum (\eta W_{pb1} f_{yb} + V_{pb} s)$
受剪承载力:	CB_XF=148.46　CB_YF=148.45 《钢结构设计标准》GB50017-2017 10.3.4

(b)

图 8.3.4-4 　□300×300×14×14 计算结果（二）
(b) 构件设计验算信息

（2）对结构进行抗震性能化设计。

算例 2：

某工程为 2 层钢框架，7 度（0.15g）第一组，Ⅲ类场地，标准设防类，结构平面布置如图 8.3.4-5 所示，钢材钢号为 Q355B。根据《建筑抗震设计标准》GB/T 50011—2010（2024 年版）第 3.3.3 条，建筑场地为Ⅲ、Ⅳ类时，对设计基本地震加速度为 0.15g 和 0.30g 的地区，宜分别按抗震设防烈度 8 度（0.20g）和 9 度（0.40g）时各抗震设防类别建筑的要求采取抗震构造措施，因此钢框架抗震构造措施的抗震等级为三级。采用 PKPM 程序计算。

三层钢框架柱 GKZ1 计算结果如图 8.3.4-6 所示。由图 8.3.4-6 可以看出，GKZ1 应力比较小，最大的平面内稳定应力比仅为 0.34；轴压比非常小，仅为 0.05。也就是说 GKL1 构件承载能力没有问题。但是 GKZ1 长细比超过了《建筑抗震设计标准》GB/T 50011—2010（2024 年版）中抗震等级三级框架柱 $100\varepsilon_k$ 的限值。

因为 GKZ1 应力比、轴压比均较小（也就是有较高的承载力），我们就可以根据《钢结构设计标准》GB 50017—2017 对结构进行抗震性能化设计，按照"高承载力-低延性"的抗震思路，降低 GKZ1 的延性要求、放松 GKZ1 长细比限值。

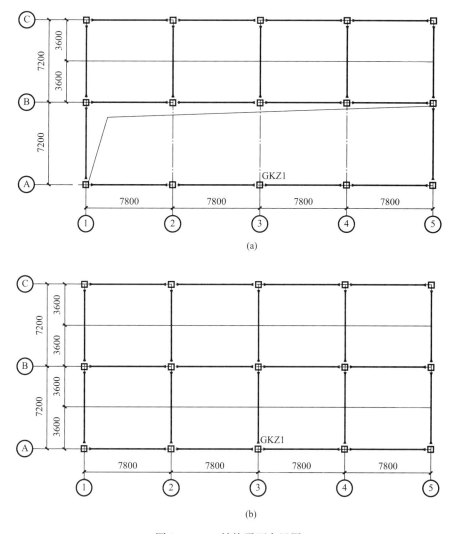

图 8.3.4-5 结构平面布置图

(a) 二层结构平面；(b) 屋面层结构平面

该工程设防烈度 7 度（0.15g）、高度≤50m，根据《钢结构设计标准》GB 50017—2017 表 17.1.4-1，塑性耗能区承载性能等级为性能5～7，本算例选用性能5。查《钢结构设计标准》GB 50017—2017 表 17.1.4-2，性能5、标准设防类（丙类），结构构件最低延性等级为Ⅲ级。抗震性能化设计的过程从略，具体流程可参看 8.3.3 算例。

图 8.3.4-7 为 SATWE 中震钢柱 GKZ1 设计验算信息。由图 8.3.4-7 可以看出，GKZ1 满足中震下承载力要求，可以按照结构构件延性等级Ⅲ级放松框架柱长细比的限值，GKZ1 长细比可以满足延性等级Ⅲ级的要求。

从本算例可以看出，在小震承载力满足要求的前提下，对结构进行抗震性能化设计，GKZ1 长细比比限值由《建筑抗震设计标准》GB/T 50011—2010（2024 年版）抗震等级三级的 $100\varepsilon_k$，放松为《钢结构设计标准》GB 50017—2017 中延性等级Ⅲ级的 $120\varepsilon_k$（轴压比小于 0.15）。

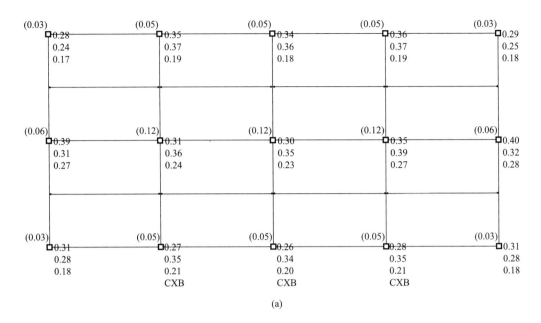

四、构件设计验算信息

Px:　　x向梁与柱全塑性承载力比
Py:　　y向梁与柱全塑性承载力比

项目	内容
轴压比:	(24) N=-348.6　Uc=0.05
强度验算:	(36) N=-332.66　Mx=-165.93　My=0.42　F1/f=0.26
平面内稳定验算:	(36) N=-332.66　Mx=-165.93　My=0.42　F2/f=0.34
平面外稳定验算:	(78) N=-297.98　Mx=-97.07　My90.41　F3/f=0.20
X向长细比=	λx= 94.98 > 81.36
Y向长细比=	λy= 44.20 ≤ 81.36

项目	内容
	《抗规》8.3.1条：钢框架柱的长细比，一级不应大于 $60\sqrt{\frac{235}{f_y}}$，二级不应大于 $80\sqrt{\frac{235}{f_y}}$，
	三级不应大于 $100\sqrt{\frac{235}{f_y}}$，四级不应大于 $120\sqrt{\frac{235}{f_y}}$
	《钢结构设计标准》GB50017-2017 7.4.6、7.4.7条给出构件长细比限值
	程序最终限值取两者较严值
宽厚比=	b/tf= 17.44 ≤ 30.92
	《抗规》8.3.2条给出宽厚比限值
	《钢结构标准》GB50017-2017 3.5.1条给出宽厚比值
	程序最终限值取两者的较严值
高厚比=	h/tw= 17.44 ≤ 30.92
	《抗规》8.3.2条给出高厚比限值
	《钢结构设计标准》GB50017-2017 3.5.1条给出高厚比值
	程序最终限值取两者的较严值
钢柱强柱弱梁验算:	X向 (24) N=348.63 Px=2.11
	Y向 (24) N=348.63 Py=1.05
	《抗规》8.2.5-1条 钢框架节点左右梁端和上下柱端的全塑性承载力，除下列情况之一外，应符合下式要求：
	柱所在楼层的受剪承载力比相邻上一层的受剪承载力高出25%；
	柱轴压比不超过0.4，或 $N_2 \ge \phi A_c f$（N_2为2倍地震作用下的组合轴力设计值）
	与支撑斜杆相连的节点
	等截面梁：
	$\sum W_{pc}\left(f_{yc}-\frac{N}{A_c}\right) \ge \eta \sum W_{pb} f_{yb}$
	端部翼缘变截面梁：
	$\sum W_{pc}\left(f_{yc}-\frac{N}{A_c}\right) \ge \sum(\eta W_{pb1} f_{yb} + V_{pb} s)$
受剪承载力:	CB_XF=369.99　CB_YF=369.99
	《钢结构设计标准》GB50017-2017 10.3.4

超限类别(304)　长细比超限：Rmd= 94.98 > Rmd_max= 81.36

(b)

图 8.3.4-6　三层钢框架柱 GKZ1 计算结果

（a）PKPM 输出钢柱计算结果；（b）构件设计验算信息

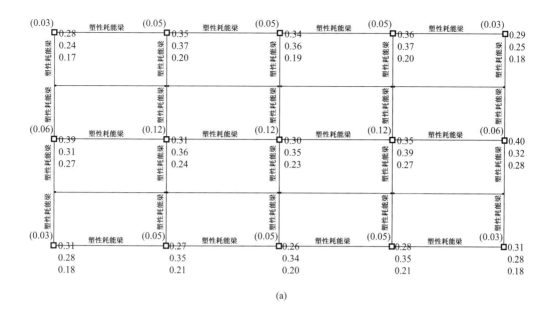

(a)

4.2 包络子模型2"新钢标中震模型"信息

4.2.1 设计属性(仅列出差异部分)

4.2.2 设计验算信息

项目	内容
轴压比:	(28)　N=-247.3　Uc=0.03
强度验算:	(16)　N=-229.30　Mx=-74.99　My=104.06　F1/f=0.22
平面内稳定验算:	(28)　N=-247.26　Mx=-149.86　My=9.81　F2/f=0.25
平面外稳定验算:	(16)　N=-229.30　Mx=-74.99　My=104.06　F3/f=0.20
X向长细比=	λx= 94.98 ≤ 97.63
Y向长细比	λy= 44.20 ≤ 97.63
	《钢结构设计标准》GB50017-2017 17.3.5条给出框架柱长细比限值
钢柱强柱弱梁验算:	X向　(28)　N=-247.26　Px=2.20
	Y向　(28)　N=-247.26　Py=1.10

《钢结构设计标准》GB50017-2017 17.2.5条 柱端截面强度应符合下列规定:

等截面梁:

柱截面板件宽厚比为S1, S2时:

$$\sum W_{pc}\left(f_{yc}-\frac{N_p}{A_c}\right)\geq \eta \sum W_{pb}f_{yb}$$

柱截面板件宽厚比为S3, S4时:

$$\sum W_{Ec}\left(f_{yc}-\frac{N_p}{A_c}\right)\geq 1.1\,\eta_y\sum W_{Eb}f_{yb}$$

端部翼缘变截面的梁:

柱截面板件宽厚比为S1, S2时:

$$\sum W_{Ec}\left(f_{yc}-\frac{N_p}{A_c}\right)\geq \eta_y\left(\sum W_{Eb}f_{yb}+V_{pb}s\right)$$

柱截面板件宽厚比为S3, S4时:

$$\sum W_{Ec}\left(f_{yc}-\frac{N_p}{A_c}\right)\geq 1.1\,\eta_y\left(\sum W_{Eb}f_{yb}+V_{pb}s\right)$$

| 受剪承载力: | CB_XF=369.99　CB_YF=369.99 |

《钢结构设计标准》GB50017-2017 10.3.4

(b)

图 8.3.4-7　SATWE 中震钢柱 GKZ1 设计验算信息

(a) PKPM 输出钢柱中震计算结果；(b) 中震构件设计验算信息

长细比较大的抗震钢框架柱，轴力加大，则结构承载能力和塑性变形能力越小，侧向刚度降低，易引起整体失稳，遭遇强烈地震时，框架柱有可能进入塑性，因此需要限制抗震钢框架柱的长细比。以上为规范控制钢框架柱长细比的原因。对于本算例，对结构进行大震弹性计算，其承载能力仍满足要求（图 8.3.4-8），也就是说即使遭遇强烈地震，框架柱仍能保持弹性，不会失稳。因此，按照《钢结构设计标准》GB 50017—2017 进行抗震性能化设计，放松其长细比限值是可行的。

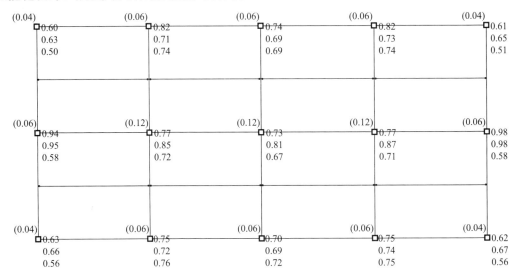

图 8.3.4-8　大震弹性钢柱应力比结果

（3）按照二阶 P-Δ 弹性分析与设计、直接分析设计法进行设计。

算例 3：

以文献 [8.3] 第三章第二节钢框架算例为例，分别采用一阶弹性分析与设计、二阶 P-Δ 弹性分析与设计、直接分析设计法进行设计，第九层中柱 Z1 计算结果见表 8.3.4-2。

框架结构一阶弹性分析与设计、二阶 P-Δ 弹性分析与设计和直接分析设计法计算结果

表 8.3.4-2

计算方法		一阶弹性分析与设计	二阶 P-Δ 弹性分析与设计	直接分析设计法
强度验算	强度应力比	0.78	0.90	0.90
	应力比对应的内力	$N=4084\mathrm{kN}$，$M_x=485\mathrm{kN\cdot m}$，$M_y=0\mathrm{kN\cdot m}$	$N=4084\mathrm{kN}$，$M_x=601\mathrm{kN\cdot m}$，$M_y=24\mathrm{kN\cdot m}$	$N=4084\mathrm{kN}$，$M_x=601\mathrm{kN\cdot m}$，$M_y=24\mathrm{kN\cdot m}$
平面内稳定验算	平面内稳定应力比	1.03	0.98	0.92
	应力比对应的内力	$N=4084\mathrm{kN}$，$M_x=485\mathrm{kN\cdot m}$，$M_y=0\mathrm{kN\cdot m}$	$N=4084\mathrm{kN}$，$M_x=601\mathrm{kN\cdot m}$，$M_y=24\mathrm{kN\cdot m}$	$N=4084\mathrm{kN}$，$M_x=601\mathrm{kN\cdot m}$，$M_y=24\mathrm{kN\cdot m}$
平面外稳定验算	平面外稳定应力比	1.03	0.98	0.92
	应力比对应的内力	$N=4084\mathrm{kN}$，$M_x=0\mathrm{kN\cdot m}$，$M_y=485\mathrm{kN\cdot m}$	$N=4084\mathrm{kN}$，$M_x=24\mathrm{kN\cdot m}$，$M_y=601\mathrm{kN\cdot m}$	$N=4084\mathrm{kN}$，$M_x=24\mathrm{kN\cdot m}$，$M_y=601\mathrm{kN\cdot m}$

计算方法		一阶弹性分析与设计	二阶 P-Δ 弹性分析与设计	直接分析设计法
计算长度系数	X 方向	1.61	1.00	—
	Y 方向	1.61	1.00	—
长细比	X 方向	58.81	36.58	—
	Y 方向	58.81	36.58	—
《高层民用建筑钢结构技术规程》 JGJ 99—2015 长细比限值		57.77		

由表 8.3.4-2 可以看出，一阶设计方法长细比超过《高层民用建筑钢结构技术规程》JGJ 98—2015 长细比的限值，而二阶设计方法因为计算长度系数小，长细比小于规范限值；直接分析设计法不需要计算稳定系数 φ，从而也不需要计算长细比 λ。因此，当构件长细比不满足规范容许长细比时，可以选择二阶 P-Δ 弹性分析与设计、直接分析设计法。

需要说明的是，文献［8.16］指出，长细比的要求对应于一阶弹性分析与设计方法，按一阶弹性分析设计时，均需要满足长细比要求。

对于钢框架结构，采用一阶弹性分析与设计方法时，钢框架柱的计算长度系数 μ 按有侧移框架柱的计算长度系数确定，计算长度系数 $\mu > 1.0$；而采用二阶 P-Δ 弹性分析与设计方法时，钢框架柱的计算长度系数 $\mu = 1.0$。因此，采用一阶弹性分析与设计方法计算出来的长细比，较二阶 P-Δ 弹性分析与设计方法计算出来的长细比大，文献［8.16］提出的按一阶弹性分析设计计算钢框架柱长细比，结果偏于安全。

但是对于钢框架-支撑结构，当支撑结构（支撑桁架、剪力墙等）满足公式 $S_b \geqslant 4.4$ $\left[\left(1+\dfrac{100}{f_y}\right)\sum N_{bi} - \sum N_{0i}\right]$ 时为强支撑框架，此时框架柱的计算长度系数 μ 可按无侧移框架柱的计算长度系数确定，计算长度系数 $\mu < 1.0$；而采用二阶 P-Δ 弹性分析与设计方法时，钢框架柱的计算长度系数 $\mu = 1.0$。因此，采用一阶弹性分析与设计方法计算出来的长细比，较二阶 P-Δ 弹性分析与设计方法计算出来的长细比小，文献［8.16］提出的按一阶弹性分析设计计算钢框架柱长细比，结果偏于不安全。

《建筑抗震设计标准》GB/T 50011—2010（2024 年版）将钢框架柱的长细比限值列为强制性条文（《建筑与市政工程抗震通用规范》GB 55002—2021 已将此长细比强条取消），但是长细比的计算方法，规范并没有区分一阶设计方法、二阶设计方法和直接分析设计法，这是规范需要明确的地方。

综上，钢框架柱承载力满足要求、但长细比超限时，如果不想增大钢框架柱截面，可以采取以下三种方法解决钢框架柱长细比超限的问题：

（1）减小钢框架柱壁厚，可以增大钢框架柱的回转半径，以减小长细比。

（2）对结构进行抗震性能化设计，采取"高承载力-低延性"的控制设计思路，放松钢框架柱的长细比限值。

（3）对钢框架结构，按照二阶 P-Δ 弹性分析与设计、直接分析设计法进行设计，减小钢框架柱的计算长度系数以减小长细比。

8.3.5 某钢结构厂房，局部设有办公夹层。结构体系选择"多层钢结构厂房"时，钢框架柱长细比不超限；结构体系选择"钢框架结构"时，钢框架柱长细比超限。如何处理？

某厂房，局部设有办公夹层，8 度（0.20g）第一组，Ⅱ类场地，标准设防类。结构平面布置如图 8.3.5-1 所示，钢材钢号为 Q355B。采用 PKPM 程序计算。

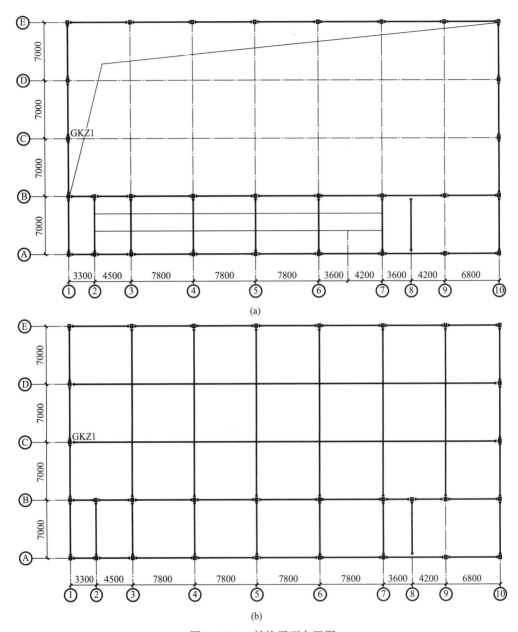

图 8.3.5-1　结构平面布置图

（a）局部夹层结构平面；（b）屋面层结构平面

结构体系选择"多层钢结构厂房"时，钢框架柱构件设计验算信息如图 8.3.5-2（a）所示；结构体系选择"钢框架结构"时，钢框架柱构件设计验算信息如图 8.3.5-2（b）所示。

由图 8.3.5-2 可以看出，结构体系选择"多层钢结构厂房"和"钢框架结构"时，钢框架柱 GKZ1 的强度应力比、稳定应力比、轴压比、长细比一样，但是结构体系选择"多层钢结构厂房"时，钢框架柱长细比限值为 150；结构体系选择"钢框架结构"时，钢框

四、构件设计验算信息

Px：x向梁与柱全塑性承载力比
Py：y向梁与柱全塑性承载力比

项目	内容
轴压比：	(21) N=−69.9 Uc=0.01
强度验算：	(36) N=−62.32 Mx=−44.06 My=−0.03 F1/f=0.07
平面内稳定验算：	(36) N=−62.32 Mx=−44.06 My=−0.03 F2/f=0.06
平面外稳定验算：	(75) N=−57.28 Mx=−3.39 My=35.92 F3/f=0.06
X向长细比=	λx= 47.74 ≤ 150.00
Y向长细比	λy= 131.51 ≤ 150.00
	《钢结构设计标准》GB50017-2017 7.4.6、7.4.7条给出构件长细比限值
宽厚比=	b/tf= 26.57 ≤ 31.36

项目	内容
高厚比=	《抗规》8.3.2条给出宽厚比限值
	《钢结构设计标准》GB50017-2017 3.5.1条给出宽厚比限值
	程序最终限值取两者的较严值
	h/tw= 26.57 ≤ 31.36
	《抗规》8.3.2条给出高厚比限值
	《钢结构设计标准》GB50017-2017 3.5.1条给出高厚比限值
	程序最终限值取两者的较严值
钢柱强柱弱梁验算：	X向 (21) N=−69.91 Px=0.00
	Y向 (21) N=−69.91 Py=1.10
	《抗规》8.2.5-1条 钢框架节点左右梁端和上下柱端的全塑性承载力，除下列情况之一外，应符合下式要求： 柱所在楼层的受剪承载力比相邻上一层的受剪承载力高出25%； 柱轴压比不超过0.4，或 $N_2 \leq \phi A_c f$（N_2 为2倍地震作用下的组合轴力设计值） 与支撑斜杆相连的节点 等截面梁： $$\Sigma\, W_{pc}\left(f_{yc} - \frac{N}{A_c}\right) \geqslant \eta\, \Sigma\, W_{pb} f_{yb}$$ 端部翼缘变截面梁： $$\Sigma\, W_{pc}\left(f_{yc} - \frac{N}{A_c}\right) \geqslant \Sigma\,(\eta\, W_{pb} f_{yb} + V_{pb} s)$$
受剪承载力：	CB_XF=413.69 CB_YF=413.69
	《钢结构设计标准》GB50017-2017 10.3.4

(a)

四、构件设计验算信息

Px：x向梁与柱全塑性承载力比
Py：y向梁与柱全塑性承载力比

项目	内容
轴压比：	(21) N=−69.6 Uc=0.01
强度验算：	(36) N=−62.03 Mx=−43.73 My=−0.03 F1/f=0.07
平面内稳定验算：	(36) N=−62.03 Mx=−43.73 My=−0.03 F2/f=0.06
平面外稳定验算：	(75) N=−57.00 Mx=−2.94 My=36.01 F3/f=0.06
X向长细比=	λx= 47.74 ≤ 81.36
Y向长细比	λy= 131.51 > 81.36

图 8.3.5-2 钢框架柱 GKZ1 设计验算信息（一）

（a）结构体系选择"多层钢结构厂房"时钢框架柱构件设计验算信息

项目	内容
	《抗规》8.3.1条：钢框架柱的长细比，一级不应大于$60\sqrt{\frac{235}{f_y}}$，二级不应大于$80\sqrt{\frac{235}{f_y}}$， 三级不应大于$100\sqrt{\frac{235}{f_y}}$，四级不应大于$120\sqrt{\frac{235}{f_y}}$ 《钢结构设计标准》GB50017-2017 7.4.6、7.4.7条给出构件长细比限值 程序最终限值取两者较严值
宽厚比=	b/tf= 26.57 ≤ 30.92 《抗规》8.3.2条给出宽厚比限值 《钢结构设计标准》GB50017-2017 3.5.1条给出宽厚比限值 程序最终限值取两者的较严值
高厚比=	h/tw= 26.57 ≤ 30.92 《抗规》8.3.2条给出高厚比限值 《钢结构设计标准》GB50017-2017 3.5.1条给出高厚比限值 程序最终限值取两者的较严值
钢柱强柱弱梁验算:	X向 (21) N=-69.62 Px=0.00 Y向 (21) N=-69.62 Py=1.07 《抗规》8.2.5-1条 钢框架节点左右梁端和上下柱端的全塑性承载力，除下列情况之一外，应符合下式要求： 柱所在楼层的受剪承载力比相邻上一层的受剪承载力高出25%； 柱轴压比不超过0.4，或$N_2 \leqslant \phi A_c f$(N_2为2倍地震作用下的组合轴力设计值) 与支撑斜杆相连的节点 等截面梁： $\sum W_{pc}\left(f_{yc}-\dfrac{N}{A_c}\right) \geqslant \eta \sum W_{pb}f_{yb}$ 端部翼缘变截面梁： $\sum W_{pc}\left(f_{yc}-\dfrac{N}{A_c}\right) \geqslant \sum (\eta W_{pb}f_{yb}+V_{pb}s)$
受剪承载力:	CB_XF=425.68 CB_YF=425.68 《钢结构设计标准》GB50017-2017 10.3.4

超限类别(304) 长细比超限 : Rmd= 131.51 > Rmd_max= 81.36

(b)

图8.3.5-2 钢框架柱 GKZ1 设计验算信息（二）

（b）结构体系选择"钢框架结构"时钢框架柱构件设计验算信息

架柱长细比限值为81.36（也就是$100\varepsilon_k$）。Y方向长细比$\lambda_y = 131.51$，结构体系选择"多层钢结构厂房"时，长细比小于150，长细比不超限；结构体系选择"钢框架结构"时，长细比大于$100\varepsilon_k = 81.36$，长细比超限。

《建筑抗震设计标准》GB/T 50011—2010（2024年版）第9.2.13条规定，单层钢结构厂房，框架柱的长细比，轴压比小于0.2时不宜大于150；轴压比不小于0.2时，不宜大于$120\varepsilon_k$。

《建筑抗震设计标准》GB/T 50011—2010（2024年版）第H.2.8条规定，多层钢结构厂房，框架柱的长细比不宜大于150；当轴压比大于0.2时，不宜大于$125(1-0.8N/Af)\varepsilon_k$。

《建筑抗震设计标准》GB/T 50011—2010（2024年版）第H.2.8条的条文说明指出：框架柱长细比限值大小对钢结构耗钢量有较大影响。构件长细比增加，往往误解为承载力退化严重。其实，这时的比较对象是构件的强度承载力，而不是稳定承载力。构件长细比属于稳定设计的范畴（实质上是位移问题）。构件长细比越大，设计可使用的稳定承载力则越小。在此基础上的比较表明，长细比增加，并不表现出稳定承载力退化趋势加重的迹象。

显然，框架柱的长细比增大，结构层间刚度减小，整体稳定性降低。但这些概念上已由结构的最大位移限值、层间位移限值、二阶效应验算以及限制软弱层、薄弱层、平面和竖向布置的抗震概念措施等所控制。美国 AISC 钢结构规范在提示中述及受压构件的长细比不应超过 200，钢结构抗震规范未作规定；日本 BCJ 抗震规范规定柱的长细比不得超过 200。条文参考美国、欧洲、日本钢结构规范和抗震规范，结合我国钢结构设计习惯，对框架柱的长细比限值作出规定。

对于本算例，GKZ1 属于高承载力（应力比、轴压比都很小），那么就可以选择"低延性-高承载力"的抗震思路，降低 GKZ1 的延性要求，放松其长细比限值，按照《建筑抗震设计标准》GB/T 50011—2010（2024 年版）第 H.2.8 条要求的长细比限值 150 即可。

8.3.6　1994 年美国加州北岭地震，梁、柱均遭受破坏；1995 年日本阪神地震，仅梁破坏。我们到底该如何设计钢结构梁、柱节点？

20 世纪 80 年代以来，美国加州规范规定，在梁-柱抗弯连接中，采用弯矩由翼缘连接承受，剪力由腹板连接承受的计算方法，但当 $W_{pf} \leqslant 0.7W_p$（翼缘的塑性截面模量小于截面塑性抗弯模量的 0.7 倍）时，在梁腹板连接板的上下角增加角焊缝（图 8.3.6a），其承担的弯矩应相当于梁端弯矩的 20%。

日本采用类似方法，称之为"常用设计法"，但对腹板螺栓连接一律加强，规定腹板的螺栓连接应按保有耐力（连接的承载力大于构件的塑性承载力）设计，且螺栓不得少于 2～3 列（图 8.3.6b），但在设计标准中没有明文规定。

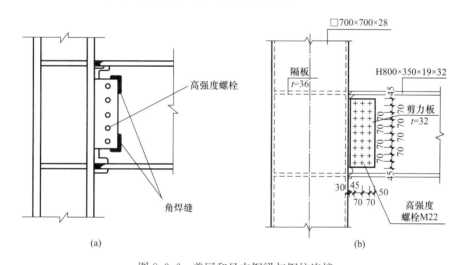

图 8.3.6　美国和日本钢梁与钢柱连接
（a）美国过去采用的梁柱混合连接；（b）日本过去采用的梁柱混合连接

《建筑抗震设计规范》GB 50011—2001 第 8.3.4 条文说明指出：美国加州 1994 年诺斯里奇地震和日本 1995 年阪神地震，钢框架梁柱节点受严重破坏，但两国的节点构造不同，破坏特点和所采取的改进措施也不完全相同。

（1）美国通常采用工字形柱，日本主要采用箱形柱。

（2）在梁翼缘对应位置的柱加劲肋厚度，美国按传递设计内力设计，一般为梁缘厚度之半，而日本要比梁翼缘厚一个等级。

（3）梁端腹板的下翼缘切角，美国采用矩形，高度较小，使下翼缘焊缝在施焊时实际上要中断，并使探伤操作困难，致使梁下翼缘焊缝出现了较大缺陷，日本梁端下翼缘切角接近三角形，高度稍大，允许施焊时焊条通过，虽然施焊仍不很方便，但情况要好些。

（4）对于梁腹板与连接板的连接，美国除螺栓外，当梁翼缘的塑性截面模量小于梁全截面塑性截面模量的 70% 时，在连接板的角部要用焊缝连接；日本只用螺栓连接，但规定应按保有耐力计算，且不少于 2~3 排。

这两种不同构造所遭受破坏的主要区别是，日本的节点震害仅出现在梁端，柱无损伤；而美国的节点震害是梁柱均遭受破坏。虽然《建筑抗震设计标准》GB/T 50011—2010（2024 年版）取消了《建筑抗震设计规范》GB 50011—2001 的这一段条文说明，但是美日地震中钢结构震害的经验仍值得我们关注。

我国《高层民用建筑钢结构技术规程》JGJ 99—98 是在 1987 年底开始编制的，当时虽然看到了美国标准加强腹板连接的措施，却未看到日本有类似规定，对于日本用不同的方法处理腹板抗弯缺乏体会，对于加强腹板连接的必要性缺乏认识，因此未将加强措施列入。直到使用过程中，发现很高的梁腹板连接只有很少几个螺栓时，才感到不对头。在 2001 版抗震规范修订时，审查组建议当符合美国加州规范所述条件时，腹板用两列螺栓，且螺栓总数应比抗剪计算增加 50%。《建筑抗震设计规范》GB 50011—2001 第 8.3.4 条 3 款规定：当梁翼缘的塑性截面模量小于梁全截面塑性截面模量的 70% 时，梁腹板与柱的连接螺栓不得少于二列；当计算仅需一列时，仍应布置二列，且此时螺栓总数不得少于计算值的 1.5 倍。

规范此条的意思就是梁翼缘较弱时，需要腹板帮忙承受弯矩，但是腹板承担多少弯矩，规范没有说明，一些软件及参考书根据腹板惯性矩占全截面惯性矩的比例，将弯矩分配给腹板，腹板在弯矩和剪力共同作用下计算螺栓。连接处内力（弯矩和剪力）的取值，也有很多种取法，可以取构件的设计内力，也可以取构件的承载力。

《高层民用建筑钢结构技术规程》JGJ 99—2015 首次将腹板定量计算列入了规范。《高层民用建筑钢结构技术规程》JGJ 99—2015 第 8.1.1 条、第 8.1.2 条规定：抗震设计时，构件按多遇地震作用下内力组合设计值选择截面；连接设计应符合构造措施要求，按弹塑性设计，连接的极限承载力应大于构件的全塑性承载力。梁与 H 形柱（绕强轴）刚性连接以及梁与箱形柱或圆管柱刚性连接时，弯矩由梁翼缘和腹板受弯区的连接承受，剪力由腹板受剪区的连接承受。梁与柱的连接宜采用翼缘焊接和腹板高强度螺栓连接的形式。梁腹板用高强度螺栓连接时，应先确定腹板受弯区的高度，并应对设置于连接板上的螺栓进行合理布置，再分别计算腹板连接的受弯承载力和受剪承载力。

结合文献 [8.3] 的 [例题 1.2]、[例题 1.3]，不同规范计算梁柱刚接螺栓数量的区别列表见表 8.3.6。由表 8.3.6 可以看出，《建筑抗震设计规范》GB 50011—2001 以梁翼缘的塑性截面模量占梁全截面塑性截面模量的 70% 为界，大于 70%，梁腹板不承担弯矩；小于 70%，梁腹板按照梁腹板惯性矩占全截面惯性矩的比例承担弯矩。这个规定显然比较粗糙，仅将梁翼缘厚度由 18mm 修改为 16mm，则梁翼缘的塑性截面模量占梁全截面塑性截面模量的比例由 0.716 变化为 0.689，梁腹板承担弯矩由 0 变化为 220.24kN·m，计算螺栓数量由 9 个变化为 21 个。按照《高层民用建筑钢结构技术规程》JGJ 99—2015，将梁翼缘厚度由 18mm 修改为 16mm，螺栓的计算数量都是 16 个，很显然《高层民用建筑钢结构技术规程》JGJ 99—2015 计算梁腹板有效受弯高度、分别计算承受弯矩区和承受剪力区的螺栓这一方法更科学一些。

不同规范计算梁柱刚接螺栓数量 表 8.3.6

规范	计算项	梁截面 H650×250×12×18 (mm)	梁截面 H650×250×12×16 (mm)
《建筑抗震设计规范》 GB 50011—2001	梁翼缘的塑性截面模量① (mm³)	2844000	2536000
	梁全截面塑性截面模量② (mm³)	3974988	3681772
	①/②	0.716＞0.7	0.689＜0.7
	梁腹板承担弯矩 (kN·m)	0	220.24
	梁腹板承担剪力 (kN)	1289.4	1297.8
	计算螺栓数量	9	21
《高层民用建筑钢结构技术规程》 JGJ 99—2015	梁腹板有效受弯高度 (mm)	219	219
	梁腹板连接的极限受弯承载力 M_{uw}^j (kN·m)	306.3	310.81
	弯矩 M_{uw}^j 引起的承受弯矩区的水平剪力 V_{uw}^j	775.44	778.97
	承受弯矩区螺栓数 n_1	6	6
	承受剪力区的受剪承载力	613.18	613.18
	承受剪力区螺栓数 n_2	4	4
	螺栓数量 $2n_1+n_2$	16	16

8.4　钢结构连接及节点

8.4.1　高强度螺栓摩擦型和承压型有什么区别？抗震连接时，可以用高强度螺栓承压型代替摩擦型连接，减少高强度螺栓数量吗？

高强度螺栓按照连接分类，分为摩擦型和承压型。

（1）摩擦型

高强度螺栓摩擦型连接，利用高强度螺栓的预拉力，使被连接钢板的层间产生抗滑力（摩擦阻力），以传递剪力。采用高强度螺栓摩擦型连接的节点变形小，在使用荷载作用下不会产生滑移。用于不允许有滑移现象的连接，它能承受连接处的应力交变和应力急剧变化。适用于重要结构、承受动力荷载的结构，以及可能出现反向内力的构件连接。

高强度螺栓摩擦型连接，每个高强度螺栓受剪承载力按式（8.4.1-1）计算：

$$N_v^b = 0.9kn_f\mu P \tag{8.4.1-1}$$

式中　k——孔型系数，标准孔取 1.0；大圆孔取 0.85；内力与槽孔长向垂直时取 0.7；内力与槽孔长向平行时取 0.6；

n_f——传力摩擦面数目；

μ——摩擦面的抗滑移系数，应按表 8.4.1-1 采用；

P——一个高强度螺栓的预拉力 (kN)，应按表 8.4.1-2 采用。

（2）承压型

高强度螺栓承压型连接，是以高强度螺栓的螺杆抗剪强度或被连接钢板的螺栓孔壁抗压强度来传递剪力。其制孔及预拉力施加等要求，均与高强度螺栓摩擦型连接的做法相同，但杆件连接处的板件接触面仅需清除油污及浮锈。高强度螺栓承压型连接抗剪、承压

摩擦面的抗滑移系数　　　　　　　　　　　表 8.4.1-1

在连接处构件接触面的处理方法	构件的钢号		
	Q235 钢	Q355 钢或 Q390 钢	Q420 钢或 Q460 钢
喷硬质石英砂或铸钢棱角砂	0.45	0.45	0.45
抛丸（喷砂）	0.40	0.40	0.40
钢丝刷清除浮锈或未经处理的 干净轧制表面	0.30	0.35	—

注：1. 钢丝刷除锈方向应与受力方向垂直。
　　2. 当连接构件采用不同钢材牌号时，μ 按相应较低强度者取值。
　　3. 采用其他方法处理时，其处理工艺及抗滑移系数值均需经试验确定。

一个高强度螺栓的预拉力 P（kN）　　　　　表 8.4.1-2

螺栓的性能等级	螺栓公称直径（mm）					
	M16	M20	M22	M24	M27	M30
8.8 级	80	125	150	175	230	280
10.9 级	100	155	190	225	290	355

的工作条件较差，类似于普通螺栓，被连接组合的构件承受荷载时所产生的变形，大于高强度螺栓摩擦型连接的变形，所以不得用于直接承受动力荷载的构件、承受反复荷载作用的构件、抗震设防的结构。一般来说，高强度螺栓承压型连接的承载能力要高于高强度螺栓摩擦型连接，而且施工更为方便。

高强度螺栓承压型连接的计算方法和构造要求，与普通螺栓连接相同，但当剪切面在螺纹处时，其受剪承载力设计值应按螺纹处的有效面积进行计算。高强度螺栓承压型连接，每个高强度螺栓受剪承载力按式（8.4.1-2）计算：

$$N_v^b = n_v \frac{\pi d^2}{4} f_v^b \qquad (8.4.1\text{-}2)$$

式中　n_v——受剪面数目；
　　　d——高强度螺栓公称直径（mm），当剪切面在螺纹处时，应按螺纹处的有效面积 A_{eff}（mm^2）计算受剪承载力设计值，螺纹处的有效面积 A_{eff} 按照表 8.4.1-3 取值；
　　　f_v^b——高强度螺栓的抗剪强度设计值（N/mm^2）。

螺栓在设计螺纹处的有效面积 A_{eff}、$\dfrac{\pi d^2}{4}$（mm^2）　　　表 8.4.1-3

螺栓规格	M16	M20	M22	M24	M27	M30
A_{eff}	157	245	303	353	459	561
$\dfrac{\pi d^2}{4}$	201	314	380	452	572	707

表 8.4.1-3 中螺纹处的有效面积 A_{eff} 摘自现行《钢结构高强度螺栓连接技术规程》JGJ 82 表 4.2.3。从表 8.4.1-3 可以看出，螺纹处的有效面积小于按照螺栓公称直径计算出来的面积。

（3）摩擦型与承压型高强度螺栓受剪承载力比较

M22 高强度螺栓，10.9 级，双剪，连接处构件接触面的处理方法为钢丝刷清除浮锈，标准孔，钢材钢号为 Q355。分别计算摩擦型、承压型高强度螺栓受剪承载力。

高强度螺栓摩擦型连接，受剪承载力：

$$N_v^b = 0.9 k n_f \mu P = 0.9 \times 1 \times 2 \times 0.35 \times 190 = 119.7 \text{kN}$$

高强度螺栓承压型连接，受剪承载力：

$$N_v^b = n_v A_{eff} f_v^b = 2 \times 303 \times 310 = 187860 N = 187.869 \text{kN}$$

可以看出，高强度螺栓受剪承载力，承压型远高于摩擦型。

（4）摩擦型与承压型高强度螺栓的选用

高强度螺栓连接分为摩擦型和承压型。《钢结构设计标准》GB 50017—2017 第 11.4.3 条和第 11.5.4 条的条文说明指出：制造厂生产供应的高强度螺栓并无用于摩擦型连接和承压型连接之分。因高强度螺栓承压型连接的剪切变形比摩擦型的大，所以只适用于承受静力荷载或间接承受动力荷载的结构。

因为承压型连接的承载力取决于钉杆剪断或同一受力方向的钢板被压坏，其承载力较之摩擦型要高出很多。有一种观点提出，摩擦面滑移量不大，因螺栓孔隙仅 1.5～2mm，而且不可能都偏向一侧，可以用承压型连接的承载力代替摩擦型连接的承载力，对结构构件定位影响不大，可以节省很多螺栓，这算一项技术创新。抗震连接时，可以用高强度螺栓承压型代替摩擦型连接，减少高强度螺栓数量吗？

在抗震设计中，主要承重结构的高强度螺栓连接一律采用摩擦型。连接设计分为两个阶段：第一阶段按设计内力进行弹性设计，要求摩擦面不滑移；第二阶段进行极限承载力计算，此时考虑摩擦面已滑移，摩擦型连接成为承压型连接，要求连接的极限承载力大于构件的塑性承载力，其最终目标是保证房屋大震不倒。如果在设计内力下就按承压型连接设计，虽然螺栓用量省了，但是设计荷载下承载力已用尽。如果来地震，螺栓连接注定要破坏，房屋将不再成为整体，势必倒塌。虽然大部分地区的设防烈度很低，但地震的发生目前仍无法准确预报，低烈度区发生较高烈度地震的概率虽然不多，但不能排除。而且钢结构的尺寸是以 mm 计的，现代技术设备要求精度极高，超高层建筑的安装精度要求也很高，结构按弹性设计允许摩擦面滑移，简直不可思议，只有摩擦型连接才能准确地控制结构尺寸。

《高层民用建筑钢结构技术规程》JGJ 99—2015 第 8.1.6 条更是明确规定：高层民用建筑钢结构承重构件的螺栓连接，应采用高强度螺栓摩擦型连接。考虑罕遇地震时连接滑移，螺栓杆与孔壁接触，极限承载力按承压型连接计算。

综上论述，抗震设计弹性阶段高强度螺栓承载力均应按照摩擦型计算。

8.4.2 钢材质量等级 A、B、C、D、E 如何选用？

钢材的质量等级从低到高分为 A、B、C、D、E 五级，钢材质量等级主要体现了其韧性（冲击吸收功）和化学成分优化方面的差异，质量等级愈高则冲击功保证值越高，而有害元素（硫、磷）含量限值则越低，因而是一个材质综合评定的指标，不同质量等级钢材价格也有差别。笔者经常看到有结构工程师选用很高质量等级的钢材，其实对于多高层民用建筑钢结构，钢材的质量等级没有必要很高。选用过高质量等级的钢材会造成浪费。合理选用钢材的质量等级，其经济价值是十分可观的。如钢材的质量等级从 A 到 E，每提高一级，每吨价格常高出 1000 元以上，如钢材用量近千吨，其差价将在 100 万元以上，而且质量等级越高，越不容易订货，需提前较长时间，给工程建设进度安排带来不便。

（1）不同质量等级钢材冲击吸收能量要求

不同质量等级钢材，在不同试验温度下冲击吸收能量要求见表 8.4.2-1。

不同质量等级钢材在不同试验温度下冲击吸收能量要求 表 8.4.2-1

牌号	质量等级	试验温度（℃）	冲击吸收能量（kV$_2$/J）
Q235	A	—	—
	B	20	≥27
	C	0	
	D	−20	
Q355	B	20	纵向≥34，横向≥27
	C	0	
	D	−20	
	E（Q355N、Q355M）	−40	纵向≥31，横向≥20
Q390	B	20	纵向≥34，横向≥27
	C	0	
	D	−20	
	E（Q390N、Q390M）	−40	纵向≥31，横向≥20
Q420	B	20	纵向≥34，横向≥27
	C	0	
	D（Q420N、Q420M）	−20	纵向≥40，横向≥20
	E（Q420N、Q420M）	−40	纵向≥31，横向≥20
Q460	C	0	纵向≥34，横向≥27
	D（Q460N、Q460M）	−20	纵向≥40，横向≥20
	E（Q460N、Q460M）	−40	纵向≥31，横向≥20
Q500M、Q550M、Q620M、Q690M	C	0	纵向≥55，横向≥34
	D	−20	纵向≥47，横向≥27
	E	−40	纵向≥31，横向≥20
Q235GJ、Q355GJ、Q390GJ、Q420GJ、Q460GJ	B	20	≥47
	C	0	
	D	−20	
	E	−40	
Q500GJ、Q550GJ、Q620GJ、Q690GJ	C	0	≥55
	D	−20	≥47
	E	−40	≥31

说明：1. 冲击试验取纵向试样。

　　　2. 一般结构如何选用钢材质量等级。

（2）一般结构如何选用钢材质量等级

一般结构选用钢材质量等级可以参见表 8.4.2-2。

《钢结构设计标准》GB 50017—2017 第 4.3.3、4.3.4 条的条文说明指出，严格地说，结构工作环境温度的取值与可靠度相关。为便于使用，在室外工作的构件，结构工作环境温度可按《采暖通风与空气调节设计规范》GBJ 19—87（2001 年版）的最低日平均气温采用。

但是《采暖通风与空气调节设计规范》GBJ 19—87（2001 年版）这本规范年代久远，且已经作废，规范里面的最低日平均气温的气象资料也过时了。下面将涉及室外气象参数的几本暖通规范进行汇总，见表 8.4.2-3。由表 8.4.2-3 可以看出，《采暖通风与空气调节设计规范》GBJ 19—87（2001 年版）的升级版本规范，以极端最低气温代替了最低日平均气温。因此我们可以按照现行《民用建筑热工设计规范》GB 50176—2016 中提供的累年最低日平均气温，来选择合适的钢材质量等级。

钢材质量等级选用　　　　　　　　　　　　　　　　　　　表 8.4.2-2

钢材类型		工作温度（℃）		
		$T>0$	$-20<T\leqslant0$	$-40<T\leqslant-20$
不需验算疲劳	非焊接结构	B（允许用 A）	B	受拉构件及承重结构的受拉板件： 1. 板厚或直径小于 40mm：C； 2. 板厚或直径不小于 40mm：D； 3. 重要承重结构的受拉板材宜选建筑结构用钢板（GJ 钢）
	焊接结构	B（允许用 Q355A～Q420A）		
需验算疲劳	非焊接结构	B	Q235B　　Q390C Q355GJC　Q420C Q355B　　Q460C	Q235C　　Q390D Q355GJC　Q420D Q355C　　Q460D
	焊接结构	B	Q235C　　Q390D Q355GJC　Q420D Q355C　　Q460D	Q235D　　Q390E Q355GJD　Q420E Q355D　　Q460E

注：需验算疲劳的钢结构为直接承受动力荷载重复作用的钢结构（例如工业厂房起重机梁、有悬挂起重机的屋盖结构、桥梁、海洋钻井平台、风力发电机结构、大型旋转游乐设施等），当其荷载产生的应力变化的循环次数 $n\geqslant5\times10^4$ 时的高周疲劳计算。

涉及室外气象参数的暖通规范汇总　　　　　　　　　　　表 8.4.2-3

规范	取代的规范	规范提供的室外气象参数	备注
《采暖通风与空气调节设计规范》GBJ 19—87（2001 年版）	《采暖通风与空气调节设计规范》GBJ 19—87	最低日平均气温	
《采暖通风与空气调节设计规范》GB 50019—2003	《采暖通风与空气调节设计规范》GBJ 19—87（2001 年版）	取消"室外气象参数"表，另行出版《采暖通风与空气调节气象资料集》	
《民用建筑供暖通风与空气调节设计规范》GB 50736—2012	《采暖通风与空气调节设计规范》GB 50019—2003	极端最低气温	《采暖通风与空气调节设计规范》GB 50019—2003 拆分成了两本规范，一本涉及民用建筑、另一本涉及工业建筑
《工业建筑供暖通风与空气调节设计规范》GB 50019—2015			
《民用建筑热工设计规范》GB 50176—2016	《民用建筑热工设计规范》GB 50176—93	累年最低日平均气温	

根据《民用建筑热工设计规范》GB 50176—2016 提供的累年最低日平均气温，对现行《钢结构设计标准》GB 50017—2017 第 4.3.3、4.3.4 条文说明中表 4 进行修正（表 8.4.2-4）。

因此，对于需要验算疲劳的焊接结构的钢材（室外无保温措施），各城市选用钢材质量等级可参考表 8.4.2-5。

最低日平均气温（℃）

表 8.4.2-4

省市名	城市名	最低日平均气温
北京	北京	-11.8 (-15.9)
天津	天津	-12.1 (-13.1)
河北	唐山	-13.6 (-15.0)
河北	石家庄	-9.6 (-17.1)
山西	太原	-16.4 (-17.8)
内蒙古	呼和浩特	-22.7 (-25.1)
辽宁	沈阳	-26.8 (-24.9)
吉林	吉林	— (-33.8)
吉林	长春	-30.1 (-29.8)
黑龙江	齐齐哈尔	-32.1 (-32.0)
黑龙江	哈尔滨	-30.9 (-33.0)
上海	上海	-3.0 (-6.9)

省市名	城市名	最低日平均气温
江苏	连云港	-11.8 (-11.4)
江苏	南京	-4.5 (-9.0)
浙江	杭州	-2.6 (-6.0)
浙江	宁波	— (-4.3)
浙江	温州	— (-1.8)
安徽	蚌埠	-7.0 (-12.3)
安徽	合肥	-6.4 (-12.5)
福建	福州	3.3 (1.6)
福建	厦门	6.3 (4.9)
江西	九江	— (-6.8)
江西	南昌	-1.6 (-5.6)
山东	烟台	— (-11.9)

省市名	城市名	最低日平均气温
山东	济南	-10.5 (-13.7)
山东	青岛	-9.0 (-12.5)
河南	郑州	-6.0 (-11.4)
河南	洛阳	— (-11.6)
湖北	武汉	-2.5 (-11.3)
湖南	长沙	-2.2 (-6.9)
广东	汕头	6.5 (5.1)
广东	广州	-0.5 (2.9)
广东	湛江	5.0 (4.2)
广西	桂林	-0.2 (-2.9)
广西	南宁	4.5 (2.4)
海南	海口	8.5 (6.9)

省市名	城市名	最低日平均气温
广西	北海	3.5 (2.6)
四川	成都	0.7 (-1.1)
重庆	重庆	2.9 (0.9)
贵州	贵阳	-5.4 (-5.9)
云南	昆明	-0.6 (3.5)
西藏	拉萨	-7.7 (-10.3)
陕西	西安	-8.4 (-12.3)
甘肃	兰州	-12.9 (-15.8)
青海	西宁	-17.8 (-20.3)
宁夏	银川	-18.2 (-23.4)
新疆	乌鲁木齐	-25.4 (-33.3)
新疆	吐鲁番	-14.6 (-23.7)

说明：括号内数字为《钢结构设计标准》GB 50017—2017 第 4.3.3、4.3.4 条文说明中表 4 提供的最低日平均气温，即《采暖通风与空气调节设计规范》GBJ 19—87（2001 年版）提供的最低日平均气温；括号外数字为《民用建筑热工设计规范》GB 50176—2016 提供的累年最低日平均气温。

需要验算疲劳的焊接结构钢材（室外无保温措施）钢材质量等级选用　　表 8.4.2-5

工作温度（℃）	$T>0$	$-20<T\leqslant0$	$-40<T\leqslant-20$
城市	福州、厦门、汕头、湛江、海口、南宁、北海、成都、重庆	北京、天津、唐山、石家庄、太原、上海、连云港、南京、杭州、蚌埠、合肥、南昌、济南、青岛、郑州、武汉、长沙、广州、桂林、贵阳、昆明、拉萨、西安、兰州、西宁、银川、吐鲁番	呼和浩特、沈阳、长春、齐齐哈尔、哈尔滨、乌鲁木齐
钢材质量等级	B	Q235C　Q390D Q355GJC Q420D Q355C　Q460D	Q235D　Q390E Q355GJD Q420E Q355D　Q460E

8.4.3　**《高层民用建筑钢结构技术规程》JGJ 99—2015 第 8.4.2 条规定，箱形柱的组装焊缝厚度不应小于板厚的 1/3，且不应小于 16mm，抗震设计时不应小于板厚的 1/2。组装焊缝厚度不应小于 16mm，那么焊接箱形柱的壁板厚度是不是也要大于 16mm？**

《高层民用建筑钢结构技术规程》JGJ 99—2015 第 8.4.2 条规定，箱形柱的组装焊缝厚度不应小于板厚的 1/3，且不应小于 16mm，抗震设计时不应小于板厚的 1/2（图 8.4.3-1）。

焊缝厚度都要求不应小于 16mm，那么焊接箱形柱的壁板厚度是不是也要大于 16mm？确实，焊接箱形柱的壁板厚度不应小于 16mm。主要原因有以下两点：

（1）箱形柱壁板厚度小于 16mm 时，不宜采用电渣焊焊接隔板。

《高层民用建筑钢结构技术规程》JGJ 99—2015 第 8.4.2 的条文说明指出，采用电渣焊时箱形柱壁板最小厚度取 16mm 是经专家论证的，更薄时将难以保证焊件质量。当箱形柱壁板小于该值时，可改用 H 形柱、冷成型柱或其他形式柱截面。

我国多高层钢结构设计中，通常采用柱贯通型，其中箱形柱隔板采用电渣焊，制作安装比较方便。《高层民用建筑钢结构技术规程》JGJ 99—98 编制时由于缺少经验，对电渣焊柱壁板最小厚度未作规定。实践中，有的电渣焊柱壁板用到 14mm；个别工程柱宽较小，仅 300～400mm，因《高层民用建筑钢结构技术规程》JGJ 99—98 建议梁与柱双向刚接时宜采用箱形柱，柱隔板可用电渣焊，结果有的柱壁板厚度仅有 10mm 甚至 8mm，但仍要求用电渣焊。加工厂在按图施工中，

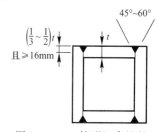

图 8.4.3-1　箱形组合柱的角部组装焊缝

常因壁板太薄导致柱壁板融化。因此，对电渣焊的最小板厚度缺少规定，不但影响制作，更影响工程质量。高钢规程修订时了解到，日本规定的电渣焊壁板最小厚度是 28mm，这对我国来说未必适合。对于最薄可做到多厚的问题与日本焊接专家进行了讨论分析，认为不能比 16mm 更薄。因此，现行《高层民用建筑钢结构技术规程》JGJ 99—2015 作了相应规定。

很多工程师对于电渣焊不太了解，导致一些箱型柱内隔板与柱壁板焊缝设计错误。比如有些钢结构加工详图，仅将内隔板的三面与箱型柱壁板焊接，第四面不焊接。下面简要介绍电渣焊。

电渣焊是利用电流通过熔渣所产生的电阻热作为热源，将填充金属和母材熔化，凝固后形成金属原子间牢固连接。在开始焊接时，使焊丝与起焊槽短路起弧，不断加入少量固体焊剂，利用电弧的热量使之熔化，形成液态熔渣，待熔渣达到一定深度时，增加焊丝的

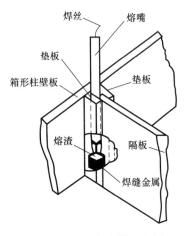

图 8.4.3-2　电渣焊示意图

送进速度，并降低电压，使焊丝插入渣池，电弧熄灭，从而转入电渣焊焊接过程（图 8.4.3-2）。

箱形钢柱的四块壁板（图 8.4.3-3），首先将 1 号壁板、2 号壁板，与内隔板 5 通过双面坡口焊（⑪号焊缝，表 8.4.3-1）连接起来。图 8.4.3-3 中 3 号钢板、4 号钢板，垂直方向各焊接了两块 50mm 长、28mm 厚的钢板（也叫挡板）。然后与已经焊接好的 1 号钢板、2 号钢板及内隔板 5 拼在一起。在两块 50mm 长、28mm 厚的钢板之间，留有一个 G 宽 t 厚的空隙，空隙里面采用电渣焊（⑬号焊缝，表 8.4.3-1）。

（2）箱形柱壁板厚度小于 16mm 时，冷弯矩形钢管较焊接箱形钢管，具有更好的经济性。

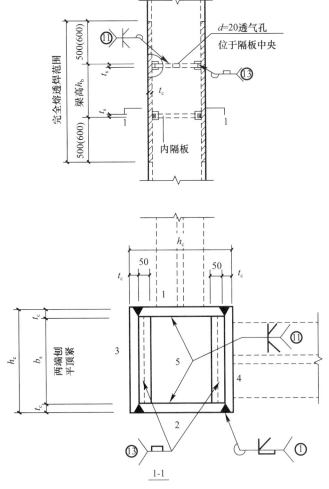

图 8.4.3-3　箱形截面柱设置内隔板构造

注：图中各符号释义参见《多高层民用建筑钢结构节点构造详图》16G519。

焊缝形式表　　　　　　　　　　　　　　　　　　　表 8.4.3-1

焊缝代号	坡口形状示意图	标注样式	焊接方法	板厚 t（mm）	坡口尺寸（mm）
⑪			部分焊透对接与角接组合焊缝	≥10	$H_1 > t/3$
⑬			埋弧焊	≤22	$G=22$
				≥25	$G=25$

　　《高层民用建筑钢结构技术规程》JGJ 99—2015 第 4.1.6 条规定，钢框架柱采用箱形截面且壁厚不大于 20mm 时，宜选用直接成方工艺成型的冷弯方（矩）形焊接钢管，其材质和材料性能应符合现行行业标准《建筑结构用冷弯矩形钢管》JG/T 178 中 I 级产品的规定。

　　《高层民用建筑钢结构技术规程》JGJ 99—2015 第 4.1.6 条文说明指出，工程经验表明，当四块钢板组合箱形截面壁厚小于 16mm 时，不仅加工成本高，工效低而且焊接变形大，导致截面板件平整度差，反而不如采用方（矩）钢管更为合理可行。因此规范规定，钢框架柱采用箱形截面且壁厚不大于 20mm 时，宜选用直接成方工艺成型的冷弯方（矩）形焊接钢管。

　　需要提醒注意的是，建筑结构用冷弯矩形钢管不可以设置内隔板，因此一般采用梁贯通式连接或柱外环加劲连接方式，如图 8.4.3-4（a）、（b）所示。

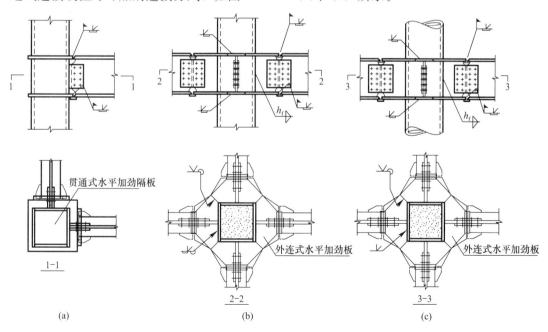

图 8.4.3-4　梁与框架柱的连接构造

（a）框架梁与箱形柱隔板贯通式连接；（b）框架梁与箱形柱外环加劲式连接；（c）框架梁与圆钢柱外环加劲式连接

常用的冷弯正方形、长方形钢管规格见表8.4.3-2、表8.4.3-3。表8.4.3-2、表8.4.3-3仅列出截面边长及壁厚，具体截面特性（理论重量、截面面积、惯性矩、惯性半径、截面模数、扭转常数）可以查阅《建筑结构用冷弯矩形钢管》JG/T 178—2005中表8、表9。

冷弯正方形钢管规格   表 8.4.3-2

边长（mm）	100,110,120	130	135,140	150,160,170,180,190	200	220,250,280
壁厚（mm）	4,5,6,8,10	4,5,6,8,10,12	4,5,6,8,10,12,13	4,5,6,8,10,12,14	4,5,6,8,10,12,14,16	5,6,8,10,12,14,16
边长（mm）	300,320	350	380	400	450,480,500	
壁厚（mm）	6,8,10,12,14,16,19	6,7,8,10,12,14,16,19	8,10,12,14,16,19,22	8,9,10,12,14,16,19,22	9,10,12,14,16,19,22	

冷弯长方形钢管规格   表 8.4.3-3

长(mm)×宽(mm)	120×80	140×80	150×100	160×60	160×80	180×65	180×100,200×100
壁厚(mm)	4,5,6,7,8	4,5,6,8	4,5,6,8,10	4,4.5,6	4,5,6,8	4,4.5,6	4,5,6,8,10
长(mm)×宽(mm)	200×120	200×150	220×140	250×150	250×200	260×180	300×200,350×200,350×250
壁厚(mm)	4,5,6,8,10	4,5,6,8,10,12,14	4,5,6,8,10,12,13	4,5,6,8,10,12,14	5,6,8,10,12,14,16	5,6,8,10,12,14	5,6,8,10,12,14,16
长(mm)×宽(mm)	350×300	400×200	400×250	400×300	450×250	450×350	450×400
壁厚(mm)	7,8,10,12,14,16,19	6,8,10,12,14,16	5,6,8,10,12,14,16	7,8,10,12,14,16,19	6,8,10,12,14,16	7,8,10,12,14,16,19	9,10,12,14,16,19,22
长(mm)×宽(mm)	500×200,500×250	500×300	500×400	500×450,500×480			
壁厚(mm)	9,10,12,14,16	10,12,14,16,19	9,10,12,14,16,19,22	10,12,14,16,19,22			

参 考 文 献

[8.1] American Society of Civil Engineers（ASCE）Effective Length and Notional Load Approaches for Assessing Frame Stability：Implications for American Steel Design [M]. New York：ASCE，1997.

[8.2] 童根树，郭峻、剪切型支撑框架的假想荷载法 [J]. 浙江大学学报（工学版）. 2011，45（12）：2142-2149.

[8.3] 金波. 钢结构设计及计算实例-基于《钢结构设计标准》GB 50017—2017 [M]. 北京：中国建筑工业出版社，2021.

[8.4] European Committee for Standardization（CEN）. Eurocode 3：Design of steel structures [S]. Brussels：CEN，2014.

[8.5] American Institute of Steel Construction（AISC）. Specification for Structural Steel Buildings：ANSI/AISC

360-16 ［S］. Chicago：AISC，2016.

［8.6］ 陈绍礼，刘耀鹏. 运用 NIDA 进行钢框架结构二阶直接分析 ［J］. 施工技术，2010，41（10）：61-64.

［8.7］ 崔佳，魏明钟，赵熙元，但泽义. 钢结构设计规范理解与应用 ［M］. 北京：中国建筑工业出版社，2004.

［8.8］ Kirby, P. A. et al. Design for Structural Stability ［M］. Grana. 1979.

［8.9］ 陈绍蕃. 钢结构设计原理（第四版）［M］. 北京：科学出版社，2016.

［8.10］ Lindner, J. Proc. of Sino-American Symposium on Bridge and Struct ［M］. Eng.，1982：6-16-1.

［8.11］ 潘友昌. 单轴对称箱形简支梁的整体稳定性 ［J］. 全国钢结构标准技术委员会《钢结构研究论文报告选集》第二册，1983：40-57.

［8.12］ 方鄂华. 高层建筑钢筋混凝土结构概念设计 ［M］. 北京：机械工业出版社，2014.

［8.13］ 陈炯，路志浩. 论地震作用和钢框架板件宽厚比限值的对应关系（下）［J］. 钢结构，2008，23（6）：51-58.

［8.14］ 金波. 高层钢结构设计计算实例 ［M］. 北京：中国建筑工业出版社，2018.

［8.15］ 陈炯. 关于钢结构抗震设计中轴心受压支撑长细比问题的讨论 ［J］. 钢结构，2008，23（1）：42-46.

［8.16］ 朱炳寅. 钢结构设计标准理解与应用 ［M］. 北京：中国建筑工业出版社，2020.

［8.17］ 蔡益燕. 梁柱连接计算方法的演变 ［J］. 建筑钢结构进展. 2006，8（2）：49-54.

［8.18］ 蔡益燕. 梁柱连接计算方法的改进 ［J］. 建筑结构. 2007，37（1）：12-14.

［8.19］ 蔡益燕. 高强度螺栓连接的设计计算 ［J］. 建筑结构，2009，39（1）：73-74.

［8.20］ 邱鹤年，钢结构设计禁忌及实例 ［M］. 北京：中国建筑工业出版社，2009.

［8.21］ 蔡益燕，郁银泉，王喆，宋文晶，冷成型柱隔板连接的有关问题 ［J］. 钢结构，2013，28（1）：56-58.

9 大跨度钢结构

9.1 大跨度钢结构的形式和分类的几个概念

9.1.1 大跨度钢结构的结构形式有哪些？

大跨度钢结构的形式习惯上按结构构成及受力特点的不同分类，分为平面结构体系和空间结构体系两大类。属于平面结构体系的有：平面桁架、平面刚架和拱式结构。属于空间结构体系的有：空间网格结构、索结构、斜拉结构、张拉整体结构等。其中空间网格结构包括有平板型和曲面型网架，单、双层曲面网壳，立体桁架等。

《钢结构设计标准》GB 50017—2017 附录 A.3 按结构受力特点进行分类，分为三类：以整体受弯为主的结构、以整体受压为主的结构及以整体受拉为主的结构。

9.1.2 大跨度空间结构的形式和分类的研究？

大跨度空间钢结构的形式和分类方法有多种，并没有统一的标准。

按传统的空间结构形式和分类方法，空间结构分为薄壳（包含折板结构）、空间网格结构和张拉结构三大空间结构。薄壳结构与折板结构一般是钢筋混凝土实体结构；空间网格结构包括网架、单层或双层网壳、立体桁架及张弦结构等；张拉结构包括悬索结构、薄膜结构。传统的分类方法难以涵盖近年来出现的新结构，特别是对于杂交结构或组合空间结构，难以准确反映结构的构成及其特点。

董石麟院士提出以空间结构组成的基本单元进行分类的方法。组成空间结构的基本单元可归纳为刚性基本单元和柔性基本单元，如板壳单元、梁单元、杆单元、索单元和膜单元等。按基本单元组成对空间结构进行分类可以确知何种形式的空间结构的组成，初步框定采用哪些计算方法和程序进行结构分析；也可以包容今后开发和创造的新型空间结构。

根据结构的受力特点和刚性差异进行分类，可将空间结构分为刚性结构体系、柔性结构体系和刚性与柔性结合的杂交体系。刚性结构体系由板壳单元、梁单元或杆单元等刚性基本单元组成，主要结构形式有：网架、网壳、拱支网架、拱支网壳、组合网壳、空间桁架、悬臂结构等。

柔性结构体系由索单元或膜单元等柔性基本单元组成，主要的形式有悬索结构、索网结构，气囊式膜结构、气承式膜结构、索穹顶结构等。

由刚性基本单元和柔性基本单元组成的结构体系称为刚柔性组合空间结构，它可充分发挥刚性与柔性建筑材料不同的特点和优势，构成合理的结构形式。主要结构形式有：预应力钢结构、斜拉结构、悬挂结构、弦支穹顶、张弦梁结构等。

9.1.3 对复杂的空间结构体系如何进行分类和定义？

空间结构的结构形式趋向多样化，对复杂空间结构体系的分类和定义没有统一的标准，将不同结构单元或不同材料构成的复杂空间结构直接称为组合结构或杂交结构，或称为混合结构、复合结构等，均显得较为笼统。

空间结构的受力性能与结构形体之间存在紧密的内在联系，因此对空间结构体系的分类和定义，建议按照结构的组成、传力途径及受力特点进行分类。根据结构的组成，分析其起的作用和它与周边构件的关系，按主要的、起决定性作用的承重结构来定义结构体系，再加上突出其特点的定语进行定义，如拱支网壳、带肋网壳、张弦桁架、索拱结构、斜拉网架（壳）、索承网格、弦支穹顶等结构体系。

结构体系的定义应反映结构的构成和受力特点，一目了然，容易理解，避免模糊、歧义的定义，可以有一定的创新性，但不能出现标新立异的定义。图 9.1.3 为空间结构实景图片，其中图 9.1.3（a）为刚性网格结构，图 9.1.3（b）为刚柔组合的索承网格结构。

(a) (b)

图 9.1.3 空间结构实景图片
（a）刚性网格结构；（b）索承网格结构

9.2 一般规定

9.2.1 大跨度钢结构设计的基本原则是什么？

（1）大跨度钢结构的设计应结合工程的平面形状、体型、跨度、支承情况、荷载大小、建筑功能、屋面构造、材料供应和施工技术水平综合分析确定，结构布置和支承形式应保证结构具有合理的传力途径和整体稳定性；平面结构应设置平面外的支撑体系。

（2）预应力大跨度钢结构应进行结构张拉形态分析，确定索或拉杆的预应力分布，不得因个别索的松弛导致结构失效。

（3）对以受压为主的拱形结构、单层网壳以及跨厚比较大的双层网壳应进行非线性稳定分析。

（4）地震区的大跨度钢结构，应按《建筑抗震设计标准》GB/T 50011—2010（2024年版）考虑水平及竖向地震作用效应；对于大跨度钢结构楼盖，应按使用功能满足相应的舒适度要求。

（5）应对施工过程复杂的大跨度钢结构或复杂的预应力大跨度钢结构进行施工过程分析。

（6）杆件截面的最小尺寸应根据结构的重要性、跨度、网格大小按计算确定。普通角钢的最小截面尺寸不宜小于 50mm×3mm，钢管不宜小于 $\phi48mm×3mm$，对大、中跨度的结构，钢管不宜小于 $\phi60mm×3.5mm$。当存在腐蚀性介质作用时，钢板组合构件的板件厚度不宜小于 6mm，闭口截面构件的壁厚不宜小于 4mm，角钢截面的板件厚度不宜小于 5mm。

（7）宜控制杆件截面和节点的规格数量，以方便制作和安装。

（8）大跨度钢结构应根据建筑功能和使用环境进行防火和防腐设计。

9.2.2　钢结构屋盖的风荷载如何取值？

（1）重要且对风荷载敏感的大跨度屋盖结构，验算主要承重结构承载力时，应按基本风压的 1.1 倍取用；验算结构变形时，可按基本风压取用。验算屋盖围护结构时，可按基本风压取用。

（2）结构风振系数不应小于 1.2；四周有封板时应考虑其恒载及风荷载影响。

（3）封闭结构不但外表面承受风压，其内表面也会有压力作用，在围护结构设计时尚应考虑内部压力系数，要考虑内外压力的叠加作用。当屋盖外表面体型系数为正值时（压），内表面体型系数可取－0.2（向内拉）；当屋盖外表面体型系数为负值时（吸），内表面体型系数可取＋0.2（向外压）。

（4）结构跨度相对较大、形体造型比较复杂或采用索膜等轻质结构的情况，风荷载对结构的影响往往成为控制性因素，风作用有关系数不能直接从《建筑结构荷载规范》GB 50009—2012 中直接得到时，需采用风洞试验方法确定风荷载取值，使得抗风设计更安全、更经济。也可以采用 CFD 数值模拟方法得到。

9.2.3　体型复杂的大跨度钢结构屋面的雪荷载如何取值？

（1）大跨度钢结构屋盖，应采用 100 年重现期的雪压。

（2）对于体型复杂的屋面，屋面积雪分布系数不能直接从规范查到时，可进行数值模拟确定屋面积雪分布系数，也可参考其他国家规范及已有设计经验确定。

（3）雪荷载应根据不同结构形式考虑积雪的全跨均匀分布、不均匀分布和半跨均匀分布等各种可能不均匀分布产生的不利影响情况。

9.2.4　大跨度钢结构如何考虑温度作用？

（1）大跨度结构经常不设伸缩缝，其长度往往超过《钢结构设计标准》GB 50017—2017 规定的温度伸缩缝距离，结构温度作用产生的内力较大。对于单体长度大于 300m 的空间结构，其温度作用产生的内力效应往往和重力产生的内力为同一数量级，因此温度作用的影响不容忽略。

（2）超长屋盖计算温差取值应根据地方气象资料及施工工期等合理选取，充分研究分析温度应力对屋盖结构及主体结构的影响，采取有效措施，控制温度应力。

（3）对于外露的钢结构，应当对结构进行太阳直接照射时的热辐射分析，以及西晒工况分析。

9.2.5　对于开合屋盖，设计中应如何考虑移动荷载？

承受移动荷载的开合屋盖，应按移动荷载的不同位置进行最不利的效应组合计算，并应考虑杆件内力可能发生变号的工况。

9.2.6　钢材如何选择？

（1）《钢结构设计标准》GB 50017—2017 中钢材的类别、等级主要有：Q235、Q355、Q390、Q420、Q460 和 Q345GJ；《高强钢结构设计标准》JGJ/T 483—2020 有 Q460、Q500、Q550、Q620、Q690 和 Q460GJ、Q500GJ、Q550GJ、Q620GJ、Q690GJ。其中现

阶段广泛应用的钢材等级为 Q235、Q355、Q390，在超高层、大跨度结构中也应用到 Q420、Q460 钢。习惯上，把屈服强度超过 390MPa 的钢材称为高强钢。

（2）高强钢随着强度的提高，屈强比增大、断后伸长率减小，造成高强钢材的材料性能不能满足《建筑抗震设计标准》GB/T 50011—2010（2024 年版）的要求，限制了高强钢材的应用。但相比于普通强度钢材，高强钢具有明显的优势：减小构件尺寸、降低用钢量，因此仍然很多超高层、大跨度结构开始尝试采用 Q420GJ、Q460GJ、Q550GJ、Q690GJ 等高强钢材。

（3）到目前为止，我院设计的钢结构工程中，一般未超过 Q420 钢，仅在乌鲁木齐奥体中心体育场采用了 Q460GJ 钢。

（4）确定钢材等级的主要因素是结构的性质、荷载大小。结构的荷载越大，跨度越大，使用强度高的钢材越经济，具体用哪一种要看供货情况、价格等，选用性价比高的钢材。

9.2.7　抗震设防的钢结构，钢材的质量等级如何选择？

抗震设防的钢结构，其受力在弹性范围的构件钢材，可以和需要验算疲劳的非焊接结构同样选用。主要承重构件宜选用 B 级钢，当符合下列工作条件时，可选用 C 级钢：

（1）安全等级为一级的建筑结构中主要承重梁、柱、框架构件。

（2）高烈度抗震设防区由地震作用控制截面，并可能进入弹塑性工作的主要承重梁、柱、框架构件。

（3）低负温环境（低于 $-20℃$）下工作，且板件厚度大于 40mm 的主要承重梁、柱与框架构件。

（4）工作温度不高于 $-20°$ 的受拉构件和其他构件的受拉板件需要更加严格要求：当板厚度不大于 40mm 时，用 C 级钢，厚度更大者用 D 级钢。

9.2.8　索结构中钢拉索如何选取？

（1）建筑用钢索分为成品索和组装索两种。成品索包含索体与锚具，索体一般为高强钢丝制成的平行（半平行）钢丝束、钢绞线、钢丝绳等，也可采用合金钢拉杆和不锈钢拉杆等；锚具有热铸锚、冷铸锚、挤压成型锚具等。成品索力学性能、防腐性能都比较好。组装索的索体多采用钢绞线或钢丝绳，锚具多采用夹片锚、挤压锚等。组装索索头造型不够美观。

（2）目前采用的索体主要有半平行钢丝束、高钒索、密封索和钢拉杆四种。半平行钢丝束是将高强镀锌或锌铝合金钢丝平行集束，经左旋轻度扭绞后缠绕聚酯纤维带，再外包塑料保护套形成拉索。高钒索也称锌-5％铝-混合稀土合金（Galfan）镀层拉索，钢绞线是拉索的承载主体，抗腐蚀能力强，具有金属质感，美观大方。密封索采用密封钢丝绳，由内层圆形钢丝和外层 Z 形钢丝捻制而成，外层采用 1～3 层 Z 形钢丝，内层圆形钢丝采用热镀锌，外层 Z 形钢丝采用锌-5％铝-混合稀土合金镀层，封闭性好，抗腐蚀能力强。钢拉杆主要应用于预应力不大的幕墙支承结构中。

（3）钢丝采用公称直径为 5mm 或 7mm 的高强低松弛钢丝，极限抗拉强度一般选用 1570MPa、1670MPa 或 1770MPa 等级别。索体材料的弹性模量按现行《索结构技术规程》JGJ 257、《预应力钢结构技术标准》JGJ/T 497 取值。

（4）索体的线膨胀系数不同的规范数据有所不同，建议按我院参编的现行《开合屋盖结构技术标准》JGJ/T 442 的数据采用，如表 9.2.8 所示。高钒索的线膨胀系数以生产厂家提供的数据为准。

拉索的线膨胀系数（$10^{-5}/℃$）　　　　　　　　表 9.2.8

类型	钢丝束	钢绞线	钢丝绳	钢（不锈钢）拉杆
线膨胀系数	1.87	1.38	1.92	1.2 (1.6)

9.3　结构布置与选型

9.3.1　大跨度钢结构选型需考虑的因素有哪些？

大跨度空间结构选型应该考虑的因素众多且复杂，起关键影响作用的因素可归纳为建筑功能、受力性能、经济性能和施工可行性等四类因素。大跨度空间结构的选型设计过程是一个反复迭代和不断优化的过程，需通过概念设计定性分析与建模计算的定量分析相结合，对结构方案进行优选排序，最终得到技术先进、受力合理、自重轻以及造价低的结构体系。

（1）建筑适配性：符合建筑造型的立意要求，使得建筑和结构有机地结合，和谐统一。结构布置符合结构逻辑与形式逻辑，并具有韵律感，结构构件（尤其是外露的构件）要有力度感和美感，关键节点的构造精致合理，展现结构自身所蕴藏的表现力。

（2）结构合理性：结构体系应组成合理，传力途径明确，结构的刚度和承载力分布均匀，结构稳定性好。

（3）经济性：结构选型阶段要一定程度地思考结构的成本。营运成本也是需要考虑的，体现在重要支座、节点的选择、涂料的选用等方面。

（4）建造性：应评价构件加工工艺的难度以及造价的增幅，不断优化构造，以求构件加工工艺及经济性的平衡。材料选用及工艺要求应考虑当前施工技术水平，优先考虑成熟的施工工艺技术方案。

9.3.2　大跨度钢结构选型如何进行评价与决策？

影响大跨度结构选型评价有四个目标级因素：建筑功能、受力性能、经济性能、施工可行性。目标级因素可分解为若干子因素，建筑功能可分解为物质功能和精神功能等；受力性能可分解为结构受力均匀与合理性、结构刚度及稳定性等；经济性能可分解为结构建造成本、日常维护成本及预期灾害损失和加固费；施工可行性分解为施工安装工期要求、加工制作质量要求等。

结构选型时通过设定各种因素的权重，根据各因素的权重，进行综合分析评价后，再对结构选型进行评判和决策。

9.3.3　网架的选型、结构布置需要注意的问题有哪些？

网架的形式有很多，常用的网架可分三大类：平面桁架系网架、四角锥系网架、三角锥系网架。网架的选型应根据建筑平面形状和跨度大小、网架的支承方式、荷载大小、屋面构造和材料、制作安装方法等，结合实用与经济的原则综合分析确定。一般情况应选择几个方案经计算分析和优化设计而确定。在优化设计中，不能单纯考虑耗钢量，应考虑杆件与节点间的造价差别、屋面材料与围护结构费用、安装费用、结构的整体刚度、网架的外观效果等综合经济指标。

网架的网格高度与网格尺寸应根据跨度大小、荷载条件、柱网尺寸、支承情况、网格形式以及构造要求和建筑功能等因素确定，网架的高跨比可取 $1/10\sim1/18$。网架在短向跨度的网格数不宜小于 5。网格尺寸与屋面材料有关，当屋面采用有檩体系构造方案时，网格尺寸一般不超过 6m，确定网格尺寸时宜使相邻杆件间的夹角大于 $45°$，且不宜小于 $30°$。

网架可以采用上弦或下弦支承方式，采用上弦支承时注意检查网架斜杆是否与网架支座及主体结构存在碰撞；如采用下弦支承时，应在支座边布置竖向或倾斜的边桁架。

当采用两向正交正方网架，应沿网架周边、洞口以及沿柱顶网格设置封闭的水平支撑，以保证各榀网架平面外的稳定性及有效传递与分配水平荷载。

9.3.4 网架屋面的排水坡如何形成？

当采用网架作为屋盖的承重结构时，由于面积较大，一般屋面中间起坡高度也比较大，应对排水问题给予足够的重视。屋面排水坡的形成，在实践中有下述几种方式：

（1）整个网架起坡，采用整个网架起坡形成屋面排水坡的做法，就是使网架的上下弦杆仍保持平行，只将整个网架在跨中抬高。这种形式类似于桁架起拱的做法，但起拱高度是根据屋面排水坡度决定的。起拱高度过高会改变网架的内力分布规律，这时候应按网架实际几何尺寸进行内力分析。

（2）网架变高度，为了形成屋面排水坡度，可采用网架变高度的方法。这种做法不但节省找坡小立柱的用钢量，而且由于网架跨中高度增加，还可以降低网架上下弦杆内力的峰值，使网架内力趋于均匀。但是由于网架变高度，腹杆及上弦杆种类增多，给网架制作与安装带来一定困难。

（3）上弦节点上加小立柱找坡，在上弦节点上加小立柱形成排水坡的方法，比较灵活，改变小立柱的高度即可形成双坡、四坡或其他复杂的排水屋面。小立柱的构造也比较简单，尤其是用于空心球节点或螺栓球节点上，只要按设计的要求将小立柱（钢管）焊接或用螺栓拧接在球体上即可。因此，国内已建成的网架多数采用这种方法找坡。

对大跨度网架，当中间屋脊处小立柱较高时，应当验算其自身的稳定性，必要时应采取加固措施。

（4）采用网架变高度和加小立柱相结合的方法，以解决屋面排水问题。这在大跨度网架上采用更为有利；它一方面可降低小立柱高度，增加其稳定性；另一方面又可使网架的高度变化不大。

9.3.5 网壳结构的布置为何要注意设置边缘约束构件？

网壳结构除竖向反力外，通常有较大的水平反力，因此网壳的支承构造除保证可靠传递竖向反力外，尚应设置满足不同网壳结构形式必需的边缘约束构件，依靠边缘构件来承受这些反力。如在圆柱面网壳的两端、双曲扁网壳和四块组合型扭网壳的四侧应设置横隔（如桁架等），球面网壳应设置外环梁。边缘构件应有足够的刚度，并作为网壳整体的组成部分进行协调分析计算。

9.3.6 桁架结构布置的要点有哪些？

桁架结构应设置可靠的面外支撑系统，以保证桁架的稳定性，如纵向支撑桁架、在上弦结合檩条设置纵向水平支撑体系等。

立体桁架上弦水平斜腹杆应根据稳定分析确定。矩形和梯形截面的立体桁架需增加空间斜腹杆，以增强截面的抗扭刚度。立体桁架支承于下弦节点时，桁架整体应有可靠的防侧倾体系，如边桁架或上弦纵向水平支撑。

拱形的立体桁架和立体拱架在竖向荷载作用下支座水平推力较大，在下部结构设计时要考虑水平推力。

9.3.7　索结构选型及设计的主要要点？

（1）索结构的形式十分丰富，空间网格结构可与预应力拉索组合，形成预应力空间网格结构，即刚柔性组合空间结构。在方案设计阶段如何根据工程具体情况合理选型，包括确定各主要结构参数，是关系到建筑结构设计效果的重要课题。这里需要考虑的因素包括：建筑造型及使用功能方面的要求；结构的静、动力性能；材料和施工安装的可行性；边缘构件和支承结构的处理等。

（2）索结构宜设计成自平衡体系，以减少索结构体系由于预张拉产生的对支承结构的作用力。

（3）设计时应当明确区分结构在预应力施加前后的状态：

1）零态，即结构无自重无预应力的状态。

2）预应力平衡态，即结构在自重和预应力作用下的自平衡状态。

3）荷载态，即结构在预应力平衡态的基础上承受其他外荷载作用时的状态。

（4）预应力钢结构设计应包括下列内容：

1）结构方案设计，包括结构选型、构件布置及传力路径等。

2）作用及作用效应计算。

3）预应力设计。

4）结构极限状态设计。

5）结构构件及节点的构造连接措施。

6）预应力张拉施工与承载全过程仿真分析与设计。

7）其他专项设计。

9.3.8　如何界定大跨度空间结构屋盖超限？

大跨屋盖建筑，对于存在下列特殊情况的结构界定为屋盖超限工程：空间网格结构或索结构的跨度大于120m或悬挑长度大于40m，钢筋混凝土薄壳跨度大于60m，整体张拉式膜结构跨度大于60m，屋盖结构单元的长度大于300m，屋盖结构形式为常用空间结构形式的多重组合、杂交组合以及屋盖形体特别复杂的大型公共建筑。

（1）"大型公共建筑"的范围可参见《建筑工程抗震设防分类标准》GB 50223—2008第6章的规定，一般指重点设防类、特殊设防类的建筑。

（2）"空间结构形式的多重组合"可以理解为：因建筑造型或结构受力需要，将三种或三种以上不同几何外形的同一种基本结构类型集成得到的空间结构体系，称为空间结构形式的多重组合。如开合屋盖、拱支网架（壳）等。

（3）"空间结构形式的杂交组合"可以理解为：因建筑造型或结构受力需要，将不同基本结构类型（单元）的两个或多个基本结构集成得到的空间结构体系，称为空间结构形式的杂交组合。杂交结构的组成方式包括：柔性拉索与刚性结构件的组合、柔性拉索与柔性索网之间的组合、柔性拉索与膜材之间的组合等。典型的杂交结构有斜拉网格结构、张弦结构、索穹顶结构、悬索结构、吊挂结构、索网结构和索膜结构等。

（4）"屋盖形体特别复杂"指现行各结构设计规范中未列入的，建筑形体或结构布置非常少见、没有或不完全有合适的判断标准的屋盖结构形式。

9.4　空间网格结构的计算分析要点

9.4.1　大跨度钢结构的计算有哪些基本要求？

（1）大跨度钢结构设计，分析是一个关键环节，应通过反复地分析，比较结构的力学性能、用钢量等因素后，得到合理的结构体系和布置。为了保证分析结果正确，有必要对所采用的分析模型的基本假定、局限性、可能存在的误差以及分析中采用的算法有所了解。

（2）应将结构概念与分析结果进行对比印证，对复杂结构应采用不同的分析软件进行对比分析。应对分析结果进行判断和校核，在确认其合理、有效后方可应用于工程设计。

（3）空间网格结构施工安装阶段与使用阶段支撑情况不一致时，应区分不同支承条件来分析计算施工安装阶段和使用阶段在相应荷载作用下的内力和变形。

9.4.2　大跨度空间结构的分析模型需要注意哪些问题？

（1）大跨度钢屋盖结构计算分析应综合考虑钢屋盖结构与下部支承结构的相互影响，将屋盖结构与下部主体结构一同进行整体分析，但整体分析并不意味着把结构中所有构件一起参与分析，而应根据协同关系的情况做整体或隔离等不同的处理。

整体模型时，大跨度空间结构与下部主体的连接需要考虑切合实际的受力状况（或计算假定）；单独模型时，采用的支座形式需要符合实际的受力状况（或计算假定）。不同受力构件或耗能构件的模拟应尽量准确、有效。

（2）无侧向约束的杆要求人工定义平面外计算长度。杆件的计算长度应根据杆件的边界条件及侧向支撑的情况确定，也可以根据相应构件失稳模态所对应的屈曲承载力确定，也可直接采用二阶分析计算方法、直接分析设计法。

（3）支座节点因支座高度引起的附加弯矩应予注意，支座高度大于 350mm 时，需要考虑时可通过设置短刚性梁单元模拟支座高度。

（4）当各结构单元之间连接薄弱时，应考虑连接部位各构件的实际构造和连接的可靠程度，必要时应采用结构整体模型（连接构件正常工作）和单独结构单元模型（连接构件失效）进行包络设计。

（5）一些三边支承或大悬挑的空间结构，由于刚心和质心相距甚远，存在扭转位移比超限，需保证结构角部支承构件有较强的承载力安全储备。

（6）当马道、吊挂等荷载直接作用在杆件上时，必须考虑该局部荷载作用的影响。

9.4.3　计算模型采用铰接模型还是刚接模型？

（1）结构分析模型中，节点模型的假定，应与实际构造相符。单层网格结构的节点，应采用刚接节点；双层及多层网格结构的节点，可采用铰接节点；当节点构造可使节点发生有限弹性转动时，可采用半刚性节点模型。

（2）如果节点不属于理想铰，采用铰接模型进行的分析不能得出实际存在于杆件中的弯矩和剪力，所以采用铰接模型进行计算后，在杆件设计和节点设计时，也应考虑实际存在的弯曲应力和剪应力。

（3）对于大跨度的网架、桁架，如果节点不属于理想铰，均宜按刚接及铰接模型计算复核。

9.4.4　大跨度空间结构的抗震设计需要注意哪些问题？

（1）空间结构需同时考虑支承结构的弹性和惯性效应，即考虑上、下结构共同工作进行地震作用分析，不能仅取屋盖隔离体进行分析。

（2）对于超长、复杂大跨度空间结构，应考虑地震动传播过程的时滞效应对大跨度结构产生的影响，进行多维多点地震反应时程分析和多点反应谱法的分析。总长度超过300m时，应当进行多点时程分析，将计算结果和一致输入的时程计算结果相除，获得各构件的比值，将比值作为放大系数，乘以反应谱法计算结果，即得到考虑行波效应的计算结果。

（3）荷载组合：地震为主要作用时，注意考虑风和温度作用参与组合，风和温度为主要作用时，考虑和地震作用参与组合。

体形复杂或重要的大跨度结构，采用振型分解反应谱法计算时，应采用时程分析法进行补充计算。采用时程分析时，地震波按三个方向输入分析，三个方向峰值加速度比值为1.0（水平主）：0.85（水平次）：0.65（竖向）。以竖向地震为主的三个方向峰值加速度比值为0.85（水平主）：0.65（水平次）：1.0（竖向）。

（4）下部结构为混凝土结构时，应当考虑不同阻尼比的效应分别进行计算，对钢结构阻尼比按0.02进行结构计算和截面设计，对下部混凝土结构按阻尼比0.03进行。罕遇地震作用下，按《建筑抗震设计标准》GB/T 50011—2010（2024年版）的建议，与多遇地震下的结构阻尼比相同。

（5）对大跨度钢结构与支承的连接方式明显影响结构杆件的地震反应，如网架采用上弦支承方式时，上弦杆的地震内力大于下弦杆的地震内力许多，造成杆件内力的不均匀。因此空间结构布置时需注意与支座连接的构造，使结构中内力分布均匀。此外，对结构的支座、支承结构应按有关标准进行抗震验算。

9.4.5　关于大跨度复杂屋盖结构的分缝问题？

（1）大跨度结构一般由屋盖钢结构、下部主体结构两部分组成。下部主体结构一般采用钢筋混凝土结构，且为超长或超大结构，如果按《混凝土结构设计标准》GB/T 50010—2010（2024年版）的要求设置伸缩缝，不仅会带来伸缩缝渗漏水的问题，更会影响建筑使用功能。此外，主体结构分缝后，将导致结构单元之间的相对变形和振动对钢结构屋盖的产生不利影响。因此，在避免超限的前提下，下部主体结构尽量不设缝或少设缝，对超长结构进行温度应力分析并采用温度应力控制的综合措施。

（2）对于大跨度屋盖也同理，在不超限（如结构总长度大于300m）的前提下，尽量不设缝。如果屋盖不分缝，而下部结构分缝，结构计算应采用整体模型与分开单独模型进行各支承结构单元相互影响的计算分析比较，合理进行结构布置、结构与支座的连接构造设计。

（3）当大跨度屋盖分缝后，两侧结构在强烈地震中可能碰撞，建议按设防烈度下两侧独立结构在交界线上的相对位移最大值来复核。对于规则结构，为了方便计算，设防烈度下的相对位移最大值也可将多遇地震下的最大相对变形值乘以不小于3的放大系数近似估计。此外，需考虑屋面变形缝处结构竖向及水平位移差，合理进行变形缝建筑构造设计，避免因结构变形破坏建筑防水。

9.4.6 钢屋盖结构由不同结构单元支承时，存在哪些问题，如何处理？

（1）下部结构设缝后，在地震的作用下，缝两侧的结构单元不仅仅是沿 X 或 Y 向的相对运动，有时还有各自的扭转运动。由于支承结构单元动力特性不同，导致结构单元之间的相对变形和振动对钢结构屋盖产生不利影响，在结构交界区域通常会产生复杂的地震响应，给构件和节点的设计带来困难。

（2）为了真实地反映地震对跨缝结构的影响，应将下部结构与钢结构屋盖整体建模，考察其在地震作用下的反应，从而采取适当的措施来减小附加应力。如可设置滑动支座，通过滑移来调节因跨越混凝土结构缝产生的附加应力。

9.4.7 大跨度空间结构如何进行整体稳定性分析验算？

（1）丧失稳定是钢结构破坏的主要原因之一。钢结构的稳定性能是决定其承载力的一个特别重要的因素。许多失稳事故在破坏前并无明显的特征，呈突然破坏的脆性特征，危害甚大。对可能产生失稳的大跨度钢结构，均应进行结构整体稳定性分析。

（2）避免稳定破坏，首先要对稳定设计建立明确的概念，注重结构概念设计和结构布置的合理性，结构整体布置时应考虑整个结构体系及其组成部分的稳定性。如平面结构的平面外失稳，需要从结构整体布置来解决，即设置必要的支撑构件。

（3）曲面网壳或拱形结构以承受压力为主，存在整体失稳的可能性，稳定性可能起控制作用，对这类结构应进行整体稳定性分析。较疏的网壳，一般杆件更大，网壳刚度更大，控制设计的往往是杆件失稳，网格较密，一般杆件较小，则是整体稳定起决定作用。网壳结构的极限荷载在杆件失稳时最大，而在整体失稳时最小，因此较疏网格的网壳比较密网格的网壳具有更好的稳定承载性能。

（4）稳定性计算可通过结构荷载-位移全过程分析进行计算，分析时可采用考虑几何非线性的有限单元法，并假定材料保持为线弹性，也可考虑材料的弹塑性。对于大型和形状复杂的网壳结构宜采用考虑材料弹塑性的全过程分析方法。

（5）《钢结构设计标准》GB 50017—2017 第 5.1.6 条、第 5.5.10 条说明，屈曲分析所得到的屈曲特征值对结构的稳定性具有很重要的定性意义。但当结构复杂、屈曲系数密集时，判断整体结构的最低阶屈曲模态并不容易，对于出现在整体屈曲模态之前的局部屈曲模态，应予以足够的重视和判断，如有必要应对结构布置进行优化，或对分析模型、分析方法进行调整，得到需要的屈曲模态，以避免误判。屈曲与荷载模式或分布有关，如非对称荷载是导致网壳失稳的重要因素之一，应对可能导致结构失稳的组合工况、荷载分布均进行屈曲分析，以全面分析结构的稳定性能。

（6）构件与单元的处理。为了更准确地捕捉到构件层次的屈曲和构件内部的二阶效应，一般应对梁单元建模的构件进行单元细分，细分为偶数个单元，一般不少于 4 段（两端铰接的构件，如摇摆柱或支撑，可根据需要是否细分），具体的数量应根据分析软件和所分析问题的复杂性来定；薄壁开口截面应注意考虑其翘曲刚度，否则屈曲分析结果可能会失真，并采取措施避免构件受扭。

（7）初始缺陷。屈曲分析时得到结构的屈曲模态，一般认为与屈曲模态相似的几何初始缺陷就是其最不利的初始缺陷，在屈曲模态的求解过程中，其符号和大小都是人为指定的，因此，当无法判断缺陷是取正不利还是取负不利时，应分别采用正初始缺陷和负初始缺陷对结构进行承载力分析，取其较小值。

（8）对于体型复杂或特别重要的大跨度钢结构，其极限承载力荷载因子需适当提高。

（9）温度荷载对于拱-壳杂交钢结构稳定性的影响较大，且非常有可能对结构的稳定性造成不利影响，在设计时必须予以充分重视。

9.4.8 大跨度空间结构应如何进行连续倒塌分析？

（1）大跨度空间结构在建造阶段、使用阶段、改造阶段均宜进行抗连续倒塌设计。抗连续倒塌分析可采用拆除构件法，分析方法可选用线性静力、非线性静力或非线性动力方法。

（2）被拆除构件通常是结构中的关键或重要受力构件，可选择下列构件作为被拆除构件：

1）下部支承结构的支承柱（角柱及中间柱）、屋盖结构代表支座、靠近支座的构件、受力较大的构件或特殊节点。

2）索结构的环索，张弦梁的下弦拉索或撑杆，弦支穹顶靠近支座的径向索或撑杆。

3）空间网格结构中敏感性指标较高的杆件或节点。

4）网壳结构中，特征值屈曲分析一阶模态最大响应位置所对应的构件。

（3）采用静力弹性分析方法进行抗连续倒塌分析时，通过考察结构变形和验算剩余结构构件的承载力来评估结构体系的抗连续倒塌能力。结构变形须未呈发散趋势、仍然能保持稳定；构件的承载力验算按现行《高层建筑混凝土结构技术规程》JGJ 3 或相关规范的规定进行验算。

（4）大跨钢屋盖建筑结构抗连续倒塌概念设计应符合下列规定：

1）屋盖结构应具有明确的内力重分布途径。

2）下部支承结构应有冗余度及备用传力途径。

3）桁架结构应加强桁架跨中弦杆与端跨腹杆，避免其先于其他杆件失效，应采取措施确保结构的整体稳固性。

4）索结构应加强拉索的承载力，拉索端和连接节点应可靠连接或锚固，避免拉索及索端锚固失效，应采取措施确保结构的整体稳固性并提供备用传递途径。

5）网格结构宜提高与支座相连杆件及跨中弦杆的强度。

（5）大跨度空间结构的支座应满足以下要求，以提升结构的抗连续倒塌能力：

1）承载力应具备一定的安全储备。

2）对于重要的承压型支座，应同时具备一定的受拉承载力；当采用只能承受压力的支座时，应有支座受拉时的应对措施。

3）可滑移支座设计应预留足够的可滑动距离，并设置可靠的限位装置或防跌落装置。

9.5 索结构的计算分析要点

9.5.1 索结构的计算分析模型有哪些要求？

（1）结构分析采用的计算简图、几何尺寸、计算参数、边界约束条件、构件单元材料本构关系以及构造措施等应符合结构的实际状况。

（2）索结构及张拉结构体系，应根据结构体系特点进行线形分析、预应力分析和在外荷载作用下的内力、位移计算，外荷载作用包括恒荷载、活荷载、风荷载、地震作用、温度作用、初始预应力或强制预变形、支座沉降及施工安装荷载等作用。索结构体系的内力和位移计算应考虑几何非线性的影响。

（3）结构分析中所采用的各种假定和简化，应有理论、试验依据或经工程实践验证，计算结果的精度应满足工程设计要求。

（4）拉杆或索在承载全过程应处于弹性受拉状态，不应退出结构承载工作。

（5）预应力钢结构分析，应根据支座节点的位置、数量和构造情况以及主体支承结构的刚度，合理确定支座节点的边界约束条件；对于预应力网架、预应力双层网壳和预应力立体桁架，应按实际构造采用两向可侧移、一向可侧移或无侧移的铰接支座或弹性支座；对于预应力单层网壳可采用不动铰支座，也可采用刚接支座或弹性支座。

（6）预应力钢结构分析应根据结构安全、施工次序建立包括主体结构和施工临时支撑结构的整体力学模型，进行施工全过程仿真分析及施工过程安全设计，模拟施工不同阶段的边界条件、环境温度和受荷工况，计算施工不同阶段、不同张拉力时的结构各部位应力分布、结构变形等。当预应力钢结构施工安装阶段与使用阶段支承情况不一致时，应根据不同支承条件，分析计算施工安装阶段和使用阶段在相应荷载作用下的结构位移和内力。

9.5.2　举例说明索结构的计算分析的步骤？

以预应力桁架为例，整体张拉预应力的预应力桁架的计算可采用下列步骤：

（1）计算结构在自重和部分永久荷载作用下产生的前期荷载内力，拉索可不参与受力。

（2）计算张拉钢索使结构产生的预应力，对前期荷载内力峰值产生卸载效应。

（3）计算其余永久荷载和各种可变荷载作用下，结构承受的荷载内力，拉索应参与共同受力。

（4）验算在前期荷载、预应力荷载、其余永久荷载和全部可变荷载作用下结构的内力，并应满足强度、刚度及稳定性要求。

（5）对预应力钢结构施加预应力过程中内力变号的杆件应专门验算其强度和稳定性。

9.6　构 件 设 计

9.6.1　大跨度空间结构构件的计算长度、容许长细比如何确定？

（1）对于一般的空间结构，构件的计算长度、容许长细比按现行《空间网格结构技术规程》JGJ 7 的规定执行。

（2）对于构件互相支承、相互约束的复杂空间结构，因构件约束条件复杂化，无法直接按规范查到构件的计算长度系数，需通过特征值屈曲分析才能相对准确得到构件计算长度。首先进行 1.0 恒＋1.0 活组合下的结构屈曲分析，通过屈曲系数得到构件的失稳临界荷载 N_{cr}，然后利用欧拉公式反算构件的计算长度 l_0。

构件的失稳临界荷载 N_{cr} 和计算长度 l_0 分别按式（9.6.1-1）、式（9.6.1-2）求得：

$$N_{cr} = \alpha N = \frac{\pi^2 EI}{l_0^2} \tag{9.6.1-1}$$

$$l_0 = \sqrt{\frac{\pi^2 EI}{\alpha N}} \tag{9.6.1-2}$$

式中　α——特征值屈曲分析的屈曲因子；

　　　N——构件在对应工况静力分析中的轴力。

9.6.2 大跨度空间结构构件的构造措施要点？

（1）空间网格结构杆件分布应保证刚度的连续性，受力方向相邻的弦杆其杆件截面面积之比不宜超过 1.8 倍，多点支承的网架结构其反弯点处的上、下弦杆宜按构造要求加大截面。

（2）低应力、小规格的受拉杆件其长细比按受压杆件控制。一般轴力小于 50kN 的拉杆采用压杆长细比控制。由于大量的空间网格结构实际工程中，小规格的低应力拉杆经常会出现弯曲变形，其主要原因是此类杆件受制作、安装及活荷载分布影响时，小拉力杆转化为压杆而导致杆件弯曲，故对于低应力的小规格拉杆宜按压杆来控制长细比。

（3）受力复杂的结构杆件当出现扭转时，因当前设计软件并未考虑扭矩作用，首先应在结构布置上避免杆件受扭，当不能消除扭转时应验算受扭承载力。

（4）在杆件与节点构造设计时，应考虑便于检查、清刷与油漆，避免易于积留湿气或灰尘的死角与凹槽，钢管端部应进行封闭。

9.6.3 大跨度钢结构应力比如何控制？

根据经验，如各因素考虑齐全时可用 0.9～0.95，考虑不齐全时用 0.8～0.9。

（1）关键杆件宜不超过 0.75，关键构件包括框架柱、大跨度梁、转换桁架、支座及其邻近构件等。

（2）重要杆件宜不超过 0.80。

（3）其他杆件应满足规范要求，宜不超过 0.90。

（4）设防地震作用下全部构件弹性，应力比不超过 1.0；罕遇地震作用下，关键、重要构件不屈服。

（5）实际工程中复杂变化因素很多，如结构超载、施工不良，因此应留有余地，不能用应力比 1.0。重要的工程应多留些余地，复杂、特殊且无经验的工程更要多留些。

9.7 节 点 设 计

9.7.1 大跨度空间结构支座节点应如何设计？

（1）尽量减少支座高度，避免水平力引起的附加弯矩，支座底板尺寸应满足下部混凝土构件局部承压要求，当支座底板与支承面摩擦力小于支座底板的水平反力时应设置抗剪键，不得采用锚栓传递剪力。应考虑支座可能出现的上拔力，并采取可靠的防止跌落措施。

（2）支座节点应保证大震作用下有足够的承载力，与支座相连的关键杆件的应力比应适当降低。大跨屋盖结构由于其自重轻、刚度好，所受震害一般要小于其他类型的结构。但震害情况也表明，支座及其邻近构件发生破坏的情况较多，因此《建筑抗震设计标准》GB/T 50011—2010（2024 年版）通过放大地震作用效应来提高该区域杆件和节点的承载力，是重要的抗震措施。根据工程经验和习惯，考虑焊接等施工因素及其他复杂变化因素的影响，对强度设计值进一步消减，因此对关键杆件及其连接节点的应力比再适当降低。

（3）若采用橡胶支座，应采取支座构造措施，如支座加铅芯，保证支座有一定的刚度，满足大风作用下的位移要求。

图 9.7.1 给出了常用支座示意图。更多支座做法可参考文献［9.9］第 5.9 节。

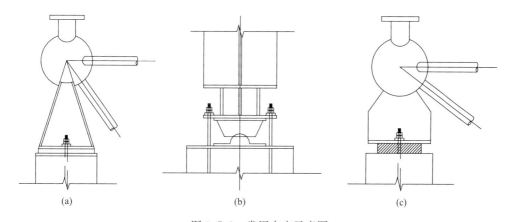

图 9.7.1　常用支座示意图

（a）平板支座；（b）球铰拉力支座；（c）橡胶板式支座

9.7.2　大跨度空间结构连接节点应如何设计？

（1）空间结构体系安全性的关键之一在于节点构造的可靠性和合理性。对关键节点可以通过有限元软件对节点进行精细化承载力分析，从而指导节点设计，必要时对关键节点进行模型试验。

（2）螺栓球节点，常用直径为 120～300mm，规格大于 300mm 的螺栓球，将引起结构自重显著增大，应尽量避免使用。螺栓球可焊性差，一般情况下应避免用于支座节点。为避免采用直径过大的螺栓球，占大多数的小直径管节点采用螺栓球，较少数量的大直径管节点采用焊接球。螺栓直径一般按构件的最大内力工况确定，螺栓球节点难以做到节点与构件受拉能力等强，螺栓球节点的失效形式属于脆性破坏，在螺栓规格选用时应留有适当余量。

（3）焊接球节点，对于大中型跨度的网架、网壳结构，宜采用焊接球节点。当空心球直径大于 500mm 时，应设置加劲肋，加劲肋应与主管方向一致。对于受力较大的杆件，可以设置杆端支托板进行加强。当汇交节点的杆件数量较多时，为了减小空心球直径，允许部分杆件之间搭接，此时所有交汇杆件的轴线应通过球的中心线，两个相交杆件中，截面积较大的杆件全截面焊接在球体之上，另一杆件可焊接在被搭接杆件与空心球上，但必须保证有 3/4 的截面直接焊接在球体上。

（4）相贯节点。相贯节点应按《钢结构设计标准》GB 50017—2017 中钢管连接节点的有关规定复核。当节点不满足设计承载力要求，又不能改变节点几何形状或构件尺寸时，则应加强节点以提高其设计承载力。对于圆钢管，当钢管直径较大、节间长度较长时，可以通过对主管节点设置加强板、管壁局部加厚，或在直通弦杆内部设置环形加劲肋。当钢管直径较小、节间长度较短时，可以通过在弦杆节点域弦杆内设置水平插板补强。对于方钢管桁架，间隙节点的破坏模式主要为弦杆表面塑性失效。在杆件截面和夹角不变的情况下，采用搭接型节点可以有效提高节点承载力，搭接率越高承载力越高，对间隙节点应适当加大腹杆截面，采用搭接节点，搭接率一般可按 50%。

（5）对节点进行试验验证或有限元模拟分析时，施加荷载的最大值应不小于荷载设计值的 1.3 倍。

9.8　加工制作及安装

9.8.1　大跨度空间结构如何从设计角度把控施工质量？

（1）施工安装可以采用整体吊装、整体提升、滑移等施工方法。对于柔性的索膜结构施工过程中，结构未形成整体刚度，最终结构成型与结构施工过程相关，应采取施工过程计算与施工监测相结合的方式，指导施工，保证施工安全。

（2）对于大跨度、复杂支承条件的空间网格结构，应考虑施工加载次序的影响进行施工模拟分析。

（3）由于空间结构的跨度不断增大，结构复杂性不断增加，对以临时支撑胎架进行施工的大型空间结构的施工卸载，进行施工卸载分析，并针对卸载过程进行监测，保证结构施工安全。

9.8.2　大跨度空间结构如何进行结构健康监测？

（1）对于大型的公共建筑及一些重要的新型结构，有必要开展健康监测，在某些部件、关键部位设置监测传感器与仪器，自动对结构进行实时监测，以控制可能出现的灾变效应，提前作出预防报警。

（2）对于重要的、复杂的大型空间结构工程，施工过程中应对空间结构主要杆件的内力、变形以及边界支座的位移等进行全过程的施工监测，对重要的、复杂的节点宜进行节点试验，以验证节点计算的准确性，确保空间结构的安全。

9.8.3　结构起拱如何考虑？

（1）跨度较大时结构宜起拱，起拱值应在施工图中注明。

（2）起拱大小应根据实际需要而定，可取恒载标准值或一定比例恒载所产生的挠度值。

（3）网架与立体桁架可预先起拱，其起拱值可取不大于短向跨度的1/300。当仅为改善外观要求时，最大挠度可取恒荷载与活荷载标准值作用下挠度减去起拱值。

（4）结构起拱方式分为制作预起拱和安装预起拱，起拱的实施应进行专项工艺设计，包括对定位坐标、节点、构件尺寸和角度的调整。

9.9　围 护 结 构

9.9.1　大跨度空间结构的围护结构如何设计？

（1）结合工程所在地区抗风设计的有关规定和成熟的经验，做好金属屋面系统、立面围护结构、室外吊顶和檐口等薄弱部位防风设计，确保整个围护结构安全，并达到相应的耐久性。

（2）对金属屋面板或膜面，需进行抗风揭试验，提高屋面构造的可靠性。对屋面造型复杂的，需进行吹雪模型试验，总结积雪分布规律，为工程设计提供依据。

（3）对屋面排水，其起坡形式宜采用结构变高度或整个结构起拱的办法，也可在网格结构上弦设置小立柱，但必须确保小立柱的稳定性，并应考虑抗震要求。对跨度较大的结构，其排水坡度的确定应考虑结构变形的影响。

（4）围护结构的连接件应进行承载力验算，选择连接件时应注重连接件的防腐处理以及配套的密封垫圈的性能。

（5）围护结构承载力极限状态设计时，在屋盖上吸风荷载效应控制的荷载基本组合中，永久荷载分项系数不应大于0.9。

9.10　防腐蚀与防火

9.10.1　大跨度空间结构的螺栓球节点如何修复涂装层？

（1）螺栓球节点按有关规定拧紧高强度螺栓后，应对高强度螺栓的拧紧情况逐一检查，压杆不得存在缝隙，确保高强度螺栓拧紧。

（2）在安装完成后，应将多余的螺孔封口，并应用油腻子将所有接缝处填嵌严密，补刷防腐漆两道封闭。

9.10.2　索如何防腐？

（1）索体的防腐有简单防护和多层防护两种。简单防护是指对高强钢丝和钢绞线镀锌、锌铝、防腐漆、环氧树脂喷涂，或对光索体包裹防护套；多层防护是指对高强钢丝和钢绞线经防腐处理后再对索体包裹防护套或润滑材料加防护套。

（2）室内非腐蚀环境中的索体可采用简单防护处理，其他情况的索体宜采用多层防护处理，具体要求宜根据不同工程不同索材在设计中注明。对特殊的腐蚀性环境，宜根据具体情况采取防腐措施，并制订专项方案实施。

（3）预应力拉索全长及其节点应采取可靠的防腐措施，且应便于施工和修复。当采用外包材料防腐时，外包材料应连续、封闭和防水；除了拉索和锚具本身应采用耐锈蚀材料外包外，节点锚固区可采用外包膨胀混凝土、低收缩水泥砂浆、环氧砂浆密封或具有可靠防腐和耐火性能的外层保护套结合防腐油脂等材料将锚具密封。

9.10.3　索如何防火？

（1）索的防火材料应采用阻燃或经防火处理的材料。索体防火宜采用钢管内布索、钢管外涂敷防火涂料保护，或在索体表面直接涂覆专用防火涂料的方法。当拉索外露的塑料护套有防火要求时，应在塑料护套中添加阻燃材料或外涂满足防火要求的特殊涂料。

（2）锌-5%铝-混合稀土合金镀层钢绞线拉索及密封钢丝绳拉索可在索体表面涂防火涂料，涂料品牌、厚度应同预应力钢结构一致。半平行钢丝束拉索可在索体外包金属套管，在套管表面涂防火涂料。

参 考 文 献

［9.1］董石麟. 空间结构的发展历史、创新、形式分类与实践应用［J］. 空间结构，2009，15（3）：22-43.

［9.2］中华人民共和国住房和城乡建设部. 钢结构设计标准：GB 50017—2017［S］. 北京：中国建筑工业出版社，2017.

［9.3］中国工程建设标准化协会. 钢结构钢材选用与检验技术规程：CECS 300—2011［S］. 北京：中国计划出版社，2012.

［9.4］中华人民共和国住房和城乡建设部. 开合屋盖结构技术标准：JGJ/T 442—2019［S］. 北京：中国建筑工业出版社，2019.

［9.5］丁洁明，张峥. 大跨度建筑钢屋盖结构选型与设计［M］. 上海：同济大学出版社，2013.

［9.6］ 王力，吕大刚，刘晓燕，沈世钊. 大跨度空间结构智能选型系统的研究与开发［J］. 哈尔滨工业大学学报，2003，35（6）：644-646.

［9.7］ 张毅刚，薛素铎，杨庆山，范峰. 大跨度空间结构（第2版）［M］. 北京：机械工业出版社，2014.

［9.8］ 中华人民共和国住房和城乡建设部. 预应力钢结构技术标准：JGJ/T 497—2023［S］. 北京：中国建筑工业出版社，2023.

［9.9］ 中华人民共和国住房和城乡建设部. 空间网格结构技术规程：JGJ 7—2010［S］. 北京：中国建筑工业出版社，2010.

［9.10］ 中华人民共和国住房和城乡建设部. 建筑抗震设计规范：GB 50011—2010［S］. 北京：中国建筑工业出版社，2016.

［9.11］ 蓝天，张毅刚. 大跨度屋盖结构抗震设计［M］. 北京：中国建筑工业出版社，2000.

［9.12］ 赵鹏飞. 高速铁路站房结构研究与设计［M］. 北京：中国铁道出版社，2020.

［9.13］ 董石麟，罗尧治，赵阳等. 新型空间结构分析、设计与施工［M］. 北京：人民交通出版社，2006.

［9.14］ 上海市住房和城乡建设管理委员会. 大跨度建筑空间结构抗连续倒塌设计标准 DG/TJ 08-2350—2021［S］. 上海：同济大学出版社，2021.

［9.15］ 中国工程建设标准化协会. 建筑结构抗连倒塌设计标准：T/CECS 392—2021［S］. 北京：中国计划出版社，2021.

［9.16］ 中华人民共和国住房和城乡建设部. 钢结构工程施工规范 GB 50755—2012［S］. 北京：中国建筑工业出版社，2012.

［9.17］ 上海市工程建设规范. 建筑索结构技术标准 DG/TJ 08-019—2018［S］. 上海：同济大学出版社，2019.

10 混合结构

10.1 一般规定

10.1.1 框架-核心筒混合结构中，外围框架柱构件常用类型有哪些？如何选择？

（1）框架-核心筒混合结构中外围框架柱构件常用类型有实腹钢柱（H型钢、圆钢管、方钢管、十字形H型钢组合及其他各种形式组合实腹钢柱）、型钢混凝土柱、圆钢管混凝土柱、方钢管混凝土柱、叠合柱等。

（2）框架柱类型的选择应基于建筑使用条件和主体结构受力需求，按照安全、合理、经济、方便施工的原则确定。

（3）在超高层框架-核心筒混合结构中，相较于型钢混凝土柱、圆钢管混凝土柱、方钢管混凝土柱等，实腹钢柱承压能力较弱、经济性较差。

（4）在超高层框架-核心筒混合结构中，相较于其他类型框架柱，型钢混凝土柱的经济性最佳；但其梁柱节点施工较复杂，不利于施工质量控制，且其外包钢筋混凝土需现场绑扎钢筋、支模浇筑混凝土，不利于工业化建造。

（5）在超高层框架-核心筒混合结构中，相较于其他类型框架柱，圆钢管混凝土柱和方钢管混凝土柱具有承压能力强、梁柱节点施工简单、符合工业化建造需求等优点。相较于方钢管混凝土柱，圆钢管混凝土柱具有更好的经济性，在满足建筑要求的条件下宜优先选择圆钢管混凝土柱。

10.1.2 混合结构中，剪力墙构件如何选择？

（1）剪力墙应优先采用钢筋混凝土结构。

（2）为合理控制剪力墙厚度，底部受力较大楼层剪力墙或部分楼层局部受力较大区域的剪力墙可根据受力需求采用型钢混凝土剪力墙或钢板混凝土剪力墙。

（3）沿建筑高度方向，型钢混凝土剪力墙或钢板混凝土剪力墙与钢筋混凝土剪力墙连接处应设置过渡层。

10.1.3 框架-核心筒混合结构加强层设计有哪些关注点？

（1）框架-核心筒混合结构是否设置加强层需根据主体结构侧向刚度需求确定，当主体结构侧向刚度不满足设计要求时，则可考虑设置加强层。

（2）加强层位置、数量及结构形式等需通过敏感性分析确定。

（3）应合理控制加强层刚度，避免出现较大刚度突变。

（4）加强层伸臂桁架和周边环带桁架宜采用钢构件，伸臂桁架上下弦杆应贯通核心筒墙体、墙体在伸臂桁架斜腹杆节点处宜设置型钢，以保证伸臂桁架内力有效传递。

（5）加强层上下刚度比按弹性楼盖假定进行整体计算。

（6）伸臂桁架杆件内力计算宜采用弹性膜楼板假定，杆件的地震内力宜取弹性膜楼盖模型和平面内零刚度楼盖（不考虑楼盖作用）模型计算结果的包络值。

（7）为减小外围框架与核心筒间竖向差异变形对伸臂桁架的不利影响，伸臂桁架腹杆宜采取滞后连接处理措施，并在结构计算时进行合理模拟。

（8）位于高烈度地震区的框架-核心筒混合结构，当需要减小中震作用下核心筒剪力墙拉应力时，可考虑设置伸臂桁架，伸臂桁架宜设置在建筑高度的1/3以下区域。

（9）加强层设计其他要求详见《高层建筑混凝土结构技术规程》JGJ 3—2010第10.3节。

【案例1】 长城汇1号写字楼地下3层，地上46层，建筑高度239.90m，主体结构采用框架-核心筒混合结构体系，在保证主体结构侧向刚度满足设计要求的条件下，本工程未设置加强层。

【案例2】 武汉恒隆广场办公楼地下3层，地上61层，建筑高度320.7m，主体结构采用框架-核心筒混合结构体系，由于主体结构侧向刚度不满足设计要求，需设置加强层，为合理控制加强层刚度，加强层采用环带桁架方案（图10.1.3-1）；加强层环带桁架数量及位置通过敏感性分析确定，敏感性分析采用了4个模型（无加强层、设置一道环桁架、设置二道环桁架、设置三道环桁架）进行对比分析，分析结果显示，在第30～31层设置一道环桁架加强层为最优。

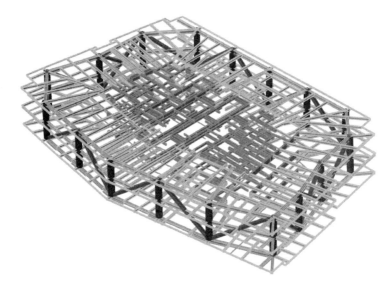

图10.1.3-1　加强层环带桁架示意图

【案例3】 精武路项目五期T5塔楼地下3层，地上68层，建筑高度330m，主体结构采用框架-核心筒混合结构体系，由于主体结构侧向刚度不满足设计要求，需设置加强层，加强层采用伸臂桁架＋周边环带桁架方案；通过敏感性分析，确定在第46～47层设置一道伸臂桁架＋周边环带桁架加强层为最优方案（图10.1.3-2）。

10.1.4　混合结构中，楼面梁能否支承在剪力墙连梁上？

一般情况下宜避免将楼面梁特别是跨度较大的楼面梁支承在剪力墙连梁上，当不可避免时，可采取下述方式对连梁进行处理：

（1）当楼面梁为钢梁时，楼面钢梁与连梁的连接采用铰接。

（2）结构整体弹性计算时，支承楼面梁的连梁刚度不折减，以保证连梁在建筑物正常使用状态下的完整性。

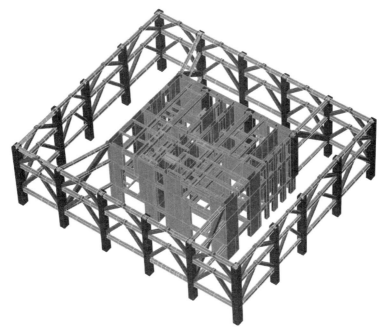

图 10.1.3-2　加强层伸臂桁架与周边环带桁架示意图

（3）当通过调整截面和配筋仍难以满足连梁抗剪需求时，可在连梁内设置钢板。

（4）对于需进行抗震性能设计的超限混合结构工程，支承楼面梁的连梁在设防烈度地震（中震）作用下的性能水准宜为正截面受弯不屈服，斜截面受剪弹性；在罕遇地震（大震）作用下允许部分楼层连梁出现中度损坏，其性能水准为：部分楼层连梁正截面受弯屈服，损伤程度不超过中度，斜截面受剪不屈服。

10.1.5　框架核心筒和筒中筒混合结构中，核心筒外围楼（屋）面梁与框架柱和剪力墙的连接如何处理？

（1）周边柱间的钢梁、型钢混凝土梁与柱的连接应采用刚接；柱与核心筒间的钢梁、型钢混凝土梁与柱的连接可采用刚接或铰接。

（2）钢梁与核心筒剪力墙的连接宜采用铰接。

（3）型钢混凝土梁与核心筒剪力墙的连接宜将梁内型钢与核心筒剪力墙的连接处理为铰接。

10.2　结　构　计　算

10.2.1　混合结构设计计算有哪些基本原则？

（1）高层建筑混合结构风荷载应按《建筑结构荷载规范》GB 50009—2012 规定取值。对于特别重要或对风荷载比较敏感的高层建筑混合结构，承载力计算时应按基本风压的 1.1 倍采用。

（2）计算多遇地震作用时，结构的阻尼比可取为 0.04。风荷载作用下楼层位移验算和构件设计时，阻尼比可取为 0.02～0.04，结构舒适度计算时，阻尼比可取为 0.01～0.02。

（3）高层建筑混合结构在地震作用下的内力和位移计算所采用的结构自振周期，应考虑非结构构件的影响予以修正，修正计算自振周期要考虑非结构构件的材料、数量及其与主体结构的连接方式，周期折减系数可取：

1）框架结构、框架-剪力墙结构可取 0.7～1.0。

2）框架-核心筒结构可取 0.8～1.0。

3）筒中筒结构可取 0.9～1.0。

（4）规则的矩形、圆形等长宽比不大的建筑，结构计算时可假定楼盖平面内为无限刚即刚性楼板假定；当有楼板开大洞、楼面凹凸较大、楼盖错层等情况，结构计算时，楼盖宜采用弹性楼板假定。

（5）高层建筑混合结构的钢构件、钢筋混凝土构件、型钢混凝土构件、钢管混凝土构件应分别建立各自的计算单元，梁、柱可采用杆单元模型，剪力墙可采用薄壁单元、墙板单元、壳单元或平面有限元等模型，支撑可采用两端铰接杆单元。

（6）高度超过 100m 或不规则高层建筑混合结构进行弹性分析时，至少应采用两个不同力学模型的计算程序进行整体计算。

（7）高度超过 100m 的高层建筑混合结构，宜进行模拟施工过程计算。当部分结构先施工时，应考虑其独立承受外部荷载的能力且确保其稳定，或视其能力确定允许先行施工的楼层数。

（8）对于高度超过 100m 的钢框架-混凝土核心筒结构，宜考虑混凝土后期徐变、收缩和不同材料构件压缩变形差的影响，必要时应采取相应措施减小内、外结构的竖向变形差。

（9）高度超过 100m 的高层建筑混合结构分析，当重力荷载引起的楼层附加弯矩大于楼层初始弯矩 10% 时，应计入重力二阶效应的影响。

（10）进行结构弹性分析时，当混凝土楼板与钢梁连接构造满足规范要求时应考虑现浇混凝土楼板对钢梁或型钢混凝土梁刚度的增大作用。当梁一侧或两侧有混凝土楼板时，型钢混凝土梁刚度增大系数可取 1.3～2.0，钢梁刚度增大系数可取 1.2～1.5。

（11）型钢混凝土框架梁可考虑竖向荷载作用下弯矩的塑性内力重分布。现浇结构梁端弯矩调幅系数可取 0.8～0.9；梁端弯矩调幅后跨中弯矩应按平衡条件相应增大，调整后的跨中弯矩值不应小于简支梁跨中弯矩的 50%。取调整后的梁内力与其他荷载效应组合。

（12）不参与抗侧力计算、仅承受竖向荷载的少量柱，其弯矩设计值可取其轴力设计值乘以结构层间位移值，并按此弯矩计算该构件的剪力设计值。

（13）抗震设计的高层建筑混合结构的梁、柱、墙和节点核心区的内力设计值的调整和增大应按国家现行有关标准的规定执行。

（14）抗震设计的剪力墙或核心筒中的连梁刚度可以折减，折减系数不宜小于 0.5；也可根据连梁弹性刚度计算得到的弯矩，直接降低连梁弯矩，降低系数不宜小于 0.8。上述两种方法不应同时采用。

（15）高层建筑混合结构在罕遇地震作用下的弹塑性变形验算，宜采用弹塑性时程分析方法。

（16）进行弹塑性时程分析时，应对结构整体进行分析，并采用合理的计算模型。

（17）罕遇地震作用下的弹塑性时程分析宜符合下列规定：

1）选用不少于 2 条能反映场地特性的地震强震加速度记录和 1 条人工模拟的加速度时程曲线。地震加速度时程的峰值应按《建筑抗震设计标准》GB/T 50011—2010（2024年版）的规定采用，地震加速度时程的持续时间不宜少于 20s 且不小于结构基本周期的 5 倍；时程分析的积分步长不宜大于 0.02s，且不宜大于结构基本周期的 1/10。

2）阻尼比宜采用 0.05。

3）应同时作用重力荷载代表值，其荷载分项系数可取 1.0，重力荷载代表值应按《建筑抗震设计标准》GB/T 50011—2010（2024 年版）的规定计算。

4）恢复力模型可根据已有资料或试验确定。

（18）进行弹塑性时程分析时，应采用构件的实际截面和实际配筋，并应采用材料强度标准值。

（19）弹塑性时程分析宜计入结构整体的 P-Δ 效应。

10.3　连接构造

10.3.1　钢板混凝土连梁梁内钢板与钢筋混凝土剪力墙连接构造如何处理？

钢板混凝土连梁梁内钢板与钢筋混凝土剪力墙连接构造如图 10.3.1 所示。

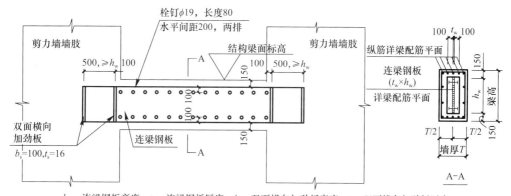

h_w—连梁钢板高度；t_w—连梁钢板厚度；b_s—双面横向加劲板宽度；t_s—双面横向加劲板厚度

图 10.3.1　钢板混凝土连梁梁内钢板与钢筋混凝土剪力墙连接构造图

10.3.2　型钢混凝土框支梁上钢筋混凝土剪力墙与梁连接构造如何处理？

钢筋混凝土剪力墙与型钢混凝土梁连接构造如图 10.3.2 所示。当采用图 10.3.2（b）和图 10.3.2（c）连接构造时，设计应考虑墙体偏心的不利影响。

10.3.3　钢筋混凝土梁与型钢混凝土柱的连接构造有哪些做法？

钢筋混凝土梁与型钢混凝土柱的连接可采用《组合结构设计规范》JGJ 138—2016 推荐的连接构造，也可根据工程需求采用图 10.3.3 所示连接构造。

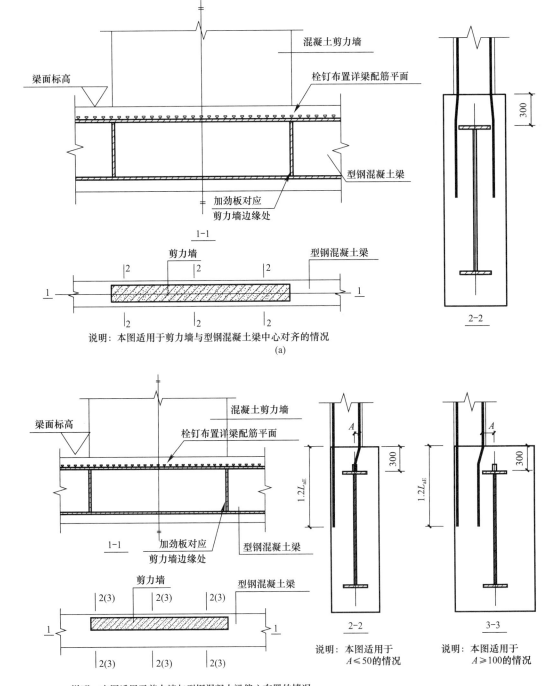

图 10.3.2　钢筋混凝土剪力墙与型钢混凝土梁连接构造图（一）

（a）混凝土剪力墙与型钢混凝土梁连接节点（一）；（b）混凝土剪力墙与型钢混凝土梁连接节点（二）

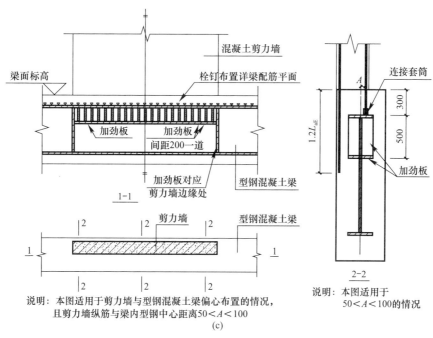

图 10.3.2　钢筋混凝土剪力墙与型钢混凝土梁连接构造图（二）

（c）混凝土剪力墙与型钢混凝土梁连接节点（三）

注：图 10.3.2（b）、图 10.3.2（c）中，限制 A 值的目的是控制剪力墙竖向钢筋在梁内的弯折角不大于 1/6。

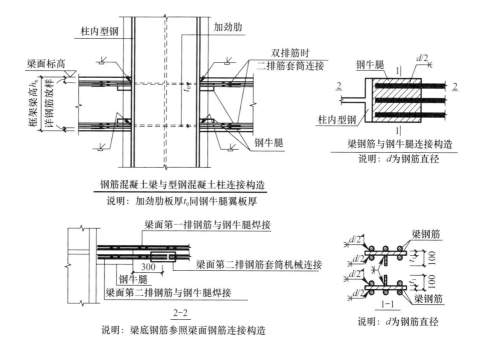

图 10.3.3　钢筋混凝土梁与型钢混凝土柱的连接构造图

注：1. 钢牛腿长度为与钢牛腿连接的钢筋的焊缝长度＋100mm；钢牛腿翼板厚度 t_1 按与其连接钢筋等强确定，且不小于 25mm 和与其连接钢筋的最大直径。

2. 钢筋与钢牛腿间的连接焊缝长度按与钢筋等强确定。

3. 套筒连接接头等级为 1 级。

11 结构加固与改造

11.1 一 般 规 定

11.1.1 哪些建筑需要改造加固？

既有建筑因扩大建筑面积或使用功能改变，在现有建筑物的基础上进行加层、改扩建等，需要进行结构改造；结构改造时，往往伴随着结构加固。建筑物使用年限较长或使用功能改变时，经鉴定不满足抗震、承载力、正常使用要求、耐久性要求，这时需要对结构整体或局部进行加固。结构改造与加固设计应慎重对待。

11.1.2 既有建筑改造加固应收集哪些设计文件依据？

（1）在进行结构改造与加固设计之前，应对现有建筑物的实际状况进行详细了解，并收集建筑物的工程资料，包括竣工蓝图、施工验收记录等；应对现有建筑物进行建筑结构安全鉴定和抗震鉴定、建筑结构可靠度分析，并根据鉴定分析结论进行加固改造设计。

（2）非本院设计的工程，对结构进行改造加固设计时，除保证所改造加固部分的结构安全外，尚应能保证整个建筑物结构的安全，否则，应将改造的内容、改造所增加的结构荷载等资料提交给原设计单位复核，并由原设计单位提交认可结构改造与加固的技术联系函，在技术联系函中，应明确在进行完改造与加固后原有结构是安全可靠的。

（3）经检测鉴定核实，且设计人经过现场查勘，对原结构的构件截面尺寸、混凝土强度、钢筋数量和强度等没有疑问时，在进行改造与加固设计时，可以利用原设计的数据。其他情况，应进行现场实测，并根据实测数据进行改造与加固设计计算。

11.1.3 什么是后续工作年限，如何确定后续工作年限？

既有建筑改造加固竣工后无需重新进行检测、鉴定即可按其预定目的使用的时间称为后续工作年限。建筑后续工作年限应按下列原则确定：

（1）结构加固后的后续工作年限应由业主和设计单位共同商定，有抗震要求的建筑，应符合抗震鉴定标准规定的后续工作年限，且不应低于原建筑的剩余工作年限。

（2）当结构的加固材料中含有合成树脂或其他聚合物成分时，其结构加固后的工作年限宜按 30 年考虑；当业主要求结构加固后的工作年限为 50 年时，其所使用的胶与聚合物的粘结性能，应通过耐长期应力作用能力的检验。

（3）对使用胶粘方法或掺有聚合物材料加固的结构、构件，尚应定期检查其工作状态；检查的时间间隔可由设计单位确定，但第一次检查时间不应迟于 10 年。

（4）后续工作年限到期后，当重新进行的可靠性鉴定认为该结构工作正常，仍可继续延长其工作年限。

11.1.4 哪些建筑需要进行安全鉴定？

安全性鉴定适用于下列情况下对建筑静力作用下的安全性评估：

（1）建筑物大修前。

（2）建筑物改造或增容、改建或扩建前。

（3）建筑物改变用途使用环境前。

（4）建筑物达到设计使用年限拟继续使用时。

（5）遭受灾害或事故时。

（6）存在较严重的质量缺陷或出现较严重的腐蚀、损伤、变形时。

（7）国家法规规定的房屋安全性统一检查。

（8）临时性房屋需要延长使用期的检查。

（9）使用性鉴定中发现的安全问题。

11.1.5　哪些建筑需要进行安全鉴定？

抗震鉴定采用两级鉴定的方法，即从抗震措施和抗震承载力两个方面进行鉴定。抗震鉴定的适用范围是下列情况下的现有建筑：

（1）接近或超过设计使用年限需要继续使用的建筑。

（2）原设计未考虑抗震设防或抗震设防要求提高的建筑。

（3）需要改变结构的用途和使用环境的建筑。

（4）其他有必要进行抗震鉴定的建筑。

11.1.6　加固改造房屋已进行安全鉴定还需要进行抗震鉴定吗？

加固改造房屋应同时进行安全鉴定和抗震鉴定，安全性鉴定重点是对构件承载力进行评价，抗震加固重点是对结构整体的综合抗震能力、整体性和构件延性进行评价，二者的定义不同、依据的标准不同、标准的编制思路不同、鉴定内容和方法不同、适用范围不同、鉴定结论也不同。

（1）安全性鉴定属于可靠性鉴定的范围，是指对建筑承载力和整体稳定性等所进行的调查、检测、验算、分析和评定等一系列活动，不考虑地震作用。安全性鉴定注重构件的承载力，鉴定结论也针对到具体构件。安全性鉴定后结构加固重点是安全性为 d_u 级的构件。

（2）抗震鉴定是通过检查现有建筑的设计、施工质量和现状，按规定的抗震设防要求，对其在地震作用下的安全性进行评估。抗震鉴定不要求每个构件按设计规范进行逐个检查和分析，强调的是结构整体的综合抗震能力，包括结构抗震承载力、整体性和构件延性等。

11.1.7　加固改造结构计算应遵循什么原则？

（1）改造与加固项目结构设计首先应对原结构承载力进行复核计算，找出不满足要求的结构构件，并按改造与加固后结构构件的实际截面、材料和边界条件对模型进行修改计算，计算包括抗震承载力验算。

（2）改造过程中有构件拆除时，应对局部构件拆除后保留部分结构的稳定性和承载力计算，须采取临时措施时应在施工图拆除图中注明。

（3）施工荷载较大时，应对原有结构承载力进行结构验算，对承载力不足的构件应采取临时安全措施。利用原结构配重时，应标明原结构自重和最大顶升荷载限值。

11.1.8　除一般规定外，加固改造项目要重点关注哪些方面？

（1）既有建筑加固改造应遵循先检测、鉴定，后加固设计、施工与验收的原则；先加固后拆除的原则。

（2）结构改造加固设计，应综合考虑其技术经济效果，避免不必要的拆除或更换；应避免或减少损伤原结构构件，防止局部刚度突变，加强整体性，提高综合抗震能力；加固或新增构件应连接可靠，相加材料强度等级不低于原结构材料的实际强度等级。

（3）应提醒施工单位在加固改造过程中，对原结构的真实性进行检查，若发现原结构或相关工程隐蔽部位有未预计的损伤或严重缺陷时，应立即停止施工，并通知相关单位协商采取有效处理措施后方可继续施工。

（4）对加固过程中可能出现倾斜、失稳、过大变形或倒塌的结构，应在加固设计文件中提出相应的临时性安全措施和检测监测要求，并明确要求施工单位应严格执行。

（5）重要部位的拆除应明确规定构件的拆除顺序，验算拆除施工过程中剩余结构的承载力和稳定性，同时应对拆除物的状态进行监测。

（6）改造与加固后结构的安全等级，应根据改造与加固后建筑物的重要性，由业主与设计人共同确定，一般为二级。

（7）对不同因素（如高温、高湿、低温、冻融、化学腐蚀、振动、温度应力、地基不均匀沉降、荷载增加等）引起的结构损坏，应在加固设计中提出有效的结构防治对策，并按设计规定的顺序进行治理和加固。

（8）加固或新增构件应与原结构连接可靠，加固材料的强度等级不低于原结构材料的实际强度等级。

（9）在使用胶粘剂或其他聚合物的加固方法时，为防止结构加固部分意外失效而导致的倒塌，除应按加固规范的规定进行结构承载力计算外，尚应对原结构进行验算。验算时，应要求原结构、构件能承担 $1.2\sim1.5$ 倍恒载标准值的作用。

（10）设计应明确结构加固后的用途。

（11）在加固设计使用年限内，未经技术鉴定或设计许可，不得改变加固后结构的用途和使用环境。

11.2　砌体结构的加固

11.2.1　什么情况下砌体结构需进行加固？

砌体结构材料来源广泛，施工方便，相对造价低廉，在工程中得到广泛应用；但砌体结构整体性较差，承载力较低，极易在外荷载作用下出现墙体裂缝，墙体强度不足，墙体错位和变形，甚至墙体局部倒塌等事故。在工程中应根据不同的损坏程度，采取适当的方法对结构进行补强与加固。

引起砌体结构损坏的主要原因有：

（1）由于地基不均匀沉降，墙体产生沉降裂缝。

（2）由于地基冻胀引起墙体裂缝。

（3）由于屋面热胀冷缩，墙体产生温度裂缝。

（4）局部砌体墙、柱承载力不足。

（5）由于房屋改建加层而使原砌体房屋承载力不足。

（6）在抗震设防区经抗震鉴定，房屋抗震强度不足或房屋构造措施不满足要求。

（7）因发生地震而使房屋受损。

11.2.2 砌体结构加固应如何进行，有哪些常用的加固方法？

砌体结构的延性和抗震性能较差，通常应进行结构整体性和构件承载力检验复核。宏观上，对砌体结构整体性进行概念设计，当房屋结构布局不合理，不满足抗震构造措施要求，可采用新增抗震墙、构造柱，圈梁或钢拉杆来增强房屋整体性，提高结构的整体性和抗侧刚度，改善结构的破坏形态。高烈度区也可采用减隔震措施降低地震输入和减少原结构的地震作用。

砌体结构的常用加固方法有直接加固法、改变荷载传递加固法和外套结构加固法。

(1) 直接加固法，是不改变原结构的承重体系和平面布置，对强度不足或构造不满足要求的部位进行加固或修复。

(2) 改变荷载传递加固法，是指改变结构布置及荷载传递途径的加固方法，这种方法常需增设承重墙柱及相应的基础。

(3) 外套结构加固法即在原结构外增设混凝土结构或钢结构，使原结构的部分荷载及加层结构的荷载通过外套结构及基础直接传至地基的方法。

11.2.3 砌体结构加固应重点关注哪些部位？

砌体结构加固中应重点检查下列部位的承载力和构造：

(1) 过短窗间墙的承载力。

(2) 隔墙与纵横墙和楼板的拉结构造。

(3) 支撑大梁的墙段的承载力及支撑构造。

(4) 预制构件的支撑长度。

(5) 出屋面的悬臂构件的构造措施。

(6) 雨篷、悬挑阳台的承载力和锚固长度。

(7) 墙体开洞后应增加相应的洞口边缘构件，并验算墙体的承载力。

(8) 拆除墙体扩大空间的托换改造，应考虑加载后结构和地基的变形对原结构的影响，复核改造后结构的抗震承载力。

11.2.4 砌体结构构造不满足抗震要求时，如何进行加固？

当砌体结构房屋不满足抗震承载力和构造措施要求时，常用的加固方法有：新增抗震墙、新增构造柱、新增圈梁（拉杆）、外加面层、混凝土板墙。

(1) 新增砌体抗震墙：砌筑砂浆强度等级应比原墙体提高一级，且不低于 M5；砖强度等级不宜低于 MU10；墙体厚度不应小于 240mm；新旧墙体的连接可根据具体情况采用"拉结螺栓＋构造柱""混凝土带＋构造柱"及"内砌拉结螺栓＋嵌砌"等方案。墙的顶部现浇 120mm 厚的混凝土，或凿洞浇灌混凝土，使之与梁、板结为一体；也可直接砌至梁底面，再以干捻砂浆办法填塞紧密其间的缝隙。

(2) 新增混凝土抗震墙：墙体厚度宜为 120～150mm，混凝土强度等级宜采用 C20；墙体钢筋可按照构造配置。新增混凝土抗震墙与原有墙应有可靠连接的可采用"构造柱＋拉结螺栓"方案，与楼板、梁的连接，应根据情况不同，采用相应的方案。

(3) 新增构造柱：按抗震构造要求在房屋四角、楼梯间四角和不规则的平面转角处和内外墙适当的位置新增构造柱，新增构造柱应与圈梁或钢拉杆连成闭合系统。当采用内外墙外加面层加固法时，可用等代钢筋或角钢组合截面代替构造柱和圈梁。

(4) 新增圈梁及钢拉杆：增设的圈梁宜在楼、屋盖标高的同一平面内形成闭合环，圈梁应现浇，其混凝土强度等级不应低于 C20，钢筋宜采用 HRB400 级和 HRB335 级，也可采用 HPB235 级和 RRB400 级；圈梁截面高度不应小于 180mm，宽度不应小于 120mm；7、8 度时层数不超过三层的房屋，顶层可采用型钢圈梁。增设的圈梁应与墙体可靠连接；钢筋混凝土圈梁可采用混凝土销键、螺栓、锚筋或锚栓连接。也可用钢拉杆代替内墙圈梁时，每开间均有横墙时，应至少隔开间采用 2⌀12 的钢拉杆，多开间有横墙时，在横墙两侧的钢拉杆直径不应小于 2⌀14，钢拉杆应张紧，不得弯曲和下垂；外露铁件应涂刷防锈漆。

11.2.5 砌体墙承载力不足时有哪些常用的加固方法？

因房屋增层、改变使用功能等原因引起砖墙承载力不足和稳定不满足要求时，应及时进行加固。常用的砖墙承载力及稳定性加固方法有：外加面层加固法、外包型钢加固法、粘贴纤维复合材加固法和外加扶壁柱加固法。

（1）外加面层加固法是在墙体外侧增加一定厚度的强度高、粘结能力强的砂浆（混凝土），形成组合墙体的加固方法，面层材料一般为水泥砂浆或聚合物砂浆，当需大幅提高墙体承载力时，可采用混凝土，面层内应配置钢筋网。此加固方法会占据一定室内空间，影响建筑物外观。

（2）增设砌体扶壁柱加固法是在砌体墙侧面增加砌体柱，形成整体，共同受力的加固方法。增设砌体扶壁柱加固法可同时提高墙体稳定性和抗震承载力，仅适用于抗震设防烈度为 6 度地区的砌体墙加固设计。

（3）粘贴纤维复合材加固法是采用结构胶粘剂将纤维复合材料粘贴于墙体表面，共同受力，以提高其受剪承载力的一种加固方法。本方法仅适用于烧结普通砖墙（以下简称砖墙）平面内受剪加固和抗震加固。

11.2.6 砌体墙裂缝产生的原因及修复方法？

墙体裂缝种类较多，引起裂缝的原因复杂，主要原因有：地基不均匀沉降、温度变形、收缩、冻融、冻胀、湿陷、支座约束、施工和构造缺陷、周边环境、荷载作用。裂缝对建筑物的危害主要表现为降低结构的持久承载力和正常使用功能。裂缝预示结构可能存在承载力不足，引起钢筋锈蚀，降低结构耐久性，裂缝还可能降低结构的防水性能和气密性，影响建筑物美观，给人们造成一种不安的精神压力和心理负担。裂缝危害的大小主要取决裂缝性状、结构功能要求、环境条件及结构的抗蚀性。裂缝是否需要修补应根据裂缝危害大小及裂缝宽度确定。

裂缝的修补施工宜在裂缝稳定后进行，对于承载力原因引起的，需要先进行承载力加固，后进行裂缝修补，常用的型缝修补方法有表面处理法、填缝法、压浆法、外加网片法、高延性砂浆抹灰法和置换法等。根据工程的需要，这些方法可单独使用也可组合使用。

（1）表面处理法主要针对微细裂缝（裂缝宽度小于 0.2mm），采用弹性涂膜防水材料、聚合物水泥膏及渗透性防水剂等，涂刷于裂缝表面，达到恢复其防水性及耐久性的一种常用裂缝修补方法。

（2）填缝法一般用于砌体中宽度大于 0.5mm 较浅的宽裂缝封闭处理，一般深度为 20～30mm 的表层裂缝常用填缝法。

（3）压浆法即压力灌浆法适用于处理裂缝宽度大于 0.3mm 且深度较深的裂缝。

（4）外加网片法、高延性砂浆抹灰法适用于增强砌体抗裂性能，限制裂缝开展，修复风化、剥蚀砌体。外加网片所用的材料应包括钢筋网、钢丝网、复合纤维织物网等。

（5）置换法适用于砌体受力不大，砌体块材和砂浆强度不高的开裂部位，以及局部风化、剥蚀部位，严重开裂以至于不能灌浆时，可考虑拆除重砌（图11.2.6）。

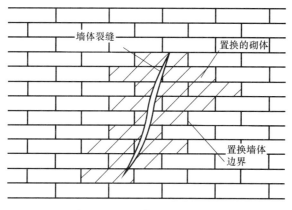

图 11.2.6　置换法处理裂缝图

11.3　混凝土结构的加固

11.3.1　混凝土结构加固有哪些常用加固方法和配套技术？

混凝土结构加固方法可分为直接加固法，间接加固法，以及为实现加固方法而采用的相关配套技术，各种加固方法的选择应根据实际条件和使用要求，进行多方案比较，按技术可靠、安全适用、经济合理、方便施工的原则，择优选用。

（1）直接加固法：直接对于结构构件或节点承载力提高的加固方法的总称，主要有增大截面法、置换混凝土法、外包钢法、外粘钢板法、外贴纤维复合材料法、绕丝加固法。

（2）间接加固法：通过结构总体布局改变，来减少或改变构件内力的加固方法。主要有绕丝加固法、预应力加固法、增设支点加固法、体系加固法、结构体系加固法等。

（3）混凝土结构加固相关配套技术：为实现加固方法而采用的相关配套技术。主要有裂缝修补技术、托梁拔柱技术、后锚固技术、阻锈技术，喷射混凝土、纤维混凝土、改性混凝土等。

常用加固方法的优缺点及其适用范围见表11.3.1-1～表11.3.1-3。

常用加固方法的优缺点及其适用范围一　　　　表 11.3.1-1

加固方法	增大截面加固法	置换混凝土加固法	外粘型钢加固法	粘贴钢板加固法
基本概念	增大原构件截面面积或增配钢筋，以提高其承载力、刚度和稳定性，或改变其自振频率的一种直接加固法	剔除原构件低强度或有缺陷区段的混凝土，同时浇筑同品种但强度等级较高的混凝土进行局部增强，使原构件的承载力得到恢复的一种直接加固法	对钢筋混凝土梁、柱外包型钢、扁钢焊成构架并灌注结构胶粘剂，以达到整体受力共同工作的加固方法	采用结构胶粘剂将薄钢板粘贴于原构件的混凝土表面，使之形成具有整体性的复合截面，以提高其承载力的一种直接加固方法

续表

加固方法	增大截面加固法	置换混凝土加固法	外粘型钢加固法	粘贴钢板加固法
适用范围	适用范围较广，用于梁、板、柱、墙等构件及一般构筑物的加固；特别是原截面尺寸显著偏小及轴压比明显偏高的构件加固	适用于受压区混凝土强度偏低或有严重缺陷的梁、柱等承重构件的加固；使用中受损伤、高温、冻害、侵蚀的构件加固；由于施工差错引起局部混凝土强度不能满足设计要求的构件加固	适用于梁、柱、桁架、墙及框架节点加固	适用于钢筋混凝土受弯、斜截面受剪、受拉及大偏心受压构件的加固。构件截面内力存在拉压变化时慎用
优缺点	优点：有长期的使用经验，施工简单，适应性强。缺点：湿作业，施工周期长，构件尺寸的增大可能影响使用功能和其他构件的受力性能	优点：结构加固后能恢复原貌，不影响使用空间。缺点：新旧混凝土的粘结能力较差，剔凿易伤及原构件的混凝土及钢筋，湿作业期长	优点：受力可靠，能显著改善结构性能，对使用空间影响小。缺点：施工要求较高，外露钢件应进行防火、防腐处理	优点：施工简便快速，原构件自重增加小，不改变结构外形，不影响建筑使用空间。缺点：有机胶的耐久性和耐火性问题，钢板需进行防腐防火处理

常用加固方法的优缺点及其适用范围二 表 11.3.1-2

加固方法	粘贴纤维复合材加固法	绕丝加固法	钢绞线（钢丝绳）网片-聚合物砂浆加固法	增设支点加固法
基本概念	采用结构胶粘剂将纤维复合材料粘贴于原构件的混凝土表面，使之形成具有整体性的复合截面，以提高其承载力和延性的一种直接加固方法	通过缠绕退火钢丝使被加固的受压构件混凝土受到约束作用，从而提高其极限承载力和延性的一种直接加固方法	采用专用预制钢丝绳网片及其配件、混凝土加固专用界面剂、聚合物砂浆加固结构构件的新技术。单股钢丝绳也称为钢绞线	用增设支承点来减小结构计算跨度，达到减小结构内力及相应提高结构承载力的加固方法
适用范围	适用于钢筋混凝土受弯、受压及受拉构件的加固	适用于提高钢筋混凝土柱延性的加固	适用于钢筋混凝土受弯、受拉及受压构件的加固	适用于对使用空间和外观效果要求不高的梁、板、网架等水平结构构件加固
优缺点	优点：轻质高强、施工简便可曲面或转折粘贴，加固后基本不增加原构件重量，不影响结构外形。缺点：有机胶的耐久性和耐火性问题；纤维复合材的有效锚固问题	优点：构件加固后自重增加较少，基本不改变构件外形和使用空间。缺点：工艺复杂，限制条件较多，对非圆形构件作用效果降低	优点：对结构自重影响较小基本不影响建筑物原有使用空间，可显著提高构件承载力和刚度。缺点：湿作业，施工周期长。高强材料强度发挥及锚固问题	优点：受力明确，简便可靠且易拆卸、复原，具有文物和历史建筑加固要求的可逆性。缺点：显著影响使用空间；原结构构件存在二次受力的影响

常用加固方法的优缺点及适用范围三 表 11.3.1-3

加固方法	外加预应力加固法	结构体系加固法	增设拉结体系加固法
基本概念	通过施加体外预应力，使原结构、构件的受力得到改善或调整的一种间接加固法	针对结构的整体缺陷，用新增一定结构构件（如剪力墙及侧向支撑）或设施（如阻尼器）的办法，来改进与完善原有结构体系或形成较合理的新体系，提高结构整体承载力、刚度和延性，以满足现行相关规范的方法	在全装配式结构房屋周边、纵向、横向及竖向增设相应的拉结体系，以增强结构的整体性和超静定性，提高房屋抗连续性倒塌性能

加固方法	外加预应力加固法	结构体系加固法	增设拉结体系加固法
适用范围	适用于原构件刚度偏小，改善正常使用性能，提高极限承载能力的梁、板柱和桁架的加固	适用于因概念设计不合理、不规范的多、高层建筑及工业厂房建筑结构加固及抗震加固	适用于各种全装配式结构
优缺点	优点：不存在应力滞后的缺陷，原结构杆件内力可相应降低，基本不影响结构使用空间，便于在结构使用期内检测、维护和更换。 缺点：施工工艺较复杂，新增的预应力拉杆、撑杆、缀板以及各种紧固件和锚固件等均应进行可靠的防腐处理	优点：能大幅度提高结构整体性和抗震能力。 缺点：新旧结构可能存在差异沉降，新增结构构件可能影响使用功能	优点：能显著改善结构的整体性，提高抗连续倒塌的能力。 缺点：新增拉结体系可能影响使用功能

11.3.2　混凝土结构构件加固有哪些特点？

加固构件属于广义组合（叠合）构件，构件上同时存在原有部分和后加部分，两部分材料和变形往往不一致，存在整体工作共同受力和应变滞后问题。

加固构件属二次组合构件，加固构件的受力性能主要取决于的结合面构造处理及施工做法。新、旧两部分通过结合面间的内力传递实现共同工作整体受力，在外荷载作用下，尤其是当结构临近破坏时，结合面会出现拉、压、弯、剪等复杂应力，特别是受弯或偏压构件的剪应力，有时相当大。加固结构新、旧两部分整体工作的关键，主要在于结合面能否有效地传递和承担这些应力，而且变形不能过大。

加固构件受力特征与加固施工是否卸载有关。当完全卸载时，加固后的构件工作虽属一次受力，但由于受二次施工的影响，其截面仍然不如一次施工的新构件。当不卸载时，加固后的构件工作属二次受力性质，存在着应变滞后问题。加固前原结构已经载荷受力（即第一次受力），尤其是当结构因承载能力不足而进行加固时，截面应力、应变水平一般都很高。然而，新加部分在加固后并不立即分担荷载，而是在新增荷载，即第二次加载时，才开始受力。这样，整个加固结构在其后的第二次载荷受力过程中，新加部分的应力、应变始终滞后于原结构的累计应力、应变，原结构的累计应力、应变值始终高于新加部分的应力、应变值，原结构达极限状态时，新加部分的应力应变可能还很低，破坏时，新加部分可能达不到自身的极限状态，其潜力得不到充分发挥。

加固结构受力特征的上述差异，决定了各类结构加固计算分析和构造处理，不能完全沿用普通结构概念进行设计。

11.3.3　混凝土板常用的加固方法及其适用情况有哪些？

混凝土板由于强度或刚度不足及板上开洞时，需进行加固，常用的加固方法有：加大截面法、粘钢法及粘贴纤维复合材料法、增设支点法、补偿法。

（1）加大截面法：加大截面法加固现浇板，主要是在板面增浇 30～50mm 厚钢筋混凝土叠合层，或在板底用喷射法喷 30～50mm 厚钢筋混凝土后浇层。板所增配钢筋应由计算确定。一般情况下，应使新旧混凝土结合可靠，并考虑新旧混凝土整体工作；当需要加固的板内受到严重污秽或油污而不能保证原板和新加混凝土之间牢固结合时，则考虑新旧板分别工作，新旧板所承受的弯矩按新旧板的刚度比分配。

（2）粘钢法：加固现浇楼板一般采用定型扁钢，用结构胶粘贴。承担正弯矩的板跨中加固钢板，一般粘贴到支承梁边，承担负弯矩的板支座加固钢板，伸过支座边缘的长度不应小于一般板的构造要求。为了加强钢板粘贴面的抗剪强度和锚固作用，应在加固钢板的板端加设 2～3 个膨胀型锚栓。双向扁钢可重叠粘贴也可凿槽粘贴，扁钢相交应正交重叠粘贴。

11.3.4　新旧混凝土结合面一定要刷界面剂吗？

新建工程的混凝土置换，由于被置换构件的混凝土尚具有一定活性，且其置换部位的混凝土表面处理已显露出坚实的结构层，因而可使新浇混凝土的胶体能在微膨胀剂的预压应力促进下渗入其中，并在水泥水化过程中粘合成一体，符合两者协同工作的假设，不会有安全问题。然而，应注意的是这一协同工作假设不能沿用于既有结构的旧混凝土，因为它已完全失去活性，此时新旧混凝土界面的粘合必须依靠具有良好渗透性和粘结能力的结构界面剂才能保证新旧混凝土协同工作；也正因此，在工程中选用界面剂时，必须十分谨慎，一定要选用优质、可信的产品，并要求厂商出具质量保证书，以保证工程使用的安全。

11.3.5　现在经常会碰到业主在装修房屋时，施工单位在混凝土梁上开孔，有的甚至截断了主筋或者箍筋，像这种情况采用哪种方法加固比较合适？

对于梁上后开洞的情况宜具体情况具体分析，大致分为以下几种：一种是开洞位置合理，洞口尺寸较小，符合规范允许开洞的规定，这种情况可在保留洞口的基础之上在洞口周边构造性粘贴碳纤维布或者钢板，进行补强处理；另一种是开洞位置位于受力较大处，或者洞口尺寸较大，截断了较多的受力钢筋，这种情况对梁承载力的已经造成较大的影响，宜将切断钢筋焊接补强，洞口用高标号混凝土封堵，或者采用扩截面的方法配置新的受力钢筋以满足计算要求；还有一种情况介于以上两种情况之间，洞口位置较合理，洞口截断钢筋数量占比较小，可以采用梁底粘钢板或者碳纤维布，洞口处局部剔凿扩大，将截断钢筋留出操作长度与具有一定刚度的钢套管焊接成整体，再用细石混凝土浇筑剔凿部位，洞口侧面附加构造钢板。

11.3.6　规范规定框柱包角钢要延伸至基础，高层中间一层框柱需要包角钢也要延伸到基础吗？

这种情况需要首先明确在高层中只有一层柱子需要包角钢加固的原因，若是由于混凝土强度不足引起，应重点检测其相连的框架梁及上下层柱的混凝土强度数值是否也不满足设计要求，通常情况下只是某一层某几根柱子需要包角钢的情况可能不多见。如果遇到了建议可以向上和向下各延伸一层，而不必延伸到基础。

11.3.7　框架柱轴压比不满足规范要求，采用外包型钢加固可以吗？计算轴压比的时候可以考虑型钢的作用吗？

采用外包型钢加固混凝土柱，由角钢和缀板组成的框架对混凝土有一定的环形约束作用，理论上对其抗压强度有一定的提高作用，但是目前规范尚没有明确规定在计算轴压比的时候如何考虑角钢对混凝土抗压强度的提高作用，且最终的约束效果与施工质量有密切关系。若受条件所限且实际可行，必须考虑这一提高作用的时候，可以参照《混凝土结构加固设计规范》GB 50367—2013 中 8.2.1 条 Ψ_{sc}。

11.3.8　考虑到目前施工工艺，在重要的钢结构和混凝土构件部位采用粘贴钢加固是否可行？与外包钢方式相比，哪种加固方式更加可靠？

粘贴钢板加固与外包型钢加固属于不同的加固方法，粘贴钢板主要用于板、梁等受弯构件的承载力补强加固，有正截面受弯承载力提高不应超过40％的限值要求；外包角钢加固可以用于梁、柱以及梁柱节点等的加固，可以大幅提高其承载力。二者都要满足钢材的防火防腐的相关要求。

11.3.9　有些地方相关部门规定，建筑结构加固完需再进行一次鉴定，如果鉴定单位对加固设计图纸出现异议如何处理？

关于加固施工完成后是否需要检测鉴定，主要还是依据相关监督部门和业主方的要求。如果在检测鉴定过程中发现加固设计的一些问题，应体现在报告中，业主方宜委托具有资质的相关单位对其进行补充和改正，这个过程是一个不断修正、不断完善的过程。

11.3.10　关于柱、剪力墙节点处混凝土强度不足的，有没有什么加固方法建议？采用碳纤维布节点补强是否可行？

由"强节点弱构件"的抗震概念可知，梁柱节点处的承载力和构造要求较高，应给予较高重视。由于节点处混凝土强度不足的情况可根据混凝土强度偏低的程度采取相应措施，若混凝土强度严重不满足设计要求，建议采用置换混凝土的加固方法；若混凝土强度不足导致构造要求或者承载力不足，但程度较小，可采用加大截面或者粘贴钢板的加固方法进行。

11.3.11　碳纤维布加固后怎么检测加固工程质量？

碳纤维布加固工程的检测项目主要包含碳纤维布与混凝土之间的粘结质量、正拉粘结强度、纤维复合材胶层厚度、碳布的粘贴位置是否符合设计要求等，具体的取样规定、检测方法等相关内容可详见现行《建筑结构加固工程施工质量验收规范》GB 50550和现行《碳纤维增强复合材料加固混凝土结构技术规程》T/CECS 146。如果是植筋的检测项目可按照现行《建筑结构加固工程施工质量验收规范》GB 50550和现行《混凝土结构后锚固技术规程》JGJ 145执行。

11.4　钢结构加固与改造

11.4.1　钢结构加固有哪些基本要求？

（1）钢结构应根据可靠性鉴定结论和委托方提出的要求由专业技术人员按规范要求进行加固设计。加固设计的内容和范围，可以是结构整体亦可以是指定的区段、特定的构件或部位。

（2）加固后的钢结构的安全等级应根据结构破坏后果的严重程度、结构的重要性和下一个使用期的具体要求，由委托方和设计者按实际情况商定。

（3）钢结构的加固设计，应与实际施工方法紧密结合，采取有效措施，保证新增构件及部件与原结构连接可靠，新增截面与原截面结合牢固，形成整体共同工作；并应避免对未加固部分，以及相关的结构、构件和地基基础造成不利的影响。

（4）对高温、高湿、低温、冻融、化学腐蚀、振动、温度应力、收缩应力、地基不均匀沉降等影响因素引起的原结构损坏，应在加固设计中提出有效的防治对策，并按设计规定的顺序进行治理和加固。

（5）对加固过程中可能出现倾斜、失稳、过大变形或坍塌的钢结构，应在加固设计文件中提出有效的临时性安全措施，并明确要求施工单位必须严格执行。

（6）加固后如改变传力路径或使结构重量增大，应对相关结构构件及建筑物地基基础进行验算。

（7）焊接钢结构加固时，被加固构件的使用条件及其应力比限值应符合表 11.4.1 的要求。对于无焊接施工的加固改造，其实际名义应力值应小于 $0.7f_y$。若不满足要求，不得在负荷状态下进行焊接加固。

被加固构件的使用条件及其应力比限值　　　　　　　表 11.4.1

类别	使用条件	应力比限值 σ_{0max}/f_y
Ⅰ	特繁重动力荷载作用下的结构	≤0.2
Ⅱ	除Ⅰ外直接承受动力荷载或振动作用的结构	≤0.4
Ⅲ	除Ⅳ外承受静力荷载或间接承受动力荷载作用的结构	≤0.5
Ⅳ	承受静力荷载且允许按塑性设计的结构	≤0.6

11.4.2　钢结构加固有哪些内容和方法？

钢结构加固包含两部分内容：对现有的钢结构进行加固改造、对现有的非钢结构利用钢结构进行加固改造。

利用钢结构在原有混凝土结构上进行加层改造，方法与直接用混凝土结构在混凝土结构上加层基本一样，应注意两种不同材料结构体系的刚度不同所带来的影响。当利用钢结构在混凝土结构上加层时，因两种结构体系刚度相差较大，如为高层结构，一般要求按照超限高层准备设计审查资料。若将钢柱外包混凝土，做成钢骨混凝土柱，则可避免因体系问题而当作超限高层结构。

在砌体结构改造中，钢结构一般用于局部加固改造。砌体结构整体采用钢结构加固改造时应进行院级结构专业设计评审。

利用钢结构在砌体结构上加层，可以采用外架钢框架方法，所加楼层与原有结构在结构上完全分开，互不影响，在建筑功能上又融为一体。一般用于宽度较小、高度较小的砌体结构加层。

11.4.3　现有钢结构加固有哪些方法？

钢结构的加固可分为直接加固与间接加固两类，还有一些与结构加固方法配合使用的连接技术和修复、修补技术。

（1）直接加固法包括：增大截面加固法、粘贴钢板加固法、粘贴纤维复合材加固法和组合加固法等。

（2）间接加固法包括：改变结构体系加固法、预应力加固法等。此方法简便可靠，可逆性强，便于拆卸和更换。

11.5　木结构加固与改造

11.5.1　既有木结构容易出现哪些损害？

木材是有机材料，木材的天然缺陷（木节、裂缝、翘曲等）在木结构房屋的使用过程中仍可能发展；设计、施工、使用过程中可能产生的各种缺陷及菌害、虫害、化学性侵蚀、使用管理不善和自然灾害等外界因素，也可能引起木结构房屋不同程度的各种损害。

11.5.2　导致既有木结构需要加固的原因哪些？

导致既有木结构需要加固的原因有：

（1）因木材缺陷的危害引起的结构加固。木材中的木节、斜纹、裂缝、翘曲等都是木材的缺陷，这些缺陷随其尺寸大小和所在部位的不同对木材强度会产生不同程度的削弱，有些缺陷会危及木结构的承载力。

（2）因虫害、菌害引起的结构加固。虫害是各种虫类主要是白蚁对木结构的危害。菌害是由木腐菌导致结构木材腐朽的危害，木材腐朽后木材的力学性质改变，造成结构损坏。

（3）化学性侵蚀引起的结构加固。在现代工业生产中，有些厂房车间（例如酸洗车间、纺织厂的漂染车间及有侵蚀性气体的化工车间等）在生产过程中会散发含有侵蚀性介质的气体，这种气体使厂房中的木结构受到腐蚀，使木结构强度降低以致不能正常使用。

（4）因风、地震灾害引起的结构加固。在特大的风作用下，木结构房屋会发生揭顶、木柱被吹折，木结构房屋原有的损害会加剧。常见的损害是：节点松动、拔榫或劈裂，个别杆件脱落，木骨架歪斜，柱脚产生移动，围护墙倒塌，结构支撑失效，造成结构失稳，原有的损害因地震作用而加重。

（5）改变木结构房屋使用要求引起的结构加固。

（6）因设计、施工失误引起的加固。设计失误容易引起结构受力不合理、构造疏忽。施工质量事故易导致节点结合松弛、尺寸失误造成构件强度不足、屋架节点不牢、杆件劈裂、齿槽做法不符合构造要求等。

11.5.3　木结构常用的加固方法有哪些？

引起木结构加固的原因较多，由于地区和建造年代的不同，木结构构造做法各异，所以加固方法在各地区和不同的工程各不相同，不能盲目套用。木结构加固应首先消除引起构件损害的原因，后因地制宜、采用最经济简便的办法消除危害，以达到安全使用的目的。

（1）常用的加固方法有：

1）增加约束法：在构件横向增加约束，限制裂缝顺缝继续开展。常见的增加约束有钢丝缠绕、U形铁和玻璃钢等。

2）增大截面法：适用于与原构件材料相同的木材进行加固，也可用钢材外包加固。

3）增设钢拉杆：增设钢拉杆主要是用于屋架木制下弦的加固以及其他受拉构件的加固，其作用是利用钢材抗拉强度高的特点部分或全部顶替受拉木构件的作用。

4）销栓加固：主要用于抗剪不足和裂缝的处理，通常是使用钢制螺栓穿透被加固截面，利用螺栓起到销栓作用提高截面的抗剪能力，利用拧紧螺栓所提供的压力限制裂缝的开展。

5）纤维束加固：使用纤维束加固具有耐腐蚀、耐火、防水、强度高等优点，并且符合木结构古建筑围护要求"暗"的手法。用于结构修复加固的增强纤维主要有碳纤维、玻璃纤维、芳纶纤维等。

6）置换法：应采用与原构件相近的木材全部或部分置换原构件，局部置换时新旧连接除结合面处采用胶接外，置换连接段尚应增设钢板箍或纤维复合材环向围束封闭箍进行约束。

7）粘纤维复合材加固法：沿构件受拉面轴向粘贴碳纤维、芳纶纤维或玻璃纤维复合材并延伸至支座边缘，其端部和节点两侧应粘贴封闭箍或 U 形箍。

8）化学加固法：采用木基结构胶灌注裂缝或孔洞，增设钢板箍或纤维复合材环向围束封闭箍进行约束。

9）钢拉杆加固法：用圆钢（型钢）代替受拉木构件，或加撑杆组成复合结构改变力的传递路径。

10）型钢替换法：如原构件严重损坏，可附加型钢替代原构件。

（2）对各类构件可采用下列方法：

1）木梁加固方法主要有：夹板加固法、型钢托接法、下撑式钢拉杆加固法、扁钢箍加固法、托木加固法、碳纤维缠绕法。

2）木屋架加固方法主要有：除木梁的加固方法外还可以采用钢拉杆法、木夹板串杆法、型钢替换法、碳纤维缠绕法。

3）木柱加固方法：木柱可采用接柱或增设柱墩加固法，也可采用外套型钢加固。

11.6 地基基础加固

11.6.1 既有建筑地基有哪些加固方法？

既有建筑地基的加固应结合地基的土层分布情况、原地基基础及建筑物现状综合选用，常用的加固方法有：注浆加固法、高压喷射注浆法、化学灌浆法、锚杆静压桩、坑式静压桩、灰土挤密桩、水泥土搅拌桩、树根桩加固法。

11.6.2 既有建筑基础有哪些加固方法？

既有建筑基础的加固应结合地基基础、上部结构现状及改造后的特殊要求综合选用，常用的加固方法有：注浆补强加固、加大基础底面积加固、改变基础形式加固、基础加深加固、后压浆灌注桩、抬墙梁法（夹梁法）、沉井基础托换。

在既有建筑原基础内增加桩时，宜按新增加的全部荷载，由新增加的桩承担进行承载力计算。

11.6.3 既有建筑地基承载力特征值如何确定？

既有建筑地基承载力特征值的确定，应符合下列规定：

（1）当不改变基础埋深及尺寸，直接增加荷载时，宜按既有建筑地基承载力持载再加荷载试验确定。当不具备持载试验条件时，可按小尺寸试验压板原位测试试验，并结合土工试验、其他原位试验结果以及地区经验等综合确定。

（2）对扩大基础的地基承载力特征值，宜采用原天然地基承载力特征值。

（3）既有建筑外接结构地基承载力特征值，应按外接结构的地基变形允许值确定。

（4）对于需要加固的地基，应采用地基处理后检验确定的地基承载力特征值。

11.6.4 增加桩加固基础后，既有建筑基础承载力如何确定？

既有建筑的独立基础、条形基础进行扩大基础，并增加桩时，可按既有建筑原地基增加的承载力承担部分新增荷载，其余新增加的荷载由桩承担进行承载力计算，地基土承担部分新增荷载的基础面积应按原基础面积计算。

既有建筑桩基础扩大基础并增加桩时，可按新增加的荷载由原基础桩和新增加桩共同承担，进行承载力计算。

12 装配式建筑结构

12.1 政策、规定、装配率

12.1.1 装配式建筑结构统一技术措施主要包含哪些内容？

装配式建筑结构统一技术措施是对装配式建筑结构设计中的一些关键问题进行解答释疑，包括设计计算、政策解读、结构构造等，供我院设计人员在装配式建筑结构设计时参考。

12.1.2 我国为何要积极推广装配式的建造方式？

按照装配式的建造方式进行工程建设，目的是提高建造效率、节能降碳、提高工程质量、降低工程造价。

12.1.3 目前推广装配式的建造方式尚存在什么问题？

到目前为止，由于技术储备不足、产业规模还不够大、产业工人的能力还未跟上等原因，装配式建造方式的优势尚未体现出来，各建设单位、企业等建设方，主动采用装配式的建造方式进行建设的积极性还没有，现在还处于政府强制要求采用的阶段。目前存在的主要问题如下：

（1）技术储备不足

设计、制造、安装等各个环节均存在技术储备不足的问题，导致产业化的优势难以体现，质量优势不明显，造价与传统建筑方式相比处于劣势。

（2）管理不到位，质量安全不能完全保障

我国的产业工人，与发达国家有差别，绝大多数还是进城务工人员，监督不到位，可能使工程质量不能完全保障。

（3）相关设计软件缺乏

在有些工业化建筑发展的国家，有相应的设计软件，可以将传统的建筑，按照工业化的要求，快速拆分。软件没有，设计时靠人工拆分，设计效率大大降低。设计效率的降低，影响整个建设周期。该类软件目前正在研发试用，到成熟应用尚有一段时间。

（4）关键技术创新不足

推进住宅产业化，离不开部件的技术创新和生产，这些部件按照什么规格和质量标准生产，现场怎么装配、怎么组合？对于 PC 结构，是湿连接还是干连接？湿连接强度高，能够防震；干连接拆卸容易，可以换部件，损失少。设防烈度低的地方，干连接为主，高烈度地区，就必须是湿连接。我国地震强度分布不均，如何连接，宜因地而异。

如何拆分、如何组装，是一个需要深入研究和反复实践的问题。是先将一个部品的建筑、结构、设备、装饰先完成，再将部品一个一个的拼装，还是说，先拼装结构、再非结构构件、再设备、再装饰？

（5）建设的各环节联系不紧密，产业链脱节

整体设计与局部和单体设计脱节，建筑结构与部品部件设计脱节，新材料与传统大宗建材综合应用设计脱节，前期施工与后期装修设计脱节，还有木结构、钢结构、PC结构综合互补设计脱节，生产与施工脱节等。

（6）构件场地限制、产业化不配套

一个预制构件厂或部品厂，需要很大的堆场或仓库。建一个预制构件厂，需要下很大决心。建多大规模？建成后，当地的建筑市场是否能够容纳消化？这些顾虑使得投资商不能轻易下决心建预制构件厂或部品厂。如果一个地区缺少配套的预制构件或部品，又会阻碍产业化进程。

如果有明确的产业市场预期，就会有企业愿意先行建立预制构件生产厂。

就是地方政府若要引进装配式企业在当地建构件厂，就要承诺一定量的建筑工程采用装配化方式建造，如保障房、公租房等，以消除其产能无法发挥的顾虑。

构件厂数量少，运输距离就长，就会产生系列的运输问题。如果从构件厂到工地有150km，这条道路上有桥梁、隧洞，还有一个急转弯处，那么桥梁隧道的限重，就会使得很多车辆无法通行，急转弯处，又会限制转弯半径大的车辆通行。改造这些桥梁、隧道及急转弯处的道路，又是一项庞大的工程。

（7）社会认知度还不高

一个原因是目前的技术水平，包括设计制作安装，还没有达到相应的高度，导致成品房的整体质量不理想，装配式应有的高质量、高品质没有体现出来。再则，曾经的装配式建筑是从苏联、南斯拉夫移植过来的板式建筑。整套技术体系本身可能就不完备，也可能移植时，没有将其技术完整地移植过来。实际结果是这些建筑声誉很差：漏雨、不保温、不抗震，导致一下雨就漏，冬天很冷，地震时最先倒塌。人们大脑中对装配式建筑形成的这种印象，难以一下子消除。刚改革开放时，住房条件极差，有房子住就可以了，对品质要求很低。但现在不同了，基本的住房问题差不多解决了，就对品质有要求。而大家对装配式建筑的认知还停留在以前的大板房阶段，则很难在心理上接受。实际上现代装配式建筑对这些问题进行了系统的考虑，并且注重细节，是完全不同的概念。要改变人们的这种认知，除通过宣传外，要不断地通过提供优质的装配式建筑，让人们能够实际切身体验到其好处。以上原因导致老百姓在购买商品房时，不愿意选购装配式建筑的商品房，从而开发商也不愿意建装配式建筑。

要想使得装配式建筑得以推广，就要综合解决好上述问题。其中有些问题不是一下子就能解决的，同时各地的情况也不同，技术水平、经济发展状况和管理水平都不同，所以，装配式建筑的推广，需要因地制宜、循序渐进。

12.1.4　装配式建筑结构有哪些主要的结构类型？

装配式建筑结构主要有如下类型：

（1）装配式建筑按照主体结构所采用的建筑材料分为装配式混凝土结构、装配式钢结构、装配式木结构三大类，此外，还有混凝土结构和钢结构、木结构和钢结构组成的混合结构。

（2）装配式混凝土结构，分为装配整体式框架结构、装配整体式框架-现浇剪力墙结构、装配整体式剪力墙结构、装配整体式部分剪力墙结构、装配整体式叠合剪力墙结构等。

（3）钢结构按照结构体系不同，分为钢框架结构、钢框架-钢支撑结构（偏心支撑和中心支撑）、筒体结构（框筒、筒中筒、桁架筒、束筒）、巨型框架等。

（4）组合结构，主要是钢框架-核心筒结构、钢管混凝土柱-钢梁-核心筒结构等。

12.1.5　装配式建筑在什么阶段进行认定，认定装配式建筑的依据是什么？

现阶段，认定的阶段一般在初步设计阶段，认定的方式由各地建设部门规定。在武汉市装配式建筑由市城乡建设局组织装配式建筑方面的专家通过会议形式认定。认定的依据：建设所在地有具体规定时遵从当地规定，当地没有规定时，依据现行《装配式建筑评价标准》GB/T 51129 认定。

12.1.6　认定一项建筑工程是否按照装配式的方式进行了建造，主要按照哪几项指标考核？

认定一项建筑工程是否按照装配式的方式进行了建造，或者通俗地说，认定一项建筑工程属不属于装配式建筑，要考核五项指标：

（1）主体结构部分的指标分值不低于 20 分。

（2）围护墙和内隔墙部分的指标分值不低于 10 分。

（3）采用全装修。

（4）采用标准化设计，且评价分值不低于相应计算规则要求的最低分。

（5）建筑的装配率不低于 50％。

只有上述五个指标全部满足，才认定其属于装配式建筑。

12.1.7　什么是 A 级、AA 级、AAA 级装配式建筑？

A 级、AA 级、AAA 级装配式建筑是为了鼓励装配式建筑建设而对装配率较高的装配式建筑的一种等级评定。具体规定是：

（1）装配率为 60％～75％时，评价为 A 级装配式建筑。

（2）装配率为 76％～90％时，评价为 AA 级装配式建筑。

（3）装配率为 91％及以上时，评价为 AAA 级装配式建筑。

12.1.8　《武汉市装配式建筑装配率计算细则》与《装配式建筑评价标准》GB/T 51129—2017 相比，有哪些特色？

同现行国标相比，《武汉市装配式建筑装配率计算细则》有如下特点：

在装配式建筑装配率计算中增加了 6 分的创新项，其中采用工程总承包的方式得 2 分，采用 BIM 技术共 4 分（设计阶段、施工阶段分别为 2 分、2 分）。

明确了因技术条件特殊需调整装配率指标的建筑工程，要求装配率不低于 30％。

对于结构形式为框架-剪力墙、框架-核心筒结构，当框架柱采用预制，剪力墙、核心筒采用现浇混凝土时，竖向部件的预制应用比例可只计算框架柱部分，剪力墙、核心筒部分分子分母均不考虑。

对于主体结构中，某些特殊构件是否计入装配率计算做了规定，如竖向结构中钢管混凝土柱可计入，但钢骨混凝土柱不能计入；水平结构中，当采用叠合楼板、密肋楼板，以及用于主体结构形式为钢结构中的压型钢板组合楼板和钢筋桁架楼承板等楼板时，均可计算装配率。

12.1.9　武汉市执行的装配式相关政策文件中，明确哪些建筑可不采用装配式方式建造？

与装配式相关的文件《武汉市 2021 年发展装配式建筑工作要点》和《关于推动新型建

筑工业化与智能建造协同发展的通知》中明确以下新建民用建筑可不采用装配式方式建造：

（1）规划总建筑面积在 $5000m^2$ 以下的民用建筑以及建设项目的附属设施。

（2）规划总建筑面积在 $20000m^2$ 以下的工业建筑。

（3）超过装配式建筑相关技术标准规定最大适用高度的建筑工程。

（4）高度 100m 以上（不含 100m）混凝土结构的居住建筑。

（5）居住建筑类项目中非居住功能的售楼处、会所（活动中心）、幼儿园、商铺等独立设置的配套建筑，且下列两个条件全部符合的：

1）配套建筑地上建筑面积总和不超过 $10000m^2$。

2）配套建筑中的单体建筑地上建筑面积不超过 $3000m^2$。

（6）市、区政府确定的应急救援工程和保密工程。

12.1.10　装配率计算公式中的 Q4 具体如何取值？

装配率计算公式中的 Q4，是指指标项目 Q1、Q2、Q3 中缺少的指标分值总和，就是指在建筑中，不存在某项功能指标。在实际工程中，主要是出现在 Q3 中，如学校的教学楼，是没有厨房的，厨房对应的分值为 6，此时 Q4 即为 6。理解的关键是建筑中没有某项功能，如厨房、厕所、外隔墙等，而不是有该项功能没有做装配式。

12.1.11　有些建筑工程为了防渗漏，外隔墙全部采用现浇混凝土构造墙，根据《武汉市装配式建筑装配率计算细则》4.0.4 条的条文说明，是不是可以得 5 分？

不能得分。4.0.4 条的条文说明，指的是现浇剪力墙，即外墙都是结构墙体，这种情况下，外围护墙的分值为 5 分。

12.1.12　目前最常用的装配式建筑结构形式有哪几种？

主要有：装配整体式剪力墙结构、装配整体式叠合剪力墙结构、各种钢结构、混合结构等。

12.1.13　国家和湖北省地方有哪些关于装配式的结构设计标准？

装配式建筑的现行国家标准有《装配式混凝土结构技术规程》JGJ 1—2014、《装配式建筑评价标准》GB/T 51129—2017、《装配式混凝土建筑技术标准》GB/T 51231—2016、《装配式钢结构建筑技术标准》GB/T 51232—2016、《装配式木结构建筑技术标准》GB/T 51233—2016。

装配式建筑的湖北省地方标准有《装配式叠合楼盖钢结构建筑技术规程》DB42/T 1093—2015、《装配整体式混凝土剪力墙结构技术规程》DB42/T 1044—2015、《装配式混凝土结构工程施工与质量验收规程》DB42/T 1225—2016、《装配整体式混凝土叠合剪力墙结构技术规程》DB42/T 1483—2018、《装配式混凝土建筑设计深度规定》DB42/T 1863—2022 以及《装配式建筑评价标准》DB42/T 2179—2024。

12.1.14　在武汉市采用"精确砌块"是不是可以计入装配率？

当"精确砌块"用于外隔墙时，可以将精确砌块按照预制构件进行装配率计算，但用作内隔墙，则不能计算。

12.1.15　在水平结构构件装配率计算时，当楼盖结构采用密肋楼盖结构时，是不是可以计入装配率？

当采用密肋楼盖结构，且底膜采用工厂生产的标准底膜，而非现场制作的模板，则水平构件可以计入装配率。

12.2 装配整体式混凝土剪力墙结构

12.2.1 装配整体式剪力墙结构主要适用于哪一类建筑？进行装配整体式剪力墙结构设计，主要依据哪些标准？

装配整体式剪力墙结构主要适用于多、高层住宅类建筑。进行装配整体式剪力墙结构设计，主要依据的国家标准或行业标准有《装配式混凝土结构技术规程》JGJ 1—2014、《装配式混凝土建筑技术标准》GB/T 51231—2016，湖北省地方标准有《装配整体式混凝土剪力墙结构技术规程》DB42/T 1044—2015。

12.2.2 装配整体式剪力墙结构中对混凝土材料有哪些要求？

预制混凝土结构构件的混凝土强度等级不应低于 C30，现浇混凝土结构构件的强度等级不应低于 C25，节点和接缝部位的现浇混凝土强度等级不应低于预制混凝土构件的强度等级。非承重预制钢筋混凝土外挂墙板、夹芯外墙板混凝土强度等级不应低于 C20。

12.2.3 钢筋连接套筒的构造如何？有哪些种类？应遵守哪些标准？

钢筋连接套筒，是一种用钢材制作的钢筋连接件，一般为圆形，中空，钢筋插入后，通过灌浆，利用钢筋与浆体的粘结，浆体与套筒的粘结，从而传递钢筋力。

套筒根据所采用的材料不同，分优质碳素结构钢、低合金高强度结构钢、合金结构钢等种类；根据在套筒内浆体的充满程度，以及套筒自身的构造，分整体式全灌浆套筒、整体式半灌浆套筒、分体式全灌浆套筒和分体式半灌浆套筒。

套筒的设计应遵守现行《钢筋连接用灌浆套筒》JG/T 398、《钢筋连接用套筒灌浆料》JG/T 408、《钢筋套筒灌浆连接应用技术规程》JGJ 355 等规定。

12.2.4 装配整体式剪力墙结构中建筑外墙设计需要注意什么？

建筑外墙分外围护墙和外承重墙，外承重墙设计，就是预制剪力墙的设计，这个另行讨论，此处单讲外围护墙设计。建筑外围护墙设计应注意如下事项：

（1）建筑外围护墙设计，可通过基本单元装饰构件的组合、外墙板的拆分、饰面色彩变化等方法，实现外立面的多样化与经济美观。

（2）外墙饰面材料宜结合工程所在地气候条件，采用耐久、不易污染的材料。外墙饰面和保温隔热层宜与外墙板一体化预制成型。

（3）外墙的门窗应采用标准化部品，可采用企口、预留副框或预埋件等方法实现与外墙的可靠连接。

（4）预制女儿墙应采用与下部墙板结构相同的分块方式和构造做法，应在泛水高度处设凹槽、挑檐或其他泛水收头的构造措施。

（5）外墙板的外叶板、夹芯材料、内叶板的连接应采用耐久性和绝热性能好的材料。

（6）装饰构架、构件应与主体结构可靠连接。

12.2.5 装配整体式剪力墙结构中建筑内隔墙设计需要注意什么？

（1）内隔墙宜采用便于制作安装的轻质墙板或条板，并与主体结构可靠连接。

（2）内隔墙应满足环保、隔声、节能、防火、承载力要求。

（3）内隔墙门窗应采用标准化部品，可预留副框或预埋件等方法实现与外墙的可靠连接。

（4）厨房、卫生间等分隔墙应满足防潮、防水要求，墙板拼缝、分缝处应做好防水处理，墙内侧表面应设防水层。墙板上应预留预埋穿墙管道的沟槽。

12.2.6 装配整体式剪力墙结构的设备管线设计需要注意哪些方面？

（1）设备管线设计应满足建筑电气、给水排水、暖通空调等系统的使用、运行和维护等要求。

（2）设备管线应进行综合设计，减少平面交叉；竖向管线宜集中布置并应满足维修的要求。

（3）建筑水、暖管不应敷设在结构层内；强弱电水平套管可布置在叠合楼板的现浇层。

（4）设备管道穿楼板时，应有防火、隔声、密封措施，管道宜采用预埋件或其他锚固方式固定。

（5）强、弱电预埋管线需折线布置时，应在折弯点设置转接盒。

（6）同层排水设计应结合管线布置确定降板方案。

12.2.7 装配整体式剪力墙结构的高度限值是如何规定的？

装配整体式剪力墙的高度限值，根据装配率的高低，在一般现浇剪力墙结构的基础上适当下降，且装配率越高，则下降得越多，详见表12.2.7。具体如下：

（1）当竖向构件全部现浇，且楼盖采用叠合梁、板时，房屋的最大适用高度可按现行《高层混凝土结构技术规程》JGJ 3 中的规定采用。

（2）竖向构件采用预制墙体时，房屋的最大适用高度应该参照表12.2.7执行。

（3）在规定水平力作用下，当预制剪力墙构件承担的底部剪力大于底部总剪力的50%时，最大适用高度应适当降低；当预制剪力墙构件承担的底部剪力大于底部总剪力的80%时，最大适用高度按表12.2.7中括号内数值取值。

（4）当竖向连接采用非套筒连接时，其最大适用高度原则上不超过上述规定并应经专门论证。

装配整体式剪力墙结构房屋的最大适用高度（m）　　　　　表 12.2.7

结构类型	非抗震设计	抗震设防烈度	
		6	7
装配整体式全部落地剪力墙结构	140(130)	130(120)	110(100)
装配整体式部分框支落地剪力墙结构	120(110)	110(100)	90(80)

12.2.8 装配整体式剪力墙结构的高宽比有什么规定？

在高宽比的限制上，采用与现浇剪力墙结构相同的规定，即装配整体式剪力墙结构的高宽比不宜大于6。

12.2.9 装配整体式剪力墙结构在扭转位移比、周期比、结构规则性方面具体有哪些要求？

装配整体式剪力墙结构对于扭转位移比、周期比、结构规则性等方面的要求，参照现浇剪力墙结构的规定执行，具体详见湖北省地方标准《装配整体式混凝土剪力墙结构》DB42/T 1044—2015 第 10.1.4 条、10.1.5 条。

抗震设计的装配整体式剪力墙结构不宜设置转角窗。

12.2.10 装配整体式剪力墙结构有关伸缩缝的规定是什么？

装配整体式剪力墙结构伸缩缝的最大间距不宜大于50m。这里规定的是"不宜大于

50m"，如果分缝在建筑构造上难以处理，或者从建筑设计全局的角度来看，分缝并不好，那么，设计时，也可以不设缝，或者设缝，但间距大于50m，设计人需要考虑超长结构因温度应力以及混凝土干缩的影响，在设计时采取相应的应对措施。

12.2.11　除为了装配整体式的"整体"性，预制构件之间的连接部位，如各类边缘构件、楼盖整浇层外，还有哪些部位要求现浇？

高层装配整体式剪力墙结构宜设置地下室，地下室宜采用现浇混凝土结构；底部加强部位和屋盖宜采用现浇混凝土结构。结构转换层应采用现浇混凝土结构。虽然预制结构理论上可做到等同于现浇，但受各种因素限制，二者还是有差别，所以对于防水要求高、对抗震性能影响大的部位，要求采用现浇。

12.2.12　在保证装配整体式剪力墙的整体稳定和安全方面，结构设计应采取哪些措施？

在设计上，应从概念设计上，保证结构的整体性，且应采取措施避免结构在偶然荷载下发生连续性倒塌。可以参照《高层建筑混凝土结构技术规程》JGJ 3—2010第3.12.6条的规定进行分析。

疏散通道、避难空间等处的重要结构构件，其承载力和变形能力应适当增强，可以通过提高安全等级、抗震等级或结构性能目标等方式实现。

12.2.13　预制构件的拆分原则是什么？

预制构件拆分与施工图同时进行，并与施工图一起报送图审。施工图审查完成后，预制构件拆分会在深化设计阶段进行进一步深化，但拆分原则需与报审图一致，深化设计可由主体结构设计单位完成。预制构件的深化设计应按照便于标准化生产、运输和吊装的原则进行，并符合下列规定：

（1）预制剪力墙的竖向拆分宜在各层楼面处。

（2）预制剪力墙的水平拆分宜保证门窗洞口的完整性。

（3）预制剪力墙最外部的转角部位应采取加强措施，当拆分后无法满足设计构造要求时应现浇。

（4）为使预制构件规格少，拆分时可将零碎尺寸留到现浇构件中。具体实施时，水平构件、竖向构件、附属构件拆分原则如下：

1）水平（楼板）构件拆分以减少吊装次数为原则

基于预制楼板重量相较其他预制件较轻特点，其最大拆分尺寸依据预制件运输极限尺寸的原则。当房间轴间尺寸不大于3.15m×5.00m时，均采用整块预制大板；个别超出时，则拆分为两块同尺寸预制大板。该原则预制板种类可能有少量增加，但预制板总的数量大幅减少，进而减少了吊装次数，有效提升施工安装效率（图12.2.13-1）。

2）竖向构件拆分以减少预制件种类为原则

根据规范，外墙板现浇连接段长度不大于600mm时，可视为装配构件体积的一部分作为分子参与装配率计算。具体拆分时可充分利用这一有利条件，通过调整现浇连接段长度及现浇暗柱肢长，归并长度略有不同的预制墙段，统一外墙尺寸，降低构件制作成本。竖向构件拆分图12.2.13-2编号为"＊＊Q1＊"的预制墙可通过调整现浇段实现预制墙长一致，"＊＊Q2＊"亦如此。

3）预制阳台、飘窗等附属构件拆分以合理的运输尺寸及吊装重量为原则。

附属预制构件考虑运输及现场塔式起重机吊装能力，其长度不宜超过5m、最大重量不宜超过 5t。同时对于特殊构件应进行吊装模拟分析（图 12.2.13-3），对不利部位进行加强。

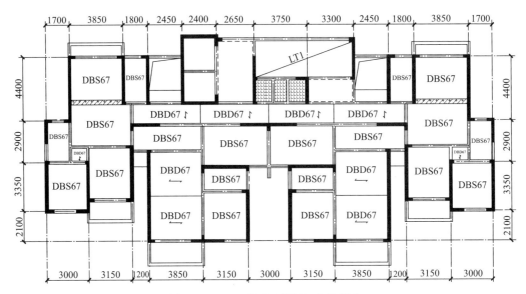

图 12.2.13-1　水平（楼板）构件拆分

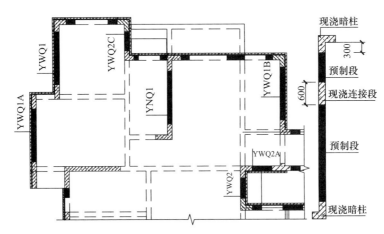

图 12.2.13-2　竖向构件拆分

12.2.14　装配整体式剪力墙结构的预制构件之间的钢筋连接构造有哪些方式？

预制剪力墙的墙身纵向分布钢筋连接构造主要为灌浆套筒连接，如图 12.2.14-1 所示，也可采用约束浆锚搭接连接，如图 12.2.14-2 所示。水平钢筋可采用钢筋环插筋连接。其他预制构件的钢筋可根据具体情况及受力特点采用机械连接、焊接或搭接连接。

12.2.15　预制剪力墙的竖向连接构造如何？有哪些构造规定？

（1）预制剪力墙侧面与后浇混凝土的结合面应设置粗糙面，也可设置键槽；键槽深度 t 不宜小于 20mm，宽度 w 不宜小于深度的 3 倍且不宜大于深度的 10 倍，键槽间距宜等于键槽宽度，键槽端部斜面倾角不宜大于 30°，如图 12.2.15-1 所示。

（2）预制剪力墙竖向接缝与剪力墙非边缘构件接缝，后浇段的宽度不应小于墙厚且不宜小于 200mm；后浇段内应设置不少于 4 根竖向钢筋，钢筋直径不应小于墙体竖向分布钢筋直径且不应小于8mm。后浇段宽度和竖向分布钢筋由设计标注。

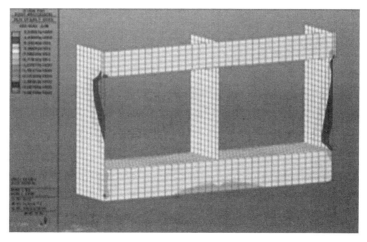

图 12.2.13-3 预制飘窗吊装工况模拟

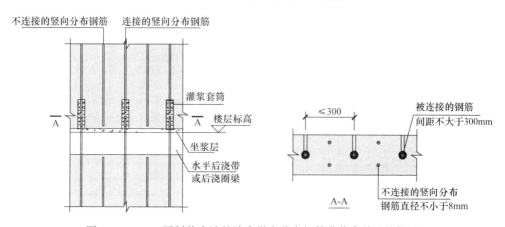

图 12.2.14-1 预制剪力墙的墙身纵向分布钢筋灌浆套筒连接构造

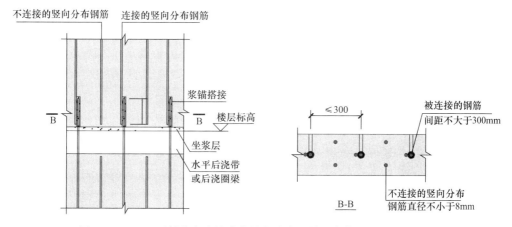

图 12.2.14-2 预制剪力墙的墙身纵向分布钢筋约束浆锚搭接连接构造

（3）预制剪力墙与后浇（非）边缘暗柱间的竖向接缝出筋构造根据现场施工难易程度，由易到难排列如下：

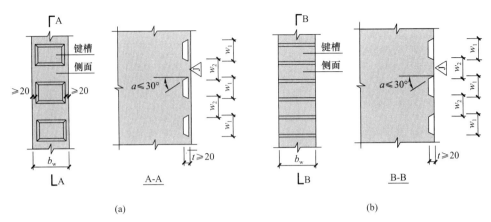

图 12.2.15-1 键槽截面

（a）键槽不贯通截面；（b）键槽贯通截面

1）预留直线钢筋搭接，如图 12.2.15-2 所示，钢筋搭接长度 $\geqslant 1.2l_{aE}$。

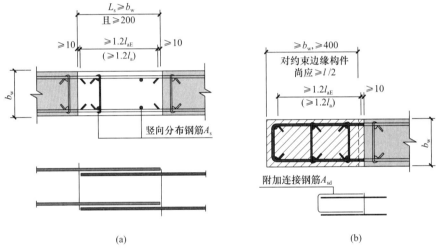

图 12.2.15-2 预留直线钢筋搭接

（a）非边缘构件；（b）边缘构件

2）预留弯钩钢筋连接，如图 12.2.15-3 所示，钢筋连接长度 $\geqslant 1.0l_{aE}$。

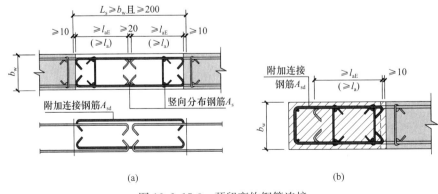

图 12.2.15-3 预留弯钩钢筋连接

（a）非边缘构件；（b）边缘构件

3）预留 U 形钢筋连接，如图 12.2.15-4 所示，钢筋连接长度≥0.8l_{aE}。

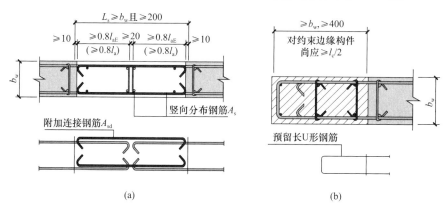

图 12.2.15-4 预留 U 形钢筋连接

（a）非边缘构件；（b）边缘构件

4）预留 U 形钢筋与附加封闭箍连接，如图 12.2.15-5 所示，钢筋连接长度≥0.6l_{aE}。

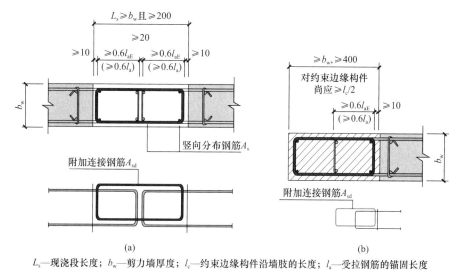

L_s—现浇段长度；b_w—剪力墙厚度；l_c—约束边缘构件沿墙肢的长度；l_a—受拉钢筋的锚固长度

图 12.2.15-5 预留 U 形钢筋与附加封闭箍连接

（a）非边缘构件；（b）边缘构件

12.2.16 预制剪力墙的水平连接构造如何？有哪些构造规定？

（1）预制剪力墙水平接缝宜设置在楼面标高处，并应符合下列规定：

1）接缝高度宜为 20mm。

2）接缝宜采用灌浆料填实。

3）接缝处后浇混凝土上表面应设置粗糙面。预制剪力墙的顶部和底部与后浇混凝土的结合面应设置粗糙面。粗糙面的面积不宜小于结合面的 80%，粗糙面凹凸深度不应小于 6mm。

（2）预制剪力墙边缘构件竖向钢筋应逐根连接，墙身竖向分布钢筋可采用如图 12.2.16-1 所示"梅花形"部分连接。连接钢筋的直径不应小于 12mm；未连接的竖向分布钢筋直径不应小于 6mm。钢筋通常采用灌浆套筒连接，接头净距如图 12.2.16-2 所示。

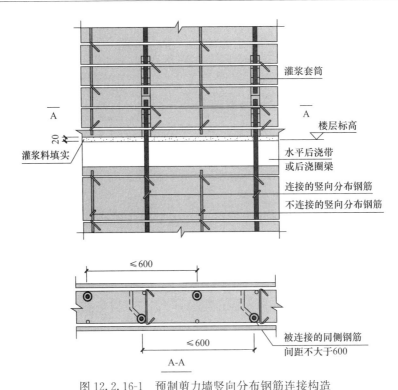

图 12.2.16-1　预制剪力墙竖向分布钢筋连接构造

注：剪力墙构件承载力设计和分布钢筋配筋率计算中不得计入未连接的竖向分布钢筋。

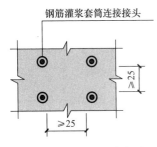

图 12.2.16-2　灌浆套筒
接头净距

（3）预制剪力墙钢筋灌浆套筒连接部位水平分布钢筋应加密构造，如图 12.2.16-3 所示。加密区水平分布钢筋要求详见表 12.2.16。

12.2.17　预制墙上有洞口时，预制墙如何制作较好？

宜将预制墙板洞口两侧区域定义为普通建筑外墙，避免在该区域采用灌浆套筒连接，可有效降低施工难度。

12.2.18　预制剪力墙墙肢内的竖向结合面处受剪承载力如何计算？

根据《装配整体式混凝土剪力墙结构》DB42/T 1044—2015 第 10.5.15 条，在地震设计状况下，预制混凝土剪力墙墙肢内的竖向结合面处受剪承载力可按式（12.2.18）计算：

$$V_{ue} = \zeta_c n_c A_c f_t + 0.5 \sum f_y A_s \tag{12.2.18}$$

式中　ζ_c——抗剪连接齿槽共同工作系数，$\zeta_c = 1.0 - 0.1 n_c$，$\zeta_c \leqslant 0.5$；

n_c——抗剪连接齿槽个数；

A_c——单个抗剪连接齿槽抗剪连接面积；

f_t——混凝土轴心抗拉强度设计值；

f_y——穿过剪力墙竖向结合面的水平钢筋抗拉强度设计值；

A_s——穿过剪力墙竖向结合面的水平钢筋截面面积。

12.2.19　预制剪力墙底部水平接缝处，水平接缝截面的受剪承载力如何计算？

根据《装配式混凝土结构技术规程》JGJ 1—2014 第 8.3.7 条，在地震设计状况下，

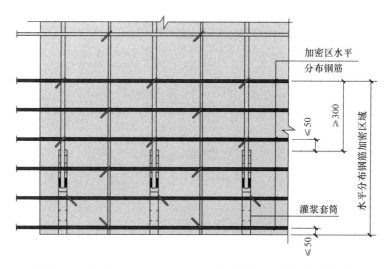

图 12.2.16-3 预制剪力墙钢筋灌浆套筒连接部位水平分布钢筋加密构造及要求

加密区水平分布钢筋要求   表 12.2.16

抗震等级	最大间距（mm）	最小直径（mm）
一、二级	100	8
三、四级	150	8

剪力墙水平接缝的受剪承载力设计值按式（12.2.19）计算：

$$V_{ue} = 0.6 f_y A_{sd} + 0.8N \tag{12.2.19}$$

式中 f_y——垂直穿过结合面的钢筋抗拉强度设计值；

N——与剪力设计值 V 相应的垂直于结合面的轴力设计值，压力时取正，拉力时取负；

A_{sd}——垂直穿过结合面的抗剪钢筋面积。

12.2.20 叠合梁设计有哪些规定？

装配整体式框架结构中，当采用叠合梁时，框架梁的后浇混凝土叠合层厚度不宜小于 150mm，次梁的后浇混凝土叠合层厚度不宜小于 120mm；当采用凹口截面预制梁时，凹口深度不宜小于 50mm，凹口边厚度不宜小于 60mm。具体详见《装配式混凝土结构技术规程》JGJ 1—2014 第 7.3.1 条。

12.2.21 叠合梁与预制墙体的连接构造如何？

（1）叠合梁端面应设置键槽，且宜设置粗糙面。键槽的深度 t 不宜小于 30mm，宽度 w 不宜小于深度的 3 倍，且不宜大于深度的 10 倍；键槽可贯通截面，当不贯通时槽口距离截面边缘不宜小于 50mm；键槽间距宜等于键槽宽度；键槽端部斜面倾角不宜大于 30°。

（2）叠合梁通过预制墙体缺口处后浇段与预制墙体相连，如图 12.2.21 所示。当预制墙设高度不大于 800mm 缺口时，竖向钢筋不切断，照常布置；水平钢筋如果被洞口切断，在洞口上下两边每边配置 2 根直径不小于 12mm 且不小于被切断水平筋总面积 50% 的补强钢筋，钢筋种类与被切断钢筋相同。

12.2.22 叠合楼板的设计有哪些规定？

叠合板的预制板厚度不宜小于 60mm，后浇混凝土叠合层厚度不应小于 60mm；叠合

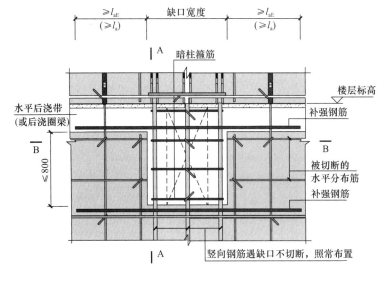

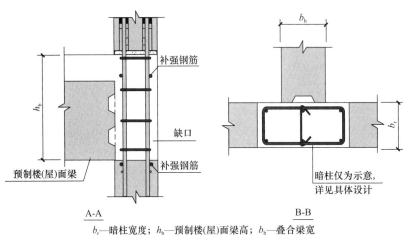

b_r—暗柱宽度；h_b—预制楼(屋)面梁高；b_h—叠合梁宽

图 12.2.21　叠合梁与预制墙体的连接构造

板后浇层最小厚度的规定考虑了楼板整体性要求以及管线预埋、面筋铺设、施工误差等因素。预制板最小厚度的规定考虑了脱模、吊装、运输、施工等因素。设置桁架钢筋或板肋等，增加了预制板刚度时，可以考虑将其厚度适当减少。当板跨度较大时，为了增加预制板的整体刚度和水平界面抗剪性能，可在预制板内设置桁架钢筋。钢筋桁架的下弦钢筋可视情况作为楼板下部的受力钢筋使用。

屋面层和平面受力复杂的楼层宜采用现浇楼盖，当采用叠合楼盖时，楼板的后浇混凝土叠合层厚度不应小于 100mm，且后浇层内应采用双向通长配筋，钢筋直径不宜小于 8mm，间距不宜大于 200mm。

跨度大于 3m 的叠合板，宜采用桁架钢筋混凝土叠合板；跨度大于 6m 的叠合板，宜采用预应力混凝土预制板。

双向叠合板板侧的整体式接缝宜设置在叠合板的次要受力方向且宜避开最大弯矩截面。

12.2.23　预制叠合板有哪些形式？

预制叠合楼板可采用单向（图 12.2.23a）或双向预制叠合板（图 12.2.23b～d）的形式。

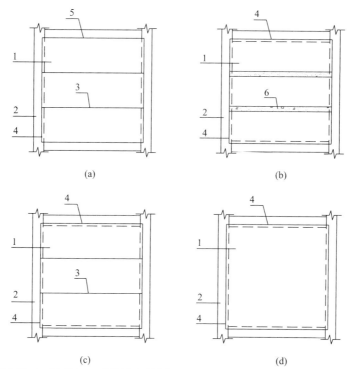

1—预制叠合板；2—梁或墙；3—板侧分离式拼缝；4—板端支座；5—板侧支座；6—板侧整体式拼缝

图 12.2.23　预制叠合板形式

（a）单向叠合板；（b）带整体式拼缝的双向叠合板；（c）带分离式拼缝的双向叠合板；（d）整块双向叠合板

12.2.24　预制叠合板的构造以及叠合板与叠合梁的连接构造？

（1）预制叠合楼板设计应符合现行《混凝土结构设计标准》GB/T 50010 的规定，并应符合下列规定：

1）叠合楼板的预制板厚度不宜小于 60mm，后浇混凝土叠合层厚度不应小于 60mm。

2）跨度大于 3m 的叠合楼板，应采用桁架钢筋混凝土叠合楼板。

3）跨度大于 6m 的叠合楼板，宜采用预应力混凝土预制板，也可采用预制双向混凝土板。

4）板厚大于 180mm 的叠合楼板，其预制板宜采用混凝土空心板。

（2）预制叠合板与叠合梁的连接构造分为端支座和中间支座两种连接构造（参照《装配式混凝土结构连接节点构造（楼盖和楼梯）》15G310-1 第 22 页），典型构造如图 12.2.24 所示。

12.2.25　预制楼梯有哪些设计规定？具体构造如何？

（1）预制楼梯等受弯构件承载力极限状态计算和正常使用极限状态应符合现行《混凝土结构设计标准》GB/T 50010 和《建筑抗震设计标准》GB/T 50011 的有关规定。

1）预制装配楼梯板宜为整块预制构件。

2）预制楼梯与支承构件之间宜采用简支连接。采用简支连接时，宜一端设置固定铰，另一端设置滑动铰，其转动及滑动变形能力应满足结构层间位移的要求。与梁、墙固结的预制楼梯应考虑上部弯矩的影响。

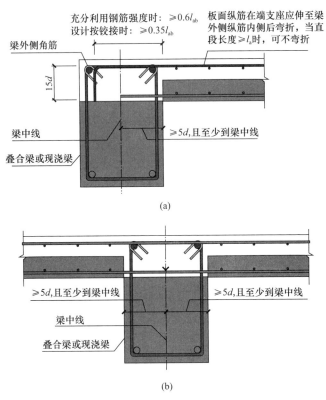

图 12.2.24　叠合板与叠合梁连接构造

(a) 边梁支座；(b) 中梁支座

（2）具体构造要求：

1）预制装配楼梯板的厚度不宜小于 120mm。与支承结构铰接的一端应预留伸出钢筋，预留伸出钢筋锚入支座长度应满足受力所需的锚固及构造要求。上部钢筋不应小于 l_a，有抗震要求时不应小于 l_{aE}，下部钢筋不应小于 $20d$，搭接部位纵向受力钢筋宜采用焊接方式连接。

2）预制板式楼梯的梯段板底应配置通长的纵向钢筋，板底纵筋应通过计算确定。板面宜配置通长的纵向钢筋；当楼梯两端均不能滑动时，板面应配置通长的纵向钢筋，配筋率不应小于 0.20%；分布钢筋直径不宜小于 8mm，间距不宜大于 250mm。

3）预制楼梯在支撑构件上的最小搁置长度不宜小于 75mm（6 度及 7 度）、100mm（8 度）。

4）预制楼梯设置滑动铰的端部应采取防止滑落的构造措施。

12.2.26　对预制非承重外墙板和内墙板有哪些要求？它们与主体的连接构造如何？

预制混凝土非承重外墙板和内墙板用材料应符合现行《装配式混凝土结构技术规程》JGJ 1 的规定。当采用整体预制条板和复合夹芯条板应符合国家现行相关标准的规定。

当主体结构承受 50 年重现期风荷载或多遇地震作用时，外墙不得因层间位移而发生塑性变形、板面开裂、零件脱落等损坏。在罕遇地震作用下，外墙板不得掉落。

外墙板与主体结构的连接节点应具有足够的承载力。承载力极限状态下，连接节点不应发生破坏；当单个连接节点失效时，外墙板不应掉落。连接部位应采用柔性连接方式，连接节点应具有适应主体结构变形的能力。连接件的耐久性应满足使用年限要求。

12.2.27   预制剪力墙制作、成品验收、存放、安装和施工验收有哪些主要规定？

预制剪力墙制作、成品验收、存放、安装和施工验收应满足以下规定要求：

（1）制作

预制构件生产前，设计、生产、施工单位应进行设计问题交底和会审，审核预制件加工详图。预制件混凝土制作浇筑前应对钢筋、构造、预埋件、钢筋保护层厚度等进行检查。

（2）成品验收

预制构件出厂时的混凝土强度不宜低于设计强度等级值的75%，同时不低于设计规定强度，有些特殊构件需要达到强度的100%。预制构件脱模起吊时的混凝土强度应计算确定且不宜小于15MPa。

预制构件出模后，应对外观质量、尺寸偏差、预留预埋进行检查，并根据现行《装配式混凝土建筑技术标准》GB/T 51231对灌浆套筒进行型式检验及抗拉强度试验。

（3）存放

预制剪力墙应对称靠放，每侧不大于2层，构件上部采用木垫块隔离。

（4）安装

1）预制剪力墙安装前应制订专项施工方案，并进行试安装。

2）现浇层与装配层、装配层与装配层预制剪力墙连接定位钢筋的控制及保护。

3）现浇层与装配层连接部位的连接纵筋。由于连接钢筋为预埋，应重点控制连接钢筋的水平位置、外露长度，特别在混凝土浇筑时、应随时浇筑随时调节并避免浇筑污染。

4）装配层与装配层连接部位的连接纵筋。应首先控制预制墙板连接纵筋在预制工厂生产中的定位精度，并在运输环节、存放环节、吊装后、后续构件安装前加强对连接钢筋的保护避免碰撞。如发生碰撞则应在不损伤预制件前提下进行调直，确保后续构件准确安装。

5）预制墙板等竖向构件安装后，应对安装位置、安装标高、垂直度进行校核与调整。

6）预制剪力墙竖向钢筋一般采用套筒灌浆或浆锚搭接连接，在灌浆时宜采用灌浆料将墙底水平接缝同时灌满。灌浆料强度较高且流动性好，有利于保证接缝承载力。灌浆时，预制剪力墙构件下表面与楼面之间的缝隙周围可采用封边砂浆进行封堵和分仓，以保证水平接缝中灌浆料填充饱满。灌浆应饱满、密实，所有出口均应出浆。墙板需要分仓灌浆时，应采用坐浆料进行分仓。

7）灌浆料的拌合和准备：控制灌浆料拌合配合比、控制灌浆料搅拌时气温环境及搅拌工艺。灌浆料应在30min内使用完毕。

8）对灌浆操作作业面及周边环境温度要求：控制灌浆区域温度，低温灌浆施工，环境温度不应低于5℃，低于0℃时不得施工。当连接部位养护温度低于10℃时，应采取加热保温措施；高温灌浆施工时，环境温度高于30℃应采取降低灌浆料拌合物温度的措施。

（5）施工验收

预制剪力墙的验收检测应包括套筒灌浆饱满度、底部接缝灌浆饱满度、双面叠合剪力墙空腔内现浇混凝土质量等内容。具体检测方法及要求可参考《装配式住宅建筑检测技术标准》JGJ/T 485—2019 第 4.4 节。

12.2.28 总的来说，装配整体式剪力墙结构与现浇剪力墙结构有哪些相似和不同的地方？

（1）装配整体式剪力墙结构与现浇剪力墙结构相似点主要表现在以下几个方面：

1）结构计算方法相似。装配式建筑的结构整体计算基本按照现浇结构一样的计算方法，只是抗震设计时，对同一层内既有现浇墙肢也有预制墙肢的装配整体式剪力墙结构，现浇墙肢水平地震作用弯矩、剪力宜乘以不小于 1.1 的增大系数。

2）主体结构完成后，做完建筑面层两者基本一样，外观看不出不一致。

（2）装配整体式剪力墙结构与现浇剪力墙结构不同点主要表现在以下几个方面：

1）高度限值不一致。A 级高度装配整体式剪力墙结构一般比现浇剪力墙结构低 10m。

2）抗震等级划分的高度不一致。比如 6 度区，装配整体式剪力墙结构四级和三级抗震等级划分界限高度为 70m，而现浇剪力墙结构，三级和四级抗震等级划分界限高度为 80m。

3）设计内容增加。装配式剪力墙结构比现浇结构多了预制构件拆分设计和构件加工详图设计两个阶段。

4）施工方式不同。装配式剪力墙结构预制部分需要吊装、安装施工，再通过连接件进行连接，施工工艺较现浇剪力墙结构多了，前者干作业多，后者湿作业多。

12.2.29 采用常规设计方法，带洞口预制外墙板端部均设置暗柱（图 12.2.29-1），暗柱纵筋采用灌浆套筒现场连接。由于灌浆套筒直径较大，平面定位需向墙板中线水平偏移一定尺寸，与其相连纵筋也相应内移。受此影响为避免预制件洞口上方连梁两侧保护层过厚，预制件内连梁纵筋需相应调整至暗柱纵筋外侧设置。造成施工安装时预制件伸出的连梁纵筋与现浇区域剪力墙（暗柱）纵筋发生结构性碰撞（图 12.2.29-2），给施工安装造成极大困扰，如何避免？

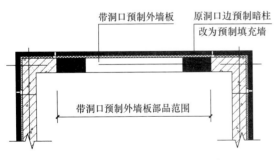

图 12.2.29-1 带洞口预制外墙板布置
平面（局部）

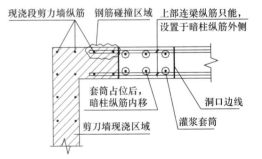

图 12.2.29-2 传统设计预制叠合梁纵筋与
剪力墙现浇段暗柱纵筋碰撞

遇此情况应在结构方案阶段将预制构件洞口边暗柱改为预制填充墙，仅作为荷载参与结构整体计算。作为填充墙仅需配置无需上下连通的构造纵筋，避免因灌浆套筒占位造成连梁纵筋外移，规避了预制件伸出的连梁纵筋与相邻现浇段剪力墙（暗柱）纵筋碰撞问题。该方法同时减少了预制暗柱竖向纵筋灌浆套筒连接数量，施工质量、效率大幅提高，如图 12.2.29-3～图 12.2.29-5 所示。

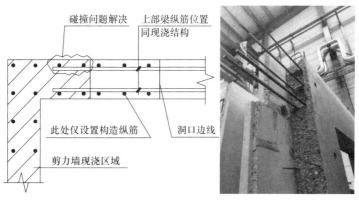

图 12.2.29-3　优化设计后梁纵筋与剪力墙纵筋实现相互避让

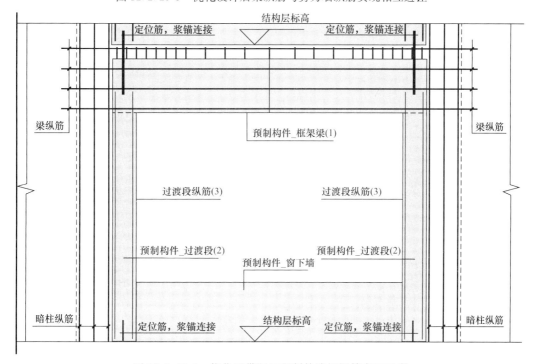

图 12.2.29-4　优化后带洞口预制外墙板钢筋布置示意

图 12.2.29-5　优化后的现场安装实景照片

12.3 装配整体式混凝土叠合剪力墙结构

12.3.1 装配整体式混凝土叠合剪力墙结构具体是一种什么样的结构，有什么特点？适用于哪些建筑？

装配整体式混凝土叠合剪力墙结构是将剪力墙分为内外叶板、连接内外叶板的桁架钢筋和后浇混凝土三部分，内外叶板在工厂预制，并通过桁架钢筋进行连接，内外叶板厚度一般为 50mm，两者之间空腔不小于 100mm，现场安装好内外叶板，下层预留钢筋锚入空腔内，现场用混凝土浇筑空腔，从而空腔后浇混凝土、内外叶板和连接内外叶板的钢筋桁架形成整体受力，内外叶板前期起到空腔浇筑混凝土的模板作用，后期与空腔混凝土一起组合受力。当内外叶板均参与受力时，为双面叠合剪力墙；当外叶板不参与受力仅作为模板时，为单面叠合剪力墙。

叠合剪力墙相对于实心剪力墙，具有预制构件自重轻，吊装方便，现场连接节点构造简单等特点。

叠合剪力墙体系主要适用于住宅建筑，由于其抗震性能研究较少，在 6 度区适用高度一般不超过 80m，当超过 80m 小于 100m 时，需要按照现行《装配整体式混凝土叠合剪力墙结构技术规程》DB42/T 1483 相关规定进行加强。

12.3.2 单面叠合剪力墙和双面叠合剪力墙各自的定义？二者的区别？各适用于什么位置？

（1）单面叠合剪力墙，是指内、外叶板通过钢筋桁架连接，其中外叶板不参与叠合受力，只是作为空腔后浇混凝土模板和外墙保温的作用。双面叠合剪力墙是指内、外叶板通过钢筋桁架连接，与后浇混凝土叠合共同受力。

（2）两者区别：

1）单面叠合剪力墙外叶板不参与受力，双面叠合剪力墙内外叶板均参与受力。

2）单面叠合剪力墙空腔后浇混凝土厚度不小于 150mm，计算厚度不小于 200mm，双面叠合剪力墙空腔后浇混凝土厚度不小于 100mm，计算厚度不小于 200mm。

（3）单面叠合剪力墙适用于建筑外墙部分，采用外保温；双面叠合剪力墙既适用于建筑外墙，也适用于内墙。

12.3.3 叠合剪力墙中预制墙板之间的钢筋桁架起什么作用？

叠合剪力墙中预制墙板之间的钢筋桁架作用如下：

1）将内外叶预制板连成一个整体，保证运输和安装。

2）施工过程中，在中间空腔部分浇筑混凝土时，抵抗未凝固混凝土对预制板的侧压力。

3）保证内外叶预制板与中间空腔部分的后浇混凝土形成一个整体共同受力。

12.3.4 装配整体式叠合剪力墙结构房屋的最大适用高度是怎么规定的？

装配整体式叠合剪力墙结构房屋的最大适用高度应符合表 12.3.4 的规定。

装配整体式叠合剪力墙结构房屋的最大适用高度（m）　　　　　表 12.3.4

结构类型	抗震设防烈度	
	6 度	7 度
装配整体式叠合剪力墙结构	90	80

12.3.5　在什么情况下装配整体式叠合剪力墙结构房屋的最大适用高度可以放宽到 100m?

满足下列条件时,装配整体式叠合剪力墙结构房屋的最大适用高度可增大至 100m。

(1) 当建筑物外墙采用单面叠合剪力墙时,中间空腔后浇混凝土的厚度不应少于 150mm,且底部加强部位的其他剪力墙体均应采用现浇剪力墙。

(2) 现行国家相关标准规定的边缘构件阴影区域应采用后浇混凝土,并在后浇段内设置封闭箍筋。

(3) 当设防烈度为 7 度时,底部加强部位层数在《高层建筑混凝土结构技术规程》JGJ 3—2010 规定的基础上增加一层,约束边缘构件范围延伸至底部加强部位以上两层。

12.3.6　叠合剪力墙结构的抗震等级与设防烈度和房屋高度的关系如何?

丙类装配整体式叠合剪力墙结构的抗震等级,应符合表 12.3.6 的规定。乙类装配整体式叠合剪力墙结构应按本地区抗震设防烈度提高一度确定其抗震等级。

丙类装配整体式叠合剪力墙结构的抗震等级　　　　　　　表 12.3.6

设防烈度	6 度		7 度			8 度		
高度（m）	≤70	>70	≤24	>24 且≤70	>70	≤24	>24 且≤70	>70
抗震等级	四	三	四	三	二	三	二	一

12.3.7　与现浇混凝土剪力墙相比,叠合剪力墙结构的截面设计计算有哪些具体规定?

与现浇混凝土剪力墙相比,叠合剪力墙结构的截面设计计算主要有以下具体规定:

(1) 最小截面厚度规定不同。叠合剪力墙的计算厚度不应小于 200mm,根据《高层建筑混凝土结构技术规程》JGJ 3—2010 第 7.2.1 条,现浇剪力墙最小厚度为 160mm。

(2) 对于 6 度区 90~100m,7 度区 80~100m,外墙采用双面叠合剪力墙时,建筑采用内保温,空腔后浇混凝土厚度不小于 150mm,即剪力墙最小厚度不小于 250mm。

(3) 叠合剪力墙水平接缝处应进行受剪承载力验算,计算方法详见《装配整体式混凝土叠合剪力墙结构技术规程》DB42/T 1483—2018 第 10.4.6 条。

12.3.8　装配式叠合剪力墙结构的整体计算分析如何进行?

装配式叠合剪力墙结构的整体计算分析同现浇剪力墙结构一样的计算方式,只是注意抗震等级高度划分界限不同,按照《装配式混凝土结构技术规程》JGJ 1—2014 第 6.1.3 条确定抗震等级,用常规结构计算软件建模计算,在参数中需选中装配式,这时候会将现浇墙地震内力放大 1.1 倍。

12.3.9　装配式叠合剪力墙结构在计算分析时,需要考虑的作用和作用组合主要有哪些?

装配式叠合剪力墙结构在计算分析时,需要考虑的作用和作用组合主要有以下几个方面:

(1) 作用及作用组合应根据现行《建筑结构荷载规范》GB 50009、《建筑抗震设计标准》GB/T 50011、《高层建筑混凝土结构技术规程》JGJ 3 和《混凝土结构工程施工规范》GB 50666 等确定。

(2) 预制构件在进行翻转、吊装、运输、安装等施工验算时,构件自重标准值应乘以动力系数。构件运输、吊运时,动力系数根据实际情况确定,并不宜小于 1.5;构件翻转及安装过程中就位、临时固定时,动力系数可取 1.2。

(3) 预制构件进行脱模验算时,等效静力荷载标准值应取构件自重标准值乘以动力系数后与脱模吸附力之和，且不宜小于构件自重标准值的 1.5 倍。动力系数不宜小于 1.2；脱模吸附力应根据构件和模具的实际情况取用，且不宜小于 $1.5kN/m^2$。

（4）在预制墙板空腔中浇筑混凝土时，应验算预制墙板的稳定性。混凝土对预制墙板的作用应考虑不小于 1.2 的动力系数。

（5）叠合楼板施工阶段验算时，施工活荷载应根据施工时的实际情况考虑，且不宜小于 $1.5kN/m^2$。

12.3.10　叠合剪力墙设计有哪些规定？

叠合剪力墙设计应满足以下规定：

（1）当预制墙板参与叠合时，预制墙板混凝土强度等级不应低于 C30。钢筋宜选用不低于 HRB400 级的热轧钢筋。钢筋直径不应小于 8mm，间距不宜大于 200mm。

（2）当外叶板不参与叠合计算时，预制墙板混凝土强度等级不宜低于 C30。预制墙板钢筋可选用 HPB300 级热轧钢筋，钢筋直径不应小于 6mm，间距不宜大于 200mm，并应满足预制板自身抗裂及耐久性的要求。

（3）预制墙板的混凝土保护层厚度应符合现行《混凝土结构设计标准》GB/T 50010 的规定。内、外叶预制墙板的钢筋位于中间空腔一侧的保护层厚度不宜小于 10mm。

（4）叠合剪力墙的计算厚度不应小于 200mm，内、外叶预制墙板厚度不宜小于 50mm。后浇混凝土强度等级不宜低于 C30。

（5）预制墙板中，钢筋桁架布置，应满足施工时浇筑混凝土的要求，且纵向钢筋直径不宜小于 8mm，腹筋直径不宜小于 6mm。斜腹筋与弦筋的角度可为 60°。钢筋桁架在预制墙板中应竖向布置。钢筋桁架的榀间距应根据计算确定，可取 400～600mm。钢筋桁架的上、下弦钢筋可选用 HRB400 级热轧钢筋，斜腹筋可选用 HPB300 级热轧钢筋。钢筋桁架距叠合剪力墙板边缘的水平距离不宜大于 250mm。

12.3.11　双面叠合剪力墙的设计有哪些规定？其连接构造如何？

双面叠合剪力墙的设计应满足以下规定：

（1）预制墙板混凝土强度等级不应低于 C30，空腔后浇混凝土强度等级不宜低于 C30。

（2）计算厚度不应小于 200mm，内、外叶预制墙板厚度不宜小于 50mm，后浇混凝土厚度不宜小于 100mm。

（3）对于 6 度区 90～100m，7 度区 80～100m，外墙采用双面叠合剪力墙时，建筑采用内保温，空腔后浇混凝土厚度不小于 150mm，即剪力墙最小厚度不小于 250mm。

（4）预制墙板之间的钢筋桁架相关规定同 12.3.10-(5) 条中相关规定。

双面叠合剪力墙构造如图 12.3.11 所示。

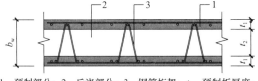

1—预制部分；2—后浇部分；3—钢筋桁架；t_1—预制板厚度；t_2—后浇部分厚度；b_w—剪力墙计算厚度

图 12.3.11　双面叠合剪力墙构造

12.3.12 单面叠合剪力墙的设计有哪些规定？其连接构造如何？

单面叠合剪力墙的设计应满足以下规定：

（1）预制墙板混凝土强度等级不宜低于 C30，空腔后浇混凝土强度等级不宜低于 C30。

（2）计算厚度不应小于 200mm，内叶预制墙板厚度不宜小于 50mm，后浇混凝土厚度不宜小于 150mm。

（3）预制墙板之间的钢筋桁架相关规定同 12.3.10 条中相关规定。

单面叠合剪力墙适用于建筑外墙，其构造包括无夹芯保温层和带夹芯保温层两种情况，其构造分别如图 12.3.12-1 和图 12.3.12-2 所示。

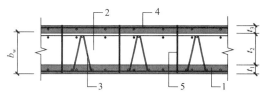

1—预制部分；2—后浇部分；3—桁架钢筋；4—外叶板钢筋网片；5—连接件；
t_1—预制内叶板厚度；t_2—后浇部分厚度；t_3—预制外叶板厚度；b_w—剪力墙计算厚度

图 12.3.12-1 单面叠合剪力墙构造（无夹芯保温层）

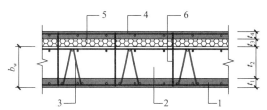

1—预制部分；2—后浇部分；3—桁架钢筋；4—外叶板钢筋网片；5—保温层；6—连接件；
t_1—预制内叶板厚度；t_2—后浇部分厚度；t_3—保温层厚度；t_4—预制外叶板厚度；b_w—剪力墙计算厚度

图 12.3.12-2 单面叠合剪力墙构造（带夹芯保温层）

12.3.13 叠合剪力墙钢筋连接构造中，有哪些需要特别强调的地方？

叠合剪力墙水平接缝应通过竖向连接钢筋连接。竖向连接钢筋应通过水平接缝处的正截面承载力计算和受剪承载力计算确定，并应符合下列规定：

（1）非抗震设计时，竖向连接钢筋搭接长度不应小于 $1.2l_a$；抗震设计时，竖向连接钢筋搭接长度不应小于 $1.2l_{aE}$。

（2）竖向连接钢筋的间距不应大于双面叠合剪力墙的预制板中竖向分布钢筋的间距，且不宜大于 200mm；竖向连接钢筋截面中心与近侧预制板表面距离宜为 20mm。

（3）竖向连接钢筋的直径不应小于双面叠合剪力墙的预制板中竖向分布钢筋的直径。

12.3.14 叠合楼盖除了单向叠合楼盖，还可以设计成双向叠合楼盖吗？单向叠合楼盖和双向叠合楼盖各自的拼缝方式和连接构造如何？

叠合楼盖包括单向叠合楼盖和双向叠合楼盖两种形式，单向叠合楼盖板侧采用密拼连接或设小后浇带连接，具体如图 12.3.14-1 所示；双向叠合楼盖可以采用密拼连接和设后浇带连接，具体如图 12.3.14-2 所示。

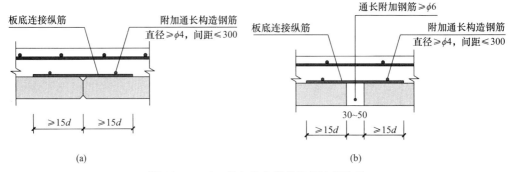

图 12.3.14-1　单向叠合楼盖板侧连接构造

(a) 密拼连接；(b) 设小后浇带连接

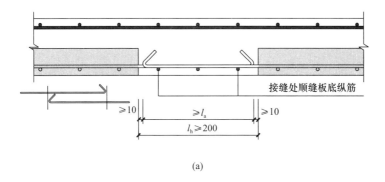

(a)

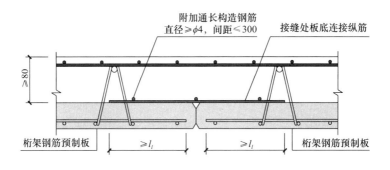

(b)

l_a—受拉钢筋的锚固长度；l_l—受拉钢筋的搭接长度；l_h—后浇段宽度

图 12.3.14-2　双向叠合楼盖板侧连接构造

(a) 设后浇带连接；(b) 密拼连接

12.3.15　叠合楼盖与叠合剪力墙的连接构造如何？

叠合楼盖与叠合剪力墙的连接构造分为顶层连接和中间层连接构造，单面叠合连接和双面叠合连接也有不同构造，具体如图 12.3.15-1～图 12.3.15-3 所示。

12.3.16　叠合剪力墙结构关于地下室设计有哪些规定？

当地下室采用叠合剪力墙结构时，防水地下室叠合外墙空腔的厚度不应小于 200mm，当采用单面叠合剪力墙时，外叶预制板不参与叠合。地下室墙体采用叠合剪力墙时应符合下列规定：

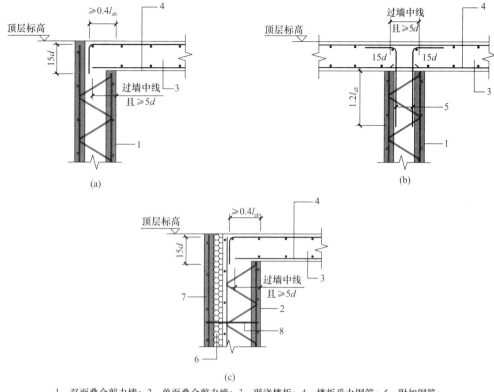

1—双面叠合剪力墙；2—单面叠合剪力墙；3—现浇楼板；4—楼板受力钢筋；5—附加钢筋；
6—保温层；7—外叶板；8—连接件；l_{ab}—受拉钢筋的基本锚固长度

图 12.3.15-1 顶层现浇楼板与叠合剪力墙连接节点构造示意

（a）双面叠合墙板边节点；（b）双面叠合墙板中间节点；（c）单面叠合墙板边节点

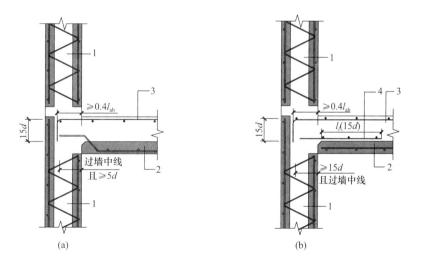

1—双面叠合剪力墙；2—预制板；3—楼板受力钢筋；4—附加钢筋

图 12.3.15-2 双面叠合剪力墙与叠合楼板连接节点构造示意

（a）板端支座；（b）板侧支座

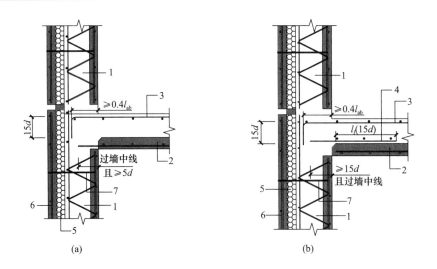

1—单面叠合剪力墙；2—预制板；3—楼板受力钢筋；4—附加钢筋；5—保温层；
6—外叶板；7—连接件

图 12.3.15-3　单面叠合剪力墙与叠合楼板连接节点构造示意
(a) 板端支座；(b) 板侧支座

（1）地下室叠合剪力墙与现浇混凝土基础连接处，竖向连接钢筋应伸入施工缝以上的叠合剪力墙内锚固。连接钢筋与叠合剪力墙预制墙板内的纵向钢筋的搭接长度，抗震设计时不应小于 $1.6l_{aE}$，如图 12.3.16 所示。

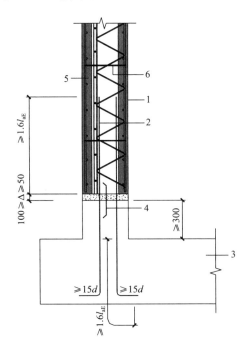

1—预制部分；2—竖向连接钢筋；3—基础；4—止水钢带；5—外叶板；
6—连接件；Δ—水平拼接缝

图 12.3.16　地下室叠合外墙构造示意

（2）竖向连接钢筋应通过计算确定，且其受拉承载力不应小于叠合剪力墙预制墙板内竖向分布钢筋受拉承载力的 1.1 倍。

12.3.17   叠合剪力墙结构关于预制内外隔墙板及其与主体结构的连接有哪些规定？

叠合剪力墙结构关于预制内外隔墙板及其与主体结构的连接应符合以下规定：

（1）外墙板的厚度应根据结构受力、节能设计等要求确定。

（2）墙板构件的承载力、刚度可采用弹性方法计算。在风荷载标准值或多遇地震作用下，混凝土墙板的相对挠度不应大于板跨的 1/200。

（3）外墙板与主体结构连接计算包含预埋件、转接件、螺栓及焊缝等的承载力计算。

（4）墙板不宜跨越主体建筑的变形缝；墙板构造缝设计应能满足主体变形的要求。

（5）外墙板与主体结构宜采用柔性连接，连接节点应具有足够的承载力和适应主体结构变形的能力，并应采取可靠的防腐和防火措施。

12.4   装配式钢结构

12.4.1   钢结构和装配式钢结构这两个概念的区别是什么，二者有什么关系？

钢结构本身就是按装配式的方式建造的，但以前没有强调"装配"的概念。装配式钢结构，指的是按照现行《装配式建筑评价标准》GB/T 51129 进行评价，达到了装配式建筑标准的钢结构。钢结构主要强调的是主体结构的材料为钢材，装配式钢结构则除了主结构，还要考虑外围护系统、内隔墙、设备与管线系统、内装系统等。钢结构如果楼盖系统采用楼承板，同时全装修，则达到装配式钢结构的标准，如果在围护系统、设备管线系统方面按照装配式建筑的要求设计施工，则可以达到 A、AA 或 AAA 级装配式建筑的标准。

13 超限高层建筑结构

13.1 超限程度判别

13.1.1 超限高层建筑工程的超限规则性判别依据是什么？如果在超限规则性判别中遇到界定不明确的情况，应该如何处理？

超限高层建筑工程（下称"超限工程"）超限规则性判别详见《超限高层建筑工程抗震设防专项审查技术要点》（2015 年版）附件 1 表 1～表 4。当界定不明时，可从严考虑或向负责审查的专家委员会咨询。

13.1.2 《超限高层建筑工程抗震设防专项审查技术要点》（2015 年版）附件 1 表 1 中，对于剪力墙结构仅个别墙在底部转换的情况，其适用高度应如何控制？

剪力墙结构仅个别墙在底部转换，其适用高度可按抗震墙结构要求控制，对转换部位的构件参照现行《高层建筑混凝土结构技术规程》JGJ 3 执行即可。对于嵌固部位以下转换的结构，不属于该表规定范围。

13.1.3 《超限高层建筑工程抗震设防专项审查技术要点》（2015 年版）附件 1 表 2 中，哪些情况可以视为局部不规则并合并计算？

对于《超限高层建筑工程抗震设防专项审查技术要点》（2015 年版）附件 1 表 2，局部有个别穿层柱（如首层、二层大堂处）、个别层有倾斜角不大的斜柱，仅有个别构件转换、个别楼层扭转位移比略大于 1.2 且绝对层间位移很小，上述情况当对整体结构影响不大时，可合并计为局部不规则。

13.1.4 在楼面不连续的判别中，对于一般框架-核心筒结构，当核心筒内楼梯间、管井、电梯井周圈布置有剪力墙时，这些区域能否不计入楼板洞口面积？若建筑平面存在深凹口，应如何分析并归类这种不规则情况？

对于楼面不连续判别，一般框架-核心筒结构，核心筒内的楼梯间、管井、电梯井周圈布置剪力墙时，可不计入楼板洞口面积；当建筑平面有深凹口时，即使在凹口处设置楼面拉梁，但该拉梁刚度较弱，两侧楼板的位移不符合刚性楼板假定，应按局部弹性楼板分析，此项不规则不属于楼板开洞，应为凹凸不规则。

13.2 超限高层设计基本流程

13.2.1 超限高层建筑结构设计的基本流程是如何的？

（1）根据超限高层建筑特点选择合适的结构体系及楼盖结构形式。

（2）根据超限情况，有针对性地制订加强抗震措施、确定抗震性能目标。

（3）进行多遇地震及各工况作用下弹性分析及构件设计的整体弹性分析。

（4）验算各类构件设防地震作用下性能水准，进行设防地震等效弹性计算。

（5）罕遇地震等效弹性计算：验算各类构件罕遇地震作用下受剪截面条件和受剪承载力的性能水准。

（6）罕遇地震弹塑性计算：对结构整体性能、构件性能及抗震薄弱部位进行评价。

（7）结构抗连续倒塌分析：安全等级为一级的建筑应进行结构抗连续倒塌分析。

（8）根据超限高层特点结合项目实际情况所需要完成的其他专项分析举例如下：施工模拟分析、大跨楼盖或连廊竖向振动分析、复杂节点的有限元分析、作为抗侧力体系中起变形协调作用的楼板应力分析、钢结构抗火分析、复杂截面和复杂受力状态下构件承载力验算、斜柱和斜墙分析、穿层柱分析等。

（9）将先期拟定的加强措施与分析论证中确定的加强措施综合形成施工图设计阶段结构加强措施。

（10）完成《超限高层建筑工程抗震设计可行性论证报告》和初步设计图纸。

（11）根据专家委员会专项审查意见及抗震加强措施，完成施工图设计。

13.3　超限高层结构计算

13.3.1　超限结构设计常用的结构计算软件有哪些?

根据超限结构设计需求按表 13.3.1-1 选择计算软件。

超限结构主要计算软件及适用范围　　　　　　　　表 13.3.1-1

计算内容	计算软件
小震弹性分析	主要分析：YJK 、SATWE、PMSAP
	对比分析：Midas Building、ETABS、SAP2000
小震弹性时程分析	YJK、SATWE、PMSAP、Midas Building、ETABS、SAP2000
中震不屈服、中震弹性分析	YJK、SATWE、ETABS、SAFE、PMSAP
大震不屈服分析	YJK、SATWE、ETABS、SAFE、PMSAP
楼板应力分析	YJK、SATWE、SAP2000、ANSYS、ABAQUS
结构抗连续倒塌分析	YJK、SATWE、PERFORM 3D、ABAQUS
静力弹塑性分析	PERFORM 3D、Midas Building、SAUSAGE
弹塑性动力时程分析	PERFORM 3D、SAUSAGE、Midas Building、ANSYS、ABAQUS
节点有限元分析	ANSYS、ABAQUS、Midas Fea
构件分析软件	SECTION BUILDER、XTRACT

以上结构软件，其特点汇总见表 13.3.1-2。

超限结构主要计算软件特性概览　　　　　　　　表 13.3.1-2

序号	程序	优点	适用	缺点
1	SATWE、PMSAP、YJK	传统设计软件，应用广泛，建模方便，与中国规范结合紧密	多高层结构	部分模块需进一步完善，如弹塑性模型
2	Midas Building Midas Fea	钢结构分析优秀；复杂建模比较方便；建模流程合理	多高层结构，整体结构中的内力、应力分析	整体结构中的剪力墙非线性功能弱；与中国规范结合差

序号	程序	优点	适用	缺点
3	ETABS	通用性强、交互功能强大、分析能力强	多高层结构，整体结构中的内力、应力分析	非线性计算收敛性弱；混凝土结构构件设计后处理能力弱；与中国规范结合差
4	SAP2000	通用性强、交互功能强大、分析能力强	空间结构、特种结构、减隔震结构	非线性计算收敛性弱；混凝土结构构件设计后处理能力弱；与中国规范结合差
5	PERFORM 3D	专注于整体结构的静力动力弹塑性分析、与美国规范可无缝对接，宏观有限元方法计算速度快，收敛性好	多高层结构、空间结构、减隔震结构的弹塑性分析	模型输入繁琐，界面不够友好、上手需要较长时间
6	SAUSAGE	整体结构的静力动力弹塑性分析、与中国规范结合紧密，界面友好上手快	多高层结构、空间结构弹塑性分析、减隔震结构设计	不能导入 YJK 配筋
7	ANSYS	通用有限元程序：钢结构的非线性分析、稳定性分析功能强大；有限元分析的命令流比较完备	钢结构线弹性分析、节点有限元分析、索膜结构	对使用者力学、有限元知识要求高；混凝土等材料的非线性分析收敛不佳
8	ABAQUS	大型通用有限元分析软件；混凝土非线性分析方面强于 ANSYS	线弹性分析、弹塑性分析、节点有限元分析	使用不便，对使用者力学、有限元知识要求高
9	SAFE	基础、楼盖计算精度高	基础、楼盖分析设计	专用工具，适用范围小
10	SECTION BUILDER、XTRACT	异形截面承载力计算	各类截面承载力验算	专用工具，适用范围小

13.3.2 超限分析时应如何选择以及使用结构计算程序？

应了解结构程序的特点及适用范围，选用适用程序开展分析计算和设计工作。应对程序分析结果的合理性进行研判。

13.3.3 在应用结构有限元分析程序时，工程师需要具备哪些基础知识？

应用通用结构有限元分析程序时（如 ANSYS、ABAQUS），应具备基本的有限元理论知识。

随着计算机技术的普及，有限元方法得到了广泛的应用。目前，结构分析与设计程序主要以有限元程序为主，只有少数程序根据静力手册编制。有限元法已经成为现代结构分析必不可少的手段，掌握基本的有限元理论知识有助于程序使用过程中交互应用和研判计算结果合理性。

13.3.4 如何采用等效弹性方法来验证结构部位与构件的性能目标？

采用等效弹性方法验算结构部位和构件的性能目标可按《高层建筑混凝土结构技术规程》JGJ 3—2010 第 3.11.3 条要求，设防地震、罕遇地震下结构部分构件进入塑性，整体刚度将退化，计算时阻尼比可适当提高，剪力墙连梁刚度适当降低。

构件的"弹性""不屈服""受剪截面控制"是性能目标的重要环节，对于混凝土结构，材料取值所对应的设计值、标准值、各类参数的取值见表 13.3.4。

性能化设计参数取值汇总表　　　　　　　　　　表 13.3.4

系数	非地震工况	多遇地震弹性分析	设防地震弹性分析	设防地震不屈服分析	罕遇地震不屈服分析	罕遇地震受剪截面验算
结构重要性系数	考虑	不考虑	不考虑	不考虑	不考虑	不考虑
荷载分析系数	考虑	考虑	考虑	不考虑	不考虑	不考虑
材料强度	设计值	设计值	设计值	标准值	标准值	标准值
内力调整系数	—	考虑	不考虑	不考虑	不考虑	不考虑
抗震承载力调整系数 γ_{RE}	—	考虑	考虑	考虑	不考虑	不考虑
风荷载	考虑	考虑	不考虑	不考虑	不考虑	不考虑
偶然偏心	—	考虑	不考虑	不考虑	不考虑	不考虑
连梁刚度折减系数	1.0	0.7	0.5	0.5	0.3	0.3
阻尼比	—	0.05	0.05	0.06	0.07	0.07

13.3.5　如何在超限高层结构分析中合理模拟结构构件？

超限高层结构构件截面尺寸较大，截面形状复杂，约束条件多种，且往往采用组合截面，结构分析对结构构件的模拟需依据假定合理和简化计算的原则，充分考虑巨型构件的"尺寸效应"，如刚域对结构刚度的作用、约束条件、偏心力矩以及构件承载力的验算。

说明：1. 巨柱具有截面尺寸大、单边收进、多构件相连且相连构件不汇交截面形心等特点。巨柱可根据其截面类型、约束条件、计算量的大小分别采用壳单元或实体单元模拟。

2. 钢筋混凝土剪力墙通常采用壳单元并根据墙肢尺寸大小进行适当的剖分。核心筒墙肢长度收分时，在轴向力作用下墙肢的内力突变以及对周边结构的内力重分配以及附加变形等需要充分考虑。

3. 连梁根据跨高比大小可采用梁单元或壳单元，抗震分析时考虑刚度折减。当连梁高度较高，采用梁单元无法反映连梁对墙肢的实际弯曲约束时，一般采用壳单元模拟。

4. 楼板分别选用膜单元、壳单元和刚性隔板假设等，应根据实际情况分别选用，以满足楼板对结构构件刚度影响、横隔作用以及以轴向受力为主的结构构件的承载力验算等不同需求。

13.3.6　在计算分析设置有伸臂桁架、环桁架的结构时，如何进行施工模拟分析？

对于设置有伸臂桁架、环桁架的结构计算分析要考虑施工模拟，并按照设定的施工顺序、荷载加载顺序，在模型中依次组装构件和加载，此外还应考虑构件间的轴向收缩徐变差异造成的影响。在施工图设计中，应明确要求施工单位需按照既定的施工顺序和加载顺序进行施工。当施工顺序和加载顺序与图纸不符时，应重新进行核算。

目前仅有少数交互功能强大的程序可以模拟任意施工加载过程，推荐使用 ETABS、SAP2000、Midas Gen 软件进行多高层建筑结构的施工加载模拟分析。

13.3.7　在分析与计算包含伸臂桁架、环桁架、空腹桁架或转换支撑构件的结构时，需要特别关注哪些问题？

（1）对于有伸臂桁架、环桁架、空腹桁架、转换支撑构件的结构，应考虑相关构件带来的轴力对梁和楼板的影响。

目前大部分多高层结构分析与设计程序默认情况下不考虑框架梁轴力，遇到此类情况时，应进行交互设计，使程序可以识别框架梁的轴力，需要时手动调整内力放大系数。

（2）对于有伸臂桁架、环桁架、空腹桁架、转换支撑构件的多高层建筑结构，相应桁架的上下弦或支撑的上下层所在楼板区域需要考虑楼板平面内的变形影响，对于需要考虑楼板平面内变形的区域则不应使用楼板刚性假定或楼板强制刚性假定。必要时，还应人为去掉楼板后进行复核，确保程序分析的水平构件受力状况真实、合理。

楼板刚性假定相当于假定楼板平面内的变形为零，刚性楼板范围内的水平构件轴力为零，这也相当于放大水平构件的刚度至无穷大，对于设置有伸臂桁架、环桁架、转换桁架或支撑构件的多高层建筑结构，显然会导致放大结构的抗侧刚度、水平构件轴力为零等不真实的后果。

13.4　超限高层抗震性能目标

13.4.1　超限高层建筑的抗震性能目标应该如何确定？

超限高层抗震性能目标应综合抗震设防类别、结构的特殊性、建造费用、震后损失等确定。根据《高层建筑混凝土结构技术规程》JGJ 3—2010 第 3.11.1 条要求，超限高层抗震性能目标分为 A、B、C、D 四个等级，结构抗震性能分为 1、2、3、4、5 五个水准。

超限高层抗震性能目标确定建议如下：1）房屋高度超过 B 级高度较多且不规则项数很多时，可考虑选用 B 级性能目标；2）房屋为超 B 级高度，并有多项不规则，或房屋为B 级高度但不规则项较多或不规则程度较重时，可考虑选用 C 级性能目标；3）不规则项项数超过不多或不规则程度不是很严重的超限高层建筑，可选用 D 级性能目标。

13.4.2　如何合理确定结构构件的性能设计指标？

应充分分析超限高层地震作用下的动力特性和形态，找出关系结构破坏、生命安全的关键构件和结构薄弱部位，提出有针对性的性能标准及加强措施。

超限高层结构构件的抗震性能目标建议见表 13.4.2。

超限高层结构构件的抗震性能目标　　　　　　　　　表 13.4.2

性能目标 A	多遇地震		设防度地震		罕遇地震	
	1		1		2	
	受弯	受剪	受弯	受剪	受弯	受剪
关键构件	弹性	弹性	弹性	弹性	弹性	弹性
普通竖向构件	弹性	弹性	弹性	弹性	弹性	弹性
耗能构件	弹性	弹性	弹性	弹性	不屈服	弹性
性能目标 B	多遇地震		设防度地震		罕遇地震	
	1		2		3	
	受弯	受剪	受弯	受剪	受弯	受剪
关键构件	弹性	弹性	弹性	弹性	不屈服	弹性
普通竖向构件	弹性	弹性	弹性	弹性	不屈服	弹性
耗能构件	弹性	弹性	不屈服	弹性	部分屈服（损伤程度＜LS）	不屈服

续表

性能目标C	多遇地震		设防度地震		罕遇地震	
	1		3		4	
	受弯	受剪	受弯	受剪	受弯	受剪
关键构件	弹性	弹性	不屈服	弹性	不屈服	不屈服
普通竖向构件	弹性	弹性	不屈服	弹性	部分屈服（损伤程度＜LS）	最小受剪截面
耗能构件	弹性	弹性	部分屈服（损伤程度＜LS）	不屈服	大部分屈服（损伤程度＜CP）	最小受剪截面

性能目标D	多遇地震		设防度地震		罕遇地震	
	1		4		5	
	受弯	受剪	受弯	受剪	受弯	受剪
关键构件	弹性	弹性	不屈服	不屈服	不屈服	不屈服
普通竖向构件	弹性	弹性	部分屈服（损伤程度＜LS）	最小受剪截面	较多屈服（损伤程度＜CP）	最小受剪截面
耗能构件	弹性	弹性	大部分屈服（损伤程度＜CP）	最小受剪截面	严重破坏（损伤程度＜CP）	最小受剪截面

注：LS 为安全极限状态；CP 为防止倒塌极限状态。

13.4.3 在罕遇地震下，结构抗震性能评价应该包括哪些方面？

罕遇地震下的结构抗震性能评价包括总体变形和构件性能评价。结构总体变形应满足《建筑抗震设计标准》GB/T 50011—2010（2024 年版）表 5.5.5 及附录 M 的要求，对于构件损伤的判别方法可借鉴其附录 A。

13.5 超限高层建筑工程的关注问题

13.5.1 在确保结构优异抗震性能的过程中，除了依靠精确的计算分析以外，还有哪些更为关键的因素？

抗震概念设计是指根据震害、工程经验等总结形成的基本设计思想及原则，这些经验要贯穿在方案确定及结构布置过程中，也体现在计算简图或计算结果的处理中。抗震性能好的结构，除必要的计算分析外，更重要的是准确把握概念设计，保证罕遇地震下结构的抗倒塌能力。

13.5.2 对于周期较长的高层建筑，最小剪重比往往很难满足《建筑抗震设计标准》GB/T 50011—2010（2024 年版）第 5.2.5 条的相关规定，设计中应如何进行控制与调整？

对于周期较长的高层建筑，最小剪重比可按照《超限高层建筑工程抗震设防专项审查技术要点》第十三条（二）款规定执行。

说明：1. 最小剪重比应满足现行《建筑抗震设计标准》GB/T 50011 的要求，但是实际工程中对于周期较长的高层建筑很难通过结构选型和结构布置进行调整来满足这一点，故《超限高层建筑工程抗震设防专项审查技术要点》（2015 年版）做了调整；

2. 结构总地震剪力以及各层的地震剪力与其以上各层总重力荷载代表值的比值，应符合现行《建筑抗震设计标准》GB/T 50011 的要求，Ⅲ、Ⅳ类场地时尚宜适当增加。当结构底部计算的总地震剪力偏小需调整时，其以上各层的剪力、位移也均应适当调整。

3. 基本周期大于 6s 的结构，计算的底部剪力系数比规定值低 20% 以内，基本周期 3.5～5s 的结构比规定值低 15% 以内，即可采用规范关于剪力系数最小值的规定进行设计。基本周期在 5～6s 的结构可以插值采用。

4. 6 度（0.05g）设防且基本周期大于 5s 的结构，当计算的底部剪力系数比规定值低但按底部剪力系数 0.8% 换算的层间位移满足规范要求时，即可采用规范关于剪力系数最小值的规定进行抗震承载力验算。

13.5.3　分析结构两个主轴方向的动力特性时，应重点关注哪些方面？

避免结构在两个主轴方向振动形式差异过大（如一个方向明显的弯曲变形而另一方向明显的剪切变形，一向少墙结构），两个主轴方向的第一振动周期宜满足《建筑抗震设计标准》GB/T 50011—2010（2024 年版）第 3.5.3（3）条，必要时需对抗侧力构件进行适当调整。

13.5.4　对于部分刚度和质量分布沿竖向不均匀的高层结构刚重比计算不满足现行《高层建筑混凝土结构技术规程》JGJ 3 要求时，应如何计算分析确保结构的稳定性？

对于部分刚度和质量分布沿竖向不均匀的高层结构（如"上小下大""局部收进"）刚重比计算不满足现行《高层建筑混凝土结构技术规程》JGJ 3 的要求时，结构整体稳定性要求可参考《广东省高层建筑混凝土结构技术规程》的规定采用有限元特征值法进行验算。

说明：超高层建筑刚重比是超高层稳定设计的一个重要指标，在低烈度区刚重比往往成为结构控制指标。文献 [13.1] 应用弹性屈曲临界荷载，提出了作为弹性阶段控制高层建筑混凝土结构重力二阶效应的设计指标，即等效刚重比。现行《高层建筑混凝土结构技术规程》JGJ 3 纳入了此项研究规定，等效刚重比概念思路清晰、形式简单、计算量不大。然而，在实践过程中暴露了一些问题，等效刚重比的基本力学模型和假定为：结构为等截面均质悬臂杆，因此等效刚重比的计算适用于刚度和质量分布沿竖向均匀的结构，而对于部分刚度和质量分布沿竖向不均匀的结构，基于规范等效刚重比的计算并不能准确反映结构真实的屈曲性能。文献 [13.2] 以上海中心大厦为工程背景，讨论了等效刚重比规范公式的实用性，并在施工图设计中对此做了修正。美国规范 ACI3181 和《广东省高层建筑混凝土结构技术规程》规定对于刚度和质量分布沿竖向不均匀的结构可采用有限元特征值法进行计算，由特征值法算得的最低阶屈曲因子 λ 不宜小于 10（当为 11 时相当于刚重比＞1.4）。当屈曲因子 λ 小于 20（相当于刚重比 2.7）时，结构的内力和位移计算应考虑重力二阶效应的影响。

13.5.5　在分析与计算包含斜墙、斜柱的结构时，需要特别关注哪些问题？

剪力墙倾斜时，要考虑斜墙平面外的附加弯矩。应考虑斜墙、斜柱对与之相连的楼面梁和楼板的影响，斜墙、斜柱传递的水平分力宜由楼面梁承担，楼板要做相应的加强。

13.5.6　当楼板存在大洞或错层设计时，应采取哪些措施增强结构的承载能力？

楼板开大洞或错层导致长短柱共用，在多道防线调整的基础上，长柱宜按短柱的剪力复核承载力，避免短柱破坏后，长柱的承载力不足。开洞较大时，局部楼板宜按大震复核平面内的承载力，以保证传递水平地震作用的能力。

13.5.7　在设计高宽比较大的超限高层建筑时，有哪些问题需要特别关注？

对于高宽比较大的超限高层，当中大震作用下上部结构构件出现拉力时，需注意在中大震下地基基础的安全。

参 考 文 献

［13.1］ 徐培福，肖从真. 高层建筑混凝土结构的稳定设计 ［J］. 建筑结构，2001，31 (8)：69-72.

［13.2］ 陆天天，赵昕，丁洁民，等. 上海中心大厦结构整体稳定性分析及巨型柱计算长度研究 ［J］. 建筑结构学报，2011，32 (7)：8-14.

附录 A　结构构件的性能评价方法

A.1　SAUSAGE 软件中结构构件的性能评价方法

《高层建筑混凝土结构技术规程》JGJ 3—2010 将结构的抗震性能分为 1~5 五个水准，对应的构件损坏程度则分为"无损坏、轻微损坏、轻度损坏、中度损坏、比较严重损坏"五个级别。在 SAUSAGE 软件中与上述《高层建筑混凝土结构技术规程》JGJ 3—2010 中构件的损坏程度对应关系见表 A.1-1。

计算结果与《高层建筑混凝土结构技术规程》JGJ 3—2010 构件损坏程度的对应关系

表 A.1-1

结构构件	损坏程度				
	无损坏	轻微损坏	轻度损坏	中度损坏	比较严重损坏
杆单元梁、柱、斜撑	混凝土未开裂，混凝土受压损伤小于 f_{ck} 对应的损伤因子，钢材未出现塑性应变	混凝土开裂，或钢材塑性应变 0~0.004，且混凝土受压损伤小于 f_{ck} 对应的损伤因子	钢材塑性应变 0.004 ~ 0.008，且混凝土受压损伤小于 f_{ck} 对应的损伤因子	混凝土受压损伤大于 f_{ck} 对应的损伤因子但小于 $0.5f_{ck}$ 对应的损伤因子，或钢材塑性应变 0.008~0.012	混凝土受压损伤大于 $0.5f_{ck}$ 对应的损伤因子，或钢材塑性应变>0.012
剪力墙、壳元模拟的连梁（横截面宽度取截面高度）	混凝土未开裂，混凝土受压损伤小于 f_{ck} 对应的损伤因子，钢材未出现塑性应变	混凝土开裂，或钢材（含分布筋及约束边缘构件钢筋）塑性应变 0~0.004，且混凝土受压损伤小于 f_{ck} 对应的损伤因子	钢材塑性应变 0.004 ~ 0.008，且混凝土受压损伤小于 f_{ck} 对应的损伤因子	混凝土受压损伤大于 f_{ck} 对应的损伤因子且损伤宽度<50%横截面宽度，或混凝土受压损伤大于 $0.5f_{ck}$ 对应的损伤因子且损伤宽度<20%横截面宽度，或钢材塑性应变 0.008~0.012	混凝土受压损伤大于 f_{ck} 对应的损伤因子且损伤宽度>50%横截面宽度，或混凝土受压损伤大于 $0.5f_{ck}$ 对应的损伤因子且损伤宽度>20%横截面宽度，或钢材塑性应变>0.012
混凝土楼板	参考混凝土剪力墙，但横截面宽度取楼板短边长度				

（1）钢材在屈服后其强度并不会下降，衡量其损坏程度的主要指标是塑性应变值。借鉴 FEMA 标准中塑性变形程度与构件状态的关系（图 A.1-1），设钢材塑性应变分别为屈服应变 2、4、6 倍时分别对应轻微损坏、轻度损伤和中度损坏三种程度。常用 Q345 钢屈服应变近似为 0.002，则上述三种状态对应的塑性应变分别为 0.004、0.008、0.012。

（2）混凝土在达到极限强度后会出现刚度退化和承载力下降，其程度通过受压损伤因子 D_c 来描述。D_c 与混凝土的剩余承载力可对应，D_c 越大，则混凝土剩余承载力越小。由图 A.1-2 可以看到，与其他程序定义不同，SAUSAGE 在出现小于 f_{ck} 对应的损伤因子

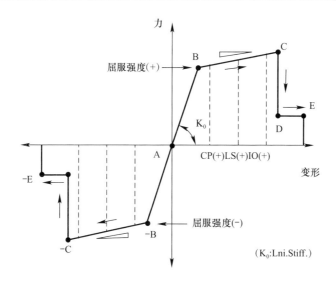

容许值

（当前变形/屈服变形）

	(+)	(-)
即刻使用状态(IO)：	2	2
安全极限状态(LS)：	4	4
防止倒塌极限状态(CP)：	6	6

图 A.1-1 FEMA 标准中构件状态与塑性变形程度的对应关系

D_c 时，混凝土承载力依然在增大；只有在 D_c 超过 f_{ck} 对应的损伤因子后，混凝土的承载力才开始下降。考虑到应力集中的影响及混凝土本构中未考虑箍筋约束的强度提高作用，将混凝土承载力峰值 f_{ck} 对应的损伤因子设为中度损坏起始点，将承载力剩余 $0.5f_{ck}$ 对应的损伤因子则认定为比较严重的损坏临界点。表 A.1-2 给出了不同等级混凝土杆单元在峰值 f_{ck} 和剩余 $0.5f_{ck}$ 对应的损伤因子。

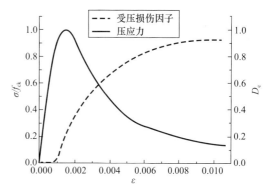

图 A.1-2 混凝土承载力与受压
损伤因子的简化对应关系

（3）对采用杆单元模拟的梁、柱、斜撑等构件，钢材（钢筋）的塑性应变会造成构件刚度退化，但不会出现承载力下降，因此可视钢材塑性应变程度区分为轻微损坏～比较严重损坏。而构件中的混凝土一旦出现受压损伤，则肯定会造成构件承载力下降，属于中度损坏～比较严重损坏。

（4）混凝土剪力墙构件由"多个细分混凝土壳元＋分层分布钢筋＋两端约束边缘构件杆元"共同构成，以承受竖向荷载和抗剪为主，对单个组成单元来说，其损伤程度判定标准与上述第（3）条相同。考虑到剪力墙的初始轴压比通常为 0.5～0.6，当 50% 的横截面受压损伤达到 0.5 时，构件整体抗压和受剪承载力剩余约 75%，仍可承担重力荷载，因此以剪力墙受压损伤横截面面积作为其严重损坏的主要判断标准。表 A.1-2 给出了不同等级混凝土杆单元和壳单元在峰值 f_{ck} 和剩余 $0.5 f_{ck}$ 对应的损伤因子。

不同等级混凝土杆单元和壳单元在峰值 f_{ck} 和剩余 $0.5 f_{ck}$ 对应的损伤因子 表 A.1-2

	杆单元		壳单元	
	峰值 f_{ck} 对应损伤因子	$0.5 f_{ck}$ 对应损伤因子	峰值 f_{ck} 对应损伤因子	$0.5 f_{ck}$ 对应损伤因子
C30	0.36	0.78	0.32	0.77
C35	0.34	0.77	0.29	0.73
C40	0.32	0.75	0.25	0.69
C45	0.31	0.73	0.23	0.66
C50	0.29	0.71	0.22	0.63
C55	0.28	0.69	0.20	0.61
C60	0.26	0.67	0.18	0.58

（5）连梁和楼板的损坏程度判别标准与剪力墙类似，楼板以承担竖向荷载为主，且具有双向传力性质，小于半跨宽度范围内的楼板受压损伤达到 0.5 时，尚不至于出现严重损坏而导致垮塌（图 A.1-3）。

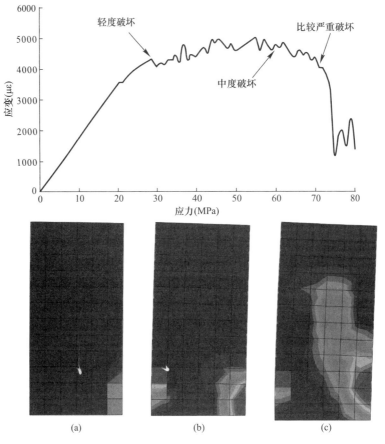

图 A.1-3 剪力墙位移-剪力相关性曲线及其对应的混凝土损伤状态

(a) 轻度损坏；(b) 中度损坏；(c) 比较严重损坏

A.2　FEMA356 标准中结构构件的性能评价方法

结构构件的评估从构件塑性变形与塑性变形限制值的大小关系、关键部位、关键构件塑性变形情况来对结构进行评估，以保证结构构件在地震过程中仍有能力承受地震作用和重力以及保证地震结束后结构仍有能力承受作用在结构上的重力荷载，从而保证结构不因局部构件的破坏而产生严重的破坏或倒塌。

我国规范只给出了定性的描述，没有给出定量规定。因此，有必要参考其他被国际广泛应用的基于性能设计的抗震设计指导文件。本报告采用美国联邦紧急事务管理署（FE-MA）第 356 号文件（FEMA356）《建筑抗震修复预标准及其说明》和 ASCE 41-06 及国内外相关资料所建议的结构构件性能目标（Structural Performance Levels）划分。

抗震性能评价将构件的弹塑性变形需求与构件的弹塑性变形能力（可接受弹塑性变形限值）进行比较（D/C），定性确定构件的破坏程度。根据性能化抗震设计指导文件 ASCE 41-06 的建议，结构构件破坏程度分为四级，分别是：Operational Performance（可运行，简称 OP，对应于无损坏）、Immediate Occupancy Structural Performance（立即入住，简称 IO，对应于轻微损坏），Life Safety Performance（生命安全，简称 LS，对应于中度损坏），Collapse Prevention Performance（临近倒塌，简称 CP，对应于严重损坏）。结构构件相应的破坏状态描述和可接受弹塑性变形限值的确定原则如图 A.2-1 和表 A.2-1 所述。

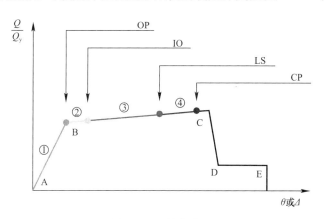

图 A.2-1　性能水准

结构构件破坏状态描述和可接受弹塑性变形限值的确定原则　　　　表 A.2-1

破坏程度	可运行（OP）	立即入住（IO）	生命安全（LS）	临近倒塌（CP）
破坏极限状态描述	构件达到强度极限状态	有轻微结构性破坏	结构性破坏显著但可以修复，但修复不一定经济合算，可确保生命安全，人员可从建筑中安全撤离	严重结构性破坏，不可修复，临近倒塌
弹塑性变形限值确定原则	尚无塑性变形	有轻微塑性变形	距离临近倒塌状态还有至少25%的变形能力储备	位移控制逐级循环加载。每级位移荷载循环三次，构件抗力-变形骨架曲线开始出现强度退化

　　住宅结构一般采用两种模型进行弹塑性分析，一是塑性铰模型（剪切铰模型），一是纤维模型。塑性铰模型（剪切铰模型）是一种相对宏观的模型，主要是从构件层面上描述，以力-变形的关系方式给出构件的性能状态，省去对材料复杂本构关系的讨论，ASCE 41-06 对其进行了全面详尽的探讨，对于塑性铰评价方法，采用"弦线转角法（Chord Rotation）"定义，如图 A.2-2 所示；对于连梁剪切铰与变形的关系如图 A.2-3 所示。参考 ASCE 41-06，表 A.2-2 给出了进入屈服状态后钢筋混凝土构件各水准的弯曲变形能力判别标准，表 A.2-3 给出了钢筋混凝土连梁各水准的剪切变形能力判别标准。

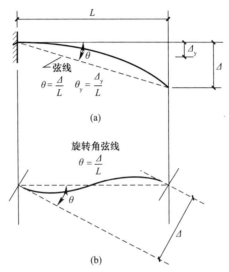

图 A.2-2　弦线转角法的定义

（a）悬臂梁；（b）框架梁

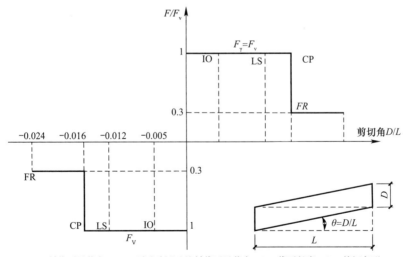

F_v—斜截面承载力；FR—严重破坏后的斜截面承载力；L—截面长度；D—剪切变形

图 A.2-3　连梁的剪切铰与变形的关系

　　纤维模型是一种相对微观的模型，主要从截面积分点的层面进行描述，以应力-应变关系的方式给出构件的性能状态，材料的复杂本构关系的合理性成为关键。但目前通过应力-应变关系进行分析，尚缺乏非常明确的性能评价标准。参考国内外相关资料，表 A.2-4 给出了进入屈服状态后混凝土和钢材各水准塑性应变判别标准，表 A.2-5 给出了剪力墙受剪各水准的剪应变判别标准。

钢筋混凝土构件各水准的弯曲变形能力判别标准　　　　表 A.2-2

构件类型	受剪特征		变形容许准则（承载力）	变形容许准则（塑性旋转角，弧度）		
			OP	IO	LS	CP
框架梁	$\dfrac{V}{b_w d \sqrt{0.8 f_{ck}}}$	≤3	屈服承载力	0.005	0.010	0.02
		≥6	屈服承载力	0.005	0.010	0.015
连梁	$\dfrac{V}{b_w d \sqrt{0.8 f_{ck}}}$	≤3	屈服承载力	0.010	0.020	0.025
		≥6	屈服承载力	0.005	0.010	0.020
框架柱	$\dfrac{V}{b_w d \sqrt{0.8 f_{ck}}}$	≤3	屈服承载力	0.003	0.012	0.015
		≥6	屈服承载力	0.003	0.010	0.012
剪力墙	$\dfrac{V}{t_w l_w \sqrt{0.8 f_{ck}}}$	≤3	屈服承载力	0.003	0.006	0.009
		≥6	屈服承载力	0.0015	0.003	0.005

注：构件的构造设计，如体积配箍率、箍筋间距、边缘构件、轴压比等，均符合现行《建筑抗震设计标准》GB/T 50011 和《高层建筑混凝土结构技术规程》JGJ 3 的规定。V 为截面设计剪力，f_{ck} 为混凝土轴心抗压强度标准值，b_w 为梁宽，d 为截面有效高度，t_w 为墙宽，l_w 为墙肢长度。屈服承载力按规范采用材料标准值计算。

钢筋混凝土连梁各水准的剪切变形能力判别标准　　　　表 A.2-3

构件类型	变形容许准则（承载力）	变形容许准则（剪切旋转角，弧度）		
	OP	IO	LS	CP
连梁	屈服承载力	0.005	0.012	0.016

进入屈服状态后混凝土和钢材各水准塑性应变判别标准　　　　表 A.2-4

材料	容许应变			
	OP	IO	LS	CP
	完好	轻微损坏～轻度损坏	中度损坏	较严重损坏
钢材（钢筋）	ε_y	$2\varepsilon_y$	$4.5\varepsilon_y$	$10\varepsilon_y$
混凝土	$0.8\varepsilon_{cr}$	ε_{cr}	$1.3\varepsilon_{cr}$	$1.75\varepsilon_{cr}$

注：1. 钢材（钢筋）可同时考察拉压应变，混凝土只考察压应变。
　　2. 当钢筋和混凝土塑性应变水平得到的构件性能水平不一致时，选用较危险的性能水平结果。
　　3. ε_y 为钢筋屈服应变，根据《混凝土结构设计标准》GB/T 50010—2010（2024 年版）附录 C 取值为 f_{yk}/E_s；ε_{cr} 为混凝土峰值应变，根据其附录 C 表 C.2.4 取值。

剪力墙受剪各水准的剪应变判别标准　　　　表 A.2-5

混凝土等级	开裂剪应变（$\mu\varepsilon$）	屈服剪应变（$\mu\varepsilon$）
C30	50	3658
C35	52	3812
C40	55	3967
C45	56	4000
C50	57	4000
C55	58	4000
C60	59	4000

附录 B 特殊荷载表

参见《全国民用建筑工程设计技术措施 结构（结构体系）》附录 F。

附录 C　结构构造常用表

框架梁纵向受力钢筋构造（* GB/T 50010）　　　　　　　　　**表 C.0.1**

梁端	抗震等级			
	一	二	三	四
$\dfrac{x}{h_0}=\dfrac{(A_s-A'_s)f_y}{bh_0f_c}$　限值（* 11.3.1）	0.25	0.35	0.35	—
$\dfrac{A'_s}{A_s}$　最小值（* 11.3.6）	0.5	0.3	0.3	—

注：* 为引用《混凝土结构设计标准》GB/T 50010—2010（2024 年版）条款，以下同。

框架梁纵向受拉钢筋最小配筋百分率（* 11.3.6-1）　$\dfrac{支座}{跨中}$　　**表 C.0.2**

材料强度和等级		最小配筋百分率		
HRB335 钢筋 $f_y=300\text{N/mm}^2$	混凝土强度等级	≤C25	—	$\dfrac{0.30}{0.25}$ / $\dfrac{0.25}{0.20}$
		C30	$\dfrac{0.40}{0.31}$	$\dfrac{0.31}{0.27}$ / $\dfrac{0.27}{0.22}$
		C35	$\dfrac{0.42}{0.34}$	$\dfrac{0.34}{0.29}$ / $\dfrac{0.29}{0.24}$
		C40	$\dfrac{0.46}{0.37}$	$\dfrac{0.37}{0.32}$ / $\dfrac{0.32}{0.26}$
HRB400 钢筋 $f_y=300\text{N/mm}^2$		≤C35	$\dfrac{0.40}{0.30}$	$\dfrac{0.30}{0.25}$ / $\dfrac{0.25}{0.20}$
		C40	$\dfrac{0.40}{0.31}$	$\dfrac{0.31}{0.27}$ / $\dfrac{0.27}{0.22}$
沿梁全长顶面和底面通长纵向钢筋（* 11.3.7）		2 根直径 14，梁端各自最大配筋的 1/4		2 根直径 12

板受力钢筋最小截面面积表（mm²/m）　　　　　　　　　　**表 C.0.3**

最小配筋百分率为 0.2 和 $45f_t/f_y$ 中的较大值（GB/T 50010：8.5.1）

f_y （N/mm²）	混凝土等级	板厚 h （mm）										
		80	90	**100**	110	120	130	140	150	160	180	200	250
270	C20	160	180	**200**	220	240	260	280	300	320	360	400	500
	C25	169	191	212	233	254	275	296	318	339	381	423	529
	C30	191	215	238	262	286	310	334	358	381	429	477	596
	C35	209	236	262	288	314	340	366	393	419	471	523	654
	C40	228	257	285	314	342	371	399	428	456	513	570	713

续表

f_y (N/mm²)	混凝土等级	板厚 h (mm)											
		80	90	**100**	110	120	130	140	150	160	180	200	250
300	≤C25	160	180	**200**	220	240	260	280	300	320	360	400	500
	C30	172	193	**215**	236	257	279	300	322	343	386	429	536
	C35	188	212	**236**	259	283	306	330	353	377	424	471	589
	C40	205	231	**257**	282	308	333	359	385	410	462	513	641
360	≤C35	160	180	**200**	220	240	260	280	300	320	360	400	500
	C40	171	192	**214**	235	257	278	299	321	342	385	428	534
$\rho=0.15\%$		120	135	150	165	180	195	210	225	240	270	300	375

板钢筋截面面积表（mm²/m）　　　　表 C.0.4

钢筋间距 S (mm)	钢筋直径							
	6	8	10	12	14	16	18	20
70	404	718	1122	1616	2199	2871	3633	4486
80	353	628	982	1414	1924	2512	3179	3925
90	314	559	873	1257	1710	2233	2826	3489
100	283	**503**	**785**	**1131**	**1539**	**2010**	**2543**	**3140**
110	257	457	714	1028	1399	1827	2312	2855
120	236	419	654	942	1283	1675	2120	2617
130	217	387	604	870	1184	1546	1956	2415
140	202	359	561	808	1100	1435	1817	2243
150	188	335	524	754	1026	1340	1696	2093
160	177	314	491	707	962	1256	1590	1963
170	166	296	462	665	906	1182	1496	1847
180	157	279	436	628	855	1116	1413	1744
190	149	265	413	595	810	1058	1339	1653
200	141	251	393	565	770	1005	1272	1570
250	113	201	314	452	616	804	1017	1256
300	94	168	262	377	513	670	848	1047

注：本表可用来检查板的配筋率是否符合《混凝土结构设计标准》GB/T 50010—2010（2024 年版）中关于现浇板最小配筋率的要求。下面举例说明其使用方法：

例 1　板厚 120mm，板混凝土强度等级为 C30，钢筋为 HRB400，板底配筋业8@180，请复核其板底配筋是否满足最小配筋率要求？

查表 C.0.3，在竖向栏中，先找到 C30，再找 360N/mm²（钢筋 HRB400 的设计强度），在横向栏中，找板厚 120mm，二者相交的位置为 240mm²，这个数字就是 1000mm 板宽所需的最小配筋面积。查表 C.0.4，配筋为业8@180 时，每 1000mm 板宽的钢筋面积为 279mm²，即板底配筋满足最小配筋率要求。

例 2　板厚 140mm，板混凝土强度等级为 C35，钢筋为 HRB335，板面配筋业12@200，请复核其板底配筋是否满足最小配筋率要求？

查表 C.0.3，得出每米板宽最小配筋面积为 330mm²；查表 C.0.4，业12@200 对应的每米板宽钢筋面积为 565mm²，即该板面配筋满足最小配筋率要求。

梁端纵向受拉钢筋截面面积 $A_s=\rho bh$（cm²）　　　　表 C.0.5

$\frac{h-90}{h-60}$	h (mm)	b (mm)											
		200		250		300		350		400		500	
		ρ (%)											
		2	2.5	2	2.5	2	2.5	2	2.5	2	2.5	2	2.5
0.875	**300**	9.6	12.0	12.0	15.0	14.4	18.0	16.8	21.0	19.2	24.0	24.0	30.0
0.897	**350**	11.6	14.5	14.5	18.1	17.4	21.8	20.3	25.4	23.2	29.0	29.0	36.3

$\dfrac{h-90}{h-60}$	h(mm)	b(mm) 200		250		300		350		400		500	
		ρ(%) 2	2.5	2	2.5	2	2.5	2	2.5	2	2.5	2	2.5
0.912	400	13.6	17.0	17.0	21.3	20.4	25.5	23.8	29.8	27.2	34.0	34.0	42.5
0.923	450	15.6	19.5	19.5	24.4	23.4	29.3	27.3	34.1	31.2	39.0	39.0	48.8
0.932	500	17.6	22.0	22.0	27.5	26.4	33.0	30.8	38.5	35.2	44.0	44.0	55.0
0.939	550	19.6	24.5	24.5	30.6	29.4	36.8	34.3	42.9	39.2	49.0	49.0	61.3
0.944	600	21.6	27.0	27.0	33.8	32.4	40.5	37.8	47.3	43.2	54.0	54.0	67.5
0.949	650	23.6	29.5	29.5	36.9	35.4	44.3	41.3	51.6	47.2	59.0	59.0	73.8
0.953	700	25.6	32.0	32.0	40.0	38.4	48.0	44.8	56.0	51.2	64.0	64.0	80.0
0.957	750	27.6	34.5	34.5	43.1	41.4	51.8	48.3	60.4	55.2	69.0	69.0	86.3
0.959	800	29.6	37.0	37.0	46.3	44.4	55.5	51.8	64.8	59.2	74.0	74.0	92.5
0.962	850			39.5	49.4	47.4	59.3	55.3	69.1	63.2	79.0	79.0	98.8
0.964	900			42.0	52.5	50.4	63.0	58.8	73.5	67.2	84.0	84.0	105
0.966	950			44.5	55.6	53.4	66.8	62.3	77.9	71.2	89.0	89.0	111
0.968	1000			47.0	58.8	56.4	70.5	65.8	82.3	75.2	94.0	94.0	118
0.97	1050					59.4	74.3	69.3	86.6	79.2	99.0	99.0	124
0.971	1100					62.4	78.0	72.8	91.0	83.2	104	104	130
0.972	1150					65.4	81.8	76.3	95.4	87.2	109	109	136
0.974	1200					68.4	85.5	79.8	99.8	91.2	114	114	143
0.976	1300							86.8	109	99.2	124	124	155
0.978	1400							93.8	117	107	134	134	168
0.979	1500									115	144	144	180
0.981	1600									123	154	154	193
0.982	1700											164	205
0.983	1800											174	218
0.984	1900											184	230
0.985	2000											194	243

注：本表按二排钢筋计算，$h_0=h-60$，当钢筋为三排时表中面积应乘以系数$\dfrac{h-90}{h-60}$，h 为梁截面高度。

一种直径及两种直径钢筋组合截面面积（cm²）　　　表 C.0.6

直径	根数	根数 0	5	直径	根数 1	2	3	4	直径	根数 1	2	3	4
$\phi14$	1	1.5	9.2	$\phi12$	2.7	3.8	4.9	6.1					
	2	3.1	10.8		4.2	5.3	6.5	7.6					
	3	4.6	12.3		5.8	6.9	8.0	9.1					
	4	6.2	13.9		7.3	8.4	9.6	10.7					
	5	7.7	15.4		8.8	10.0	11.1	12.2					
$\phi16$	1	2.0	12.1	$\phi14$	3.6	5.1	6.6	8.2	$\phi12$	3.1	4.3	5.4	6.5
	2	4.0	14.1		5.6	7.1	8.6	10.2		5.2	6.3	7.4	8.6
	3	6.0	16.1		7.6	9.1	10.7	12.2		7.2	8.3	9.4	10.6
	4	8.0	18.1		9.6	11.1	12.7	14.2		9.2	10.3	11.4	12.6
	5	10.1	20.1		11.6	13.1	14.7	16.2		11.2	12.3	13.5	14.6

续表

直径	根数	根数 0	根数 5	直径	根数 1	2	3	4	直径	根数 1	2	3	4
ϕ18	1	2.5	15.3	ϕ16	4.6	6.6	8.6	10.6	ϕ14	4.1	5.6	7.2	8.7
	2	5.1	17.8		7.1	9.1	11.1	13.1		6.6	8.2	9.7	11.3
	3	7.6	20.4		9.6	11.7	13.7	15.7		9.2	10.7	12.3	13.8
	4	10.2	22.9		12.2	14.2	16.2	18.2		11.7	13.3	14.8	16.3
	5	12.7	25.5		14.7	16.7	18.8	20.8		14.3	15.8	17.3	18.9
ϕ20	1	3.1	18.9	ϕ18	5.7	8.2	10.8	13.3	ϕ16	5.2	7.2	9.2	11.2
	2	6.3	22.0		8.8	11.4	13.9	16.5		8.3	10.3	12.3	14.3
	3	9.4	25.1		12.0	14.5	17.1	19.6		11.4	13.5	15.5	17.5
	4	12.6	28.3		15.1	17.7	20.2	22.8		14.6	16.6	18.6	20.6
	5	15.7	31.4		18.3	20.8	23.3	25.9		17.7	19.7	21.7	23.8
ϕ22	1	3.8	22.8	ϕ20	6.9	10.1	13.2	16.4	ϕ18	6.4	8.9	11.4	14.0
	2	7.6	26.6		10.7	13.9	17.0	20.2		10.2	12.7	15.2	17.8
	3	11.4	30.4		14.6	17.7	20.8	24.0		14.0	16.5	19.0	21.6
	4	15.2	34.2		18.4	21.5	24.6	27.8		17.8	20.3	22.8	25.4
	5	19.0	38.0		22.2	25.3	28.4	31.6		21.6	24.1	26.6	29.2
ϕ25	1	4.9	29.5	ϕ22	8.7	12.5	16.3	20.1	ϕ20	8.1	11.2	14.3	17.5
	2	9.8	34.4		13.6	17.4	21.2	25.0		13.0	16.1	19.2	22.4
	3	14.7	39.3		18.5	22.3	26.1	29.9		17.9	21.0	24.2	27.3
	4	19.6	44.2		23.4	27.2	31.0	34.8		22.8	25.9	29.1	32.2
	5	24.5	49.1		28.4	32.2	36.0	39.8		27.7	30.8	34.0	37.1
ϕ28	2	12.3	43.1	ϕ25	17.2	22.1	27.0	32.0	ϕ22	16.1	19.9	23.7	27.5
	4	24.6	55.4		29.5	34.5	39.4	44.3		28.4	32.2	36.0	39.8
	6	36.9	67.7		41.0	45.9	50.8	55.7		40.7	44.5	48.3	52.1

注：组合面积为第一列面积与该面积所在行相应直径及根数的面积之和。

框架梁箍筋构造（GB/T 50010）　　　　　表 C. 0. 7

梁端箍筋加密区（*11.3.6-3）	抗震等级 一	二	三	四	说明
加密区长度	2h	1.5h	1.5h	1.5h	不应小于 500mm
箍筋最大间距 h/4 及表中最小值	6d	8d	8d	8d	d 为受拉纵向钢筋最小直径 h 为截面高度
	100mm	100mm	150mm	150mm	
箍筋最小直径	ϕ10	ϕ8	ϕ8	ϕ6	ρ>2% 时应增大 2mm
箍筋肢距不宜大于二者较大值	200mm	250mm	250mm	300mm	非加密区箍筋间距不宜大于加密区间距的 2 倍（*11.3.9）
	20 倍箍筋直径				

注：箍筋直径不应小于 d/4，d 纵向钢筋最大直径。（*9.2.9）

沿梁全长一肢箍筋最小面积（mm²/m）（GB/T 50010：11.3.9）　　　　　表 C. 0. 8

箍筋 f_{yv} (N/mm²)	混凝土强度等级	抗震等级 一级 b/n (mm)			二级 b/n (mm)			三、四级 b/n (mm)		
		100	125	150	100	125	150	100	125	150
270	C20	—	—	—	114	143	171	106	132	159
	C25	—	—	—	132	165	198	122	153	183

续表

箍筋 f_{yv} (N/mm²)	混凝土强度等级	抗震等级								
		一级			二级			三、四级		
		b/n (mm)			b/n (mm)			b/n (mm)		
		100	125	150	100	125	150	100	125	150
270	C30	159	199	238	148	185	222	138	172	207
	C35	174	218	262	163	204	244	151	189	227
	C40	190	238	285	177	222	266	165	206	247
300	C20	—	—	—	103	128	154	95	119	143
	C25	—	—	—	119	148	178	110	138	165
	C30	143	179	215	133	167	200	124	155	186
	C35	157	196	236	147	183	220	136	170	204
	C40	171	214	257	160	200	239	148	185	222
360	C25	—	—	—	99	123	148	92	115	138
	C30	119	149	179	111	139	167	103	129	155
	C35	131	164	196	122	153	183	113	142	170
	C40	143	178	214	133	166	200	124	154	185

注：1. b 为梁宽，n 为箍筋肢数。当实有 b/n 值表中未见时，查 $b/n=100$mm 一行的数值乘以实有 b/n 与 100 的比值 m。例如 $b/n=350/2$，$m=1.75$；$b/n=350/4$，$m=0.875$；$b/n=350/4$，$m=1.125$。

　　2. 在弯剪扭构件中相当于二级（*10.2.12）；次梁当 $V>0.7f_tbh_0$ 时相当于一级的 0.8 倍（*10.2.10）。

一肢箍筋每延米截面面积（mm²/m）　　　　表 C.0.9

箍筋直径	箍筋间距 S (mm)									
	100	110	120	130	140	150	160	170	180	200
$\phi 6$	283	257	236	217	202	188	177	166	157	141
$\phi 8$	503	457	419	387	359	335	314	296	279	251
$\phi 10$	785	714	654	604	561	523	491	462	436	393
$\phi 12$	1130	1027	942	869	807	753	706	665	628	565

剪力墙构造边缘构件 $\lambda_v=0.1$ 时的 ρ_{sv}　　　　表 C.0.10

S (mm)	$f_{yv}=270$N/mm²						S (mm)	$f_{yv}=300$N/mm²					
	混凝土强度等级							混凝土强度等级					
	C25	C30	C35	C40	C45	C50		C25	C30	C35	C40	C45	C50
100	0.62	0.62	0.62	0.71	0.78	0.86	100	0.56	0.56	0.56	0.64	0.70	0.77
110	0.68	0.68	0.68	0.78	0.86	0.94	110	0.61	0.61	0.61	0.70	0.77	0.85
120	0.74	0.74	0.74	0.85	0.94	1.03	120	0.67	0.67	0.67	0.76	0.84	0.92
130	0.80	0.80	0.80	0.92	1.02	1.11	130	0.72	0.72	0.72	0.83	0.91	1.00
140	0.87	0.87	0.87	0.99	1.09	1.20	140	0.78	0.78	0.78	0.89	0.98	1.08
150	0.93	0.93	0.93	1.06	1.17	1.28	150	0.84	0.84	0.84	0.96	1.06	1.16
160	0.99	0.99	0.99	1.13	1.25	1.37	160	0.89	0.89	0.89	1.02	1.13	1.23
170	1.05	1.05	1.05	1.20	1.33	1.45	170	0.95	0.95	0.95	1.08	1.20	1.31
180	1.11	1.11	1.11	1.27	1.41	1.54	180	1.00	1.00	1.00	1.15	1.27	1.39
190	1.18	1.18	1.18	1.34	1.48	1.63	190	1.06	1.06	1.06	1.21	1.34	1.46
200	1.24	1.24	1.24	1.41	1.56	1.71	200	1.11	1.11	1.11	1.27	1.41	1.54

续表

S (mm)	$f_{yv}=270\text{N/mm}^2$					
	混凝土强度等级					
	C25	C30	C35	C40	C45	C50
100	0.46	0.46	0.46	0.53	0.59	0.64
110	0.51	0.51	0.51	0.58	0.64	0.71
120	0.56	0.56	0.56	0.64	0.70	0.77
130	0.60	0.60	0.60	0.69	0.76	0.83
140	0.65	0.65	0.65	0.74	0.82	0.90
150	0.70	0.70	0.70	0.80	0.88	0.96
160	0.74	0.74	0.74	0.85	0.94	1.03
170	0.79	0.79	0.79	0.90	1.00	1.09
180	0.84	0.84	0.84	0.96	1.06	1.16
190	0.88	0.88	0.88	1.01	1.11	1.22
200	0.93	0.93	0.93	1.06	1.17	1.28

柱端箍筋加密区最小配箍特征值 λ_v（普通箍、复合箍）　　　　表 C.0.11

抗震等级	高层建筑节点 核心区	柱轴压比								
		≤0.30	0.40	0.50	0.60	0.70	0.80	0.90	1.00	1.05
一	0.12	0.10	0.11	0.13	0.15	0.17	0.20	0.23	—	—
二	0.10	0.08	0.09	0.11	0.13	0.15	0.17	0.19	0.22	0.24
三、四	0.08	0.06	0.07	0.09	0.11	0.13	0.15	0.17	0.20	0.22

注：框支柱应比表中数值增加 0.02，且体积配箍率不应小于 1.5%。（JGJ 3：6.4.7）、（GB/T 50011：11.4.17）

柱端箍筋加密区体积配箍率 $\rho_v=\lambda_v f_c/f_{yv}$（%）　　　　表 C.0.12

λ_v	$f_{yv}=270$				$f_{yv}=300$				$f_{yv}=360$			
	≤C35	C40	C45	C50	≤C35	C40	C45	C50	≤C35	C40	C45	C50
0.06	0.37	0.42	0.47	0.51	0.33	0.38	0.42	0.46	0.28	0.32	0.35	0.39
0.07	0.43	0.50	0.55	0.60	0.39	0.45	0.49	0.54	0.32	0.37	0.41	0.45
0.08	0.49	0.57	0.63	0.68	0.45	0.51	0.56	0.62	0.37	0.42	0.47	0.51
0.09	0.56	0.64	0.70	0.77	0.50	0.57	0.63	0.69	0.42	0.48	0.53	0.58
0.10	0.62	0.71	0.78	0.86	0.56	0.64	0.70	0.77	0.46	0.53	0.59	0.64
0.11	0.68	0.78	0.86	0.94	0.61	0.70	0.77	0.85	0.51	0.58	0.64	0.71
0.12	0.74	0.85	0.94	1.03	0.67	0.76	0.84	0.92	0.56	0.64	0.70	0.77
0.13	0.80	0.92	1.02	1.11	0.72	0.83	0.91	1.00	0.60	0.69	0.76	0.83
0.14	0.87	0.99	1.09	1.20	0.78	0.89	0.98	1.08	0.65	0.74	0.82	0.90
0.15	0.93	1.06	1.17	1.28	0.84	0.96	1.06	1.16	0.70	0.80	0.88	0.96
0.16	0.99	1.13	1.25	1.37	0.89	1.02	1.13	1.23	0.74	0.85	0.94	1.03
0.17	1.05	1.20	1.33	1.45	0.95	1.08	1.20	1.31	0.79	0.90	1.00	1.09
0.18	1.11	1.27	1.41	1.54	1.00	1.15	1.27	1.39	0.84	0.96	1.06	1.16
0.19	1.18	1.34	1.48	1.63	1.06	1.21	1.34	1.46	0.88	1.01	1.11	1.22
0.20	1.24	1.41	1.56	1.71	1.11	1.27	1.41	1.54	0.93	1.06	1.17	1.28
0.21	1.30	1.49	1.64	1.80	1.17	1.34	1.48	1.62	0.97	1.11	1.23	1.35

续表

λ_v	$f_{yv}=270$				$f_{yv}=300$				$f_{yv}=360$			
	≤C35	C40	C45	C50	≤C35	C40	C45	C50	≤C35	C40	C45	C50
0.22	1.36	1.56	1.72	1.88	1.22	1.40	1.55	1.69	1.02	1.17	1.29	1.41
0.23	1.42	1.63	1.80	1.97	1.28	1.46	1.62	1.77	1.07	1.22	1.35	1.48
0.24	1.48	1.70	1.88	2.05	1.34	1.53	1.69	1.85	1.11	1.27	1.41	1.54

注：1. 剪跨比 λ≤2，一、二、三级抗震等级的柱，其体积配箍率不应小于 1.2%。(GB/T 50010：6.4.7)
　　2. 柱箍筋加密区体积配筋率不应小于一级 0.8%，二级 0.6%，三、四级 0.4%。(GB/T 50011：11.4.17)

柱全部纵向钢筋最小配筋面积（cm²）(GB/T 50010：11.4.12)　　$\rho=0.6\%$

表 C.0.13

h (mm)	b (mm)												
	300	350	400	450	500	550	600	650	700	750	800	850	900
300	5.4												
350	6.3	7.4											
400	7.2	8.4	9.6		四级				中柱、边柱				
450	8.1	9.5	10.8	12.2									
500	9.0	10.5	12.0	13.5	15.0								
550	9.9	11.6	13.2	14.9	16.5	18.2							
600	10.8	12.6	14.4	16.2	18.0	19.8	21.6						
650	11.7	13.7	15.6	17.6	19.5	21.5	23.4	25.4					
700	12.6	14.7	16.8	18.9	21.0	23.1	25.2	27.3	29.4				
750	13.5	15.8	18.0	20.3	22.5	24.8	27.0	29.3	31.5	33.8			
800	14.4	16.8	19.2	21.6	24.0	26.4	28.8	31.2	33.6	36.0	38.4		
850	15.3	17.9	20.4	23.0	25.5	28.1	30.6	33.2	35.7	38.3	40.8	43.4	
900	16.2	18.9	21.6	24.3	27.0	29.7	32.4	35.1	37.8	40.5	43.2	45.9	48.6
950	17.1	20.0	22.8	25.7	28.5	31.4	34.2	37.1	39.9	42.8	45.6	48.5	51.3
1000	18.0	21.0	24.0	27.0	30.0	33.0	36.0	39.0	42.0	45.0	48.0	51.0	54.0
1050	18.9	22.1	25.2	28.4	31.5	34.7	37.8	41.0	44.1	47.3	50.4	53.6	56.7
1100	19.8	23.1	26.4	29.7	33.0	36.3	39.6	42.9	46.2	49.5	52.8	56.1	59.4
1150	20.7	24.2	27.6	31.1	34.5	38.0	41.4	44.9	48.3	51.8	55.2	58.7	62.1
1200	21.6	25.2	28.8	32.4	36.0	39.6	43.2	46.8	50.4	54.0	57.6	61.2	64.8

钢筋面积（cm²）

直径	纵向钢筋根数												
	2	4	6	8	10	12	14	16	18	20	22	24	26
$\phi16$	4.0	8.0	12.1	16.1	20.1	24.1	28.1	32.2	36.2	40.2	44.2	48.2	52.3
$\phi18$	5.1	10.2	15.3	20.4	25.4	30.5	35.6	40.7	45.8	50.9	56.0	61.1	66.2
$\phi20$	6.3	12.6	18.9	25.1	31.4	37.7	44.0	50.3	56.6	62.8	69.1	75.4	81.7
$\phi22$	7.6	15.2	22.8	30.4	38.0	45.6	53.2	60.8	68.4	76.0	83.6	91.2	98.8
$\phi25$	9.8	19.6	29.5	39.3	49.1	58.9	68.7	78.5	88.4	98.2	108	118	128
$\phi28$	12.3	24.6	36.9	49.3	61.6	73.9	86.2	98.5	111	123	135	148	160
$\phi32$	16.1	32.2	48.3	64.3	80.4	96.5	113	129	145	161	177	193	209

注：当采用 HRB400 级钢筋时，最小配筋百分率应允许减小 0.1。

柱全部纵向钢筋最小配筋面积（cm²）（GB/T 50010：11.4.12）　　$\rho = 0.7\%$

表 C. 0. 14

h（mm）	b（mm）												
	300	350	400	450	500	550	600	650	700	750	800	850	900
300	6.3												
350	7.4	8.6											
400	8.4	9.8	11.2			三级			中柱、边柱				
450	9.5	11.0	12.6	14.2									
500	10.5	12.3	14.0	15.8	17.5								
550	11.6	13.5	15.4	17.3	19.3	21.2							
600	12.6	14.7	16.8	18.9	21.0	23.1	25.2						
650	13.7	15.9	18.2	20.5	22.8	25.0	27.3	29.6					
700	14.7	17.2	19.6	22.1	24.5	27.0	29.4	31.9	34.3				
750	15.8	18.4	21.0	23.6	26.3	28.9	31.5	34.1	36.8	39.4			
800	16.8	19.6	22.4	25.2	28.0	30.8	33.6	36.4	39.2	42.0	44.8		
850	17.9	20.8	23.8	26.8	29.8	32.7	35.7	38.7	41.7	44.6	47.6	50.6	
900	18.9	22.1	25.2	28.4	31.5	34.7	37.8	41.0	44.1	47.3	50.4	53.6	56.7
950	20.0	23.3	26.6	29.9	33.3	36.6	39.9	43.2	46.6	49.9	53.2	56.5	59.9
1000	21.0	24.5	28.0	31.5	35.0	38.5	42.0	45.5	49.0	52.5	56.0	59.5	63.0
1050	22.1	25.7	29.4	33.1	36.8	40.4	44.1	47.8	51.5	55.1	58.8	62.5	66.2
1100	23.1	27.0	30.8	34.7	38.5	42.4	46.2	50.1	53.9	57.8	61.6	65.5	69.3
1150	24.2	28.2	32.2	36.2	40.3	44.3	48.3	52.3	56.4	60.4	64.4	68.4	72.5
1200	25.2	29.4	33.6	37.8	42.0	46.2	50.4	54.6	58.8	63.0	67.2	71.4	75.6

钢筋面积（cm²）

直径	纵向钢筋根数												
	2	4	6	8	10	12	14	16	18	20	22	24	26
$\phi 16$	4.0	8.0	12.1	16.1	20.1	24.1	28.1	32.2	36.2	40.2	44.2	48.2	52.3
$\phi 18$	5.1	10.2	15.3	20.4	25.4	30.5	35.6	40.7	45.8	50.9	56.0	61.1	66.2
$\phi 20$	6.3	12.6	18.9	25.1	31.4	37.7	44.0	50.3	56.6	62.8	69.1	75.4	81.7
$\phi 22$	7.6	15.2	22.8	30.4	38.0	45.6	53.2	60.8	68.4	76.0	83.6	91.2	98.8
$\phi 25$	9.8	19.6	29.5	39.3	49.1	58.9	68.7	78.5	88.4	98.2	108	118	128
$\phi 28$	12.3	24.6	36.9	49.3	61.6	73.9	86.2	98.5	111	123	135	148	160
$\phi 32$	16.1	32.2	48.3	64.3	80.4	96.5	113	129	145	161	177	193	209

注：当采用 HRB400 级钢筋时，最小配筋百分率应允许减小 0.1。

柱全部纵向钢筋最小配筋面积（cm²）（GB/T 50010：11.4.12）　　$\rho=0.8\%$

表 C.0.15

h（mm）	b（mm）												
	300	350	400	450	500	550	600	650	700	750	800	850	900
300	7.2												
350	8.4	9.8											
400	9.6	11.2	12.8				二级		中柱、边柱				
450	10.8	12.6	14.4	16.2			四级		角柱				
500	12.0	14.0	16.0	18.0	20.0								
550	13.2	15.4	17.6	19.8	22.0	24.2							
600	14.4	16.8	19.2	21.6	24.0	26.4	28.8						
650	15.6	18.2	20.8	23.4	26.0	28.6	31.2	33.8					
700	16.8	19.6	22.4	25.2	28.0	30.8	33.6	36.4	39.2				
750	18.0	21.0	24.0	27.0	30.0	33.0	36.0	39.0	42.0	45.0			
800	19.2	22.4	25.6	28.8	32.0	35.2	38.4	41.6	44.8	48.0	51.2		
850	20.4	23.8	27.2	30.6	34.0	37.4	40.8	44.2	47.6	51.0	54.4	57.8	
900	21.6	25.2	28.8	32.4	36.0	39.6	43.2	46.8	50.4	54.0	57.6	61.2	64.8
950	22.8	26.6	30.4	34.2	38.0	41.8	45.6	49.4	53.2	57.0	60.8	64.6	68.4
1000	24.0	28.0	32.0	36.0	40.0	44.0	48.0	52.0	56.0	60.0	64.0	68.0	72.0
1050	25.2	29.4	33.6	37.8	42.0	46.2	50.4	54.6	58.8	63.0	67.2	71.4	75.6
1100	26.4	30.8	35.2	39.6	44.0	48.4	52.8	57.2	61.6	66.0	70.4	74.8	79.2
1150	27.6	32.2	36.8	41.4	46.0	50.6	55.2	59.8	64.4	69.0	73.6	78.2	82.8
1200	28.8	33.6	38.4	43.2	48.0	52.8	57.6	62.4	67.2	72.0	76.8	81.6	86.4

钢筋面积（cm²）

直径	纵向钢筋根数												
	2	4	6	8	10	12	14	16	18	20	22	24	26
$\phi16$	4.0	8.0	12.1	16.1	20.1	24.1	28.1	32.2	36.2	40.2	44.2	48.2	52.3
$\phi18$	5.1	10.2	15.3	20.4	25.4	30.5	35.6	40.7	45.8	50.9	56.0	61.1	66.2
$\phi20$	6.3	12.6	18.9	25.1	31.4	37.7	44.0	50.3	56.6	62.8	69.1	75.4	81.7
$\phi22$	7.6	15.2	22.8	30.4	38.0	45.6	53.2	60.8	68.4	76.0	83.6	91.2	98.8
$\phi25$	9.8	19.6	29.5	39.3	49.1	58.9	68.7	78.5	88.4	98.2	108	118	128
$\phi28$	12.3	24.6	36.9	49.3	61.6	73.9	86.2	98.5	111	123	135	148	160
$\phi32$	16.1	32.2	48.3	64.3	80.4	96.5	113	129	145	161	177	193	209

注：当采用 HRB400 级钢筋时，最小配筋百分率应允许减小 0.1。

柱全部纵向钢筋最小配筋面积（cm²）（GB/T 50010：11.4.12）　ρ＝0.9%

表 C.0.16

h（mm）	b（mm）												
	300	350	400	450	500	550	600	650	700	750	800	850	900
300	8.1												
350	9.5	11.0											
400	10.8	12.6	14.4				三级		角柱				
450	12.2	14.2	16.2	18.2									
500	13.5	15.8	18.0	20.3	22.5								
550	14.9	17.3	19.8	22.3	24.8	27.2							
600	16.2	18.9	21.6	24.3	27.0	29.7	32.4						
650	17.6	20.5	23.4	26.3	29.3	32.2	35.1	38.0					
700	18.9	22.1	25.2	28.4	31.5	34.7	37.8	41.0	44.1				
750	20.3	23.6	27.0	30.4	33.8	37.2	40.5	43.9	47.3	50.6			
800	21.6	25.2	28.8	32.4	36.0	39.6	43.2	46.8	50.4	54.0	57.6		
850	23.0	26.5	30.6	34.4	38.3	42.1	45.9	49.7	53.6	57.4	61.2	65.0	
900	24.3	28.4	32.4	36.5	40.5	44.6	48.6	52.7	56.7	60.8	64.8	68.9	72.9
950	25.7	29.9	34.2	38.5	42.8	47.0	51.3	55.6	59.9	64.1	68.4	72.7	77.0
1000	27.0	31.5	36.0	40.5	45.0	49.5	54.0	58.5	63.0	67.5	72.0	76.5	81.0
1050	28.4	33.1	37.8	42.5	47.3	52.0	56.7	61.4	66.2	70.9	75.6	80.3	85.1
1100	29.7	34.7	39.6	44.6	49.5	54.5	59.4	64.4	69.3	74.3	79.2	84.2	89.1
1150	31.1	36.2	41.4	46.6	51.8	56.9	62.1	67.3	72.5	77.6	82.8	88.0	93.2
1200	32.4	37.8	43.2	48.6	54.0	59.4	64.8	70.2	75.6	81.0	86.4	91.8	97.2

钢筋面积（cm²）

直径	纵向钢筋根数												
	2	4	6	8	10	12	14	16	18	20	22	24	26
φ16	4.0	8.0	12.1	16.1	20.1	24.1	28.1	32.2	36.2	40.2	44.2	48.2	52.3
φ18	5.1	10.2	15.3	20.4	25.4	30.5	35.6	40.7	45.8	50.9	56.0	61.1	66.2
φ20	6.3	12.6	18.9	25.1	31.4	37.7	44.0	50.3	56.6	62.8	69.1	75.4	81.7
φ22	7.6	15.2	22.8	30.4	38.0	45.6	53.2	60.8	68.4	76.0	83.6	91.2	98.8
φ25	9.8	19.6	29.5	39.3	49.1	58.9	68.7	78.5	88.4	98.2	108	118	128
φ28	12.3	24.6	36.9	49.3	61.6	73.9	86.2	98.5	111	123	135	148	160
φ32	16.1	32.2	48.3	64.3	80.4	96.5	113	129	145	161	177	193	209

注：当采用 HRB400 级钢筋时，最小配筋百分率应允许减小 0.1。

柱全部纵向钢筋最小配筋面积（cm²）（GB/T 50010：11.4.12）　$\rho=1.0\%$

表 C. 0. 17

h (mm)	b (mm)												
	300	350	400	450	500	550	600	650	700	750	800	850	900
300	9.0												
350	10.5	12.3											
400	12.0	14.0	16.0										
450	13.5	15.8	18.0	20.3									
500	15.0	17.5	20.0	22.5	25.0								
550	16.5	19.3	22.0	24.8	27.5	30.3							
600	18.0	21.0	24.0	27.0	30.0	33.0	36.0						
650	19.5	22.8	26.0	29.3	32.5	35.8	39.0	42.3					
700	21.0	24.5	28.0	31.5	35.0	38.5	42.0	45.5	49.0				
750	22.5	26.3	30.0	33.8	37.5	41.3	45.0	48.8	52.5	56.3			
800	24.0	28.0	32.0	36.0	40.0	44.0	48.0	52.0	56.0	60.0	64.0		
850	25.0	29.8	34.0	38.3	42.5	46.8	51.0	55.3	59.5	63.8	68.0	72.3	
900	27.0	31.5	36.0	40.5	45.0	49.5	54.0	58.5	63.0	67.5	72.0	76.5	81.0
950	28.5	33.3	38.0	42.8	47.5	52.3	57.0	61.8	66.5	71.3	76.0	80.8	85.5
1000	30.0	35.0	40.0	45.0	50.0	55.0	60.0	65.0	70.0	75.0	80.0	85.0	90.0
1050	31.5	36.8	42.0	47.3	52.5	57.8	63.0	68.3	73.5	78.8	84.0	89.3	94.5
1100	33.0	38.5	44.0	49.5	55.0	60.5	66.0	71.5	77.0	82.5	88.0	93.5	99.0
1150	34.5	40.3	46.0	51.8	57.5	63.3	69.0	74.8	80.5	86.3	92.0	97.8	104
1200	36.0	42.0	48.0	54.0	60.0	66.0	72.0	78.0	84.0	90.0	96.0	102	108

等级说明：
一级	中柱、边柱
二级	角柱、框支柱
一级	角柱、框支柱应乘 1.2

钢筋面积（cm²）

直径	纵向钢筋根数												
	2	4	6	8	10	12	14	16	18	20	22	24	26
$\phi16$	4.0	8.0	12.1	16.1	20.1	24.1	28.1	32.2	36.2	40.2	44.2	48.2	52.3
$\phi18$	5.1	10.2	15.3	20.4	25.4	30.5	35.6	40.7	45.8	50.9	56.0	61.1	66.2
$\phi20$	6.3	12.6	18.9	25.1	31.4	37.7	44.0	50.3	56.6	62.8	69.1	75.4	81.7
$\phi22$	7.6	15.2	22.8	30.4	38.0	45.6	53.2	60.8	68.4	76.0	83.6	91.2	98.8
$\phi25$	9.8	19.6	29.5	39.3	49.1	58.9	68.7	78.5	88.4	98.2	108	118	128
$\phi28$	12.3	24.6	36.9	49.3	61.6	73.9	86.2	98.5	111	123	135	148	160
$\phi32$	16.1	32.2	48.3	64.3	80.4	96.5	113	129	145	161	177	193	209

注：当采用 HRB400 级钢筋时，最小配筋百分率应允许减小 0.1。

一排钢筋梁截面最小宽度 b（mm）（GB/T 50010：10.2.1）　　　　表 C.0.18

钢筋根数	钢筋直径							
	A12	A14	A16	A18	A20	A22	A25	A28
2	$\dfrac{104}{99}$		$\dfrac{112}{107}$	$\dfrac{116}{111}$	$\dfrac{120}{115}$	$\dfrac{1127}{119}$	$\dfrac{138}{125}$	$\dfrac{154}{140}$
3	$\dfrac{146}{136}$	$\dfrac{152}{142}$	$\dfrac{158}{148}$	$\dfrac{164}{154}$	$\dfrac{170}{160}$	$\dfrac{182}{166}$	$\dfrac{201}{175}$	$\dfrac{224}{196}$
4	$\dfrac{188}{173}$	$\dfrac{196}{181}$	$\dfrac{204}{189}$	$\dfrac{212}{197}$	$\dfrac{220}{205}$	$\dfrac{237}{213}$	$\dfrac{263}{225}$	$\dfrac{364}{308}$
5	$\dfrac{230}{210}$	$\dfrac{240}{220}$	$\dfrac{250}{230}$	$\dfrac{260}{240}$	$\dfrac{270}{250}$	$\dfrac{292}{260}$	$\dfrac{325}{275}$	$\dfrac{104}{99}$
6	$\dfrac{272}{247}$	$\dfrac{284}{259}$	$\dfrac{296}{271}$	$\dfrac{308}{283}$	$\dfrac{320}{295}$	$\dfrac{347}{307}$	$\dfrac{368}{325}$	$\dfrac{434}{364}$
7						$\dfrac{402}{354}$	$\dfrac{450}{375}$	$\dfrac{504}{420}$
8						$\dfrac{457}{401}$	$\dfrac{513}{425}$	$\dfrac{574}{476}$
+1	$\dfrac{42}{37}$	$\dfrac{44}{39}$	$\dfrac{46}{41}$	$\dfrac{48}{43}$	$\dfrac{50}{45}$	$\dfrac{55}{47}$	$\dfrac{63}{50}$	$\dfrac{70}{56}$

注：1. 梁上部纵向钢筋水平方向的净间距（钢筋外边缘之间的最小间距）不应小于 30mm 和 15d；下部纵向钢筋水平方向的净间距不应小于 25mm 和 d（d 为钢筋最大直径）。

　　2. 表中数值：线上为梁上部纵筋、线下为梁下部纵筋所需最小宽度。

　　3. 钢筋根数＋1 为每增加一根钢筋所需增加梁宽。

　　4. 保护层为 25mm 和 d 的最大值。当保护层大于 25mm 时，每增加 5mm 最小梁宽增加 10mm。

　　5. 当梁边与柱边平齐时，梁主筋应避让柱主筋，有效梁宽为 b-30。

框架柱配筋构造（GB/T 50010：11.4.12）　　　　表 C.0.19

加密区箍筋最大间距	柱根和 $\lambda \leqslant 2$ 的柱 100mm	
加密区箍筋最小直径	柱根和四级框架 $\lambda \leqslant 2$ 的柱 8mm	其余要求参见框架梁的构造
非加密区箍筋最大间距	一、二级 10d，三、四级 15d	
箍筋全层高加密	框支柱和 $\lambda \leqslant 2$ 的柱	
$\lambda \leqslant 2$ 时箍筋体积配筋率	一、二、三级和高层四级不应小于 1.2%	GB/T 50010：11.4.17；JGJ 3：6.4.7

设防烈度 6 度防震缝最小宽度（mm）

（全国民用建筑工程设计技术措施/结构体系 2.2.7）　　　　表 C.0.20

h（mm）	结构类型			h（mm）	结构类型	
	框架	框-剪	剪力墙		框-剪	剪力墙
15	100	100	100	65	240	200
20	120	114	110	70	254	210
25	140	128	120	75	268	220
30	160	142	130	80	282	230
35	180	156	140	85	296	240
40	200	170	150	90	310	250
45	220	184	160	95	324	260
50	240	198	170	100	338	270
55	260	212	180	110	352	290
60	280	226	190	120	366	310

二排钢筋梁截面 a_s 值表（mm）　　　　　表 C. 0. 21

第一排钢筋		第二排钢筋										
		2	3	4	5	6		2	3	4	5	6
$\phi 20$	3	53.0	**57.5**	—	—	—	$\phi 18$	50.4	**54.7**	—	—	—
	4	50.0	54.3	**57.5**	—	—		47.7	51.6	**54.7**	—	—
	5	47.9	51.9	55.0	**57.5**	—		45.8	49.4	52.3	**54.7**	—
	6	46.3	50.0	53.0	55.5	**57.5**		44.4	47.7	50.4	52.7	**54.7**
$\phi 22$	3	54.8	**59.5**	—	—	—	$\phi 20$	52.3	**56.8**	—	—	—
	4	51.7	56.1	**59.5**	—	—		49.5	53.6	**56.8**	—	—
	5	49.4	53.6	56.9	**59.5**	—		47.4	51.2	54.3	**56.8**	—
	6	47.8	51.7	54.8	57.4	**59.5**		45.9	49.5	52.3	54.8	**56.8**
$\phi 25$	3	57.5	**62.5**	—	—	—	$\phi 22$	54.0	**58.7**	—	—	—
	4	54.2	58.9	**62.5**	—	—		51.0	55.3	**58.7**	—	—
	5	51.8	56.3	59.7	**62.5**	—		49.0	52.9	56.1	**58.7**	—
	6	50.0	54.2	57.5	60.2	**62.5**		47.5	51.0	54.0	56.5	**58.7**
$\phi 28$	3	64.4	**70.0**	—	—	—	$\phi 25$	60.9	**66.2**	—	—	—
	4	60.7	66.0	**70.0**	—	—		57.5	62.4	**66.2**	—	—
	5	58.0	63.0	66.9	**70.0**	—		55.2	59.6	63.2	**66.2**	—
	6	56.0	60.7	64.4	67.5	**70.0**		53.4	57.5	60.9	63.8	**66.2**

注：1. 表中黑体为第一排与第二排钢筋根数相等时 a_s 值。
　　例如：第一排 2ϕ20 第二排 2ϕ18，a_s＝547，第一排 2ϕ20 第二排 2ϕ20，a_s＝57.5。
　　2. 保护层为 25mm 和 d 的较大值，两层钢筋之间的净间距为 25mm 和 d 的较大值。

附录 D 钢材强度及品种牌号

D.1 钢材牌号的概念

碳素结构钢的牌号（详见《碳素结构钢》GB/T 700—2006）由代表屈服点的字母、屈服点数值、质量等级符号、脱氧方法四个部分按顺序组成，如 Q235BF；低合金高强度结构钢的牌号（详见《低合金高强度结构钢》GB/T 1591—2018）由代表屈服点的字母，屈服点数值、质量等级符号三个部分按顺序组成，如 Q355C。

在牌号组成表示方法中，"Z"与"T、Z"符号可以省略。

D.2 钢材牌号的标准

《碳素结构钢》GB/T 700—2006：碳素结构钢的含碳量约 0.05%～0.70%，钢结构工程常用为 Q235 钢（含碳量 C≤0.24%）。

《低合金高强度结构钢》GB/T 1591—2018：低合金高强度结构钢是在碳素钢中添加少量成分合金（总含量不大于 5%）而成的低合金高强度结构钢，其综合性能优于碳素结构钢。如 Q355、Q390、Q420、Q460。

《建筑结构用钢板》GB/T 19879—2023：高建钢，其综合性能均优于同级别的低合金结构钢，适用于有抗震设防或动荷载的重要构件。如 Q355GJ、Q390GJ、Q420GJ、Q460GJ。

说明：国家标准分（钢材）产品标准、工程（设计）标准，两者不同。不是所有产品标准中的钢材都可直接用于钢结构工程。

D.3 Q钢材屈服强度

Q235、Q355 等，钢材拉伸曲线中屈服点为 235 N/mm² 、355 N/mm² 。

D.4 质量等级：A级、B级、C级、D级、E级

《钢结构设计标准》GB 50017—2017 第 4.3.3 条条文说明规定了钢板质量等级选用，见表 D.4。

钢板质量等级选用   表 D. 4

		工作温度（℃）		
		$T>0$	$-20<T\leqslant0$	$-40<T\leqslant-20$
不需验算疲劳	非焊接结构	B（允许用 A）	B	B	受拉构件及承重结构的受拉板件： 1. 板厚或直径小于 40mm：C； 2. 板厚或直径不小于 40mm：D； 3. 重要承重结构的受拉板材宜选用建筑结构用钢板
	焊接结构	B（允许用 Q355A～Q420A）			
需验算疲劳	非焊接结构	B	Q235B　Q390C Q345GJC　Q420C Q355B　Q460 C	Q235C　Q390D Q345GJC　Q420D Q355C　Q460D	
	焊接结构	B	Q235C　Q390D Q345GJC　Q420D Q355C　Q460D	Q235D　Q390E Q345GJD　Q420E Q355D　Q460E	

注：此处现行《钢结构设计标准》GB 50017 局部修订征求意见稿仍然为 Q345GJC，但是《〈钢结构设计标准〉图示》20G108-3 为 Q345GJB。

按现行《钢结构设计标准》GB 50017 第 17.1.6 条，采用抗震性能化设计的钢结构构件，其质量等级应符合下列规定：

（1）当工作温度高于 0℃时，其质量等级不应低于 B 级。

（2）当工作温度不高于 0℃但高于 −20℃时，Q235、Q355 钢不应低于 B 级，Q390、Q420 及 Q460 钢不应低于 C 级。

（3）当工作温度不高于 −20℃时，Q235、Q355 钢不应低于 C 级，Q390、Q420 及 Q460 钢不应低于 D 级。

D. 5　厚度方向性能

简称 Z 向钢板，因严格控制硫、磷有害杂质，而具有良好厚度方向性能（Z 向抗撕裂性能）的钢板。板件厚度不小于 40mm 时，其材质应符合现行《厚度方向性能钢板》GB/T 5313 的规定。

D. 6　脱 氧 程 度

钢材按炼钢脱氧程度分为沸腾钢（F）、镇静钢（Z）及特殊镇静钢（TZ）。

D. 7　耐候结构钢

耐候结构钢是在钢中加入少量铜（Cu）、磷（P）、铬（Cr）、镍（Ni）等合金元素，使其表面形成防护层以提高耐大气腐蚀性能，其抗锈蚀能力是一般钢材的 3～4 倍。《钢结构设计标准》GB 50017—2017 第 4.1.3 条规定，处于外露环境，且对耐腐蚀有特殊要求或处于侵蚀性介质环境中的承重结构，可采用 Q235NH、Q355NH 和 Q415NH 牌号的耐候结构钢，其质量应符合现行《耐候结构钢》GB/T 4171 的规定。

D.8　常用钢板厚度

常用钢板厚度　　　　　　　　　　　　　　　　　　　表 D.8

钢板类型	钢板厚度（mm）	备注
热轧钢板	6、8、10、12、14、16、18、20、25、30、35、40 50、60、70、80、90、100	用于焊接构件
花纹钢板	5、6、8	用于马道、室内地沟盖板等

D.9　钢材的设计用强度指标

钢材的设计用强度指标应根据钢材牌号、厚度或直径按表 D.9 采用。

钢材的设计用强度指标（N/mm²）　　　　　　　　表 D.9

钢材牌号		钢材厚度 或直径（mm）	强度设计值			屈服强度 f_y	抗拉强度 f_u
			抗拉、抗压、 抗弯 f	抗剪 f_v	端面承压（刨平 顶紧）f_{ce}		
碳素结构钢	Q235	≤16	215	125	320	235	370
		>16，≤40	205	120		225	
		>40，≤100	200	115		215	
低合金高强 度结构钢	Q355、 Q355N	≤16	305	175	400	355	470
		>16，≤40	295	170		345	
		>40，≤63	290	165		335	
		>63，≤80	280	160		325	
		>80，≤100	270	155		315	
	Q390、 Q390N	≤16	345	200	415	390	490
		>16，≤40	330	190		380	
		>40，≤63	310	180		360	
		>63，≤100	295	170		340	
	Q420、 Q420N	≤16	375	215	440	420	520
		>16，≤40	355	205		410	
		>40，≤63	320	185		390	
		>63，≤80	305	175		370	
		>80，≤100	300	175		360	
	Q460、 Q460N	≤16	410	235	460	460	540
		>16，≤40	390	225		450	
		>40，≤63	355	205		430	
		>63，≤80	340	195		410	
		>63，≤100	340	195		400	
	Q355M	>40，≤63	290	165	380	335	450
		>63，≤100	280	160	375	325	440

续表

钢材牌号		钢材厚度或直径（mm）	强度设计值			屈服强度 f_y	抗拉强度 f_u
			抗拉、抗压、抗弯 f	抗剪 f_v	端面承压（刨平顶紧）f_{ce}		
低合金高强度结构钢	Q390M	>40，≤63	310	180	410	360	480
		>63，≤80	295	170	400	340	470
		>80，≤100	295	170	390	340	460
	Q420M	>40，≤63	320	185	425	390	500
		>63，≤80	310	180	410	380	480
		>80，≤100	305	175	400	370	470
	Q460M	>40，≤63	355	205	450	430	530
		>63，≤80	340	195	435	410	510
		>80，≤100	340	195	425	400	500

注：1. 表中直径指实芯棒材，厚度系指计算点的钢材或钢管壁厚度，对轴心受拉和轴心受压构件系指截面中较厚板件的厚度。
　　2. 表中低合金高强度结构钢的牌号不带后缀者为热轧状态交货的钢材，带后缀"N""M"者分别为正火状态钢材和热机械轧制状态钢材，带后缀钢材的设计强度指标，未注明时可按不带后缀钢材的设计用强度指标采用。
　　3. 冷成型钢材的强度设计值应按国家现行有关标准的规定采用。

D. 10　建筑结构用钢板的设计用强度指标

建筑结构用钢板的设计用强度指标可根据钢材牌号、厚度或直径按表 D. 10 采用。

建筑结构用钢板的设计用强度指标（N/mm²）　　　　表 D. 10

建筑结构用钢板	钢材厚度或直径（mm）	强度设计值			钢材强度	
		抗拉、抗压、抗弯 f	抗剪 f_v	端面承压（刨平顶紧）f_{ce}	屈服强度 f_y	抗拉强度 f_u
Q345GJ	>16，≤50	325	190	415	345	490
	>50，≤100	300	175		335	
Q390GJ	>16，≤50	340	195	435	390	510
	>50，≤100	330	190		380	
Q420GJ	>16，≤50	355	205	450	420	530
	>50，≤100	350	200		410	
Q460GJ	>16，≤50	390	225	485	460	570
	>50，≤100	385	220		450	

注：高性能建筑结构用钢板特点如下：
　　1. 厚度效应小。
　　2. 下屈服点强度波动范围小。
　　3. 屈强比有保证。
　　4. 硫、磷含量低，抗断裂韧性好。
　　5. 对比表 D. 9 和表 D. 10，高建钢焊缝强度低于钢材，达不到等强。

D. 11　结构用无缝钢管的强度指标

结构用无缝钢管的强度指标应按表 D. 11 采用。

结构用无缝钢管的强度指标（N/mm²）　　　　　　　　　　　表 D.11

钢管钢材牌号	壁厚(mm)	强度设计值			屈服强度 f_y	抗拉强度 f_u
		抗拉、抗压、抗弯 f	抗剪 f_v	端面承压（刨平顶紧）f_{ce}		
Q235	≤16	215	125	320	235	375
	>16，≤30	205	120		225	
	>30	195	115		215	
Q345	≤16	305	175	400	345	470
	>16，≤30	290	170		325	
	>30	260	150		295	
Q390	≤16	345	200	415	390	490
	>16，≤30	330	190		370	
	>30	310	180		350	
Q420	≤16	375	220	445	420	520
	>16，≤30	355	205		400	
	>30	340	195		380	
Q460	≤16	410	240	470	460	550
	>16，≤30	390	225		440	
	>30	355	205		420	

注：《钢结构设计标准》GB 50017—2017 第 4.4.3 条条文说明，《结构用无缝钢管》GB/T 8162—2018 中，钢管壁厚的分组、材料的屈服强度、抗拉强度均与《低合金高强度结构钢》GB/T 1591—2018 有所不同。

D.12　铸钢件的强度设计值

铸钢件的强度设计值应按表 D.12 采用。

铸钢件的强度设计值（N/mm²）　　　　　　　　　　　表 D.12

类别	钢号	铸件厚度（mm）	抗拉、抗压、抗弯 f	抗剪 f_v	端面承压（刨平顶紧）f_{ce}
非焊接结构用铸钢件	ZG230-450	≤100	180	105	290
	ZG270-500		210	120	325
	ZG310-570		240	140	370
焊接结构用铸钢件	ZG230-450H	≤100	180	105	290
	ZG270-480H		210	120	310
	ZG300-500H		235	135	325
	ZG340-550H		265	150	355

注：1. 表中强度设计值仅适用于本表规定的厚度。
　　2. 材质与性能符合现行《焊接结构用铸钢件》GB/T 7659 和《一般工程用铸造碳钢件》GB/T 11352 规定的铸钢件，是分别适用于焊接结构与非焊接结构的铸钢制品，适用于钢结构工程中构造复杂的整体节点与支座。

D.13　焊缝的强度指标

焊缝的强度指标应按表 D.13 采用并应符合下列规定：

（1）手工焊用焊条、自动焊和半自动焊所采用的焊丝和焊剂，应保证其熔敷金属的力学性能不低于母材的性能。

（2）焊缝质量等级应符合现行《钢结构焊接规范》GB 50661 的规定，其检验方法应符合现行《钢结构工程施工质量验收标准》GB 50205 的规定。其中厚度小于 6mm 钢材的对接焊缝，不应采用超声波探伤确定焊缝质量等级。

（3）对接焊缝在受压区的抗弯强度设计值取 f_c^w，在受拉区的抗弯强度设计值取 f_t^w。

（4）计算下列情况的连接时，表 D.13 规定的强度设计值应乘以相应的折减系数；几种情况同时存在时，其折减系数应连乘。

1）施工条件较差的高空安装焊缝应乘以系数 0.9。

2）进行无垫板的单面施焊对接焊缝的连接计算应乘折减系数 0.85。

3）按轴心受力计算的单角钢单面连接时应乘以系数 0.85。

焊缝的强度指标（N/mm²）　　　　　　表 D.13

焊接方法和焊条型号	构件钢材		对接焊缝强度设计值				角焊缝强度设计值	对接焊缝抗拉强度 f_u^w	角焊缝抗拉、抗压和抗剪强度 f_u^f
	牌号	厚度或直径（mm）	抗压 f_c^w	焊缝质量为下列等级时，抗拉 f_t^w		抗剪 f_v^w	抗拉、抗压和抗剪 f_f^w		
				一级、二级	三级				
自动焊、半自动焊和 E43 型焊条手工焊	Q235	≤16	215	215	185	125	160	415	240
		>16，≤40	205	205	175	120			
		>40，≤100	200	200	170	115			
自动焊、半自动焊和 E50、E55 型焊条手工焊	Q355、Q355N	≤16	305	305	260	175	200	480（E50）540（E55）	280（E50）315（E55）
		>16，≤40	295	295	250	170			
		>40，≤63	290	290	245	165			
		>63，≤80	280	280	240	160			
		>80，≤100	270	270	230	155			
	Q390、Q390N、Q390M	≤16	345	345	295	200	200（E50）220（E55）		
		>16，≤40	330	330	280	190			
		>40，≤63	310	310	265	180			
		>63，≤100	295	295	250	170			
自动焊、半自动焊和 E55、E60 型焊条手工焊	Q420、Q420N	≤16	375	375	320	215	220（E55）240（E60）	540（E55）590（E60）	315（E55）340（E60）
		>16，≤40	355	355	300	205			
		>40，≤63	320	320	270	185			
		>63，≤80	305	305	260	175			
		>80，≤100	300	300	255	175			
自动焊、半自动焊和 E55、E60 型焊条手工焊	Q460、Q460N、Q460M	≤16	410	410	350	235	220（E55）240（E60）	540（E55）590（E60）	315（E55）340（E60）
		>16，≤40	390	390	330	225			
		>40，≤63	355	355	300	205			
		>63，≤100	340	340	290	195			
自动焊、半自动焊和 E50、E55 型焊条手工焊	Q355M	>80，≤100	280	280	240	160	200	480（E50）540（E55）	280（E50）315（E55）

续表

焊接方法和焊条型号	构件钢材		对接焊缝强度设计值				角焊缝强度设计值	对接焊缝抗拉强度 f_u^w	角焊缝抗拉、抗压和抗剪强度 f_u^f
	牌号	厚度或直径（mm）	抗压 f_c^w	焊缝质量为下列等级时，抗拉 f_t^w		抗剪 f_v^w	抗拉、抗压和抗剪 f_f^w		
				一级、二级	三级				
自动焊、半自动焊和 E55、E60 型焊条手工焊	Q420M	>63，≤80	310	310	265	180	220（E55）240（E60）	540（E55）590（E60）	315（E55）340（E60）
		>80，≤100	305	305	260	175			
自动焊、半自动焊和 E50、E55 型焊条手工焊	Q345GJ	>16，≤50	325	325	275	190	200	480（E50）540（E55）	280（E50）315（E55）
		>50，≤100	300	300	255	175			
	Q390GJ	>16，≤50	335	335	285	195	200（E50）220（E55）		
		>50，≤100	320	320	270	185			
自动焊、半自动焊和 E55、E60 型焊条手工焊	Q420GJ	>16，≤50	355	355	300	205	220（E55）240（E60）	540（E55）590（E60）	315（E55）340（E60）
		>50，≤100	345	345	295	200			
	Q460GJ	>16，≤50	390	390	330	225			
		>50，≤100	375	375	320	215			

注：1. 表中厚度系指计算点的钢材厚度，对轴心受拉和轴心受压构件系指截面中较厚板件的厚度。
  2. 表中低合金高强度结构钢的牌号不带后缀者为热轧状态交货的钢材，带后缀"N""M"者分别为正火状态钢材和热机械轧制状态钢材，带后缀钢材的焊缝强度指标未注明时可按不带后缀钢材的焊缝强度指标采用。

D. 14　螺栓连接的强度指标

螺栓连接的强度指标应按表 D. 14-1 和表 D. 14-2 采用。

螺栓连接的抗拉强度、抗剪强度指标（N/mm²）　　　　表 D. 14-1

螺栓的性能等级、锚栓钢材的牌号		强度设计值							高强度螺栓的抗拉强度 f_u^b
		普通螺栓				锚栓	网架用高强度螺栓		
		C 级螺栓		A 级、B 级螺栓					
		抗拉 f_t^b	抗剪 f_v^b	抗拉 f_t^b	抗剪 f_v^b	抗拉 f_t^a	抗拉 f_t^b	抗剪 f_v^b	
普通螺栓	4.6级、4.8级	170	140	—	—	—	—	—	—
	5.6 级	—	—	210	190	—	—	—	—
	8.8 级	—	—	400	320	—	—	—	—
锚栓	Q235	—	—	—	—	140	—	—	—
	Q345	—	—	—	—	180	—	—	—
	Q390	—	—	—	—	185	—	—	—
承压型连接高强度螺栓	8.8 级	—	—	—	—	—	400	250	830
	10.9 级	—	—	—	—	—	500	310	1040
螺栓球节点用高强度螺栓	9.8 级	—	—	—	—	—	385		
	10.9 级	—	—	—	—	—	430		

注：1. A 级螺栓用于 $d \leqslant 24$mm 和 $L \leqslant 10d$ 或 $L \leqslant 150$mm（按较小值）的螺栓；B 级螺栓用于 $d > 24$mm 和 $L > 10d$ 或 $L > 150$mm（按较小值）的螺栓；d 为公称直径，L 为螺栓公称长度。
  2. A、B 级螺栓孔的精度和孔壁表面粗糙度，C 级螺栓孔的允许偏差和孔壁表面粗糙度，均应符合现行《钢结构工程施工质量验收标准》GB 50205 的要求。
  3. 用于螺栓球节点网架的高强度螺栓，M12～M36 为 10.9 级，M39～M85 为 9.8 级。
  4. 锚栓为钢材，与预埋件锚筋不同。锚栓不抗剪，不考虑抗剪计算，但实际要承受剪力，故名义的抗拉强度打折。

螺栓连接的承压强度设计值（N/mm²） 表 D. 14-2

构件钢材		普通螺栓		承压型高强度螺栓 f_c^b
牌号	厚度（mm）	C级螺栓 f_c^b	A级、B级螺栓 f_c^b	
Q235	≥6，≤100	305	405	470
Q355、Q355N	≥6，≤100	385	510	590
Q390、Q390N	≥6，≤100	400	530	615
Q420、Q420N	≥6，≤100	425	560	655
Q460、Q460N	≥6，≤100	445	585	680
Q355M	>40，≤63	370	485	565
	>63，≤100	360	475	555
Q390M	>40，≤63	395	520	605
	>63，≤80	385	510	590
	>80，≤100	375	495	580
Q420M	>40，≤63	410	540	630
	>63，≤80	395	520	605
	>80，≤100	385	510	590
Q460M	>40，≤63	435	570	670
	>63，≤80	420	550	645
	>80，≤100	410	540	630
Q345GJ	≥16，≤100	400	530	615
Q390GJ	≥16，≤100	420	550	645
Q420GJ	≥16，≤100	435	570	670
Q460GJ	≥16，≤100	465	615	720

注：1. A级螺栓用于 d≤24mm 和 L≤10d 或 L≤150mm（按较小值）的螺栓；B级螺栓用于 d>24mm 和 L>10d 或 L>150mm（按较小值）的螺栓；d 为公称直径，L 为螺栓公称长度。

2. A、B级螺栓孔的精度和孔壁表面粗糙度，C级螺栓孔的允许偏差和孔壁表面粗糙度，均应符合现行国家标准《钢结构工程施工质量验收标准》GB 50205 的要求。

3. 用于螺栓球节点网架的高强度螺栓，M12～M36 为 10.9 级，M39～M85 为 9.8 级。

附录 E 钢结构防火涂料选用表

E.1 各类钢构件的燃烧性能和耐火极限

各类钢构件的燃烧性能和耐火极限，见表 E.1。

各类钢构件的燃烧性能和耐火极限   表 E.1

构件名称	结构厚度或截面最小尺寸（cm）	耐火极限（h）	燃烧性能
无保护层的钢柱	—	0.25	不燃烧体
有保护层的钢柱			
（1）用普通黏土砖作保护层，其厚度为： 　　12cm	—	2.85	不燃烧体
（2）用陶粒混凝土作保护层，其厚度为： 　　10cm		3.00	
（3）用 C20 混凝土作保护层，其厚度为： 　　10cm 　　5cm 　　2.5cm	— — —	2.85 2.00 0.80	不燃烧体 不燃烧体 不燃烧体
（4）用加气混凝土作保护层，其厚度为： 　　4cm 　　5cm 　　7cm 　　8cm	— — — —	1.00 1.40 2.00 2.30	不燃烧体 不燃烧体 不燃烧体 不燃烧体
（5）用金属网抹 M5 砂浆作保护层，其厚度为： 　　2.5cm 　　5cm	— —	0.80 1.30	不燃烧体 不燃烧体
（6）用薄涂型钢结构防火涂料作保护层，其厚度为： 　　0.55cm 　　0.70cm	— —	1.00 1.50	不燃烧体 不燃烧体
（7）用厚涂型钢结构防火涂料作保护层，其厚度为： 　　1.5cm 　　2cm 　　3cm 　　4cm 　　5cm	— — — — —	1.00 1.50 2.00 2.50 3.00	不燃烧体 不燃烧体 不燃烧体 不燃烧体 不燃烧体
无保护层的钢梁、楼梯	—	0.25	不燃烧体
有保护层的钢梁、楼梯			
（1）用厚涂型钢结构防火涂料保护的钢梁， 　　其保护层厚度为： 　　1.5cm 　　2cm 　　3cm 　　4cm 　　5cm	— — — — —	1.00 1.50 2.00 2.50 3.00	不燃烧体 不燃烧体 不燃烧体 不燃烧体 不燃烧体

续表

构件名称	结构厚度或截面最小尺寸（cm）	耐火极限（h）	燃烧性能
（2）用薄涂型钢结构防火涂料保护的钢梁，其保护层厚度为： 　　0.55cm 　　0.70cm	— —	1.00 1.50	不燃烧体 不燃烧体

E. 2　防火涂料品种的选用

《建筑钢结构防火技术规范》GB 51249—2017 第 4.1.3 条对防火涂料的品种选用做了规定：

（1）室内隐蔽构件，宜选用非膨胀型防火涂料。

（2）室内耐火极限大于 1.5h 的构件，不宜选用膨胀型防火涂料。根据《钢结构防火涂料》GB 14907—2018 表 4，膨胀型防火涂料最高耐火极限为 2.0h，建议设计从严要求，即：室内耐火极限大于 1.5h 的构件，不宜选用膨胀型防火涂料。

（3）室外、半室外钢结构采用膨胀型防火涂料时，应选用符合环境对其性能要求的产品。

（4）非膨胀型防火涂料涂层的厚度不应小于 10mm。《钢结构防火涂料》GB 14907—2018 第 5.1.5 条规定，非膨胀型钢结构防火涂料的涂层厚度不应小于 15mm。建议设计从严要求，即：非膨胀型钢结构防火涂料的涂层厚度不应小于 15mm。

（5）防火涂料与防腐涂料应相容、匹配。

E. 3　防　火　要　求

（1）钢结构构件的设计耐火极限应根据建筑的耐火等级，按现行《建筑设计防火规范》GB 50016 的规定确定。柱间支撑的设计耐火极限应与柱相同，楼盖支撑的设计耐火极限应与梁相同，屋盖支撑和系杆的设计耐火极限应与屋顶承重构件相同。具体参见表 E.3。

不同耐火等级建筑相应构件的燃烧性能和耐火极限（h）　　　　表 E. 3

构件名称	耐火等级			
	一级	二级	三级	四级
柱	不燃性 3.00	不燃性 2.50	不燃性 2.00	难燃性 0.50
梁	不燃性 2.00	不燃性 1.50	不燃性 1.00	难燃性 0.50
楼板	不燃性 1.50	不燃性 1.00	不燃性 0.50	可燃性
屋顶承重构件	不燃性 1.50	不燃性 1.00	可燃性 0.50	可燃性
疏散楼梯	不燃性 1.50	不燃性 1.00	不燃性 0.50	可燃性

注：建筑高度大于 100m 的民用建筑，其楼板耐火极限不应低于 2.00h。

（2）钢结构构件的耐火极限经验算低于设计耐火极限时，应采取防火保护措施。

（3）钢结构节点的防火保护应与被连接构件中防火保护要求最高者相同。

以上三条规定为现行《建筑钢结构防火技术规范》GB 51249 强制性条文，必须严格执行。

（4）钢结构的防火设计文件应注明建筑的耐火等级、构件的设计耐火极限、构件的防火保护措施、防火材料的性能要求及设计指标。防火保护措施及防火材料的性能要求、设计指标包括：防火保护层的等效热阻、防火保护材料的等效热传导系数、防火保护层的厚度、防火保护的构造等。

（5）当施工所用防火保护材料的等效热传导系数与设计文件要求不一致时，应根据防火保护层的等效热阻相等的原则确定保护层的施用厚度，并应经设计单位认可。对于非膨胀型钢结构防火涂料、防火板，可按《建筑钢结构防火技术规范》GB 51249—2017 附录 A 确定防火保护层的施用厚度；对于膨胀型防火涂料，可根据涂层的等效热阻直接确定其施用厚度。

$$d_{i2} = d_{i1} \frac{\lambda_{i2}}{\lambda_{i1}} \tag{E.3}$$

式中 d_{i1}——钢结构防火设计技术文件规定的防火保护层的厚度（mm）；

d_{i2}——防火保护层实际施用厚度（mm）；

λ_{i1}——钢结构防火设计技术文件规定的非膨胀型防火涂料、防火板的等效热传导系数[W/(m·℃)]；

λ_{i2}——施工采用的非膨胀型防火涂料、防火板的等效热传导系数[W/(m·℃)]。

（6）钢结构构件的耐火验算和防火设计，可采用耐火极限法、承载力法或临界温度法。

附录 F 钢结构防腐材料选用表

F.1 环境中介质对钢结构长期作用下的腐蚀性等级

环境中介质对钢结构长期作用下的腐蚀性等级可划分为：很低（C1）、低（C2）、中等（C3）、高（C4）、很高（C5）5 个等级，见表 F.1。

钢结构腐蚀性等级分类

表 F.1

腐蚀性等级	单位面积上质量的损失（第一年）				典型环境（仅作参考）	
	低碳钢		锌			
	质量损失（g/m²）	厚度损失（μm）	质量损失（g/m²）	厚度损失（μm）	外部	内部
C1 很低	≤10	≤1.3	≤0.7	≤0.1	—	加热的建筑物内部，空气洁净，如办公室、商店、学校和宾馆等
C2 低	10~200	1.3~25	0.7~5	0.1~0.7	大气污染较低，如低污染的乡村地区	未加热的建筑物内部，冷凝有可能发生，如库房、体育馆等
C3 中等	200~400	25~50	5~15	0.7~2.1	城市和工业大气，中等的二氧化硫污染，低盐度沿海区域	高湿度和有些污染生产场所，如食品加工厂、洗衣场、酒厂、牛奶厂等
C4 高	400~650	50~80	15~30	2.1~4.2	高盐度的工业区和沿海区域	化工厂、游泳池、海船内部和船厂等
C5 很高	650~1500	80~200	30~60	4.2~8.4	高盐度和恶劣大气的工业区域，高盐度的沿海和离岸地带	总是有冷凝水、高湿度、高污染的建筑物或其他地方

F.2 钢结构防腐蚀设计寿命

钢结构防腐蚀设计寿命划分为 2~5 年、5~10 年、10~15 年和大于 15 年 4 种情况。

F.3 钢材表面原始锈蚀等级和钢材除锈等级标准

钢材表面原始锈蚀等级和钢材除锈等级标准应符合现行《涂覆涂料前钢材表面处理 表面清洁度的目视评定》GB/T 8923.1~8923.4 的规定。

表面原始锈蚀等级为 D 级的钢材不宜用作结构钢。

表面处理的清洁度要求不宜低于现行《涂覆涂料前钢材表面处理　表面清洁度的目视评定》GB/T 8923.1～8923.4 规定的 Sa2½ 级，表面粗糙度要求应符合防腐蚀方案的特性。

局部难以喷砂处理的部位可采用手工或动力工具，达到现行《涂覆涂料前钢材表面处理　表面清洁度的目视评定》GB/T 8923.1～8923.4 规定的 St3 级，并应具有合适的表面粗糙度，选用合适的防腐蚀产品。

F.4　钢结构防腐蚀涂料的配套方案

钢结构防腐蚀涂料的配套方案可根据环境腐蚀条件、防腐蚀设计年限、施工和维修条件等要求设计。可参照 ISO12944-5 表 A.1～A.5 选用涂料体系，也可参照表 F.4-1～表 F.4-3 选用。

在钢结构设计文件中应注明使用单位在使用过程中对钢结构防腐蚀进行定期检查和维修的要求，建议制订防腐蚀维护计划。

钢结构用底漆、中间漆与面漆的配套组合　　　　　表 F.4-1

序号	底漆	中间漆与面漆	涂层遍数及总厚度	C2			C3			C4			C5		
				L	M	H	L	M	H	L	M	H	L	M	H
1	醇酸防锈漆底漆 1 遍，40μm；酚醛防锈漆底漆 1 遍，40μm；云铁醇酸防锈漆底漆 1 遍，40μm	各色醇酸磁漆	2 遍，80μm	√											
2	醇酸防锈漆底漆 1～2 遍，80μm；酚醛防锈漆底漆 1～2 遍，80μm；云铁醇酸防锈底漆 1～2 遍，80μm	各色醇酸磁漆	2～3 遍，120μm		√		√								
		各色醇酸磁漆	2～4 遍，160μm					√		√					
3	氯化橡胶底漆 1～2 遍，80μm；氯磺化聚乙烯底漆 1～2 遍，80μm	氯化橡胶面漆、氯磺化聚乙烯面漆	2～4 遍，160μm					√		√					
4	铁红环氧脂底漆 1～2 遍，80μm	环氧云铁中间漆＋氯化橡胶漆、环氧云铁中间漆＋氯化橡胶漆	2～3 遍，120μm				√								
			2～4 遍，160μm					√		√					
		环氧云铁中间漆＋氯化橡胶漆	3～5 遍，200μm										√		
5	聚氨酯（富锌）底漆 1 遍，60μm	聚氨酯磁漆＋聚氨酯清漆	2～3 遍，160μm							√					

续表

序号	底漆	中间漆与面漆	涂层遍数及总厚度	C2			C3			C4			C5		
				L	M	H	L	M	H	L	M	H	L	M	H
6	环氧富锌底漆1遍,60μm	环氧云铁中间漆+氯化橡胶漆	1~2遍,80μm			✓									
7	环氧富锌底漆1遍,60μm;无机富锌底漆1遍,60μm	环氧云铁中间漆+氯化橡胶面漆、环氧云铁中间漆+脂肪族聚氨酯面漆	2~3遍,160μm						✓	✓					
			3遍,200μm								✓		✓		
			3~4遍,240μm									✓			
8	无机富锌底漆1遍,60μm	环氧云铁中间漆+脂肪族聚氨酯面漆	4遍,240μm									✓		✓	
			4~5遍,320μm												✓

注：L 为 2~5 年，M 为 5~10 年、10~15 年，H 为大于 15 年。

铁路站房、雨篷外露钢结构表面处理（无防火涂料）　　　　表 F. 4-2

序号	涂装顺序	涂装品种	涂装方式	道数	涂装场所	干膜总厚度（μm）	最短涂装间隔
1	底漆	环氧富锌底漆	无气喷涂	二道	工厂	75	24h
2	腻子	原子灰	焊缝批刮	二道	现场		全部干燥
3	中间漆	环氧云铁中间漆	空气喷涂	二道	现场	150	24h
4	面漆	氟树脂涂料	空气喷涂	湿碰湿二道	现场	50	24h
5	罩面漆	哑光树脂涂料	空气喷涂	一道	现场	25	24h
复合涂层（合计）				七道		300（总膜厚）	

铁路站房、雨棚外露钢结构表面处理（有防火涂料）　　　　表 F. 4-3

序号	涂装顺序	涂装品种	涂装方式	道数	涂装场所	干膜总厚度（μm）	最短涂装间隔
1	底漆	环氧富锌底漆	无气喷涂	二道	工厂	75	24h
2	中间漆	环氧云铁中间漆	空气喷涂	二道	工厂	150	24h
3	防火涂料		表面平整		现场		8h
4	防火表面底层专用腻子		批刮	二道	现场		8h
5	防火表面面层专用腻子		批刮	二道	现场		8h
6	封固漆	环氧封固底漆	空气喷涂	一道	现场	25	24h
7	面漆	氟树脂涂料	空气喷涂	湿碰湿二道	现场	50	24h
8	罩面漆	哑光树脂涂料	空气喷涂	一道	现场	25	24h
复合涂层（合计）				八道		325（总膜厚）	

附录 G　校对审核大纲

G.1　结构专业校对提纲

G.1.1　校对基本原则

施工图校对应主要控制以下四方面问题：

① 错——数据、尺寸、计算等；

② 漏——深度、尺寸等；

③ 碰——专业配合；

④ 缺——图纸深度。

核对内容包括以下几方面：

① 核对计算书；

② 核对数据：定位尺寸、截面尺寸、标高、配筋等；

③ 核对设计深度；

④ 核对专业配合及管线综合；

⑤ 核对是否符合设计依据。

G.1.2　校对详细内容

（1）设计说明

1）设计依据是否正确、齐全。

2）使用的设计规范、规程，是否适用于本工程，是否为有效版本。

3）工程名称及设计号与建筑图是否一致。

4）图纸名称、编号与图纸目录是否一致。

5）所有说明是否合理、通顺、清晰、有无错别字，总说明与图纸说明是否一致。

6）抗震设防烈度、设计基本地震加速度和所属设计地震分组、结构抗震等级、场地类别、楼面荷载、基本风压、特殊房间荷载值等是否注明并符合规范要求。

7）材料的品种、规格、密度限值，设计强度值、强度等级是否表示清楚。

8）是否正确使用岩土工程勘察报告所提供的岩土参数，是否正确采用岩土工程勘察报告对基础形式、地基处理、防腐蚀措施（地下水有腐蚀性时）等提出的建议并采取了相应措施。

9）必要的施工注意事项、特殊结构及结构的特殊部位、大体积混凝土等施工时应注意的问题是否标明。

（2）平面图

1）轴线号及各部分尺寸是否齐全、正确、与建筑图是否一致。

2）各构件尺寸及位置（平面尺寸线与定位轴线关系、标高）是否正确、无遗漏。

3）构件编号与详图是否一致，与梁、板、墙、柱、基础表是否一致，与计算书是否一致，有无重复、宽厚比有无遗漏。

4）砌体结构的砖墙、墙垛的厚度、高厚比、最小构造尺寸是否符合规定；砖及砂浆强度等级是否注明；过梁、圈梁、构造柱、女儿墙和阳台、外廊及楼梯栏板、小柱等小构件的位置、截面、锚固长度等是否表示清楚。

5）砌体结构的墙体材料（包括±0.000以下的墙体材料）、房屋总高度、层数、层高、高宽比和横墙最大间距是否符合规范要求。

6）在墙体中的留洞、留槽、预埋管道等是否使墙体削弱过多；必要时应验算削弱后的墙体承载力。

7）剪力墙厚度及剪力墙和框支剪力墙底部加强部位的确定是否符合规范、规程的规定。

8）当楼面梁支承在剪力墙上时，是否按《高层建筑混凝土结构技术规程》JGJ 3—2010 第 7.1.6 条的要求采取措施增强剪力墙出平面的抗弯能力；配筋构造是否与计算简图一致；应尽量避免楼面梁垂直支承在无翼墙的剪力墙的端部。

9）剪力墙结构开设角窗时，该处 L 形连梁应按双悬挑梁复核，该处墙体和楼板应专门进行加强。

10）引用详图号及剖面号，与有关专业图纸是否一致。

11）预留洞位置及尺寸，与有关专业是否会签一致；洞口加强措施是否合理。

12）楼面局部标高变化是否表示清楚。

13）板的编号、配筋是否与计算书符合，钢筋间距及配筋率是否符合规定。

14）梁上加钢筋混凝土小柱时，平面图上是否表示，有无"生根"措施。

15）屋面或楼面水池，其防渗要求、施工缝位置及施工要求是否注明。

16）后浇带（如需设置）宽度、位置是否合理。

17）基础平面图是否注明：

① 地基概况；

② 持力层名称、位置、承载力标准值；

③ 基底标高、地基处理措施；

④ 对施工的有关要求；

⑤ 如需沉降观测，其测点布置及埋置详图。

⑥ 地沟（坑）、设备基础的标高、地下管井的标高及尺寸是否齐全，与有关专业图纸有无矛盾，对主体基础有无影响。

（3）详图

1）编号、位置（与定位轴线关系）、标高与平面图是否一致；编号与计算书是否一致。

2）构件尺寸、配筋、材料规格等级与计算书及说明书是否一致。

3）构造是否符合规定，是否方便施工。

4）转换层结构（框支梁、柱、落地剪力墙底部加强部位及转换层楼板）的截面尺寸、配筋和构造是否符合规范要求。

5）集中荷载的附加横向钢筋是否配够；悬臂梁主筋锚固长度是否够；抗扭梁的腰筋及抗扭箍筋是否配够。

6）折梁、曲梁、变截面梁与悬臂构件各截面承载力是否满足要求，构造做法是否明确。

7）钢筋、箍筋间距及配筋率是否符合规范；梁主筋多排配置是否分别标明。

8）梁面或板面标高不同时，钢筋位置是否交代清楚。

9）钢结构柱脚锚栓埋置在基础中的深度，是否符合《钢结构设计标准》GB 50017—2017 第 12.7.9、12.7.10 条的要求。

10）钢构件的螺栓连接，螺栓的最大、最小容许间距（中心间距、边距和施工安装净距）是否符合规范要求。

（4）图面要求

1）图例、索引符号及详图符号、绘图方法是否符合现行《房屋建筑制图统一标准》GB/T 50001、《建筑结构制图标准》GB/T 50105 及本项目统一技术条件的规定。

2）图名、比例是否齐全准确。

3）绘图方法、繁简程度、比例大小特别不当时，应提出与设计人或专业负责人商榷修改。

4）图面布置、浓密程度特别不当时，应提出与设计人或专业负责人商榷修改。

5）图签上工程名称、项目、设计号、图号、日期、是否准确。

（5）计算书

1）计算书内容是否完整：主体电算计算书应包括输入的结构总体计算总信息、周期、振型、地震作用、位移、结构平面简图、荷载平面简图、配筋平面简图等；地基计算；基础计算；人防计算；挡土墙计算；水池计算；楼梯计算等。

2）结构计算总信息参数输入是否正确，自振周期、振型、层侧向刚度比、带转换层结构的等效侧向刚度比、楼层地震剪力系数、有效质量系数等是否在工程设计的正常范围内并符合规范、规程要求。

3）层间弹性位移（含最大位移与平均位移的比）、弹塑性变形验算时的弹塑性层间位移；墙、柱轴压比、柱有效计算长度系数等是否符合规范规定。

4）剪力墙连梁超筋、超限是否按《高层建筑混凝土结构技术规程》JGJ 3—2010 第 7.2.26 条的要求进行了调整和处理。

5）地下室顶板和外墙计算，采用的计算简图和荷载取值（包括地下室外墙的地下水压力及地面荷载等）是否符合实际情况，计算方法是否正确。

6）有人防地下室时，基础结构是否按人防荷载与建筑物荷载的最不利控制。

7）存在软弱下卧层时，是否对下卧层进行了强度和变形验算。

8）单桩承载力的确定是否正确，群桩的承载力计算是否正确；桩身混凝土强度是否满足桩的承载力设计要求；当桩周土层产生的沉降超过基桩的沉降时，应根据《建筑桩基技术规范》JGJ 94—2008 第 5.4.2 条考虑桩侧负摩阻力。

9）需考虑地下水位对地下建筑影响的工程，设计及计算所采用的防水设计水位和抗浮设计水位，是否符合《岩土工程勘察报告》所提水位。

10）基础设计（包括桩基承台），除抗弯计算外，是否进行了抗冲切及抗剪切验算以及必要时的局部受压验算（见《建筑地基基础设计规范》GB 5007—2011 第 8.2.7 条、8.3.1 条、8.3.2 条、8.5.13～8.5.23 条及 8.4 节等）。

11）进行时程分析时，岩土工程勘察报告或场地安评报告是否提供了相关资料，地震波和加速度有效峰值等计算参数的取值是否正确。

12）转换层上下部结构和转换层结构的计算模型和所采用的软件是否正确；转换层上下层结构侧向刚度比是否符合规范、规程规定。

13）钢筋混凝土楼盖中，当梁、板跨度较大，或楼面梁高度较小（包括扁梁），或悬臂构件悬臂长度较大时，除承载力外，挠度和裂缝是否满足规范的要求。

14）板柱节点的破坏往往是脆性破坏，在设计无梁楼盖结构的板柱节点时，是否按照《混凝土结构设计标准》GB/T 50010—2010（2024 年版）附录 F 进行计算，并留有必要的余地。

15）预应力混凝土结构构件，是否根据使用条件进行了承载力计算及变形、抗裂、裂缝宽度、应力及端部锚固区局部承压等验算；是否按具体情况对制作、运输及安装等施工阶段进行了验算。

16）砌体结构的砌体抗剪强度是否满足规范要求，门窗洞边形成的小墙垛承压强度是否满足规范要求。

17）砌体结构中的悬挑构件，承载力、抗倾覆和砌体局部受压承载力验算是否满足要求。

18）钢结构计算采用的钢材和连接材料的强度设计值是否符合规范规定。

19）结构构件或连接计算时，单面连接的单角钢及施工条件较差的高空安装焊缝，是否按规范要求将强度设计值乘了相应的折减系数，见《钢结构设计标准》GB 50017—2017 第 7.6.1 条。

20）在建筑物的每一个温度区段内，是否按《钢结构设计标准》GB 50017—2017 第 A.1.2 条的要求设立了独立的空间稳定支撑系统。

21）拉弯构件和压弯构件，除强度计算外，是否还进行了平面内和平面外的稳定性计算。

22）构件拼接时，拼接设计弯矩的取值是否符合《钢结构设计标准》GB 50017—2017 第 10.4.5 条的要求。

G.2　结构专业审核提纲

G.2.1　审核基本原则

设计人在设计之前，应接受审核人的事前指导，并同审核人一起，确定设计的基本原则、技术条件、基础选型、结构选型、结构布置、主要建筑材料。审核人应对设计文件的安全、质量负责，保证设计文件符合顾客要求和国家有关法令、法规和标准的规定，使结构设计做到技术先进、结构安全、适应建筑要求、投资节省。

审核内容包括以下几方面：审核设计依据与设计深度；审核计算书；审核图纸；审核设计修改通知单。

G.2.2　详细内容如下

（1）计算书及有关资料

1）计算的依据、条件、来源、资料是否正确。

2）所使用的软件是否是有效的软件，是否适用于本工程，是否能够处理工程中所出现的特殊情况。

3）计算模型的建立，必要地简化计算与处理，是否符合工程的实际情况；所采用软件的计算假定和力学模型，是否符合工程实际。

4）复杂结构进行多遇地震作用下的内力和变形分析时，是否采用了不少于两个不同的力学模型的软件进行计算，并对其计算结果进行分析比较。

5）筏形基础的设计计算方法是否正确（见《建筑地基基础设计规范》GB 50007—2011 第 8.4.14～8.4.18 条）。地基承载力及变形计算、桩基沉降验算、高层建筑高层部分与裙房间差异沉降控制和处理是否正确。

6）结构计算总信息的输入是否合理？设计荷载输入是否合理？尤其是规范没有明文规定的荷载是否正确合理？有无来源依据？

7）计算内容是否完整？工程计算结果中所涉及的周期、阵型、地震作用、位移、结构平面简图、荷载平面简图、配筋平面简图、地基计算、基础计算、人防计算、楼梯计算、水池计算、挡土墙计算是否都进行了整理？结构输出时，应根据情况整理，不必全部打印。像计算情况说明（结构计算书首页）、总信息、荷载平面、结构平面、配筋平面、位移控制等一般需整理。

8）天然地基基础是否按《建筑抗震设计标准》GB/T 50011—2010（2024 年版）第 4.2.2 条进行抗震验算。

9）人防地下室结构选型是否正确，设计荷载取值、计算和构造是否符合规范规定。

10）所有计算机计算结果，须经分析判断确认其合理、有效后方可用于工程设计。这一过程是否进行过？

11）设计资料是否齐全，顾客提供的资料、专业间互提资料、地质勘察资料等。

12）结构专业采用技术标准目录是否正确。

13）有关质量记录表格是否填写并合乎要求。

（2）设计图纸

1）结构体系、单元划分、结构布置是否合理，是否安全可靠，是否符合专业规范及标准要求。

2）设计文件的内容和深度，是否符合规定。

3）抗震设防类别、抗震设防烈度、结构抗震等级及场地土类别的确定是否合理。结构安全等级、结构的设计适用年限等确定是否合理。基本雪压、基本风压、地面粗糙度等是否正确，人防工程分类、抗力等级是否正确。

4）结构构件是否具有足够的承载能力，是否满足《建筑结构荷载规范》GB 50009—2012 第 3.2.2 条、《混凝土结构设计标准》GB/T 50010—2010（2024 年版）第 3.3.2 条及其他规范、规程有关承载力极限状态的设计规定。

5）房屋结构的高度是否在规范、规程规定的最大适用高度以内；超限高层建筑（适用最大高度超限、适用结构类型超限及体型规则性超限的建筑）是否执行了省、自治区、直辖市人民政府建设行政主管部门在初步设计阶段的抗震设防专项审查意见。超限高层的报审资料是否准备完善。

6）设计说明和施工要求是否合理和方便施工。

7）结构构造措施是否合理并方便施工。

8）基础选型及构造、地基承载力标准值的确定，是否经济合理和安全可靠；高层建筑物埋深是否满足要求。基础底面标高不同或局部未达到勘察报告建议的持力层时结构处理措施是否得当。

9）人工地基的处理方案和技术要求是否合理，施工、检测及验收要求是否明确。

10）桩基类型选择、桩的布置、试桩要求、成桩方法、终止沉桩条件、桩的检测及桩基的施工质量验收要求是否明确。对于挤土桩，控制挤土效应的措施是否合理。对于人工挖孔桩，对施工单位采取安全措施的要求是否在说明中提出。

11）是否要进行沉降观测，如要进行观测，沉降观测的措施是否落实，是否正确。

12）深基础施工中是否提出了基础施工中施工单位应注意的安全问题，基坑开挖和工程降水时有无消除对毗邻建筑物的影响及确保边坡稳定的措施。

13）对有液化土层的地基，是否根据建筑的抗震设防类别、地基液化等级，结合具体情况采取了相应的措施；液化土中的桩的配筋范围是否符合《建筑抗震设计标准》GB/T 50011—2010（2024 年版）第 4.4.5 条的要求。

14）对于建在不良地质条件地基上的建筑物，基础设计时，是否取得了完整的地质资料，是否采取了相应的处理措施。在武汉市，不良地质条件主要有岩溶、地面沉降等。

15）结构平面布置是否规则，抗侧力体系布置、刚度、质量分布是否均匀对称；对平面不规则的结构（扭转不规则、凹凸不规则、楼板局部不连续等）是否采取了有效措施。

16）结构竖向高宽比控制、竖向抗侧力构件的连续性及截面尺寸、结构材料强度等级变化是否合理；对竖向不规则结构（侧向刚度不规则、竖向抗侧力构件不连续、楼层承载力突变、竖向局部水平外伸或内缩及出屋面的小屋等）是否采取了有效措施。

17）主楼与裙房的连接处理是否正确；结构伸缩缝、沉降缝、防震缝的设置和构造是否符合规范要求；当主楼与裙房间不设缝时是否进行了必要的计算并采取了有效措施。

18）转换层结构选型是否合理，转换层结构上下层楼板及抗侧力构件是否按规范要求进行了加强。

19）抗震设计的框架-剪力墙结构，在基本振型地震作用下，框架部分承受的地震倾覆力矩大于结构总地震倾覆力矩的 50% 时，其框架部分的抗震等级是否按框架结构确定。

20）带转换层结构的转换层设置高度、落地剪力墙间距、框支柱与落地剪力墙的间距，是否符合《高层建筑混凝土结构技术规程》JGJ 3—2010 第 10.2 节的有关规定。

21）结构重点部位、薄弱环节的处理是否采取相应措施予以加强。

22）内、外填充墙的抗震稳定与构造做法是否符合要求。

23）房屋局部采用小型钢网架、钢桁架、钢雨篷等钢结构时，与主体结构的连接应安全可靠，结构计算、构造、加工制作及施工安装应符合规范要求。

24）在抗震设防地区，多层砌体房屋墙上不应设转角窗。

25）选用的材料是否经济、合理、符合就地取材原则。

26）结构伸缩缝的最大间距超过规范规定时，是否采取了减少温度作用和混凝土收缩对结构影响的可靠措施。

27）钢结构。

钢构件的焊接连接设计中，应注意角焊缝的焊脚尺寸和板件厚度的关系、焊缝长度及节点板的设计计算和构造是否符合规范要求。

　　钢结构的防腐涂料及其厚度的选择、钢结构的除锈等级是否与钢结构的使用环境相适应，防火涂料的厚度与耐火极限是否配套。

　　高层钢结构的埋入式柱脚埋深等构造要求是否符合《高层民用建筑钢结构技术规程》JGJ 99—2015 第 8.6.4 条的规定。

　　板件的宽厚比、构件的长细比是否符合规范要求。

　　长度系数的选取是否合理。

　　超高层建筑、大跨度建筑是否已经考虑位移非线性问题。

　　28）各专业是否会签。

　　29）校对记录是否齐全，校出的问题是否得到处理。

附录 H　湖北省和武汉市有关建筑设计规定文件

[H.1]《湖北省防震减灾条例》——20111018.

[H.2]《武汉市建设工程抗震设防要求管理办法》——武汉市人民政府令第 269 号.

[H.3]《关于印发〈湖北省人民防空地下室施工图设计文件审查技术要点〉的通知》——鄂人防〔2022〕29 号.

[H.4]《关于公布〈湖北省建设工程地震安全性评价工作范围〉的通知》——鄂震发〔2021〕37 号.

[H.5]《关于进一步加强预应力混凝土管桩质量管理的通知》——鄂建办〔2014〕176 号.

[H.6]《关于做好高强钢筋推广应用工作的通知》——鄂建文〔2012〕58 号.

[H.7]《关于进一步加强建筑工程质量管理的通知》——鄂建文〔2011〕152 号.

[H.8]《武汉市装配式建筑装配率计算细则》（2023 年版）.

[H.9]《武汉市城建委关于提高武汉市主城区部分新建建筑工程的抗震设防类别的通知》——武城建〔2021〕41 号.

[H.10]《市应急管理局、市城乡建设局关于落实应当建设专用地震监测设施的建设工程备案的通知》——武汉市应急管理局、武汉市城乡建设局 20201221.

[H.11]《关于设计明确选用 E 牌号热轧带肋钢筋的通知》——武汉市建设工程设计审查办公室 20140702.

[H.12]《市城建委关于深厚软土地区工程建设中有关技术要求的意见》——武城建〔2014〕144 号.

[H.13]《市城建委关于发布〈武汉市房屋建筑工程地基与基础若干问题技术规定〉的通知》——武城建〔2014〕24 号.

[H.14]《执行工程建设标准及强制性条文等疑难问题解答》（2021 年版）.